高职高专土木工程专业新编系列教材

建筑材料

傅刚斌 主 编
蒋 荣 副主编
姜 波 主 审

中国铁道出版社

2011年·北京

内 容 简 介

本书着重介绍了建筑工程中常用材料的基本性质、技术性能、品种规格、质量标准和应用保管等材料基础知识。内容包括建筑石材、气硬性胶凝材料、水泥、水泥混凝土、砂浆、建筑钢材、沥青、木材、墙体材料、装饰材料、功能材料等。为巩固所学知识,每章后均附有思考练习题。书中还附有常用材料的试验方法。

本书为高等职业技术学院、高等专科学校以及成人高校的建筑工程、铁道工程、道路桥梁工程、市政工程等专业教材,亦可供土木建筑工程技术人员参考。

图书在版编目(CIP)数据

建筑材料/傅刚彬主编. —北京:中国铁道出版社,2009.1(2011.8 重印)
(高职高专土木工程专业新编系列教材)
ISBN 978-7-113-09560-4

Ⅰ.建… Ⅱ.傅… Ⅲ.建筑材料-高等学校:技术学校-教材 Ⅳ.TU5

中国版本图书馆 CIP 数据核字(2008)第 211348 号

书　　名: 建筑材料
作　　者: 傅刚斌　主编

责任编辑: 李丽娟　　**电话:** (010) 51873135
封面设计: 马　利
责任校对: 孙　玫
责任印制: 金洪泽　陆　宁

出版发行: 中国铁道出版社 (100054,北京市宣武区右安门西街 8 号)
印　　刷: 北京市兴顺印刷厂
版　　次: 2009 年 1 月第 1 版　2011 年 8 月第 2 次印刷
开　　本: 787 mm×1 092 mm　1/16　印张:16　字数:397 千
书　　号: ISBN 978-7-113-09560-4
定　　价: 31.00 元

前 言

本书是根据铁道部高职高专建筑工程专业教学指导委员会建议，按照新的教学大纲编写的。

书中内容涉及面广，着重论述了各种主要材料的技术性能、品种规格、质量标准、检验方法和应用保管，紧密联系铁路和建筑工程的实际，突出介绍了近年来发展的新型材料、铁道工程应用的特殊材料和建筑工程的装饰材料。每章后附有反映教学要求的复习思考题，供学生复习。

为了加强实践性教学环节，提高对材料品质的识别能力，使学生掌握材料试验的基本技能，书中还专门编入了常用材料的试验方法。

本书按现行标准规范编写，力求深入浅出、通俗易懂、概念明确、重点突出，便于学生阅读理解。

本书由湖南工程职业技术学院傅刚斌任主编，湖南交通工程职业技术学院蒋荣任副主编，石家庄铁道职业技术学院姜波主审。书中绪论、第1和11章由傅刚斌编写；第2、6、10章和13.3、13.6节由天津铁道职业技术学院蔺伯华编写；第3、4、9章和13.1节由包头铁道职业技术学院闫宏生编写；第7、8章和13.4、13.5由华东交通大学职业技术学院曾润忠编写；第5、12章和13.2节由蒋荣编写。

在本书编写过程中，参考了许多文献资料，铁道部建筑工程教学指导委员会的各位领导在本书的编写过程中给予了大力支持和帮助，在此一并表示感谢。

由于时间仓促，加之编者水平有限，错误之处望广大读者批评指正。

编 者

2008年8月

目录

绪　论

【学习目标】了解建筑材料在工程建设中的地位；建筑材料的发展趋势以及材料产品的标准体系。

(1)建筑材料及其分类

建筑工程中所使用的各种材料及其制品，统称为建筑材料或工程材料。

建筑材料品种繁多，通常分为金属材料、非金属材料和复合材料三大类。各种建筑材料的分类详见表1。

表1　建筑材料分类

金属材料	黑色金属	铁、碳素钢、合金钢
	有色金属	铝、铜、锌及其合金
非金属材料	有机材料	动植物材料：木材、竹材、苇材、毛毡及其制品 沥青材料：石油沥青、煤沥青及其制品 高分子材料：塑料、涂料、胶黏剂、橡胶
	无机材料	天然石材：砂、石子、各种岩石加工的石材 烧土制品：砖、瓦、陶瓷 胶凝材料：石灰、石膏、水玻璃、菱苦土、水泥 混凝土、砂浆：普通混凝土、轻骨料混凝土、特种混凝土、各种砂浆 硅酸盐制品：多孔混凝土、粉煤灰砖和砌块 碳化制品：碳化砖、碳化板 保温材料：石棉、矿物棉、玻璃棉、膨胀蛭石、膨胀珍珠岩及其制品 玻璃：窗用玻璃、彩色玻璃、镀膜玻璃、钢化玻璃、吸热玻璃、玻璃制品
复合材料	无机与有机复合	玻璃纤维增强塑料、聚合物混凝土、沥青混凝土
	金属与非金属复合	钢筋混凝土、钢丝网水泥、塑铝复合板、铝箔面油毡
	其他复合材料	水泥石棉制品、不锈钢包覆钢板……

(2)建筑材料在工程建设中的地位

1)建筑材料是工程建设中不可缺少的物质基础。任何一项工程建设都需要使用建筑材料。例如，修建一条Ⅰ级铁路干线，在平原地区每1延长公里，约需要各种材料6 000余吨，在山岳地区则需要约15 000余吨。又如住宅、办公楼等建筑，每1 000 m^2 面积约需1 000～1 500 t材料，估计用量举例见表2所示。因此，随着工程建设的进展，要及时地提供数量充足、质量良好、品种齐全的各种材料，才能保证工程建设的顺利进行。

表2　每1 000 m^2 房层建筑用料参考量

建筑类型	红砖（千块）	砂（m^3）	砾石（m^3）	水泥（t）	钢材（t）	木材（m^3）	玻璃（m^2）	石灰膏（m^3）	…
五层框架办公楼	23	370	40	231	35.0	37	160	5	…
六层砖混住宅楼	209	370	16	159	15.5	51	140	20	…

2)建筑材料直接影响工程质量。建筑材料的质量如何,直接影响着工程的质量。如果将劣质材料使用到工程上去,必然危害工程质量,影响工程的使用效果和耐久性能,甚至会造成严重事故。因此,必须使用质量符合要求的材料。在选择和使用材料时,必须高度重视材料质量的检验。对于新材料和代用材料的应用,要采取积极而又慎重的态度,使用前必须经过严格的检验和技术鉴定。

3)建筑材料决定着工程造价和经济效益。材料费用在工程总造价中占有较大的比重,一般约占 50%~60%。因此,在保证材料质量的前提下,降低材料费用,对降低工程造价、提高经济效益,将起很大的作用。正确选择、就地取材、合理利用、减少浪费、科学管理等,都是降低材料费用的合理途径。

4)新型材料的研制和发展将促进工程结构和施工技术的进步。在人类历史发展过程中,建筑材料有过三次重大的突破,带来了建筑技术的三次大飞跃。

公元前 3 世纪有了烧制的砖瓦、陶瓷、石灰,使建筑冲破了天然材料的局限,得以营造大量的、较大规模的、坚固耐用的各种建筑,这是建筑技术的第一次飞跃。

19 世纪中叶炼出了钢铁,钢结构的发展使结构的跨度从几米、几十米发展到上百米乃至几百米。19 世纪 20 年代有了水泥,随后又有了混凝土、钢筋混凝土、预应力混凝土,使结构的形式和规模都有了巨大的发展。这是土木工程发生的第二次大飞跃。

第三次飞跃从 20 世纪 30 年代人工合成材料问世至今,各种高分子材料和有机、无机、金属、非金属的复合材料迅速发展,这些轻质、高强、多功能的材料,大大地减轻了材料的自重,为建筑物向高层空间发展创造了极好的条件。

随着我国国民经济的发展,对建筑功能、工程结构的要求越来越高,从而对材料也提出了更高的要求。例如大跨度的桥梁、超高层的建筑等,需要有新型的工程结构,也需要更高强度的钢材、混凝土;对于高层、高等级的建筑,还需要大量具有多种功能的轻质复合墙体材料和各种高档次的装饰材料。对工程的高新要求促进了材料的发展,反过来,新材料的发展也促进了工程结构和施工技术的不断进步,使工程建筑的功能、适用性、艺术性、坚固性和耐久性都得到相应的改善。

(3)新型材料的发展方向

为适应时代发展的需要,必须不断提高工程质量和降低工程造价,不断研究材料技术和开发新型产品,新型材料的发展趋势是:

1)高强。研制和发展高强度材料,以减小承重结构构件的截面,降低结构自重。

2)轻质。发展轻质材料,减轻建筑物的自重,降低运输费用和工人劳动强度。

3)复合高效多功能。发展高性能的复合材料,使材料具有高耐久性、高防火性、高防水性、高保温性、高吸声性、高装饰性等优异性能,并且使一种材料具有多种功能,除了满足坚固、安全、耐久要求之外,还具有良好的保温隔热、吸声、防潮、装饰等功能。

4)节约能源。研制和生产低能耗(包括材料生产能耗和建筑使用能耗)的节能建筑材料,这对于降低成本、节约能源将起到十分有益的作用。

5)综合利用。充分利用各种地方材料和工业废渣来生产工程材料,降低成本,变废为宝,化害为利,节约能源,改善环境。

6)工业化生产。发展适用于由工厂大规模生产、机械化安装施工的材料制品,加快施工速度。

为此,国家计划在近期内大力发展中高强度的冷轧带肋钢筋,在结构中推广应用高强混凝土,发展高效能的混凝土外加剂,大中城市推广应用散装水泥和商品混凝土,大力发展新型的防水材料,推广粉煤灰的综合利用,大力发展以新型复合墙体为主要内容的建筑节能技术等。

(4)材料产品的标准

建筑材料的生产、销售、采购、验收和质量检验,均应以产品质量标准为依据。材料的产品标准分为国家标准、行业标准、地方标准、企业标准四类。这些标准均以标准代号、标准号、颁布年份的次序表达,如"GB 175—1999"表示国家标准第 175 号,是在 1999 年颁布的。

1)国家标准"GB"。在全国范围内统一的标准,如:

GB——全国强制性标准;

GB/T——全国推荐性标准;

GBJ——全国建筑工程技术方面的标准。

2)行业标准。包括部级标准和专业标准,如:

JGJ——建工行业建筑工程技术标准;

JCJ——建材行业建筑工程技术标准;

TBJ——铁道行业建筑工程技术标准;

ZB——专业标准。

3)地方标准"DB"。地方性标准。

4)企业标准"QB"。企业内部的标准。

5)其他标准。工程中可能采用的其他技术标准还有,国际标准(ISO)、美国国家标准(ANS)、英国标准(BS)、德国工业标准(DIN)、日本工业标准(JIS)、法国标准(NF)等。

(5)本课程的任务和学习方法

"建筑材料"是土建工程各专业的一门重要课程,是一门应用技术,同时也是后续专业课程的基础。

本课程主要学习材料的基本性质和各种常用材料的生产成分、技术性质、规格标准、质量检验、应用范围、储运保管等知识,以期为工程建筑、结构、施工等专业课程提供材料方面的基本知识,亦为今后从事技术工作时,就材料选用、质量鉴定、验收保管、运输储存等方面打下必要的基础。

1)学生学完本课程后,应达到以下要求:

①了解各种材料的成分、结构和生产加工原理;

②掌握各种材料的技术性质、应用范围、质量检验、贮运保管的知识,能查阅有关技术资料、标准规范,合理选用材料;

③掌握常用材料的质量检验方法,具有正确使用试验设备,完成材料试验,鉴别材料质量的能力。

2)学习本课程应注意的学习方法:

①运用物理、化学、数学、力学等基础知识,分析和研究有关材料的问题;

②注意要着重理解材料的主要技术性质,理解它的原理,推理它的应用;

③材料试验是熟悉材料性质、鉴定材料质量的重要手段,也是培养试验能力的重要过程,必须认真完成各项试验并掌握试验方法;

④充分利用到工厂、工地参观和实习的机会,了解常用材料的品种、规格、应用和储存的情况;

⑤经常阅读有关报刊中介绍的材料新产品、新标准,注意材料的发展动向。

复习思考题

1. 建筑材料如何分类？每类包括哪些主要材料？
2. 建筑材料在工程建设中的重要性表现在哪些方面？其发展方向如何？
3. 为什么要制订材料产品的质量标准？材料产品标准分哪几类，各用什么代号表示？
4. 学习“建筑材料”这门课，应获得哪些能力？

第1章　建筑材料的基本性质

【学习目标】本章主要介绍建筑材料的物理性质、力学性质、耐久性等基本性质。通过本章学习，要求了解材料的基本概念和组成，及其成分对材料性质的影响，掌握材料的组成结构与性能。

建筑材料在各种土建工程中起着不同的作用，有的主要承受荷载，有的起围护作用，有的则起保温隔热或表面装饰、防水防潮、防腐、防火等作用。材料在这些外力、阳光、大气、水分及各种介质作用下，会发生受力变形、热胀冷缩、干湿变形、冻融交替、化学侵蚀等现象，这些因素都会使材料产生不同程度的破坏。为了使建筑物和构筑物能够安全、适用、耐久而又经济，必须在工程设计和施工中充分了解和掌握各种材料的性质和特点，以便正确、合理地选择和使用材料，使其性能满足使用要求。

建筑材料品种繁多，性质各异，有其共性，也有其特性。本章将对建筑材料在物理、力学等方面的各种共同性质作专题介绍，建立起主要概念，论述其内涵和相互关联，以便在后续各章中直接应用。

1.1　材料的基本物理性质

本节将论述材料与其质量、体积有关的各项性质。

1.1.1　密　　度

密度是指单位体积物质的质量，其单位可用 g/cm^3、kg/L 或 kg/m^3 表示（$1\ g/cm^3=1\ kg/L=1\ 000\ kg/m^3$）。但是，由于材料有密实的、多孔的和颗粒堆积等不同状态，材料的密度也就有密实密度、表观密度、体积密度和堆积密度之分。

(1)密实密度(有时简称密度)：材料在密实状态下单位体积的质量称为材料的密实密度，用下式表示和计算：

$$\rho=\frac{m}{V} \tag{1-1}$$

式中　ρ——材料的密实密度，g/cm^3；

m——材料的干质量，g；

V——材料在密实状态下的体积，cm^3。

材料“在密实状态下的体积”是材料体积内固体物质所占的体积，不包括孔隙在内的体积。但实际上完全密实的材料是很少的，绝大多数的材料都是含有孔隙的。对于密实材料的密实体积，可用量尺计算或排水法测定，但对于有孔材料的密实体积，则需将其磨成细粉，并通过0.25 mm孔径的筛子，然后测其粉末的排水体积，并将此体积作为材料的密实体积。

在4 ℃的情况下，材料的密实密度与水的密度的比值，称为该材料的相对密度。

(2)表观密度：材料在自然状态下不含开口孔隙时单位体积的质量称为材料的表观密度。

对于自身较为密实的颗粒堆积材料，如配制混凝土所用的砂、石等材料，可不必磨成细粉，而直接用颗粒排水测得体积(包含少量的封闭孔隙而不含开口孔隙的体积)，这样计算得到的密度即是表观密度，用下式表示和计算：

$$\rho'=\frac{m}{V'} \tag{1-2}$$

式中 ρ'——颗粒堆积材料的表观密度，g/cm^3；

m——颗粒堆积材料的干质量，g；

V'——包含少量封闭孔隙而不含开口孔隙的颗粒体积，cm^3。

(3)体积密度：材料(块体或颗粒)在自然状态下单位体积的质量称为体积密度，用下式表示和计算：

$$\rho_0=\frac{m}{V_0} \tag{1-3}$$

式中 ρ_0——材料的体积密度，g/cm^3 或 kg/m^3；

m——材料的质量，g 或 kg；

V_0——材料自然状态下的体积(自然体积)，cm^3 或 m^3。

材料的自然体积是包括孔隙在内的体积，对于有开口孔的材料(如多孔砖等)，还包括其开口孔的体积。通常对规则材料采用量尺计算，而对非规则材料，则采用在表面涂蜡(将开口孔隙封闭)后用排水法测得。

材料的体积密度，通常是指干燥状态的体积密度(干体积密度)。但在自然状态下的材料，常含有一些水分，会影响体积密度的值，这时应标明其含水状态(湿体积密度)。

(4)堆积密度：颗粒材料(或纤维材料)在自然堆积状态下单位体积的质量称为堆积密度，用下式表示和计算：

$$\rho_0'=\frac{m}{V_0'} \tag{1-4}$$

式中 ρ_0'——材料的堆积密度，g/cm^3 或 kg/m^3；

m——材料的质量，g 或 kg；

V_0'——材料的堆积体积，cm^3 或 m^3。

材料的堆积体积是指颗粒(或纤维)自然堆积状态下，包含空隙体积在内的自然体积。颗粒堆积材料的堆积体积要用已知容积的容器按有关规定的方法量得。

堆积密度是颗粒材料松散(松装)状态的密度，如果颗粒材料按规定方法颠实后，其单位体积的质量则称为紧密堆积密度。

材料的密实密度、表观密度、体积密度和堆积密度，是材料的主要物理性质，可用于材料的孔隙率或空隙率计算，用于材料的质量与体积之间的换算，如材料的用量、运输量和堆积空间的计算，材料配合比的计算，构件自重的计算等。

1.1.2 密实度和孔隙率

(1)密实度：密实度是指在材料的自然体积中，被固体物质所充实的程度，用材料中固体物质的体积占总体积的百分数表示：

$$D=\frac{V}{V_0}\times 100\% \tag{1-5}$$

亦可用材料的密实密度和体积密度计算：

$$D=\frac{V}{V_0}=\frac{m/\rho}{m/\rho_0}=\frac{\rho_0}{\rho}\times 100\% \tag{1-6}$$

式中 D——材料的密实度，%。

(2)孔隙率：孔隙率是指在材料的自然体积中，孔隙体积所占的比例，用下式表示和计算：

$$P=\frac{V_0-V}{V_0}=1-D=\left(1-\frac{\rho_0}{\rho}\right)\times 100\% \tag{1-7}$$

式中 P——材料的孔隙率，%。

例如：一块烧结黏土砖，$\rho_0=1\ 820\ \text{kg/m}^3$，$\rho=2.55\ \text{g/cm}^3$，则此砖的密实度和孔隙率为(将 $\rho=2.55\ \text{g/cm}^3$ 换算为 $2\ 550\ \text{kg/m}^3$)：

$$D=\frac{\rho_0}{\rho}=\frac{1\ 820}{2\ 550}=0.714=71.4\%$$

$$P=1-\frac{\rho_0}{\rho}=1-\frac{1\ 820}{2\ 550}=0.286=28.6\%$$

材料的密实度和孔隙率，从两个不同方面反映材料的同一个性质——密实程度。材料的许多性质，如材料的体积密度、强度、吸水性、抗冻性、抗渗性、导热性、吸声性、耐蚀性等，都与材料孔隙率的大小和孔隙特征有直接关系。

材料的孔隙特征包括孔隙构造和孔隙粗细两个方面，孔隙的构造是指孔隙是封闭的或是开口连通的，孔隙粗细是指孔隙是粗大的或是细微的。

1.1.3 填充率和空隙率

对于砂、石子、粉粒等颗粒堆积材料(或纤维堆积材料)的密实程度，可用填充率和空隙率来表示。

(1)填充率：填充率是指在颗粒材料(或纤维材料)的堆积体积中，被颗粒(或纤维)所填充的程度，用下式表示：

$$D'=\frac{V'}{V'_0}=\frac{\rho'_0}{\rho'}\times 100\% \tag{1-8}$$

式中 D'——材料的填充率，%。

(2)空隙率：空隙率是指颗粒材料(或纤维材料)的堆积体积中，颗粒(或纤维)间的空隙体积所占的百分率，用下式表示：

$$P'=\frac{V'_0-V'}{V'_0}=1-D'=\left(1-\frac{\rho'_0}{\rho'}\right)\times 100\% \tag{1-9}$$

式中 P'——材料的空隙率，%。

常用材料的密度和孔(空)隙率见表 1-1。

表 1-1 几种常用材料的基本物理参数

材料名称	密实密度 (g/cm³)	表观密度 (g/cm³)	体积密度 (kg/m³)	堆积密度 (kg/m³)	孔隙率 (%)	空隙率 (%)
钢 材	7.85	—	7 850	—	0	—
花岗岩	2.6～2.9	2.6～2.8	2 500～2 800	—	0.5～1.0	—
普通混凝土	2.6～2.8	—	2 300～2 500	—	5～20	—
烧结黏土砖	2.5～2.7	—	1 700～1 900	—	20～40	—

续上表

材料名称	密实密度 (g/cm³)	视密度 (g/cm³)	体积密度 (kg/m³)	堆积密度 (kg/m³)	孔隙率 (%)	空隙率 (%)
多孔混凝土	3.0	—	600～800	—	70～80	—
松　木	1.55	—	400～800	—	55～75	—
碎石或卵石	2.6～2.9	2.5～2.8	—	1 500～1 700	—	35～45
普通砂	2.6～2.7	2.5～2.7	—	1 400～1 600	—	35～45
水　泥	2.9～3.1	—	—	1 200～1 300	—	55～60

1.2　材料的力学性质

材料的力学性质又称机械性质，是指材料在外力作用下的变形性能和抵抗破坏的能力。

1.2.1　强　度

材料抵抗外力（荷载）破坏的能力称为材料的强度。

材料所受的外力有压缩、拉伸、剪切和弯曲等多种形式，根据材料所受外力的形式不同，材料的强度分为抗压强度、抗拉强度、抗剪强度和抗弯（抗折）强度四种，如图 1-1 所示。

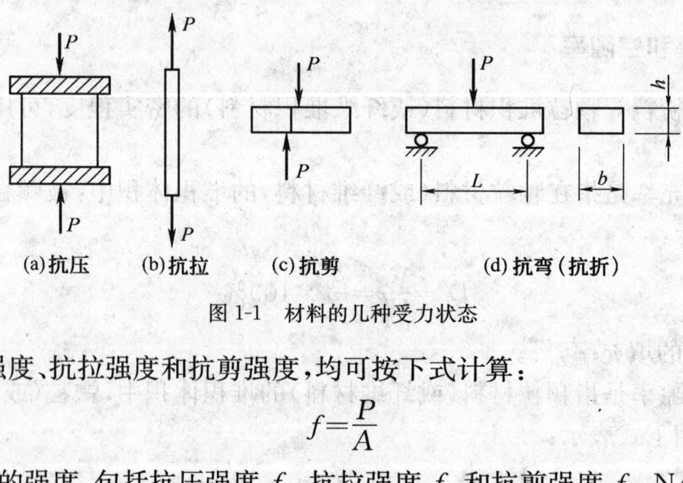

图 1-1　材料的几种受力状态

材料的抗压强度、抗拉强度和抗剪强度，均可按下式计算：

$$f=\frac{P}{A} \tag{1-10}$$

式中　f——材料的强度，包括抗压强度 f_c、抗拉强度 f_t 和抗剪强度 f_v，N/mm^2（即 MPa）；

P——材料受压、受拉、受剪破坏时的荷载，N；

A——材料的受力面积，mm^2。

材料的抗弯强度（又称抗折强度）与材料的截面和受力情况有关，不同形状大小的试件，不同的受力情况，其计算公式是不同的。通常把试件加工成矩形截面，在两支点正中作用一个集中荷载，如图 1-1(d)所示，其抗折强度按下式计算：

$$f_f=\frac{3PL}{2bh^2} \tag{1-11}$$

式中　f_f——材料的抗折强度，N/mm^2（即 MPa）；

P——受弯破坏时的荷载，N；

L——跨距，即两支点间的距离，mm；

b——材料截面的宽度，mm；

h——材料截面的高度，mm。

例：某砂浆试件为边长 7.07 cm 的立方体，测得抗压破坏荷载为 42.8 kN，则其抗压强度为：

$$f_c=\frac{P}{A}=\frac{42.8\times10^3}{70.7^2}=8.56\ \text{N/mm}^2=8.56\ \text{MPa}$$

强度是材料的主要技术性质之一。凡是用于承重的各种材料，都规定了有关强度的测定方法和计算方法，都以其主要强度的大小划分为若干个强度等级或标号，以供结构设计和施工时合理选用。这将在以后各章中分别论述。

几种常用材料的强度见表 1-2。

表 1-2　几种常用材料的强度

材 料 名 称	抗压强度(MPa)	抗拉强度(MPa)	抗折强度(MPa)
钢 材	—	300～1 500	—
松木(顺纹)	30～60	80～120	60～110
花岗岩	100～250	5～8	10～14
普通黏土砖	7.5～30	—	2～5
普通混凝土	7.5～60	0.7～4	0.7～4
水 泥	30～80	—	5～9

1.2.2　弹性与塑性

材料在外力作用下会产生变形，当外力撤销时，变形随之消失，这种性质称为弹性。这种变形称为弹性变形。

材料在外力作用下产生变形，当外力撤销后，仍保持已发生的变形，这种性质称为塑性。这种变形称为塑性变形。

单纯弹性的材料是没有的。有的材料(如钢材)在受力不太大时表现为弹性，超过弹性限度之后便出现塑性变形。许多材料(如混凝土等)在受力后，弹性变形和塑性变形同时发生，若撤销外力，其弹性变形将消失，但塑性变形仍残留着(称为残余变形)。这种既有弹性又有塑性的变形称为弹塑性变形。

1.2.3　韧性与脆性

材料受力时，发生较大变形尚不断裂的性质称为韧性。具有这种性质的材料称为韧性材料。如钢材、木材、塑料、橡胶等属于韧性材料。

材料受力时，在没有明显变形的情况下突然断裂的性质称为脆性。具有这种性质的材料称为脆性材料。如生铁、混凝土、砖、石、玻璃、陶瓷等均属于脆性材料。一般来说，脆性材料的抗压强度较高，而抗拉强度却很低，比其抗压强度低得多，这从表 1-2 中可以看出。

1.2.4　硬度与耐磨

材料抵抗外物压入的性质称为硬度。可用刻痕法(能否容易刻出痕迹)、压痕法(硬物压入的深浅)或回弹法(回弹力的大小)测定材料的硬度。刻痕法用于测定天然矿物的硬度；压痕法常用于钢材、木材硬度的测定;而测定混凝土、砖、砂浆表面硬度时,常采用回弹法。

材料抵抗外物磨损的性质称为耐磨性。硬度大、强度高的材料,其耐磨性好。铁路的钢轨和用于路面、地面、桥面、阶梯等部位的材料,都要求使用耐磨性好的材料。

1.3 材料与水有关的性质

1.3.1 亲水性与憎水性

材料与水接触时,根据材料表面对水的吸附程度,有亲水与憎水两种不同情况。

大多数材料的表面对水的吸附力较大,水在材料表面呈摊开状[润湿角 $\theta<90°$,如图 1-2(a)所示],材料表面能被水润湿,材料中的开口微孔能将水吸入,材料的这种性质称为亲水性,具有这种性质的材料称为亲水性材料。木材、砖、石、混凝土等材料都是亲水性材料。

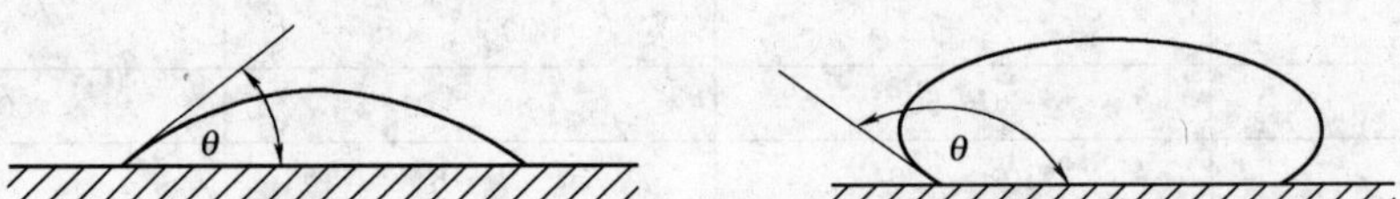

(a) 亲水性　(b) 憎水性

图 1-2　材料的亲水性和憎水性

少数材料的表面对水的吸附力较小,由于水的内聚力作用,水在材料表面收拢成珠状[润湿角 $\theta>90°$。,如图 1-2(b)所示],材料表面不易被润湿,材料中的微细孔隙不会将水吸入[若憎水性材料的缝隙进入了亲水的粉尘,应当别论],材料的这种性质称为憎水性,具有这种性质的材料称为憎水性材料。沥青、石蜡等材料属于憎水性材料。憎水性材料常用作防水材料或对亲水性材料表面作防水处理。

1.3.2 吸 水 性

材料在水中吸水的性质称为吸水性。材料的吸水性用质量吸水率或体积吸水率表示。

材料在吸水饱和状态下,所吸收水分的质量与材料干质量比值的百分率称为材料的质量吸水率(简称为吸水率),用下式表示:

$$W_{吸}=\frac{m_{饱}-m_{干}}{m_{干}}\times 100\% \tag{1-12}$$

式中 $W_{吸}$——材料的质量吸水率,%;

$m_{饱}$——材料吸水饱和时的质量,g;

$m_{干}$——材料烘干至恒重时的质量,g。

对于轻质多孔材料的吸水性,可用体积吸水率表示。材料在吸水饱和状态下,所吸水分的体积与材料自然状态体积比值的百分率称为材料的体积吸水率,用下式表示:

$$W_{体}=\frac{m_{饱}-m_{干}}{\rho_{水} V_0}\times 100\% \tag{1-13}$$

式中 $W_{体}$——材料的体积吸水率,%;

V_0——材料在干燥状态时的自然体积,cm^3;

$\rho_{水}$——水的密度,取 1 g/cm^3。

材料吸水性的强弱，取决于材料的亲水性、孔隙率和孔隙特征。一般说来，孔隙率较大的亲水性材料，其吸水率大，吸水性强。但由于封闭孔隙不能进水，粗大孔隙虽易进水，却不易存留，所以具有大量开口连通细微孔隙的亲水性材料(如木材、砖、多孔混凝土等)，其吸水性是很强的。

1.3.3 吸 湿 性

材料在潮湿环境中吸收水分的性质称为吸湿性。材料的吸湿性用含水率表示。

材料在自然状态下，所含水分的质量与材料干质量比值的百分率称为材料的含水率，用下式表示：

$$W_{含}=\frac{m_{含}-m_{干}}{m_{干}}\times 100\% \tag{1-14}$$

式中 $W_{含}$——材料的含水率，%；

$m_{含}$——材料含水时的质量，g。

材料含水率的大小，除与材料的亲水性、孔隙率、孔隙特征有关之外，还随着周围环境的温度、湿度而变化。当周围环境较为潮湿时，材料将吸入水分，使含水率增大；反之，当周围环境较为干燥时，材料中的水分蒸发，使含水率下降，直至与外界湿度达到平衡为止。达到与外界湿度平衡时材料的含水率称为平衡含水率。

1.3.4 耐 水 性

材料在长期饱和水作用下保持其原有性质的能力称为耐水性。不同材料的耐水性有不同的含义：结构材料的耐水性主要指材料受水后强度的变化；而装饰材料的耐水性主要指材料受水后的颜色变化、霉变、是否会鼓泡起层等。

结构材料的耐水性用软化系数 $K_{软}$ 表示：

$$K_{软}=\frac{f_{饱}}{f_{干}} \tag{1-15}$$

式中 $f_{饱}$——材料吸水饱和状态下的抗压强度，MPa；

$f_{干}$——材料在干燥状态下的抗压强度，MPa。

材料在吸水后，由于水分子的浸入，削弱了材料微粒间的结合力，还会溶解其中易溶于水的成分，而使材料的强度有不同程度的下降(软化)，严重者会完全丧失其强度(如黏土)。

材料的软化系数，其值在 0～1 之间。$K_{软}$ 越接近于 1，材料的耐水性越好。凡用于受水浸泡或潮湿环境的重要材料，要求 $K_{软}\geqslant 0.85$；用于受潮湿较轻或次要部位的材料，要求 $K_{软}\geqslant 0.70$。凡 $K_{软}>0.85$ 的材料，通常可认为是耐水材料。

1.3.5 抗 冻 性

材料在吸水饱和状态下，抵抗冻融循环破坏的能力称为材料的抗冻性。

由于水结冰时体积膨胀 9%，材料孔隙内的饱和水结冰膨胀，将对材料的孔壁产生很大的压力，无论是冰冻还是融化，都会使材料产生内外裂纹、表面剥落、强度下降，引起冻融破坏，而且冻融循环次数越多，冻融破坏就越严重。

材料的抗冻性，用抗冻等级表示，分有 F10、F15、F25、F50、F100 等抗冻等级。其中的“F”

(过去用"D")是抗冻等级的代号,其数码代表冻融循环次数。如"F25"代表材料经过-15 ℃冰冻、$+20$ ℃下溶化,如此循环25次后,材料尚未严重破坏,即质量损失不大于5%、强度损失不大于25%、裂纹开展不超限。

材料抗冻性的好与差取决于材料的强度、孔隙率和孔隙特征。增大材料的密实性或使材料内部形成一定数量的封闭孔隙,均能提高材料的抗冻性能。

1.3.6 抗 渗 性

材料抵抗压力水(或其他液体)渗透的能力称为抗渗性。材料抗渗性能的好与差,主要由材料的孔隙率和孔隙特征决定。增大材料的密实性或使材料内部形成一定数量的封闭孔隙,能提高材料的抗渗性能。

抗渗性可用渗透系数表示,根据水力学的渗透定律,渗透系数可按下式计算:

$$k=\frac{Qd}{HAt} \tag{1-16}$$

式中 Q——透过材料试件的水量,cm^3;
H——水头差,cm;
A——渗水面积,cm^2;
d——试件厚度,cm;
t——渗水时间,h;
k——渗透系数,cm/h。

材料抗渗性的另一个指标为抗渗等级,用Pn表示。其中的"P"是抗渗等级的代号,其数码n代表材料在不发生渗透的前提下所能承受的最大水压。例如"P6"代表材料按标准方法作抗渗试验时,在0.6 MPa的水压作用下不发生渗透。

1.4 材料与热有关的性质

1.4.1 导 热 性

材料能传导热量的性质称为导热性。材料传导热量的能力用导热系数λ表示。

根据热工原理:当面积为A、厚度为d的材料,在两侧温差为t_2-t_1的情况下,Z小时内所传导的热量为Q,有如下关系:

$$Q=\lambda\cdot\frac{AZ(t_2-t_1)}{d}$$

则有:

$$\lambda=\frac{Qd}{AZ(t_2-t_1)},\quad (t_2>t_1) \tag{1-17}$$

式中 λ——材料的导热系数,W/(m·K);
Q——材料传导的热量,J;
d——材料的厚度,m;
A——材料的传热面积,m^2;
Z——传热的时间,h;
t_2-t_1——材料传热时两面的温差,K。

可见，导热系数 λ 表示面积为 1 m^2、厚度为 1 m 的材料，当其两面温差为 1 K(或 1 ℃)时，在 1 h 内所传导的热量(J)。

一些常用材料的导热系数如表 1-3 所示。导热系数越小的材料，其导热性越差，保温隔热性能就越好。

表 1-3 几种材料的热工性质指标

材 料	导热系数[W/(m·K)]	比热容[J/(g·K)]	材 料	导热系数[W/(m·K)]	比热容[J/(g·K)]
铜	370	0.38	绝热用纤维板	0.05	1.46
钢	55	0.46	玻璃棉板	0.04	0.88
花岗岩	2.9	0.80	泡沫塑料	0.03	1.30
普通混凝土	1.8	0.88	冰	2.20	2.05
普通黏土砖	0.55	0.84	水	0.60	4.19
松木(横纹)	0.15	1.63	密闭空气	0.025	1.00

材料保温性的好与差，取决于材料的成分和构造。由于密闭空气的导热系数很小[λ=0.025 W/(m·K)]，所以孔隙率较大且为细微封闭孔隙的材料的导热系数也就小，保温性能就好。具有粗大而贯通孔隙的材料，由于有对流作用，其导热系数会增大。材料受潮或吸水受冻后，由于水和冰的导热系数比不流动空气的导热系数大几十倍，会使材料的导热系数增大。

一般认为，导热系数 $\lambda \leqslant 0.23$ W/(m·K)的材料，可作为保温隔热材料，这种材料必定是多孔轻质的，且应在干燥环境中使用，以利于发挥其保温隔热的效能。

1.4.2 热容量

热容量是材料受热时吸收热量、冷却时放出热量的性质，即是材料能容纳热量的性质。单位质量材料的热容量用比热容表示，即：

$$C=\frac{Q}{m\cdot(t_2-t_1)},\quad (t_2>t_1) \tag{1-18}$$

式中 C——材料的比热容，J/(g·K)；

Q——材料吸收(或放出)的热量，J；

m——材料的质量，g；

t_2-t_1——材料受热(或冷却)前后的温差，K。

比热容表示 1 g 材料温度升高 1 K 时所吸收的热量(或降低 1 K 时所放出的热量)。几种常用材料的比热容值见表 1-3。

材料的质量与比热容的乘积($m\cdot C$)就是材料的热容量。材料的热容量对保持建筑室内温度的稳定有很大的作用。用于建筑外围的材料，宜采用导热系数小或热容量大的材料，能在室内外温差较大的情况下缓和室内温度的波动，对于采暖或供冷的建筑，可起到节约能源的效果。

1.4.3 热膨胀

材料的热胀冷缩是一种自然现象。材料由于温度上升 1 K(或下降 1 K)所引起的相对伸长值(或相对缩短值)称为线膨胀系数 α，α 的值在常温下是一个常数：

$$\alpha=\frac{\Delta L}{L\cdot\Delta t}\quad(1/K)\tag{1-19}$$

式中　L——材料原有的长度，mm 或 m；

ΔL——材料由温变引起的伸长值或缩短值，mm 或 m；

Δt——温度的变化，K(或℃)。

例如：钢　材　$\alpha=(10\sim12)\times10^{-6}/K$

混凝土　$\alpha=(5.8\sim12.6)\times10^{-6}/K$

岩石、骨料　$\alpha=(6.3\sim12.4)\times10^{-6}/K$

线膨胀系数是一个重要的物理参数，可以用来计算材料在温度变化时所引起的变形，或当温度变形受阻时所产生的温度应力等。

例如：一根 25 m 长的钢轨，在温度升高 60 ℃的情况下，其伸长量为：

$$\Delta L=\alpha\cdot L\cdot\Delta t=10\times10^{-6}\times25\,000\times60=15\text{ mm}$$

为此，钢轨接头处要留有适当的轨缝，桥梁或过长的建筑要留有伸缩缝，架空的长管道要设置“Ω”形管节，都是为了适应由于温度变化引起材料的变形。

如果温度变形受到阻碍，便会在材料内部产生温度应力，例如铁道上的无缝线路钢轨因温度变化，将会在轨内产生巨大的温度应力，给无缝线路的结构带来一些新的问题。

1.5　材料的耐久性

材料在使用过程中，除受各种外力作用外，还要长期地受到各种自然环境因素的破坏作用。这些破坏作用可以概括为物理、化学和生物的作用。

(1)物理作用：材料在长期的阳光、大气、雨水、冰雪等作用下，不断发生干湿变化、热胀冷缩、冻融循环，从而发生内外裂缝、表面剥落，造成材料的破坏。如岩石的风化、沥青和塑料的老化、材料的冻胀破坏、结构的渗漏等。

(2)化学作用：材料在各种化学介质、酸碱盐物质的水溶液和有害气体的侵蚀作用下，会发生变质，引起破坏。如钢材生锈、水泥腐蚀、钢筋混凝土的碳化破坏、碱—骨料反应等。

(3)生物作用：材料受菌类、昆虫的侵蚀造成的破坏。如木材腐朽、虫蛀等。

对于使用中的工程材料来说，它们所受到的破坏作用往往不是一种，而是上述几种因素共同作用，如果不采取相应的防护措施，材料就会逐渐发生破坏。

综上所述，材料在各种自然环境因素作用下能否经久耐用的性质称为耐久性。一般把材料的抗蚀性、抗冻性、抗渗性、抗老化性等作为材料耐久性的主要内容。

复习思考题

1. 什么是材料的密度？按材料状态不同分为哪几种？分别如何表示和计算？

2. 什么是材料的密实度、孔隙率和空隙率？如何计算？材料的孔隙特征指什么？

3. 已知混凝土试件尺寸为 20 cm×20 cm×20 cm，其质量为 19.10 kg，问其体积密度是多少 g/cm^3、多少 kg/L、多少 kg/m^3？

4. 一块标准红砖，尺寸为 240 mm×115 mm×53 mm，烘干后质量为 2.665 kg，将其一部分磨细后取干粉 55 g，用密度瓶测得其密实体积为 20.7 cm^3，求此砖的密实密度、体积密度和孔隙率。

5. 某地的卵石，堆积密度为 1 750 kg/m³，表观密度为 2.69 g/cm³，求此卵石的空隙率。若用堆积密度为 1 500 kg/m³ 的砂子填满 1 m³ 上述卵石的空隙并超量 20%，问需砂子多少 kg？

6. 取一些卵石经洗净烘干后，称取 1 000 g，将其浸水饱和(其开口连通孔隙吸饱水，可使测试结果更为准确，但封闭孔隙未进水)，广口瓶盛满水连盖称得质量为 1 840 g，装入卵石并再加满水加盖称得质量为 2 470 g，求卵石的表观密度。

7. 什么是材料的强度？按受力形式不同分为哪几种？分别如何计算？

8. 用 ϕ18 mm 的钢筋做拉伸试验，测得最大拉力为 102.85 kN，问该钢筋的抗拉强度为多少？

9. 对蒸压灰砂砖试样进行抗压和抗折试验，试件的尺寸如图 1-3 所示，测得最大抗压荷载为 162.53 kN，最大抗折荷载为 3 040 N，求此砖的抗压强度和抗折强度分别为多少？

10. 什么是弹性变形？什么是塑性变形？什么是材料的韧性？什么是材料的脆性？韧性材料和脆性材料各举些例子。

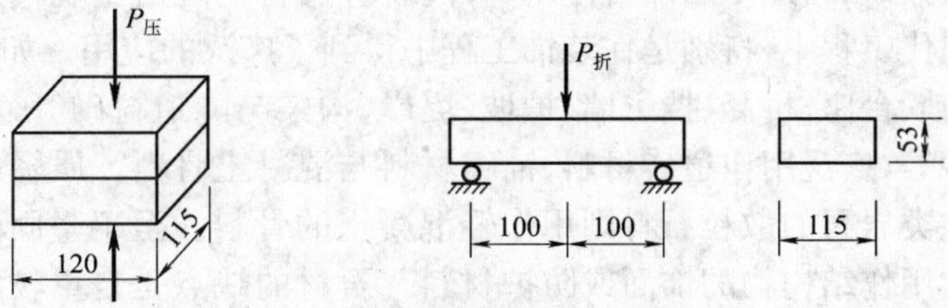

图 1-3 第 9 题附图(尺寸单位：mm)

11. 亲水性材料与憎水性材料在与水接触时的性能有何不同？对这两类材料各举例说明。

12. 什么是材料的吸水性和吸湿性？什么是材料的吸水率和含水率？如何表示和计算？

13. 拌制混凝土时，每次需要干砂 200 kg，若现场的砂子含水率为 8%，问需要称取湿砂多少，其带入的水为多少？

14. 什么是材料的耐水性？如何表示？材料被水软化的原因是什么？

15. 什么是材料的抗冻性？如何表示？F50 表示什么？材料受冻破坏的原因是什么？

16. 什么是材料的抗渗性？如何表示？P8 代表什么？

17. 材料的导热系数与材料的导热性能和保温性能有何关系？什么样的材料可用作保温材料？保温材料为什么一定是多孔轻质的？又为什么要保持干燥？

18. 什么是材料的热容量？它对建筑物的热工性能有何影响？

19. 材料孔隙率的大小对材料的体积密度、强度、吸水性、抗冻性、抗渗性和保温性有何影响？为什么？

20. 多孔材料吸水后(与干燥材料对比)，其体积密度、强度、保温性能有何变化？为什么？

21. 什么是材料的耐久性？材料会受哪些破坏作用？材料的耐久性主要反映在哪几个方面？

第 2 章　建筑石材

【学习目标】本章简要介绍岩石的组成与分类及工程中常用的岩石特征，重点介绍石材的技术性质及工程中常用的各类石材。通过本章学习，要求了解岩石的组成与分类，掌握石材的技术性质，熟悉工程上常用的石材制品。

石材是古老的工程材料，资源非常丰富，使用历史悠久。

在土建工程中，由于石材具有很高的抗压强度，良好的耐久性与耐磨性，产源分布广泛，容易就近取材，价格低廉，粗略加工后即可使用等许多优点，特别是由于现代开采与加工技术的进步，使得石材在现代工程中，特别是在装饰工程中得到了广泛的应用。如质重而坚密的块体石料常用于砌筑基础、台座、桥涵、挡土墙、护坡、堤岸、沟渠与隧道衬砌等，这类岩石的散粒石料，如碎石、卵石、砂等，广泛用作道砟材料、铺路材料与混凝土骨料。质轻而多孔的块体石料常用作砌墙材料，这类岩石的散粒石料则用作轻混凝土的骨料。至于坚固耐久、色泽美观、易于磨光的石料，则常用作结构物的饰面或防护材料。石材的缺点是自重较大，脆性较大，硬度较高，开采加工有些困难，做成规则形状需花费较多的劳动。

2.1　岩石的组成与分类

2.1.1　岩石的组成

天然岩石是矿物的集合体，组成岩石的矿物统称为造岩矿物。大多数岩石是由多种造岩矿物组成的。岩石没有确定的化学组成和物理力学性质，同种岩石，产地不同，其各种矿物的含量、颗粒结构均有差异，因而颜色、强度、耐久性等也有差异。造岩矿物的性质及其含量决定着岩石的性质。工程中常用岩石的主要造岩矿物有以下几种：

(1)长石：是长石族矿物的总称，包括正长石、斜长石等，为钾、钠、钙等的铝硅酸盐晶体。密度为 2.5～2.7 g/cm^3，莫氏硬度为 6。坚硬、强度高，化学稳定性高(但低于石英)，具有白、灰、红、青等多种颜色。长石是火成岩中最多的造岩矿物，约占总量的 2/3。

(2)角闪石、辉石、橄榄石：为铁、镁、钙等硅酸盐的晶体。密度 3～3.6 g/cm^3，莫氏硬度为 5～7。强度高、韧性好、耐久性好。具有多种颜色，但均为暗色，故也称暗色矿物。

(3)方解石：为碳酸钙晶体($CaCO_3$)。白色，密度 2.7 g/cm^3，莫氏硬度为 3。强度较高，耐久性次于上述矿物，遇酸后分解。

(4)白云石：为碳酸钙和碳酸镁的复盐晶体($CaCO_3 \cdot MgCO_3$)。白色，密度为 2.9 g/cm^3，莫氏硬度为 4。强度、耐酸腐蚀性及耐久性略高于方解石，遇酸时分解。

(5)黄铁矿：为二硫化铁晶体(FeS_2)。金黄色，密度为 5 g/cm^3，莫氏硬度为 6～7。耐久性差，遇水和氧生成游离硫酸，且体积膨胀，并产生锈迹。黄铁矿为岩石中的有害矿物。

(6)石英：是二氧化硅(SiO_2)晶体的总称。无色透明至乳白色，密度为 2.65g/cm^3，莫氏硬度为7,非常坚硬,强度高,化学稳定性及耐久性高。但受热时(537 ℃以上),因晶体转变会产生裂缝,甚至松散。

(7)云母:是云母族矿物的总称,为片状的含水复杂硅铝酸晶体。密度为2.7～3.1 g/cm³,莫氏硬度为2～3。具有极完全解理(矿物在外力等作用下,沿一定的结晶方向易裂成光滑平面的性质称为解理,裂成的平面称为解理面),易裂成薄片,玻璃光泽,耐久性差,具有无色透明、白色、绿色、黄色、黑色等多种颜色。云母的主要种类为白云母和黑云母,后者易风化,为岩石中的有害矿物。

2.1.2 岩石分类

岩石的种类很多,按成因不同,可分为岩浆岩、沉积岩和变质岩三大类,它们具有显著不同的结构、构造和性质。

(1)岩浆岩

岩浆岩又称为火成岩,是熔融岩浆在地下或喷出地表后冷凝结晶而成的岩石。其物质成分主要是硅酸盐矿物。岩浆存在于地壳深部,处在高温高压条件下,当地壳发生构造运动时,岩浆便冲开岩层薄弱地带,向压力较低的方向流动,当其上升到一定高度,即内压力与上覆岩层的外压力达到平衡时,则岩浆便在地层下冷凝成岩;岩浆还可能沿着地壳的缝隙冲出而在地表冷凝成岩。根据成岩的位置不同,岩浆岩可分为深成岩、浅成岩、喷出岩和火山岩。

1)深成岩:岩浆在地下深处冷凝成岩者称为深成岩。深成岩由于冷凝缓慢,有充分的时间结晶,形成全晶结构。这类岩石结晶完整,晶粒粗大,构造密实,抗压强度高。工程上常用的深成岩有花岗岩、闪长岩、辉长岩等。

2)浅成岩:岩浆在地下浅处冷凝成岩者称为浅成岩。浅成岩由于冷凝较快,有些岩浆来不及结晶就凝固成非结晶的玻璃体,因而形成了结晶体与玻璃体混合在一起的半晶质结构。工程中常用的浅成岩有花岗斑岩、辉绿岩等。

3)喷出岩:岩浆从地壳缝隙中喷出,沿地表流动厚积,冷凝成岩者称为喷出岩。大量喷出的岩浆,因冷凝较快而形成结晶更少的隐晶结构或非结晶的玻璃体结构。而薄处岩浆速冷凝固时,由于挥发的气体内扩形成气孔状构造;有些气孔为后来的石英、方解石等矿物填充而成杏仁状构造。工程中常用的喷出岩有玄武岩、安山岩等。

4)火山岩:岩浆冲出地表喷向空中而落回地面形成的火山灰、火山渣、浮石等,或再被岩浆或其他物质胶结而成为火山凝灰岩,称为火山岩。因急速冷却,使内部形成大量的气孔,常用作混凝土的轻骨料;又因多呈玻璃体质,有较高的化学活性,常用作水泥的混合材料。

(2)沉积岩

露出地表的各种先期形成的岩石,经风化、剥蚀作用成为岩石碎屑,再经流水、风力、冰川等的自然搬运、沉积,又经长期的压密、胶结、重结晶等作用,在地表及其附近形成的岩石,称为沉积岩。沉积岩又称水成岩,其主要特征是呈层理状构造,外观多层理,且各层岩石的成分、构造、颜色均有不同;多数沉积岩的体积密度较小,孔隙率和吸水率较大,强度较低,耐久性较差。

根据沉积条件的不同,沉积岩可分为碎屑沉积岩、黏土沉积岩、化学沉积岩和生物化学沉积岩等几类。

1)碎屑沉积岩:风化的岩石碎屑,经风、水的搬运而沉积,长期受覆盖层的压密和胶结物的胶结作用而形成的岩石称为碎屑沉积岩。碎屑粒径大于2 mm的称碎屑岩,小于2 mm的称砂岩,由火山喷出的碎屑沉积而成的称火山碎屑岩。

2)黏土沉积岩:由粒径小于 0.005 mm 的极细矿物沉积,并在压力作用下经压密固结而成的岩石,一般层理较薄,如泥岩、页岩等。主要作为生产砖瓦、陶瓷、水泥的原料使用。

3)化学沉积岩:原有岩石中的某些成分溶解于水,其溶液、胶体经迁移、沉淀、结晶形成的岩石称为化学沉积岩,如白云岩、石膏、菱镁石和部分石灰岩等。

4)生物沉积岩:由生物遗骸沉积或有机化合物转变而成的岩石称生物化学沉积岩,如石灰岩、白垩、贝壳岩、珊瑚、硅藻土等。

(3)变质岩

地壳中原有的岩石,由于地壳运动,被覆盖在地下深处,在高温、高压和化学性质活泼的液体渗入作用下,造成原岩的物理和化学变化,改变了原来岩石的结构、构造甚至矿物成分,形成一种新的岩石,称为变质岩。变质岩的结构多为变晶结构,主要有片理和块状两种构造。如板岩、千枚岩是表面平直、片理明显、厚薄均匀的岩石;片麻岩是晶粒粗大、片理不规则、成条带状、沿片理面不易裂开的岩石;大理岩、石英岩是由晶粒矿物组成并呈致密的块状构造的变质岩等。

1)正变质岩:由岩浆岩变质而成。性能一般比原岩浆岩差。常用的有由花岗岩变质成的片麻岩。

2)副变质岩:由沉积岩变质而成。性能一般比原沉积岩好。常用的有大理岩、石英岩等。

2.2 工程中常用的岩石

2.2.1 工程中常用的岩浆岩

(1)花岗岩

花岗岩属于酸性的深成岩,SiO_2 含量达 65%以上,主要矿物成分为长石、石英、云母和普通角闪石,为全晶质结构,块状构造。花岗岩常呈灰白色,也有微黄、淡红、暗红等色。由于含有深色矿物而呈花点状,故俗称麻石、豆渣石,体积密度大,达 2 500~2 700 kg/m^3,抗压强度高,可达 120~250 MPa,孔隙率和吸水率很小(0.1%~0.7%),耐磨性、抗冻性、耐水性、耐酸性、抗风化都很好。构造均匀,能锯解成片,表面经琢磨后具有花点状色彩,光泽美观,有很好的装饰性。

由于花岗岩分布广泛,又具有上述的优良性能,因而是良好的工程材料,大量应用于工程建筑的基础、墩台、闸坝、路面、护坡、挡土墙、基座、勒脚、栏杆、台阶、沟槽等,尤其适用于修建纪念性建筑物,其板材是建筑物的高档饰面材料,其碎石用于铁路的道砟,也是拌制普通混凝土和耐酸混凝土的良好粗骨料。

(2)玄武岩

玄武岩是喷出岩中最普遍的一种,颜色常呈深灰色、黑色、棕黑色,暗淡无光。主要矿物成分为斜长石和辉石。具有细粒致密结构或斑状结构,呈气孔状构造或杏仁状构造。

玄武岩的硬度、强度都很高,其抗压强度可达 250~500 MPa,常用于基础、桥梁等石砌体和高强度混凝土的粗骨料,也常用来建造道路路面。玄武岩熔点较低,是制造铸石和岩棉的主要原料。

(3)辉绿岩

辉绿岩是浅成岩浆岩,造岩矿物主要是长石、辉石、橄榄石、角闪石、云母等。颜色多为灰绿和墨绿,半晶质结构,密实、强度高,耐酸性能好。

辉绿岩能劈解成较规则的块材，多用于高质量的路面及建筑物的名贵衬面；其碎石可作普通混凝土和耐酸混凝土的骨料；因熔点较低（1 400～1 500 ℃），故能加热熔化后浇铸成铸石，能铸成各种板材、块材、管材和形态较复杂的制品。

(4)火山凝灰岩

当岩浆冲出地表喷向空中时，即成粉碎状态并急速冷却，下落时形成不同粒径的颗粒，其中粉状疏松的沉积物称为火山灰，多孔颗粒称为浮石，这些火山灰、浮石被岩浆或其他物质胶结起来，成为火山凝灰岩。

由于火山灰沉积时比较疏松，又由于岩浆胶结时冷却得较快，有许多挥发性气体起扩张作用，使火山凝灰岩具有多孔特征，体积密度小，其抗压强度与普通黏土砖相近，为5～20 MPa，可用作砌墙材料和轻混凝土的骨料，是水泥的重要掺料。

主要岩浆岩的矿物成分及性质可参见表2-1。

表2-1　岩浆岩的矿物成分及主要性质

岩　浆　岩		矿　物　成　分	主　要　性　质	
深成岩	浅成岩、喷出岩		体积密度（kg/m³）	抗压强度（MPa）
花岗岩	石英斑岩	石英、长石、云母	2 500～2 700	120～250
闪长岩	安山岩	长石、暗色矿物	2 800～3 000	150～300
辉长岩	玄武岩、辉绿岩	暗色矿物	2 900～3 300	250～500

2.2.2　工程中常用的沉积岩

(1)石灰岩

石灰岩俗称灰岩或青石，属于化学沉积岩或生物化学沉积岩，化学成分以$CaCO_3$为主，主要矿物成分为方解石，常含有白云石、菱镁石、石英、蛋白石、含铁矿物和黏土矿等。石灰岩通常为灰白色、浅灰色，有时因含杂质而呈现灰白、深灰、灰黑、浅黄、淡红等颜色。有明显的层理，由于构造不同，质量变化范围较大。其中密实的石灰岩密度大，强度高，抗渗性、抗冻性好，硬度较低，易于开采。

石灰岩分布很广，在土建工程中广泛应用于砌筑基础、勒脚、墩台、挡土墙、沟槽及路面等，其碎石是常用的混凝土粗骨料和铁路道砟材料。此外，石灰岩也是生产石灰和水泥的主要原料。但不得用于酸性水和二氧化碳含量多的水中，因为其$CaCO_3$成分容易被酸性物质腐蚀。

(2)砂岩

砂岩是粒径为0.05～2 mm的砂粒被天然胶结物胶结而成的岩石。由于胶结物的成分不同，使砂岩的性能差别很大，强度在5～200 MPa范围内变化，耐水性能也有很大差别，选用时要注意鉴别。

硅质砂岩以氧化硅为胶结物，呈白、淡灰、淡黄、淡红等色，强度高，抗风化能力强，能磨光，有光泽。可用于各种装饰、浮雕、路面、地面、基础、墩台、纪念碑等各种土建工程。

钙质砂岩以碳酸钙为胶结物，呈白色或灰白色，具有一定的强度，但易受酸的侵蚀，质较软，易加工。可用于大多数工程，如基础、墙身、台阶、挡土墙、人行道等。

铁质砂岩以氧化铁为胶结物，呈紫红色或棕红色，强度和稳定性不如硅质砂岩，容易风化，耐久性较差，不宜用于工程结构。

泥质砂岩以黏土质为胶结物，呈黄色，吸水性大，易软化，强度与稳定性差，不能用于工程结构。

(3)碎屑岩

碎屑岩是各种母岩受物理风化后所产生的机械碎屑物质，经搬运、沉积、固结和成岩等作用形成的沉积岩，碎屑岩分布很广，除用在玻璃、陶瓷工业外，在工程上也有应用。

2.2.3 工程中常用的变质岩

(1)大理岩

大理岩因最初产于云南大理而得名。它是石灰岩、白云岩、方解石等在长期高温、高压和一些矿物质的浸染作用下变质而成的。主要矿物成分为白云岩、方解石，是等粒变晶结构，块状构造。

纯大理岩为雪白色，俗称"汉白玉"。当含有不同的杂质时，呈现不同的颜色，如灰色、绿色、黑色、玫瑰色、粉红色等，岩石中含有网脉和花纹。抗压强度为70～110 MPa。大理岩是由于密实度高，质地较软，容易锯解成板或制成其他形式的构件，能很好地磨平和磨光，磨光后鲜艳美观，常用于装饰衬面工程，如用作地面、墙面、柜台、栏杆、台阶等，是室内外的高级装饰材料。由于方解石的成分易受空气中 SO_2 的腐蚀，使大理岩表面变得粗糙多孔而失去光泽，故多用于室内，但白云岩或白云质石灰岩变质而成的大理岩可用于室外，如汉白玉、艾叶青等。

(2)片麻岩

片麻岩是由花岗岩变质而成的。矿物成分与花岗岩相似，具有等粒变晶结构或斑状变晶结构，呈片理状构造。因此片麻岩各个方向的物理力学性质不同，垂直于片理方向的抗压强度为150～200 MPa，沿片理方向易于开采和加工，但在冻融交替作用下易成层剥落，其他性质均比花岗岩差，且片麻岩易风化，不能用于重要工程，可用于砌筑一般建筑工程的基础、勒脚等，也做混凝土骨料。

(3)石英岩

石英岩是由硅质砂岩变质而成的坚密均匀的晶体。石英岩的强度很高，可达400 MPa，硬度大，加工困难，但耐久性好，常用做重要建筑、纪念性建筑的贴面石、工业上耐磨及耐酸的贴面材料，其碎块可用于道路或做混凝土的骨料。

2.3 石材的主要技术性质

2.3.1 石材的物理性质

工程上主要对石材的体积密度、吸水率和耐水性等物理性质有要求。

(1)体积密度

大多数岩石的体积密度均较大，且主要与其矿物组成、结构的致密程度等有关。致密岩石的体积密度一般为2 400～3 200 kg/m³，常用致密岩石的体积密度为2 400～2 850 kg/m³。同种岩石，体积密度越大，则孔隙率越低，强度、耐久性等越高。

(2)吸水率

岩石的吸水率与岩石的致密程度和岩石的矿物组成有关。深成岩和多数变质岩的吸水率较小，一般不超过1%。二氧化硅的亲水性较高，因而二氧化硅含量高则吸水率较高，即酸性岩石($SiO_2 \geqslant 63\%$)的吸水率相对较高。岩石的吸水率越小，则岩石的强度与耐久性越高。为保证岩石的性能，工程上有时需限制岩石的吸水率，如饰面用大理岩和花岗岩的吸水率须小于0.75%和1.0%。

(3)耐水性、导热系数

大多数岩石的耐水性较高，但当岩石中含有较多的黏土时，其耐水性较低，如黏土质砂岩等。

致密石材的导热系数较高，可达2.5～3.5 W/(m·K)；多孔石材的导热系数较低，如火山渣、浮石的导热系数为0.2～0.6 W/(m·K)，因而适合用于配制保温用轻骨料混凝土。

2.3.2 石材的力学性质与耐久性

(1)抗压强度与强度等级

石材的强度除与矿物组成有关外，还与岩石的结构有关。岩石的结构越致密、晶粒越细小，石材的强度越高。具有层状构造的岩石，其垂直层理方向的强度较平行层理方向高。坚硬密实岩石的抗压强度一般都大于100 MPa，有的高达250 MPa。

《砌体结构设计规范》(GB 50003—2001)规定，石材的抗压强度由边长为70 mm的立方体试件进行测试，取三个试件破坏强度的平均值。石材的强度等级由抗压强度来划分，并用符号MU和抗压强度值来表示，划分为MU100、MU80、MU60、MU50、MU40、MU30、MU20七个等级。当试件为非标准尺寸时，其试验结果应乘以表2-2中相应的换算系数。

表2-2 石材的强度等级换算系数(GB 50003—2001)

立方体试块的边长(mm)	200	150	100	70	50
换算系数	1.43	1.28	1.14	1.00	0.86

装饰用石材的抗压强度按《天然饰面石材试验方法》(GB/T 9966.1—2001)的规定，采用边长为50 mm的立方体试件来测试。

(2)其他力学性质

根据石材的用途，对石材的技术要求还有弯曲强度、硬度、耐磨性、抗冲击性等。石材的弯曲强度一般为抗压强度的1/10～1/20，属于脆性材料。

由石英、长石组成的岩石，其硬度和耐磨性大，如花岗岩、石英岩等。由白云石、方解石组成的岩石，其硬度和耐磨性较差，如石灰岩、白云岩等。石材的硬度常用莫氏硬度来表示，耐磨性常用磨损率来表示。

晶粒细小或含有橄榄石、角闪石的岩石具有较高的抗冲击性。

(3)耐久性

石材的耐久性主要包括有抗冻性、抗风化性、耐火性、耐酸性等。

1)抗冻性

在寒冷地区，尤其是严寒地区用于潮湿环境或水位升降范围内的石材，必须考虑其抗冻性。石材的抗冻性与其矿物组成、吸水性及冻结温度有关。吸水率越小的石材，抗冻性越好。如花岗岩、石灰岩、坚硬致密的砂岩等，抗冻性都很好。冻结温度越低或冷却速度越快，则冻结破坏的程度也越大。

石材的抗冻性指标是用抗冻等级Fn表示的。石材试件在规定的冻融循环n次(寒冷地区15～50次，严寒地区50～200次)后，质量损失不超过5%，强度降低不大于25%，且无贯穿性裂纹，为抗冻性合格。

2)抗风化性

水、冰、化学因素等造成岩石开裂或剥落，称为岩石的风化。孔隙率的大小对风化有很大的影响。深成岩及吸水率较小的岩石，其抗风化能力较强。当岩石内含有较多的黄铁矿、云母时，风化速度快，此外由方解石、白云石组成的岩石在含有酸性气体的环境中也易风化。根据石材的抗风化性能，将其分为不易风化岩石和易风化岩石两大类，其性能见表 2-3。

防风化的措施主要有磨光石材的表面，防止表面积水；采用有机硅喷涂表面，如对碳酸盐类石材可采用氟硅酸镁溶液处理石材的表面。

表 2-3　石材按抗风化性能的分类

分　类	不易风化的		易风化的
软化系数	＞0.75		≤0.75
耐冻性	好		差
岩浆岩的结构	细晶粒		粗晶粒
造岩矿物	以石英为主	橄榄石、辉石、角闪石较多	长石、黄铁矿、黑云母较多
胶结物	硅　质	钙　质	泥　质
耐风化时间	暴露 1～2 年后尚不易风化		暴露数日至数月后即出现风化

3)耐火性

石材的耐火性与其化学组成和矿物组成有关。含有碳酸镁和碳酸钙的石材，在温度达到 600～900 ℃时开始分解破坏。石英含量较高的石材在受热达到 573 ℃时，因石英的体积膨胀致使石材开裂破坏。

4)耐酸性

由石英、长石、辉石等组成的石材具有良好的耐酸性，如石英岩、花岗岩、辉绿岩、玄武岩等。含有碳酸盐的石材不耐酸，如白云岩、石灰岩、大理岩等。

2.4　石材的品种及应用

2.4.1　饰面用岩石制品

工程上常用的饰面板材有大理石板材、花岗岩板材等。

(1)大理石板材：天然大理石板材是用大理石荒料(形状大致规则的大块石料)，经锯切、研磨、抛光后裁切为一定规格的板材。大理石板材硬度小，易于加工和磨光，耐久年限约达 40～100 年。

大理石板材是用于建筑物室内高级饰面的材料，可用于墙面、地面、柱面、栏杆、踏步等。当用于室外时，因碳酸钙在大气中受硫化物及水的作用，容易被腐蚀，使面层很快变色，失去光泽，并逐渐破损。所以只有少数几种，如汉白玉、艾叶青等质地纯、杂质少的品种，可用于室外饰面。

(2)花岗石板材：花岗石板材是用花岗岩荒料加工制成的板状产品。耐磨性和耐久性好，使用年限 75～200 年。根据用途和加工方法，花岗石板材可分为三种：

1)粗面板材：表面平整、粗糙，具有规则的斧纹或刨纹的板材，如剁斧板、机刨板、锤击板、烧毛板等。

2)细面板材:表面平整、光滑的板材。

3)镜面板材:表面平整、光滑、色泽鲜明,有镜面光泽的板材。

花岗石板材主要用于建筑工程室内外的地面、墙面、柱面、台阶等饰面工程。

2.4.2 道路路面用岩石制品

道路路面建筑用岩石制品,包括直接铺砌路面面层用的整齐块石、半整齐块石、不整齐块石三类和用作路面基层用的锥形块石、片石等。

(1)高级铺砌用整齐块石

由高强、硬质、耐磨的岩石经精凿加工而成,其加工费用昂贵。这种块石铺筑的路面,需以水泥混凝土为底层,并且用水泥砂浆灌缝找平,所以这种路面造价很高,只有在有特殊要求的路面,如特重交通以及履带车等行驶的路面上使用。尺寸一般可按设计要求确定。大方块石为 300 mm×300 mm×(120～150)mm,小方块石为 120 mm×120 mm×250 mm。用于加工高级铺砌用的岩石,抗压强度不低于 100 MPa,洛杉矶磨耗率不大于 5%。

(2)路面铺砌用半整齐块石

经粗凿而成立方体的方块石或长方体条石,顶面与底面平行,顶面积与底面积之比不小于 40%～75%。半整齐块石宜用硬质岩石制成,为修凿方便,常采用花岗岩。顶面不进行加工,因此顶面平整性较差,一般只在特殊地段使用,如土基尚未沉实稳定的桥头引道及干道或铁轮履带车经常通过的地段等。

(3)铺砌用不整齐块石

又称拳石,它是由粗打加工而得到的块石,要求顶面为一平面,底面与顶面基本平行,顶面积与底面积之比大于 40%～60%。其优点是造价不高,经久耐用;其缺点是不平整,行车振动大,故目前应用较少。

(4)锥形块石

又称大块石,用于路面底基层,由片石进一步加工而得,要求上小下大,接近截锥形,其底面积不宜小于 100 cm^2,以便砌摆稳定。高度一般有(160±20)mm、(200±20)mm、(250±20)mm 等,通常底基层厚度应为石块高的 1.1～1.4 倍。除特殊情况外,一般不采用大块石基层。

2.4.3 碎石和卵石

(1)碎石:碎石是由坚硬岩石经人工或机械破碎而成的。碎石广泛用作拌制混凝土的粗骨料,按一定的粒径大小筛分后可用作铁路道砟。

(2)卵石:为天然形成的小石块,颗粒形状为圆卵形,有少量的长条形和片形,表面圆滑。卵石广泛用作混凝土的粗骨料。

不论是用作铁路道砟的碎石,还是用作混凝土骨料的碎石和卵石,都应是坚韧、耐磨、不易风化的岩石,所含松软颗粒、尘末及黏土含量均不得超过规定限值。

2.4.4 铁路砌体工程用岩石制品

根据《铁路混凝土与砌体工程施工质量验收标准》(TB 10424—2003)将铁路砌体工程中岩石分为:

(1)普通片石:由爆破获得的石块,形状不规则,石块中部厚度不小于 150 mm 。

(2)镶面片石:形状不规则,大致有两个平行面,厚度不小于 150 mm 。其他尺寸大于厚度。

(3)块石:形状规则,大致方正;稍加修整,厚度不得小于 200 mm,长度及宽度不小于厚度。

(4)镶面块石:形状规则,大致方正;外露面稍加修整,凹入深度不大于 20 mm,尺寸同块石。外露面向内修凿的进深不小于 70 mm ,但尾部的宽度和厚度不大于修凿的部分;丁石的长度不小于顺石宽度的 1.5 倍。

(5)粗料石:形状规则的六面体;经粗加工,表面不允许凸出,凹入深度不大于 20 mm ,厚度不小于 200 mm,宽度不小于厚度,长度不小于厚度的 1.5 倍,外露面向内修凿的进深不小于 100 mm,且修凿面应与外露面垂直,每 100 mm 应凿切 4～5 条纹,丁石的长度应比相邻顺石宽度大 150 mm。

(6)细料石:形状规则的六面体或按设计要求;经细加工,表面不允许凸出,凹入深度不大于 10 mm ,尺寸同粗料石。主要用作柱头、柱脚、楼梯、台阶的踏步、窗台板、栏杆和其他外部镶面石料等。

复习思考题

1. 天然石材有哪些优缺点?
2. 岩石按成因分为哪三大类,各有哪些代表岩石?
3. 比较花岗岩、石灰岩、大理岩的特性和用途。
4. 天然石材的技术性质有哪些? 其强度等级是如何测定、如何划分的?
5. 铁道工程中常用石材品种有哪些? 其外形、尺寸有哪些要求? 主要用途如何?

第3章　气硬性胶凝材料

【学习目标】本章主要介绍胶凝材料的概念、分类；工程中常用气硬性胶凝材料的化学组成、凝结硬化原理、技术性质、特点和应用范围。通过本章学习，了解常用气硬性胶凝材料的生产工艺、凝结硬化原理；掌握常用气硬性胶凝材料的技术性质、特点和使用中应注意的问题。

能够通过自身的物理化学作用，由浆体变成坚硬的固体，并将散粒状材料、块状材料或片状材料胶结成为一个整体的材料，统称为胶凝材料。

根据化学组成不同，胶凝材料分为有机胶凝材料和无机胶凝材料两大类。有机胶凝材料是指以天然的或人工合成的有机高分子化合物为基本成分的胶凝材料，如沥青、合成树脂等；无机胶凝材料又称矿物胶凝材料，是以无机化合物为基本成分的胶凝材料，如石灰、水泥等。

按硬化条件不同，无机胶凝材料又可以分为气硬性胶凝材料和水硬性胶凝材料。气硬性胶凝材料只能在空气中硬化，并只能在空气中保持发展强度，如石膏、水玻璃、石灰等；水硬性胶凝材料既能在空气中硬化，而且还能更好地在水中硬化，保持发展强度，如各种水泥。

气硬性胶凝材料只适用于干燥环境；水硬性胶凝材料既适用于地上，也可用于潮湿环境或水中。

3.1　石　　灰

石灰是建筑史上使用较早的一种胶凝材料，我国著名建筑——万里长城，就是以石灰作为胶凝材料砌筑的。石灰具有原料分布广、生产工艺简单、成本低廉的特点，在建筑工程中应用广泛。在建筑工程中常用的石灰产品有磨细生石灰粉、消石灰粉和石灰膏。

3.1.1　石灰的生产及分类

(1)石灰的生产

生产石灰的主要原料有石灰石、白云石、白垩、贝壳等，其主要成分是碳酸钙，其次为碳酸镁。

将石灰石经高温煅烧分解，释放出二氧化碳气体，得到以氧化钙为主要成分的块状生石灰，反应式为：

$$CaCO_3 \xrightarrow{900\ ℃} CaO + CO_2 \uparrow$$

由于石灰原料中常含有一些碳酸镁，因此生石灰中除含氧化钙外，还含有氧化镁。

在普通大气压情况下，碳酸钙的理论分解温度为900 ℃。实际生产中，为加快石灰石的分解，提高产量，使原料充分煅烧，煅烧温度通常控制在1 000～1 200 ℃之间。

如果煅烧温度较低、煅烧时间短或岩块尺寸过大时，碳酸钙不能完全分解，石灰中含有未烧透的内核，这种石灰称为欠火石灰。欠火石灰的产浆量较低，有效氧化钙和氧化镁含量低，使用时黏结力不足，质量较差。如煅烧温度过高、煅烧时间过长，则成为内部结构致密的过火石灰。过火石灰的表面常被黏土杂质熔化时所形成的玻璃釉状物包覆，因而过火石灰与水反应速度十分缓慢。若将过火石灰用于工程中，过火石灰颗粒往往会在正常石灰硬化以后才发生水化作用，并且体积膨胀，使已硬化的砂浆表面产生开裂、隆起等现象，影响工程质量。因此，在生产中控制适宜的煅烧温度，是保证石灰品质的重要条件。

(2)石灰的分类

1)根据加工方法不同，石灰可分为块状生石灰、磨细生石灰粉、消石灰粉和石灰浆。

块状生石灰是由石灰原料经煅烧而得的产品，也称为建筑生石灰，主要化学成分为氧化钙；磨细生石灰粉是将块状生石灰破碎、磨细而成的粉末状物质，也称为建筑生石灰粉，主要化学成分为氧化钙；消石灰粉是将块状生石灰用适量水熟化而得到的粉末，也称之为熟石灰，主要化学成分为氢氧化钙；石灰浆是将生石灰用较多的水经熟化、沉淀而得到的可塑性膏状体，主要化学成分为氢氧化钙和水。

2)根据石灰中氧化镁的含量不同，块状生石灰和磨细生石灰粉可分为钙质生石灰(MgO的含量≤5%)和镁质生石灰(MgO的含量>5%)；消石灰粉可分为钙质消石灰粉(MgO的含量<4%)、镁质消石灰粉(4%≤MgO的含量<24%)、白云石消石灰粉(24%≤MgO的含量<30%)。

3)根据煅烧程度不同，石灰可分为欠火石灰、正火石灰、过火石灰。

4)根据熟化速度不同，石灰可分为快熟石灰(熟化时间在10 min以内)、中熟石灰(熟化时间在10～30 min之间)、慢熟石灰(熟化时间在30 min以上)。

3.1.2 石灰的熟化

对块状生石灰加水，使之消解为高分散度的氢氧化钙细粒，这一水化过程即为石灰的熟化或消化。反应式为：

$$CaO+H_2O=\!=\!=Ca(OH)_2+64.9\ kJ$$

生石灰在熟化时会放出大量的热，同时其体积膨胀1.0～2.5倍，易在工程中造成事故，因此，在石灰熟化过程中应注意安全，防止烧伤、烫伤。

石灰熟化的理论用水量为生石灰质量的32%，由于生石灰熟化时放热，会使大量的水变为水蒸气而蒸发，为了使生石灰充分熟化，实际用水量可达70%～100%。

熟化时根据加水量的多少，可得到消石灰粉和石灰浆。

消石灰粉由块状生石灰用适量的水熟化而得，加水量通常为石灰质量60%～80%，这样既可以充分熟化，又不致过湿成团。熟化最好在密闭容器中进行，它可以减少热能的损失，同时所产生的水蒸气又可以加速石灰的熟化过程。工地上常采用分层喷淋法，将打碎了的生石灰块平铺于能吸水的平地上，每层厚约20 cm，用水喷淋一次，然后上面再铺一层生石灰，接着再喷淋一次，直至5～7层为止，最后用砂和土予以覆盖，以防蒸发，使石灰充分熟化，同时又可阻止产生碳化作用。如系大块生石灰，则可置于金属丝篮内，浸于水中，待气泡停止逸出后，从水中取出，滴去多余的水，将石灰倒出堆于地上至1～1.5 m高，并加以覆盖。

石灰浆是将生石灰放在化灰池中，用过量的水(约为生石灰体积的3～4倍)消化成石灰水溶液，然后通过筛网，流入储灰坑内，形成石灰浆。随着水分的减少，储灰坑中的石灰会逐渐沉积或浓缩，形成石灰膏。为消除过火石灰的危害，保证石灰完全熟化，石灰膏必须在储灰坑中保存两周以上，这个过程称为“陈伏”。陈伏时间越长，石灰熟化得越完全。陈伏期间石灰浆表面应保持有一层一定厚度的水，以隔绝空气，防止碳化。

应特别指出，块状生石灰必须充分熟化后方可用于工程中。若将块状生石灰直接用球磨机破碎、磨细制得的磨细生石灰粉，则可不预先熟化、陈伏而直接应用。这是因为磨细生石灰的细度高，水化反应速度可提高30～50倍，且水化时体积膨胀均匀，避免了局部膨胀过大。使用磨细生石灰，克服了传统石灰硬化慢、强度低的缺点，提高了工效，节约了场地，改善了施工环境，但其成本较高。

3.1.3　石灰的硬化

石灰浆体在空气中的硬化，是由下列两个同时进行的过程来完成的。

(1)结晶作用

石灰浆在干燥过程中，石灰浆体中的游离水分逐渐蒸发，或被砌体吸收，使氢氧化钙溶液达到饱和而析出氢氧化钙晶粒。这些晶粒最初被水膜隔开，但随着水分不断蒸发，水膜逐渐变薄，晶粒长大并彼此靠近，交错结合在一起，形成结晶结构网，产生强度。

(2)碳化作用

石灰浆表层的氢氧化钙与潮湿空气中的二氧化碳反应生成碳酸钙晶粒而使石灰浆硬化。反应式为：

$$Ca(OH)_2+CO_2+nH_2O = CaCO_3+(n+1)H_2O$$

碳酸钙晶粒与氢氧化钙晶粒相互交叉、共生，构成紧密交织的结晶网，使硬化后的浆体强度进一步得到提高。

由于空气中的二氧化碳浓度很低，石灰的碳化作用主要发生在与空气接触的表面，并且碳化生成致密的碳酸钙后，会阻止二氧化碳继续深入内部，也影响到浆体内部水分的蒸发，使氢氧化钙结晶速度减慢。因此，石灰浆体的硬化过程具有由表及里、硬化速度逐渐变慢、硬化时间较长的特点。

3.1.4　石灰的技术性质和技术标准

(1)石灰的技术性质

生石灰多为块状，其颜色随成分不同而异。纯净的生石灰为白色，含杂质的呈灰色、浅黄色或红色。

1)石灰的密度。生石灰的密度取决于化学成分、煅烧的温度与时间，约为3.1～3.4 g/cm^3。表观密度通常为600～1 100 kg/m^3。消石灰的密度为2.1 g/cm^3，表观密度为400～700 kg/m^3。

2)有效氧化钙和氧化镁含量。石灰中产生黏结性的有效成分是活性氧化钙和氧化镁，它们的含量决定了石灰黏结能力的大小，是评价石灰品质的重要指标。

3)生石灰产浆量和未消化残渣含量。产浆量是指单位质量的生石灰经消化后，所产生石灰浆的体积。生石灰产浆量愈高，表示石灰质量愈好。未消化残渣含量是生石灰消化后，未能消化而存留在5 mm圆孔筛上的残渣占试样的百分率。

4)二氧化碳含量。二氧化碳含量越高,说明未分解的碳酸盐含量越高,有效成分(CaO+MgO)含量相对降低。

5)消石灰粉游离水含量。游离水含量是指化学结合水以外的含水量。生石灰消化时多加的水残留于氢氧化钙中,残余水分蒸发后留下孔隙,加剧消石灰粉碳化现象的产生,影响其使用质量。

6)细度。细度与石灰的质量有密切关系,现行标准以 0.90 mm 和 0.125 mm 筛余百分率控制。试验方法是称取试样 50 g,倒入 0.90 mm 和 0.125 mm 套筛内进行筛余,分别称量筛余物,计算其筛余百分率。

(2)石灰的技术标准

根据我国建材行业标准《建筑生石灰》(JC/T 479—1992)和《建筑生石灰粉》(JC/T 480—1992)的规定,建筑生石灰按技术指标可分为优等品、一等品、合格品三个等级。建筑生石灰及建筑生石灰粉的主要技术指标见表 3-1 和表 3-2。

表 3-1　建筑生石灰技术指标(JC/T 479—1992)

项　目	钙质生石灰			镁质生石灰		
	优等品	一等品	合格品	优等品	一等品	合格品
CaO+MgO 含量不小于,%	90	85	80	85	80	75
未消化残渣含量(5 mm 圆孔筛筛余)不大于,%	5	10	15	5	10	15
CO_2 含量不大于,%	5	7	9	6	8	10
产浆量不小于,L/kg	2.8	2.3	2.0	2.8	2.3	2.0

表 3-2　建筑生石灰粉技术指标(JC/T 480—1992)

项　目		钙质生石灰			镁质生石灰		
		优等品	一等品	合格品	优等品	一等品	合格品
CaO+MgO 含量不小于,%		85	80	75	80	75	70
CO_2 含量不大于,%		7	9	11	8	10	12
细度	0.90 mm 筛筛余不大于,%	0.2	0.5	1.5	0.2	0.5	1.5
	0.125 mm 筛筛余不大于,%	7.0	12.0	18.0	7.0	12.0	18.0

根据《建筑消石灰粉》(JC/T 481—1992)的规定,消石灰按技术指标可分为优等品、一等品、合格品三个等级,其主要技术指标见表 3-3。

表 3-3　建筑消石灰粉技术指标(JC/T 481—1992)

项　目		钙质消石灰粉			镁质消石灰粉			白云石消石灰粉		
		优等品	一等品	合格品	优等品	一等品	合格品	优等品	一等品	合格品
CaO+MgO 含量不小于,%		70	65	60	65	60	55	65	60	55
游离水,%		0.4～2	0.4～2	0.4～2	0.4～2	0.4～2	0.4～2	0.4～2	0.4～2	0.4～2
体积安定性		合格	合格	—	合格	合格	—	合格	合格	—
细度	0.90 mm 筛筛余不大于,%	0	0	0.5	0	0	0.5	0	0	0.5
	0.125 mm 筛筛余不大于,%	3	10	15	3	10	15	3	10	15

3.1.5 石灰的特性、应用及储存

(1)石灰的特性

1)良好的可塑性。生石灰熟化为石灰浆时,能形成颗粒极细(粒径约 1 μm)、呈胶体分散状态的氢氧化钙粒子,表面能吸附一层较厚的水膜,颗粒间的摩擦力减小,使石灰具有良好的可塑性和保水性。在水泥砂浆中掺入石灰膏,可显著提高砂浆的和易性。

2)凝结硬化慢、强度低。由于空气中二氧化碳含量少,使碳化作用减慢,而且硬化后的表层会对内部的硬化起阻碍作用,所以硬化时间长。同时,石灰浆中含有较多的游离水,水分蒸发后形成较多的孔隙,降低了石灰的密实度和强度。1∶3 的石灰砂浆 28 d 抗压强度只有0.2～0.5 MPa。

3)吸湿性强、耐水性差。生石灰在存放过程中会吸收空气中的水分而熟化,并且发生碳化致使石灰的活性降低。已硬化的石灰浆体,如果长期受到水的作用,会因氢氧化钙的逐渐溶解而导致石灰浆体结构破坏,强度降低,甚至引起溃散,因此石灰耐水性差,不宜在潮湿环境下使用。

4)体积收缩大。石灰浆在硬化过程中,蒸发大量的游离水,引起体积显著的收缩,容易产生开裂。所以,石灰一般不宜单独使用,通常掺入一定量的骨料(砂)或纤维材料(纸筋、麻刀等),以减少收缩,提高抗拉强度,避免开裂。

(2)石灰的应用

1)配制石灰乳。将消石灰粉或石灰膏加入足量的水稀释,制成石灰乳,可用于室内粉刷。

2)配制砌筑砂浆。将石灰膏与砂、水混合制成石灰砂浆,或将消石灰粉与水泥、砂、水混合制成水泥石灰混合砂浆,用于主体结构的砌筑和抹面工程。

3)生产硅酸盐制品。磨细的生石灰与砂子、粒化高炉矿渣、炉渣、粉煤灰等加水拌和,经成型、蒸压或蒸养处理,可制得硅酸盐制品,如灰砂砖、粉煤灰砖、加气混凝土砌块。

4)配制石灰土和三合土。消石灰粉与黏土按 1∶(2～4)质量比拌制,可配成石灰土,或与黏土、炉渣或砂等按 1∶2∶3 配合比拌制,可配成三合土。黏土颗粒表面少量活性氧化硅及氧化铝,在有水存在的条件下可与石灰中的氢氧化钙起反应,生成不溶性的水化硅酸钙和水化铝酸钙,将黏土颗粒黏结起来,同时,石灰改善了黏土的可塑性,提高了黏土的强度和耐水性,可作为建筑物基础和道路的垫层材料。

5)生产碳化石灰板。将磨细生石灰、增强纤维(如玻璃纤维)或轻质骨料(如矿渣)搅拌成型,然后通入二氧化碳进行人工碳化,可制成轻质板材。为减轻自重和提高碳化效果,多制成空心板。碳化石灰空心板的表观密度小(约为 700～800 kg/m^3),有一定的强度,导热系数小,保温性能好,能锯、刨、钉,可作为内隔墙板、天花板。

(3)石灰的储存

生石灰的吸水、吸湿性极强,极易吸收空气中的水分和二氧化碳,还原为碳酸钙,使其胶凝性能降低,因此石灰在存放时应注意防水防潮,并且不宜久存,做到随到随用。由于生石灰受潮熟化时放出大量的热,而且体积膨胀,所以,储存和运输生石灰时,不应与易燃易爆物品及液体共存、同运,以免发生火灾,引起爆炸。

3.2 石　　膏

石膏作为胶凝材料有着悠久的历史,如古埃及的金字塔就是用石膏作为胶凝材料砌筑的。石膏及其制品具有原材料丰富、生产能耗低、不污染环境等特点,在建筑工程中得到广泛应用。

近年来,石膏及其制品已作为一种绿色建材,大量用于室内的空间分隔和装饰装修。

3.2.1 石膏的生产

生产石膏的原料有天然二水石膏($CaSO_4 \cdot 2H_2O$)、天然无水石膏($CaSO_4$)或含有硫酸钙成分的工业废料等。

天然二水石膏又称生石膏,是生产石膏的主要原料。它是一种外观呈针状、片状的白色或透明无色的矿物,密度为2.2~2.4 g/cm^3,莫氏硬度为2。天然无水石膏因其质地较硬,故又称硬石膏,其密度为2.9~3.0 g/cm^3,莫氏硬度为3~4。化学工业中含有硫酸钙成分的副产品和废渣(又称化工石膏),也可作为生产石膏的原料,其中应用较多的有磷石膏、硼石膏、芒硝石膏与制盐石膏等。

将天然二水石膏或化工石膏经加热、煅烧、脱水、磨细,即得石膏胶凝材料。随着加热温度和压力的不同,可制得晶体结构、性能各异的石膏胶凝材料。

天然二水石膏在非密闭的窑炉中加热至107~170℃时,可得β型半水石膏。反应式为:

$$CaSO_4 \cdot 2H_2O \xlongequal{107\sim170\ ℃} CaSO_4 \cdot \frac{1}{2}H_2O + \frac{3}{2}H_2O$$

β型半水石膏又称熟石膏,晶粒较细小,磨成细粉就是通常所称的建筑石膏。

天然二水石膏在加压水蒸气的条件下(温度为124 ℃、压力为0.13 MPa),则得到晶粒较粗的α型半水石膏。反应式为:

$$CaSO_4 \cdot 2H_2O \xrightarrow{0.13\ MPa,124\ ℃} CaSO_4 \cdot \frac{1}{2}H_2O + \frac{3}{2}H_2O$$

α型半水石膏与β型半水石膏在水中的分散度不一样,所以将它们调拌成标准稠度的浆体时所需的用水量不同。α型半水石膏的需水量较少,这使得α型半水石膏的硬化体中孔隙较少,硬化后强度较高,故α型半水石膏又称为高强度石膏。

当加热温度升至200~360 ℃时,半水石膏继续脱水,成为可溶性硬石膏。它的标准稠度需水量比半水石膏约高25%~30%,所以硬化后强度较低。当加热温度达到500~750 ℃时,天然二水石膏完全失去水分,成为不溶性硬石膏。其晶体更加密实,难溶于水,几乎没有水化反应能力。

3.2.2 建筑石膏的凝结硬化

半水石膏与适量的水拌和后,重新水化生成二水石膏。反应式为:

$$CaSO_4 \cdot \frac{1}{2}H_2O + \frac{3}{2}H_2O = CaSO_4 \cdot 2H_2O$$

由于二水石膏在水中的溶解度(20℃时约为2.05 g/L)比半水石膏的溶解度(20 ℃时约为8.16 g/L)小得多,所以半水石膏的饱和溶液相对于二水石膏来说,便成为过饱和溶液,因此,二水石膏会很快从过饱和溶液中以胶体微粒析出,从而破坏了半水石膏溶液的平衡,迫使半水石膏继续溶解和水化。如此循环反复,直至半水石膏完全水化。与此同时,随着石膏浆体中的水分因水化和蒸发而逐渐减少,二水石膏的胶体微粒量不断增多,浆体逐渐变稠,颗粒之间的摩擦阻力与黏结力逐渐增大,可塑性逐渐降低,产生“凝结”现象。其后,随着水分的进一步蒸发,晶体长大,互相接触、连生与交错,形成结晶结构网,使浆体逐渐变硬,强度不断增长,最后成为坚硬的固体,这就是石膏的“硬化”过程。石膏的凝结硬化过程如图3-1所示。通过分析可知，建筑石膏的水化、凝结硬化是一个连续的、复杂的物理化学变化过程。

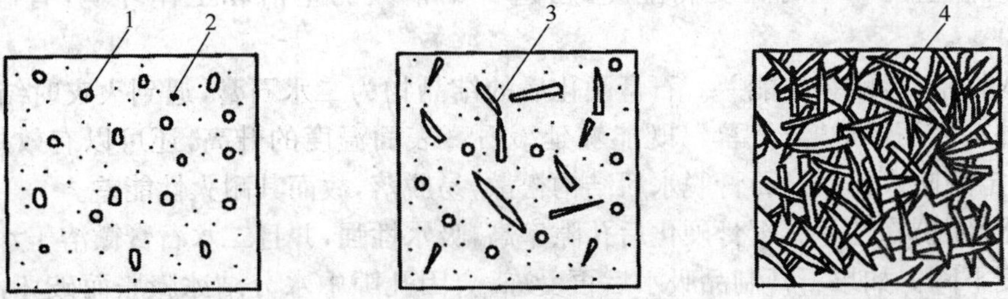

(a) 胶化　(b) 结晶开始　(c) 晶体长大与交错

图 3-1　建筑石膏凝结硬化示意图

1—半水石膏；2—二水石膏胶体微粒；3—二水石膏晶体；4—交错的晶体

3.2.3　建筑石膏的技术性质及特点

(1)建筑石膏的技术性质

建筑石膏为白色粉末，密度约为 2.60～2.75 g/cm^3，堆积密度为 800～1 000 kg/m^3，根据国家标准《建筑石膏》(GB 9776—1988)的规定，建筑石膏按强度、细度、凝结时间等技术要求分为优等品、一等品、合格品三个等级，其主要技术指标见表 3-4。

表 3-4　建筑石膏技术指标表(GB 9776—1988)

技术指标 \ 等级		优等品	一等品	合格品
强度(MPa)	抗折强度不小于	2.5	2.1	1.8
	抗压强度不小于	4.9	3.9	2.9
细度(%)	0.2 mm 方孔筛筛余不大于	5.0	10.0	15.0
凝结时间(min)	初凝时间不小于	6		
	终凝时间不大于	30		

(2)建筑石膏的特点

1)凝结硬化快。建筑石膏一般加水后在 3～5 min 内便开始失去可塑性，30 min 内完全失去可塑性而产生强度。为便于使用，满足施工操作的要求，往往需掺加适量的缓凝剂，其作用在于降低半水石膏的溶解速度和溶解度。常用的缓凝剂有 0.1%～0.2%的动物胶、1%亚硫酸纸浆废液、0.2%～0.5%的硼砂或柠檬酸等，其中硼砂的缓凝效果最好。

2)硬化后体积膨胀。建筑石膏硬化后一般会产生体积膨胀，膨胀率达 0.05%～0.15%，使得石膏制品形体饱满，干燥时不开裂。

3)重量轻、强度低。建筑石膏水化的理论需水量为石膏质量的 18.6%，但为了满足施工要求的可塑性，实际加水量可达 60%～80%，石膏凝结后多余水分蒸发，在内部形成大量的孔隙，导致石膏制品重量轻、强度较低，抗压强度仅为 3～5 MPa。

4)具有良好的保温隔热和吸声性能。石膏硬化体中微细的毛细孔隙率高，导热系数小，一般为 0.121～0.205 W/(m·K)，故隔热保温性能好，是理想的节能材料。同时，石膏中含有大量微孔，使其对声音传导或反射的能力显著下降，因此具有较强的吸声能力。

5)具有一定的调温调湿性。石膏的热容量大、吸湿性强、保温隔热性能好,能够在一定程度上调节室内环境的温度和湿度,营造一个怡人的生活和工作环境,有利于人体健康。

6)防火性能好,耐火性能差。石膏硬化后的结晶物为二水石膏,遇到火灾时结晶水蒸发,吸收热量并在表面形成"蒸汽幕",既能够延缓石膏表面温度的升高,还可以有效抑制火焰蔓延,起到一定的防火作用。石膏脱水后结构松散,易脱落,故而其耐火性能差。

7)耐水性、抗冻性差。石膏硬化后孔隙率高,吸水性强,并且二水石膏微溶于水,长期浸水会使其强度下降。如果石膏制品吸水后再受冻,会因孔隙中水分结冰膨胀而破坏,因此,石膏的耐水性、抗冻性较差。

8)有良好的装饰性和可加工性。石膏不仅表面光滑饱满,而且质地细腻,颜色洁白,无毒无害,装饰性好,是一种较好的室内饰面材料。此外,石膏制品可锯、可粘、可刨,具有良好的加工性。

3.2.4 建筑石膏的应用与储存

石膏的应用范围很广,除用于室内粉刷外,更主要的用途是制成各种石膏制品。

(1) 建筑石膏的应用

1)室内粉刷。石膏具有颜色洁白、材质细腻、光滑美观、无裂纹等优点,与水调制成的石膏浆可用于室内粉刷。

2)生产石膏制品。在建筑石膏中掺入各种填料加工制成各种石膏制品(如纸面石膏板、纤维石膏板、石膏空心板、石膏装饰板等),用于建筑物的内隔墙、墙面和顶面的装饰装修。

(2) 建筑石膏的储存

建筑石膏容易与水发生化学反应,因此石膏在运输及储存时应注意防水防潮。长期储存会使建筑石膏的强度降低,因此建筑石膏的储存期一般不宜超过 3 个月,如储存期超过 3 个月应重新进行质量检验,确定其等级。

3.3 水玻璃

水玻璃俗称泡花碱,是一种能溶于水的无定型硅酸盐,由不同比例的碱金属氧化物和二氧化硅组合而成。通常为无色、青绿色或微黄色的黏稠液体,其化学组成式为 $R_2O \cdot nSiO_2$。在建筑工程中常用的水玻璃有硅酸钠水玻璃、硅酸钾水玻璃。

3.3.1 水玻璃的生产

水玻璃的生产原料主要是石英砂、纯碱或含碳酸钠的矿物质,生产方法有湿法和干法两种。湿法是将原料磨细,按比例配合,放入压蒸锅内(0.2～0.3 MPa)用蒸汽加热,并加以搅拌,使之直接反应生成液体水玻璃。干法是将原料磨细,按比例拌匀,煅烧至熔化,经冷却生成固体水玻璃,再与水加热溶解生成液体水玻璃。反应式为:

$$Na_2CO_3 + nSiO_2 \xrightarrow{1\,300\sim1\,400\ ℃} Na_2O \cdot nSiO_2 + CO_2\uparrow$$

n 被称为水玻璃模数,即氧化硅和氧化钠的摩尔数比。水玻璃模数愈大,胶体组分含量相对增多,水玻璃的黏结力愈大,也愈难溶解于水。建筑工程中常用的水玻璃模数在2.6～3.0之间,密度为1.3～1.5 g/cm^3。

3.3.2 水玻璃的硬化

水玻璃溶液吸收空气中的二氧化碳,生成无定形的二氧化硅凝胶(又称硅酸凝胶),随着水分的蒸发,无定形硅酸凝胶脱水转变成二氧化硅而硬化。反应式为:

$$Na_2O \cdot nSiO_2 + CO_2 + mH_2O = Na_2CO_3 + nSiO_2 \cdot mH_2O$$

$$nSiO_2 \cdot mH_2O = nSiO_2 + mH_2O$$

由于空气中的二氧化碳含量较少,上述硬化过程进行得很慢。为加速硬化,可掺入适量促硬剂,如氟硅酸钠(Na_2SiF_6),能够促进硅酸凝胶的析出,从而加快水玻璃的凝结硬化。

3.3.3 水玻璃的性质

水玻璃具有良好的胶结性能,硬化时析出的硅酸凝胶可堵塞材料的毛细孔隙,具有一定的防水和抗渗作用。耐热性好,在高温下比较稳定,不燃烧并且强度不降低。水玻璃还具有很强的耐酸性能,能抵抗大多数无机酸、有机酸的作用,但耐碱性和耐水性差。

3.3.4 水玻璃的应用

(1)配制快凝防水剂

以水玻璃为基料,加入两种、三种或四种矾配制成的防水剂,分别称为两矾、三矾、四矾防水剂。这些防水剂与水泥浆调和后,能促进水泥的凝结硬化,用于堵塞漏洞、紧急抢修等工程。

(2)地基加固

将模数为2.5～3.0的液体水玻璃和氯化钙溶液通过金属管交替灌入土壤中,两种溶液发生化学反应,析出硅酸胶体,起到胶结和填充土壤空隙的作用,增加了土壤的密实度和强度,提高地基的承载力。

(3)配制建筑涂料

水玻璃可用来直接涂刷在黏土砖、硅酸盐制品、水泥混凝土等多孔材料的表面,以提高它们的密实性、耐水性和抗风化能力。因为水玻璃能与制品中的氢氧化钙反应生成硅酸钙凝胶,填充于制品的孔隙中,使制品的密实度有所提高。其反应式为:

$$Na_2O \cdot nSiO_2 + Ca(OH)_2 = Na_2O \cdot (n-1)SiO_2 + CaO \cdot SiO_2 \cdot H_2O$$

但水玻璃不能用于涂刷或浸渍石膏制品,因硅酸钠会与硫酸钙起反应生成硫酸钠,硫酸钠在制品孔隙中结晶产生膨胀应力,导致制品开裂。

(4)配制耐热砂浆和耐热混凝土

水玻璃具有良好的耐热性,能长期承受一定高温作用而强度不降低。由水玻璃、促硬剂(如氟硅酸钠)、细骨料或粗骨料,可配制成耐热砂浆或耐热混凝土,用于高炉基础、热工设备等耐热工程。

(5)配制耐酸砂浆和耐酸混凝土

水玻璃具有很强的耐酸性能,能经受大多数无机酸与有机酸的作用。由水玻璃、促硬剂、耐酸骨料,可配制成耐酸砂浆和耐酸混凝土,用于冶金、化工等行业的防腐工程。

复习思考题

1. 什么是气硬性胶凝材料？什么是水硬性胶凝材料？
2. 建筑石灰按加工方法的不同可分为哪几种？它们的主要化学成分是什么？
3. 建筑工地上使用石灰为何要进行熟化处理？
4. 简述石灰的主要用途以及使用时应注意的问题。
5. 建筑石膏的主要成分是什么？石膏制品有哪些特点？
6. 水玻璃的模数大小与其性能之间有何关系？
7. 水玻璃的主要性质和用途有哪些？

第4章　水　　泥

【学习目标】本章主要介绍各种水泥的生产、矿物组成、技术性质、性能与适用范围。通过本章的学习，了解水泥的分类、生产工艺、凝结硬化、水泥石腐蚀的原因和防止措施，掌握通用水泥熟料的矿物组成及其特性、技术性质、质量检测方法、特性及其应用范围，能够合理选用水泥的品种。

水泥呈粉末状，与水混合之后，经过一系列物理化学变化，由可塑性的浆体，逐渐凝结、硬化，变成坚硬的固体，并将散粒材料或块状材料胶结成为一整体，因此，水泥是一种良好的无机胶凝材料。就硬化条件而言，水泥浆体不仅能在空气中硬化，而且还能更好地在水中硬化并保持发展强度，属于水硬性胶凝材料。

水泥是在人类长期使用气硬性胶凝材料（特别是石灰）的经验基础上发展起来的。1824年英国建筑工人阿斯普丁(J. Aspdin)首次申请了生产波特兰水泥的专利，所以一般认为水泥是从那时发明的。水泥是重要的工程材料之一，被广泛应用于工业与民用建筑、交通、海港、水利、国防等建设工程。

水泥的品种很多，按其用途和性能，可分为通用水泥、专用水泥和特性水泥三大类。按其主要矿物成分，水泥又可分为硅酸盐类水泥、铝酸盐类水泥、硫铝酸盐类水泥、铁铝酸盐类水泥等。

4.1　通用硅酸盐水泥

4.1.1　通用硅酸盐水泥的定义与分类

通用硅酸盐水泥是以硅酸盐水泥熟料、适量的石膏与规定的混合材料磨细制成的水硬性胶凝材料。按混合材料的品种和掺量分为硅酸盐水泥、普通硅酸盐水泥、矿渣硅酸盐水泥、火山灰质硅酸盐水泥、粉煤灰硅酸盐水泥和复合硅酸盐水泥。各品种的组分和代号应符合表4-1的规定。

4.1.2　通用硅酸盐水泥的生产

(1)通用硅酸盐水泥的生产原料

1)硅酸盐水泥熟料

硅酸盐水泥熟料是指含 CaO、SiO_2、Al_2O_3 和 Fe_2O_3 的原料，按适当比例磨成细粉烧至部分熔融所得以硅酸钙为主要矿物成分的水硬性胶凝物质。

各种氧化物在煅烧过程中发生一系列化学反应，因此，硅酸盐水泥熟料矿物成分为硅酸二钙、硅酸三钙、铝酸三钙、铁铝酸四钙及少量的游离氧化钙(f-CaO)、游离氧化镁(f-MgO)、氧化钾(K_2O)、氧化钠(Na_2O)与三氧化硫(SO_3)等，其中硅酸钙矿物不小于66%，氧化钙和氧化硅的质量比不小于 2.0。

表 4-1　通用硅酸盐水泥的组分表(GB 175—2007)

品种	代号	组成(质量百分数)				
		熟料+石膏	粒化高炉矿渣	火山灰质混合材料	粉煤灰	石灰石
硅酸盐水泥	P·I	100	—	—	—	
	P·Ⅱ	≥95	≤5	—	—	—
		≥95	—	—	—	≤5
普通硅酸盐水泥	P·O	≥80 且<95	>5 且≤20①			—
矿渣硅酸盐水泥	P·S·A	≥50 且<80	>20 且≤50②	—	—	—
	P·S·B	≥30 且<50	>50 且≤70②	—	—	—
火山灰质硅酸盐水泥	P·P	≥60 且<80	—	>20 且≤40③	—	—
粉煤灰硅酸盐水泥	P·F	≥60 且<80	—	—	>20 且≤40④	—
复合硅酸盐水泥	P·C	≥50 且<80	>20 且≤50⑤			

注:①本组分材料为符合规范 GB 175—2007 中第 5.2.3 条的活性混合材料,其中允许用不超过水泥质量 8%且符合规范 GB 175—2007 中第 5.2.4 条的非活性混合材料或不超过水泥质量 5%且符合规范 GB 175—2007 中第 5.2.5 条的窑灰代替。

②本组分材料为符合 GB/T 203 或 GB/T 18046 的活性混合材料,其中允许用不超过水泥质量 8%且符合规范 GB 175—2007 中第 5.2.3 条的活性混合材料或符合规范 GB 175—2007 中第 5.2.4 条的非活性混合材料或符合规范 GB 175—2007 中第 5.2.5 条的窑灰中的任一种材料代替。

③本组分材料为符合 GB/T 2847 的活性混合材料。

④本组分材料为符合 GB/T 1596 的活性混合材料。

⑤本组分材料为由两种或两种以上符合规范 GB 175—2007 中第 5.2.3 条的活性混合材料或与符合规范 GB 175—2007 中第 5.2.4 条的非活性混合材料组成,其中允许用不超过水泥质量 8%且符合规范 GB 175—2007 中第 5.2.5 条的窑灰代替。掺矿渣时混合材料掺量不得与矿渣硅酸盐水泥重复。

试验研究表明,每一种矿物成分单独与水作用时具有不同的水化特性,对水泥的强度、水化速度、水化热、耐腐蚀性、收缩量的影响也不尽相同。每一种矿物成分单独与水作用时所表现的特性见表 4-2。

表 4-2　通用硅酸盐水泥熟料矿物组成及其特性表

矿物名称	化学式	含量范围	水化速度	水化热	强度	收缩量	耐腐蚀性
硅酸二钙	$2CaO \cdot SiO_2$(简写 C_2S)	15%~30%	慢	低	早期低,后期高	小	好
硅酸三钙	$3CaO \cdot SiO_2$(简写 C_3S)	40%~65%	快	高	高	中	差
铝酸三钙	$3CaO \cdot Al_2O_3$(简写 C_3A)	7%~15%	最快	最高	低	大	最差
铁铝酸四钙	$4CaO \cdot Al_2O_3 \cdot Fe_2O_3$(简写 C_4AF)	10%~18%	快	中等	中等	小	中等

水泥是由具有不同特性的多种熟料矿物组成的混合物,通过改变水泥熟料中各种矿物成分之间的相对含量大小,水泥的性质也会发生相应改变,从而可以生产出具有不同性质的水泥。如提高硅酸三钙的含量,可制成高强度水泥;提高硅酸三钙和铝酸三钙的含量,可制得快硬早强水泥;降低硅酸三钙和铝酸三钙的含量,可制得低水化热水泥。

2)石膏

磨细的水泥熟料与水相遇后会很快凝结硬化,产生速凝现象,给工程施工造成较大困难。

因此在水泥的生产过程中常加入适量的石膏作为缓凝剂，以延长水泥的凝结硬化时间。掺入的石膏主要有天然石膏、建筑石膏、无水硬石膏，石膏的掺入量一般为水泥质量的3%～5%。

3)混合材料

为了改善水泥的某些性能，调节水泥的强度等级，提高水泥产量，降低水泥的生产成本，在生产水泥时加入人工或天然的矿物质材料，统称为混合材料。

根据矿物材料的性质不同，混合材料分为活性混合材料和非活性混合材料。

①活性混合材料。这类混合材料掺入水泥中，在常温下能与水泥的水化产物——氢氧化钙作用，生成具有胶凝性质的稳定化合物。常用的活性混合材料有粒化高炉矿渣、火山灰质混合材料和粉煤灰等。

a. 粒化高炉矿渣。粒化高炉矿渣是将炼铁高炉中的熔融矿渣经水淬急速冷却而形成的粒状颗粒，颗粒直径一般为0.5～5 mm。其主要成分是氧化铝、氧化硅。急速冷却的粒化高炉矿渣为不稳定的玻璃体，具有较高的潜在活性。

b. 火山灰质混合材料。火山灰质混合材料是指天然的或人工的以氧化硅、氧化铝为主要成分，具有火山灰活性的矿物质材料。火山灰质混合材料结构上的特点是疏松多孔，内比表面积大，易吸水，易反应。

火山灰质混合材料按其成因不同，可以分为天然和人工两类。天然的火山灰质混合材料有火山灰、凝灰岩、浮石、沸石岩、硅藻土等。人工的火山灰质混合材料有烧黏土、烧页岩、煤渣、煤矸石等。

c. 粉煤灰。粉煤灰是火力发电厂或煤粉锅炉烟道中吸尘器所吸收的微细粉尘，为富含玻璃体的实心或空心球状颗粒，颗粒直径一般为0.001～0.05 mm，表面结构致密。其主要成分是氧化硅、氧化铝和少量的氧化钙，具有较高的活性。

②非活性混合材料。这类混合材料与水泥的矿物成分、水化产物不起化学反应或化学反应很微弱，掺入水泥中主要起调节水泥强度等级、提高水泥产量、降低水化热等作用。常用的非活性混合材料有磨细的石灰石、石英岩、黏土、慢冷高炉矿渣等。

(2)通用硅酸盐水泥的生产工艺

将石灰质原料（主要提供CaO）、黏土质原料（主要提供SiO_2与Al_2O_3）和少量铁粉按一定比例配合、磨细，制成生料粉后，送入水泥窑中，在1 450 ℃左右的高温下煅烧，使之达到部分熔融，冷却后得到以硅酸钙为主要成分的硅酸盐水泥熟料，再与适量石膏、混合材料共同磨细，得到通用硅酸盐水泥。为了改善水泥煅烧条件，常加入少量的矿化剂，如萤石。

由于通用硅酸盐水泥的主要生产过程包括生料的制备，煅烧，熟料与石膏、混合材料共同磨细三个阶段，故水泥的生产过程简称为“两磨一烧”。通用硅酸盐水泥的生产工艺流程，如图4-1所示。

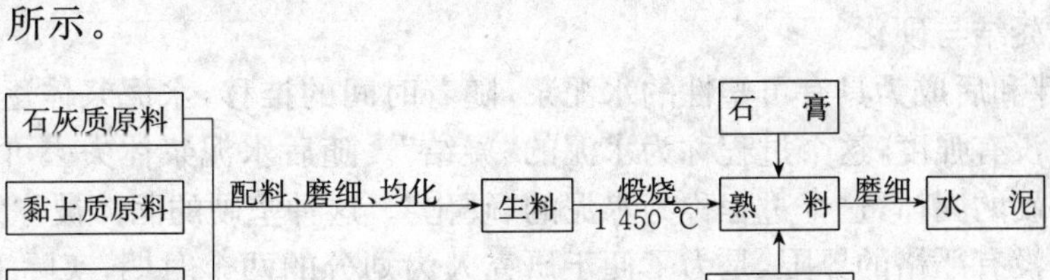

图4-1 通用硅酸盐水泥生产工艺流程示意图

4.1.3 通用硅酸盐水泥的凝结硬化

(1)硅酸盐水泥熟料的水化

水泥熟料中各种矿物成分与水所发生的水解或水化作用，统称为水泥的水化。在水泥的水化过程中生成一系列新的水化产物，并放出一定热量。

硅酸三钙、硅酸二钙分别与水反应，生成水化硅酸钙($3CaO \cdot 2SiO_2 \cdot 3H_2O$)和氢氧化钙。水化反应式为：

$$2(3CaO \cdot SiO_2) + 6H_2O = 3CaO \cdot 2SiO_2 \cdot 3H_2O + 3Ca(OH)_2$$

$$2(2CaO \cdot SiO_2) + 4H_2O = 3CaO \cdot 2SiO_2 \cdot 3H_2O + Ca(OH)_2$$

铝酸三钙与水反应，生成水化铝酸钙($3CaO \cdot Al_2O_3 \cdot 6H_2O$)。水化反应式为：

$$3CaO \cdot Al_2O_3 + 6H_2O = 3CaO \cdot Al_2O_3 \cdot 6H_2O$$

铁铝酸四钙与水反应，生成水化铝酸钙和水化铁酸钙($CaO \cdot Fe_2O_3 \cdot H_2O$)。水化反应式为：

$$4CaO \cdot Al_2O_3 \cdot Fe_2O_3 + 7H_2O = 3CaO \cdot Al_2O_3 \cdot 6H_2O + CaO \cdot Fe_2O_3 \cdot H_2O$$

水化产物水化硅酸钙和水化铁酸钙几乎不溶于水，以胶体微粒析出，并逐渐凝聚成为凝胶；氢氧化钙在溶液中的浓度达到过饱和后，以六方晶体析出；水化铝酸钙为立方晶体。当有石膏存在时，水化铝酸钙还会继续与石膏发生反应，生成难溶于水的高硫型水化硫铝酸钙($3CaO \cdot Al_2O_3 \cdot 3CaSO_4 \cdot 31H_2O$)针状晶体。水化硫铝酸钙沉积在未水化的水泥颗粒表面，形成保护膜，可以阻止水泥颗粒的水化，延缓水泥的凝结硬化时间。水化反应式为：

$$3CaO \cdot Al_2O_3 \cdot 6H_2O + 3(CaSO_4 \cdot 2H_2O) + 19H_2O = 3CaO \cdot Al_2O_3 \cdot 3CaSO_4 \cdot 31H_2O$$

综上所述，如果忽略一些次要成分，硅酸盐水泥熟料与水作用后，生成的主要水化产物是水化硅酸钙和水化铁酸钙胶体，氢氧化钙、水化铝酸钙和水化硫铝酸钙结晶体。

(2)活性混合材料参与的水化

粒化高炉矿渣、火山灰质混合材料和粉煤灰均属于活性混合材料，其矿物成分主要是活性氧化硅和活性氧化铝。它们与水接触后，本身不会硬化或硬化极为缓慢。但在氢氧化钙溶液中，活性成分会与水泥熟料的水化产物-氢氧化钙发生反应，生成水化硅酸钙和水化铝酸钙。该反应又称之为二次水化反应。水化反应式为：

$$xCa(OH)_2 + SiO_2 + mH_2O \longrightarrow xCaO \cdot SiO_2 \cdot nH_2O$$

$$yCa(OH)_2 + Al_2O_3 + mH_2O \longrightarrow yCaO \cdot Al_2O_3 \cdot nH_2O$$

式中 x、y 值取决于混合材料的种类、石灰与活性氧化硅及活性氧化铝的比例、环境温度和作用所持续的时间等。

氢氧化钙是容易引起水泥石腐蚀的成分。活性氧化硅、活性氧化铝与氢氧化钙作用后，减少了水泥石中氢氧化钙的含量，提高了水泥石的抗腐蚀能力。

(3)水泥的凝结与硬化

水泥加水拌和后成为具有可塑性的水泥浆，随着时间的推移，水泥浆体逐渐变稠，可塑性下降，但此时还没有强度，这个过程称为水泥的"凝结"。随后水泥浆体失去可塑性，强度不断提高，并形成坚硬的固体，这个过程称为水泥的"硬化"。这种坚硬的固体被称为水泥石。水泥的凝结与硬化，没有严格的界限，是为了便于研究人为划分的两个时期，实际上它是水泥与水所发生的一系列连续而又复杂的、交错进行的物理化学变化过程。

根据水泥水化产物的形成以及水泥石组织结构的变化，水泥的凝结硬化大致可以分为溶解、凝结和硬化三个阶段：

第一阶段——溶解期。水泥加水拌和后，水泥颗粒分散在水中，形成水泥浆体，如图 4-2(a)所示。

水泥颗粒的水化从水泥颗粒表面开始。位于水泥颗粒表面的矿物成分首先与水作用，生成相应的水化产物，并溶解于水中。在水化反应初期，由于水化反应速度快，各种水化产物在水中的溶解度比较小，水化产物的生成速度大于水化产物向溶液中扩散的速度，因此水泥颗粒周围的溶液很快成为水化产物饱和或过饱和溶液，在水泥颗粒周围先后析出水化硅酸钙、水化铁酸钙胶体和氢氧化钙、水化铝酸钙、水化硫铝酸钙结晶体，并逐渐在水泥颗粒周围形成一层以水化硅酸钙凝胶为主体且具有半渗透性的水化物膜层。由于此时的水化产物数量较少，包有水化物膜层的水泥颗粒尚未相互搭结，是被水隔开且相互独立的，分子间作用力比较小，因此水泥浆体具有一定的可塑性，如图 4-2(b)所示。

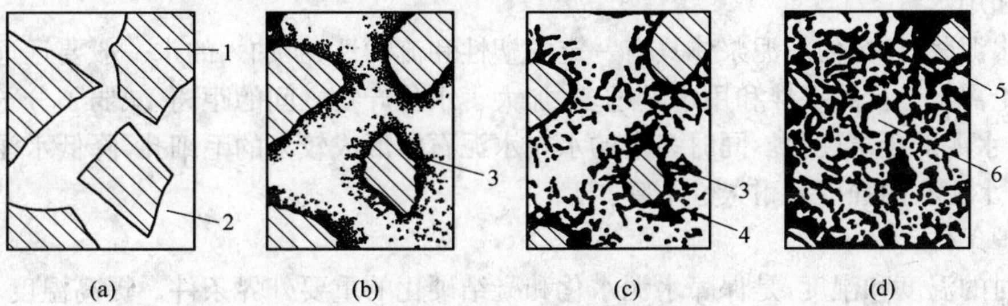

图 4-2 水泥凝结硬化过程示意图

(a)分散在水中未水化的水泥颗粒；(b)在水泥颗粒表面形成水化物膜层；

(c)膜层长大并互相连接(凝结)；(d)水化物进一步发展，填充毛细孔(硬化)

1—水泥颗粒；2—水分；3—凝胶；4—晶体；5—未水化水泥颗粒内核；6—毛细孔

第二阶段——凝结期。随着时间的推移，水泥颗粒的水化反应不断进行，水化产物数量不断增多，包裹在水泥颗粒表面的水化物膜层渐渐增厚，导致水泥颗粒之间原来被水所占的空隙逐渐减少，包有水化物膜层的水泥颗粒之间距离不断减小，在分子间力作用下，形成比较疏松的空间网状结构(又称凝聚结构)。空间网状结构的形成和发展，使水泥浆体明显变稠，流动性明显降低，开始失去可塑性，如图 4-2(c)所示。

第三阶段——硬化期。水泥水化反应的不断深入，新生成的水化产物不断填充于水泥石的毛细孔中，凝胶体之间的空隙越来越小，空间网状结构的密实度逐渐提高，水泥浆体完全失去可塑性并逐渐产生强度，如图 4-2(d)所示。

水泥的凝结硬化过程进入硬化期后，水泥的水化速度会逐渐减慢，水化产物数量会随着水泥水化时间的延长而逐渐增多，并填充于毛细孔内，使得水泥石内部孔隙率变得越来越小，水泥石结构更加致密，强度不断得到提高。

由此可见，水泥的水化、凝结硬化是由表及里、由外向内逐步进行的。在水泥的水化初期，水化速度较快，强度增长迅速，随着堆积在水泥颗粒周围的水化产物数量不断增多，阻碍了水泥颗粒与水之间的进一步反应，使得水泥水化速度变慢，强度增长也逐渐减慢。大量实践与研究表明，无论水泥的水化时间多久，水泥颗粒的内核很难完全水化。硬化后的水泥石结构是由胶体粒子、晶体粒子、孔隙(凝胶孔和毛细孔)及未水化的水泥颗粒组成。它们在不同时期相对数量的变化，使水泥石的结构和性质也随之改变。当未水化的水泥颗粒含量高时，说明水泥水化程度低；当水化产物含量多，毛细孔含量少时，说明水泥水化充分，水泥石结构致密，硬化后强度高。

(4)影响水泥凝结硬化的因素

影响水泥凝结硬化的因素主要有水泥熟料矿物成分、水泥细度、拌和用水量、混合材料的掺量、养护条件等。

1)水泥熟料的矿物成分

水泥熟料中矿物成分的相对含量大小，使水泥的凝结硬化速度有所不同。铝酸三钙相对含量高的水泥，凝结硬化快；反之，则凝结硬化慢。

2)水泥细度

水泥颗粒的粗细直接影响到水泥的水化和凝结硬化的快慢。水泥颗粒越细，总表面积越大，与水反应时接触面积越加，水泥的水化反应速度加快，凝结硬化快。

3)拌和用水量

拌和水泥浆时，为使水泥浆体具有一定的塑性和流动性，所加入的水一般要远远超过水泥水化的理论需水量。如果拌和用水量过多，加大了水化产物之间的距离，减弱了分子间的作用力，延缓了水泥的凝结硬化。同时多余的水在水泥石中形成较多的毛细孔，降低水泥石的密实度，从而使水泥石的强度和耐久性下降。

4)养护条件

养护时的温度和湿度，是保障水泥水化和凝结硬化的重要外界条件。提高温度，可以促进水泥水化，加速凝结硬化，有利于水泥强度增长。温度降低时，水化反应减慢，低于0℃时，水化反应基本停止。当水结冰时，由于体积膨胀，还会使水泥石结构遭受破坏。

潮湿环境下的水泥石，能够保持足够的水分进行水化和凝结硬化，水化产物不断填充在毛细孔中，使水泥石结构密实度增大，水泥强度不断提高。

5)混合材料掺量

在水泥中掺入混合材料后，使水泥熟料中矿物成分含量相对减少，凝结硬化变慢。

6)石膏掺量

为了调节水泥的凝结硬化时间，水泥中常掺有适量的石膏。石膏掺量不能太少，否则达不到延长水泥凝结硬化时间的作用。但是石膏掺量也不能太多，否则，不仅可以促进水泥的凝结硬化，还会在水泥的硬化后期，过多的石膏继续与水泥石中水化铝酸钙发生反应，生成水化硫铝酸钙，引起水泥石的体积膨胀，导致水泥石开裂，造成水泥体积安定性不良。

4.1.4 通用硅酸盐水泥的技术性质

依照国家标准《通用硅酸盐水泥》(GB 175—2007)的规定，通用硅酸盐水泥的技术性质主要有：

(1)化学要求

1)氧化镁含量

在水泥熟料中，存在游离的氧化镁，可以引起水泥体积安定性不良。因此，水泥熟料中游离氧化镁的含量不能太多。国家标准规定：硅酸盐水泥和普通硅酸盐水泥熟料中氧化镁含量不得超过5.0%；矿渣硅酸盐水泥、火山灰质硅酸盐水泥、粉煤灰硅酸盐水泥和复合硅酸盐水泥熟料中氧化镁含量不得超过6.0%。

2)三氧化硫含量

三氧化硫主要是在水泥的生产过程中因掺入过量石膏带入的。如果三氧化硫含量超出一定限度，在水泥石硬化后，还会继续与水化产物反应，产生体积膨胀性物质，引起水泥体积安定性不良，导致结构物破坏。国家标准规定：硅酸盐水泥、普通硅酸盐水泥、火山灰质硅酸盐水泥、粉煤灰硅酸盐水泥和复合硅酸盐水泥熟料中三氧化硫含量不得超过3.5%；矿渣硅酸盐水泥熟料中三氧化硫含量不得超过4.0%。

3)不溶物

不溶物是指水泥经酸和碱处理后，不能被溶解的残余物。主要由水泥原料、混合材料和石膏中的杂质产生。不溶物的存在会影响水泥的黏结质量。国家标准规定：Ⅰ型硅酸盐水泥中不溶物不得超过0.75%，Ⅱ型不得超过1.5%。

4)烧失量

烧失量是指水泥在一定的灼烧温度和时间内，经高温灼烧后的质量损失率。水泥煅烧不理想或者受潮后，会导致烧失量增加。国家标准规定：Ⅰ型硅酸盐水泥中烧失量不得大于3.0%，Ⅱ型不得大于3.5%；普通硅酸盐水泥中的烧失量不得大于5.0%。

5)氯离子含量

当水泥中的氯离子含量较高时，容易使钢筋产生锈蚀，降低结构的耐久性。因此，国家标准规定，通用硅酸盐水泥熟料中氯离子含量不得大于0.06%。

(2)碱含量

通用硅酸盐水泥中除含有主要矿物成分外，还含有少量其他氧化物，如氧化钾(K_2O)、氧化钠(Na_2O)等。水泥的碱含量指水泥中 Na_2O 与 K_2O 的总量，碱含量的大小用 $Na_2O+0.658K_2O$ 的计算值来表示。当水泥中的碱含量较高，骨料又具有一定的活性时，容易产生碱骨料反应，降低结构的耐久性。因此，国家标准规定：若使用活性骨料，用户要求提供低碱水泥时，水泥中碱含量不得大于0.6%或由供需双方商定。

(3)密度与堆积密度

水泥的密度与其熟料矿物组成、储存时间、储存条件以及熟料的煅烧程度有关，一般为3.05～3.2 g/cm³。在进行混凝土配合比计算时，通常取3.10 g/cm³。

水泥的堆积密度，除与熟料矿物组成、水泥细度有关外，还与水泥存放时的紧密程度有很大关系。松散状态下的堆积密度约为1 000～1 400 kg/m³，紧密状态下的堆积密度可达1 600 kg/m³。

(4)细度

细度是指水泥颗粒的粗细程度。水泥颗粒的粗细对水泥质量有很大影响。水泥颗粒越细，与水反应时接触面积越大，水化速度越快，水化反应完全、充分，早期强度增长越快。但水泥过细，硬化时收缩量较大，在储运过程中易受潮而降低活性，同时水泥的成本也越高。因此，应合理控制水泥细度。

水泥细度按国家标准《水泥细度检测方法(筛析法)》(GB/T 1345—2005)、《水泥比表面积测定方法(勃氏法)》(GB/T 8074—2008)测定。筛析法是用边长为80 μm和45 μm的方孔筛对水泥进行筛析试验，用筛余百分率来表示水泥的细度。比表面积是指单位质量的水泥粉末所具有的总表面积，以m²/kg表示。比表面积数值的高低与水泥颗粒的粗细大小紧密相关。通常水泥颗粒越细，则比表面积越高。

国家标准《通用硅酸盐水泥》(GB 175—2007)规定：硅酸盐水泥和普通硅酸盐水泥比表面积不小于300 m²/kg；矿渣硅酸盐水泥、火山灰质硅酸盐水泥、粉煤灰硅酸盐水泥和复合硅酸盐水泥80 μm方孔筛筛余不得大于10%或45 μm方孔筛筛余不得大于30%。

(5)标准稠度用水量

水泥的许多性质都与新拌制水泥浆的稀稠程度有关,如凝结时间、收缩量、体积安定性测定等。为使测试结果具有可比性,测定水泥的凝结时间和体积安定性等性能时,应使水泥净浆在一个规定的稠度下进行测试,这个规定的稠度被称为标准稠度。

水泥标准稠度用水量是指水泥净浆达到标准稠度时所需要的用水量,通常以占水泥质量的百分数来表示。

水泥标准稠度用水量是按国家标准《水泥标准稠度用水量、凝结时间、安定性检验方法》(GB/T 1346—2001)所规定的方法进行测定。即按标准规定的方法所拌制的水泥净浆,在水泥标准稠度维卡仪上,以试杆沉入净浆并距底板(6±1)mm 时水泥净浆的稠度为标准稠度,其拌合用水量为该水泥的标准稠度用水量。水泥标准稠度用水量的大小主要与水泥的细度、矿物成分有关。不同品种的水泥,其标准稠度用水量也有所不同,一般在 24%～33%之间。如硅酸盐水泥的标准稠度用水量为 23%～28%。

(6)凝结时间

凝结时间是指水泥从加水开始,到水泥浆失去可塑性所需要的时间。水泥凝结时间分初凝和终凝。初凝时间是指从水泥加水拌和起到水泥浆开始失去可塑性所需要的时间;终凝时间是指从水泥加水拌和时起到水泥浆完全失去可塑性,并开始产生强度所需要的时间。水泥的凝结时间是按国家标准《水泥标准稠度用水量、凝结时间、安定性检验方法》(GB/T 1346—2001)规定的方法进行测定。水泥的凝结时间与水泥熟料的矿物组成、拌和用水量、水泥细度、周围环境的温度与湿度等因素有关。水泥熟料中铝酸三钙含量增加,水泥凝结硬化越快;水泥颗粒越细,水化作用越快,凝结时间越短;拌和用水量少、养护时外界温度和湿度高,可以加快水泥的凝结硬化。

水泥的凝结时间对工程施工有着非常重要的意义。为使混凝土和砂浆有足够的时间进行搅拌、运输、浇注、振捣或砌筑,水泥的初凝时间不能太短;为加快混凝土的凝结硬化,缩短施工工期,水泥的终凝时间又不能太长。因此,国家标准规定:硅酸盐水泥的初凝时间不小于 45 min,终凝时间不大于 390 min;普通硅酸盐水泥、矿渣硅酸盐水泥、火山灰质硅酸盐水泥、粉煤灰硅酸盐水泥和复合硅酸盐水泥的初凝时间不小于 45 min,终凝时间不大于 600 min。

(7)体积安定性

水泥体积安定性是指水泥浆在凝结硬化过程中,体积变化是否均匀的性质。通用硅酸盐水泥在凝结硬化过程中体积略有收缩,一般情况下水泥石的体积变化比较均匀,即体积安定性良好。如果水泥中某些成分的含量超出某一限度,水泥浆在凝结硬化过程中体积变化不均匀,会导致水泥石出现翘曲变形、开裂等现象,即体积安定性不良。体积安定性不良的水泥,会使结构物产生开裂,降低建筑工程质量,影响结构物的正常使用。

水泥体积安定性不良,一般是由于水泥熟料中游离氧化钙、游离氧化镁含量过多或石膏掺量过大等原因所造成的。

水泥熟料中所含的游离氧化钙和氧化镁均属过烧状态,水化速度很慢,在水泥凝结硬化后才慢慢开始与水反应,生成体积膨胀性物质——氢氧化钙和氢氧化镁,在水泥石中产生膨胀应力,引起水泥石翘曲、开裂和崩溃。如果水泥中石膏掺量过多,在水泥硬化以后,多余的石膏还会继续与水泥石中的水化产物——水化铝酸钙反应,生成水化硫铝酸钙,体积增大 1.5 倍,从而导致水泥石开裂。

国家标准规定,采用沸煮法检验水泥的体积安定性。测试时可采用雷氏法(标准法)或试饼法(代用法),在有争议时以雷氏法为准。

雷氏法是测定水泥浆在雷氏夹中经沸煮 3 h 后的膨胀值。当两个试件沸煮后的膨胀值的平均值不大于 5.0 mm 时,该水泥体积安定性合格;反之,为不合格。

试饼法是用标准稠度的水泥净浆做成试饼,经沸煮 3 h 以后,用眼睛观察试饼表面有无裂纹,用直尺检查试饼底部有无弯曲翘曲现象。若试饼表面无裂纹且试饼底部也没有弯曲翘曲现象,则水泥体积安定性合格;反之,为不合格。

需要指出的是沸煮法能够起到加速游离氧化钙熟化的作用,所以,沸煮法只能检验出游离氧化钙过量所引起的体积安定性不良。游离氧化镁的水化作用比游离氧化钙更加缓慢,因此,游离氧化镁所造成的体积安定性不良,必须用压蒸方法才能检验出来;石膏的危害则需要长时间浸泡在常温水中才能发现。由于游离氧化镁和石膏的危害作用不便于快速检验,所以,国家标准对水泥熟料中氧化镁、三氧化硫的含量作了严格规定,以保证水泥质量。

(8)强度

水泥强度一般是指水泥胶砂试件单位面积上所能承受的最大外力,是表示水泥力学性质的重要指标,也是划分水泥强度等级的依据。根据外力作用方式的不同,水泥的强度可分为抗压强度、抗折强度、抗拉强度等。这些强度之间既有内在的联系,又有很大的区别,其中水泥的抗压强度最高。

水泥的强度除了与水泥的矿物组成、细度有关外,还与用水量、试件制作方法、养护条件和养护时间等条件有关。水泥熟料中硅酸三钙、硅酸二钙含量越高,水泥强度越高;水泥颗粒越细,水化反应完全充分,水泥强度越高;拌和用水量少,硬化后水泥石密实度增大,可提高水泥强度;保证一定的温度和湿度高,有利于水泥的水化,水泥强度提高。

根据国家标准《水泥胶砂强度检验方法(ISO 法)》(GB/T 17671—1999)规定,水泥和标准砂比为 1:3、水灰比为 0.5,按规定的方法制成标准试件(尺寸为 40 mm×40 mm×160 mm),在标准条件下进行养护,测其 3 d、28 d 的抗压强度和抗折强度。

根据 3 d、28 d 的抗压强度和抗折强度大小,将硅酸盐水泥、普通硅酸盐水泥、矿渣硅酸盐水泥、火山灰质硅酸盐水泥、粉煤灰硅酸盐水泥和复合硅酸盐水泥划分为若干个强度等级,其中带 R 的为早强型水泥。各强度等级水泥在各龄期的强度值不得低于表 4-3 中的数值。

表 4-3 通用硅酸盐水泥各龄期的强度要求(GB 175—2007)

水泥品种	强度等级	抗压强度(MPa)		抗折强度(MPa)	
		3 d	28 d	3 d	28 d
硅酸盐水泥	42.5	17.0	42.5	3.5	6.5
	42.5R	22.0	42.5	4.0	6.5
	52.5	23.0	52.5	4.0	7.0
	52.5R	27.0	52.5	5.0	7.0
	62.5	28.0	62.5	5.0	8.0
	62.5R	32.0	62.5	5.5	8.0
普通硅酸盐水泥	42.5	17.0	42.5	3.5	6.5
	42.5R	22.0	42.5	4.0	6.5
	52.5	23.0	52.5	4.0	7.0
	52.5R	27.0	52.5	5.0	7.0

续上表

水泥品种	强度等级	抗压强度(MPa)		抗折强度(MPa)	
		3 d	28 d	3 d	28 d
矿渣硅酸盐水泥 火山灰质硅酸盐水泥 粉煤灰硅酸盐水泥 复合硅酸盐水泥	32.5	10.0	32.5	2.5	5.5
	32.5R	15.0	32.5	3.5	5.5
	42.5	15.0	42.5	3.5	6.5
	42.5R	19.0	42.5	4.0	6.5
	52.5	21.0	52.5	4.0	7.0
	52.5R	23.0	52.5	4.5	7.0

(9)水化热

水泥在水化过程中所放出的热量称为水化热。

水泥水化热的大小和放热速度的快慢与水泥熟料的矿物成分、水泥细度、混合材料掺入量有关。研究表明,水泥熟料中硅酸三钙和铝酸三钙含量越高,水化热越大,放热速度也越快;水泥颗粒越细,水化反应越快,水化热越大;混合材料掺入量越多,水泥的水化热越小,放热速度越慢。

水泥水化热能加速水泥的凝结硬化,对于混凝土的冬季施工非常有利,但对于大型基础、桥梁墩台、大坝等大体积混凝土构筑物极其不利。这是由于水化热易积蓄在混凝土内部不易散失,使混凝土内部温度急剧上升,内外温差过大而使混凝土产生开裂,影响结构的安全性、完整性和耐久性。

4.1.5 水泥石的腐蚀与防止

(1)水泥石的腐蚀类型

水泥制品在正常的使用条件下,水泥石的强度会不断增长,具有较好的耐久性。但在某些腐蚀性介质的作用下,水泥石结构逐渐遭到破坏,强度降低,甚至引起整个工程结构的破坏,这种现象称为水泥石的腐蚀。

1)软水侵蚀(溶出性侵蚀)

软水是指重碳酸盐含量较小的水。如雨水、雪水、蒸馏水、工厂冷凝水以及含重碳酸盐很少的河水与湖水等均属于软水。水泥石长期处于软水环境中,水化产物氢氧化钙会不断溶解,引起水泥石中其他水化产物发生分解,导致水泥石结构孔隙增大,强度降低,甚至破坏,故软水侵蚀又称为“溶出性侵蚀”。

2)酸类腐蚀

当水中含有盐酸、氢氟酸、硫酸、硝酸等无机酸或醋酸、蚁酸和乳酸等有机酸时,这些酸性物质会与水泥石中的氢氧化钙发生中和反应,生成的化合物或者易溶于水,或者在水泥石孔隙内结晶膨胀,产生较大的膨胀压力,导致水泥石结构破坏。

例如,盐酸与水泥石中的氢氧化钙反应,生成的氯化钙易溶于水中。反应式为:

$$2HCl+Ca(OH)_2 = CaCl_2+2H_2O$$

硫酸与水泥石中的氢氧化钙发生反应,生成体积膨胀性物质二水石膏,二水石膏再与水泥石中的水化铝酸钙作用,生成高硫型的水化硫铝酸钙,在水泥石内产生较大的膨胀压力,反应式为：

$$H_2SO_4+Ca(OH)_2 = CaSO_4 \cdot 2H_2O$$

$$3CaO \cdot Al_2O_3 \cdot 6H_2O + 3(CaSO_4 \cdot 2H_2O) + 19H_2O = 3CaO \cdot Al_2O_3 \cdot 3CaSO_4 \cdot 31H_2O$$

在工业污水、地下水中，常溶解有较多的二氧化碳，它对水泥石的腐蚀作用是二氧化碳与水泥石中的氢氧化钙反应生成碳酸钙，碳酸钙再与含碳酸的水进一步作用，生成更易溶于水中的碳酸氢钙，从而导致水泥石中其他水化产物的分解，引起水泥石结构破坏。反应式为：

$$Ca(OH)_2+CO_2+H_2O = CaCO_3+2H_2O$$

$$CaCO_3+CO_2+H_2O = Ca(HCO_3)_2$$

3)盐类腐蚀

在一些海水、沼泽水以及工业污水中，常含有钠、钾、铵等的硫酸盐。它们能与水泥石中的氢氧化钙发生化学反应，生成硫酸钙。硫酸钙进一步再与水泥石中的水化产物——水化铝酸钙作用，生成具有针状晶体的高硫型水化硫铝酸钙。高硫型水化硫铝酸钙晶体中含有大量的结晶水，体积膨胀可达1.5倍，致使水泥石产生开裂甚至毁坏。以硫酸钠为例，其反应式为：

$$Ca(OH)_2+Na_2SO_4 \cdot 10H_2O = CaSO_4 \cdot 2H_2O+2NaOH+8H_2O$$

$$3CaO \cdot Al_2O_3 \cdot 6H_2O+3(CaSO_4 \cdot 2H_2O)+19H_2O = 3CaO \cdot Al_2O_3 \cdot 3CaSO_4 \cdot 31H_2O$$

在海水及地下水中，还常常含有大量的镁盐，主要是硫酸镁和氯化镁。它们与水泥石中的氢氧化钙作用，生成的氢氧化镁松软而无胶凝能力，氯化钙易溶于水，硫酸钙则会引起硫酸盐的破坏作用。反应式为：

$$MgSO_4+Ca(OH)_2+2H_2O = CaSO_4 \cdot 2H_2O + Mg(OH)_2$$

$$MgCl_2+Ca(OH)_2 = CaCl_2+Mg(OH)_2$$

4)强碱腐蚀

在一般情况下水泥石能够抵抗碱的腐蚀。如果水泥石结构长期处于较高浓度的碱溶液(如氢氧化钠溶液)中，也会产生腐蚀破坏。

综上所述，引起水泥石腐蚀的根本原因为：一是水泥石中存在易被腐蚀的化学物质——如氢氧化钙和水化铝酸钙；其次是水泥石本身不密实，有很多毛细孔通道，腐蚀性介质易于通过毛细孔深入到水泥石内部，加速腐蚀的进程。大量实践也可以证明，水泥石的腐蚀是一个极为复杂的物理化学变化过程，水泥石受到腐蚀介质作用时，很少仅有单一的侵蚀作用，往往是几种类型的腐蚀同时存在，相互影响。

(2)水泥石腐蚀的防止措施

为防止或减轻水泥石的腐蚀，可以采取下列措施：

1)根据工程所处的环境特点，合理选用水泥品种

在有腐蚀性介质存在的工程环境中，应选用水化产物氢氧化钙含量比较低的水泥，以提高水泥石的耐腐蚀性能。

2)降低水灰比，提高水泥石的密实程度

硅酸盐系水泥水化理论需水量约为水泥质量的23%，而实际用水量往往是水泥质量的40%～70%，多余的水在水泥石结构内部容易形成毛细孔或水囊，降低水泥石结构的密实度，

腐蚀性介质容易渗入水泥石内部，加速水泥石的腐蚀。采用降低水灰比、掺入外加剂、改进施工工艺等技术手段，可以提高水泥石的密实度，降低腐蚀性介质的渗入，提高水泥石的抗腐蚀能力。

3)敷设保护层

当腐蚀性介质作用较强时，可以在结构表面覆盖耐腐蚀性能好并且不渗水的保护层，如防腐涂料、耐酸陶瓷、塑料、沥青等，以减少腐蚀性介质与水泥石的直接接触，提高水泥石的抗腐蚀性能。

4.1.6 通用硅酸盐水泥的特性与应用

(1)硅酸盐水泥

由于硅酸盐水泥熟料中硅酸三钙和铝酸三钙的含量较高，因此硅酸盐水泥具有以下特点：

1)凝结硬化快、强度高，适用于早期强度要求高、重要结构的高强度混凝土和预应力混凝土工程。

2)抗冻性、耐磨性好，适用于冬季施工以及严寒地区遭受反复冻融作用的混凝土工程。

3)水化热大，不适用于大体积混凝土工程。

4)耐腐蚀性能较差，不适用于受软水、海水及其他腐蚀性介质作用的混凝土工程。

5)耐热性差。硅酸盐水泥受热到250～300 ℃时，水化物开始脱水，体积收缩，强度开始下降。当温度达400～600 ℃时，强度明显下降，700～1 000 ℃时，强度降低更多，甚至完全破坏。因此硅酸盐水泥不适用于有耐热要求的混凝土工程。

(2)普通硅酸盐水泥

由于普通硅酸盐水泥中掺入的混合材料数量不多，因此，它的特性与硅酸盐水泥相近。与硅酸盐水泥相比，早期强度稍低，硬化速度稍慢，抗冻性与耐磨性略差。普通硅酸盐水泥的运用范围与硅酸盐水泥基本相同，广泛用于各种混凝土和钢筋混凝土工程。

(3)矿渣硅酸盐水泥、火山灰质硅酸盐水泥、粉煤灰硅酸盐水泥

矿渣硅酸盐水泥、火山灰质硅酸盐水泥、粉煤灰硅酸盐水泥都是在硅酸盐水泥熟料基础上掺入较多的活性混合材料共同磨细制成。由于活性混合材料的掺量较多，并且活性混合材料的活性成分基本相同，因此它们的特性大同小异。但与硅酸盐水泥、普通硅酸盐水泥相比，确有明显的不同。因不同混合材料结构上的不同，导致它们相互之间又具有一些不同的特性。

1)矿渣硅酸盐水泥、火山灰质硅酸盐水泥、粉煤灰硅酸盐水泥的共性

①凝结硬化慢，早期强度低，后期强度发展较快。三种水泥中掺加了大量的活性混合材料，相对减少了水泥熟料中矿物成分的含量。另外，三种水泥的水化反应是分两步进行的，首先是水泥熟料矿物成分的水化，随后是水泥的水化产物氢氧化钙与活性混合材料的活性成分发生二次水化反应，并且二次水化反应速度在常温下较慢。所以，这些水泥的凝结硬化慢，早期强度较低。但在硬化后期，随着水化产物的不断增多，水泥的后期强度发展较快。它们不适用于早期强度要求较高的混凝土工程。

②水化热低。由于三种水泥中掺加了混合材料，水泥熟料含量相对减少，使水泥的水化反应速度放慢，水化热较低，适用于大体积混凝土工程。

③耐腐蚀性能好。由于水泥熟料含量少，水泥水化之后生成的水化产物——氢氧化钙含

量较少，而且二次水化反应还要进一步消耗氢氧化钙，使水泥石结构中氢氧化钙的含量更低。因此，三种水泥抵抗海水、软水及硫酸盐腐蚀的能力较强，适用于有抗软水侵蚀和抗硫酸盐侵蚀要求的混凝土工程。如果火山灰质硅酸盐水泥中掺入的火山灰质混合材料中氧化铝的含量较高，水泥水化后生成的水化铝酸钙数量较多，则抵抗硫酸盐腐蚀的能力明显降低，应用时要合理选择水泥品种。

④抗冻性差，不适用于有抗冻要求的混凝土工程。

⑤抗碳化能力较差。这三种水泥的水化产物——氢氧化钙含量较低，很容易与空气中的二氧化碳发生碳化反应。当碳化深度达到钢筋表面时，容易引起钢筋锈蚀现象，降低结构的耐久性。所以，它们不适用于二氧化碳浓度较高的环境。

⑥温度敏感性强，适合蒸汽养护。水泥的水化温度降低时，水化速度明显减弱，强度发展慢。提高养护温度，不仅可以加快水泥熟料的水化，而且还能促进二次水化反应的进行，提高水泥的早期强度。

2)矿渣硅酸盐水泥、火山灰质硅酸盐水泥、粉煤灰硅酸盐水泥的个性

①矿渣硅酸盐水泥。由于矿渣经过高温，矿渣硅酸盐水泥硬化后氢氧化钙的含量又比较少，所以，矿渣硅酸盐水泥的耐热性较好，适用于有耐热要求的混凝土结构工程。

粒化高炉矿渣棱角较多，拌合用水量较大，但矿渣保持水分的能力差，泌水性较大，在混凝土施工中由于泌水而形成毛细管通道或粗大孔隙，水分的蒸发又容易引起干缩，致使矿渣硅酸盐水泥的抗渗性、抗冻性较差，收缩量较大。

②火山灰质硅酸盐水泥。火山灰质混合材料的结构特点是疏松并且多孔，在潮湿的条件下养护，可以形成较多的水化产物，水泥石结构比较致密，因而具有较高的抗渗性和耐水性。如处于干燥环境中，所吸收的水分会蒸发，引起体积收缩且收缩量较大，在干热条件下表面容易产生起粉现象，耐磨性能差。

火山灰质硅酸盐水泥不适用于长期处于干燥环境和水位变化范围内的混凝土工程以及有耐磨要求的混凝土工程。

③粉煤灰硅酸盐水泥。粉煤灰为球形颗粒，结构比较致密，内比表面积小，对水的吸附能力较弱，拌和时需水量较少，所以粉煤灰硅酸盐水泥干缩性比较小，抗裂性能好。粉煤灰硅酸盐水泥非常适用于有抗裂性能要求的混凝土工程；不适用于有耐磨要求的、长期处于干燥环境和水位变化范围内的混凝土工程。

(4)复合硅酸盐水泥

由于在复合硅酸盐水泥中掺用了两种以上混合材料，可以相互补充、取长补短，克服掺入单一混合材料水泥的一些弊病。如矿渣硅酸盐水泥中掺石灰石不仅能够改善矿渣硅酸盐水泥的泌水性，提高早期强度，而且还能保证水泥后期强度的增长。在需水性大的火山灰质硅酸盐水泥中掺入矿渣等，能有效减少水泥需水量。复合硅酸盐水泥的特性取决于所掺两种混合材料的种类、掺量及其相对比例。

使用复合硅酸盐水泥时，应根据掺入的混合材料种类，参照掺有混合材料的硅酸盐水泥的适用范围和工程经验合理选用。

硅酸盐水泥、普通硅酸盐水泥、矿渣硅酸盐水泥、火山灰质硅酸盐水泥、粉煤灰硅酸盐水泥和复合硅酸盐水泥是建设工程中使用量最大、应用范围最广的通用硅酸盐水泥，应根据工程所处环境条件、对工程的具体要求等因素，合理选用水泥品种。通用硅酸盐水泥的使用可以参照表4-4选择。

表 4-4　通用硅酸盐水泥的选用

混凝土工程特点及所处环境条件		优先使用	可以使用	不宜使用
普通混凝土	在一般气候环境中的混凝土	普通水泥	矿渣水泥、火山灰水泥、粉煤灰水泥、复合水泥	
	在干燥环境中的混凝土	普通水泥	矿渣水泥	火山灰水泥、粉煤灰水泥
	在高温高湿环境中或长期处于水中的混凝土	矿渣水泥、火山灰水泥、粉煤灰水泥、复合水泥	普通水泥	
	厚大体积的混凝土	矿渣水泥、火山灰水泥、粉煤灰水泥、复合水泥	普通水泥	硅酸盐水泥
有特殊要求的混凝土	要求快硬、高强(大于C40)的混凝土	硅酸盐水泥	普通水泥	矿渣水泥、火山灰水泥、粉煤灰水泥、复合水泥
	严寒地区的露天混凝土,寒冷地区处于水位升降范围内的混凝土	普通水泥	矿渣水泥	火山灰水泥、粉煤灰水泥
	严寒地区处于水位升降范围内的混凝土	普通水泥		矿渣水泥、火山灰水泥、粉煤灰水泥、复合水泥
	有抗渗要求的混凝土	火山灰水泥、普通水泥		矿渣水泥
	有腐蚀介质存在的混凝土	矿渣水泥、火山灰水泥、粉煤灰水泥、复合水泥		硅酸盐水泥
	有耐磨要求的混凝土	硅酸盐水泥、普通水泥		火山灰水泥、粉煤灰水泥

4.1.7　水泥的质量评定、验收与保管

(1)水泥的质量评定

1)检验样品的确定

水泥进入施工现场的质量检验,应根据相应产品的技术标准和试验方法进行。试样的采集应按如下规定进行:对于散装水泥,应随机地从不少于 3 个车罐中,各取等量水泥;对于袋装水泥,应随机地从不少于 20 袋中,各取等量水泥。将所取水泥混拌均匀后,再从中称取不少于 12 kg 水泥作为检验试样。

2)检验项目

对于通用硅酸盐水泥,检验的项目主要有水泥密度、细度、标准稠度用水量、凝结时间、体积安定性、水泥胶砂流动度、水泥胶砂强度等。

3)检验结果评定

①不合格水泥的评定。国家标准规定:凡不溶物含量、氧化镁含量、三氧化硫含量、氯离子含量、烧失量、凝结时间、体积安定性、水泥胶砂强度中的任一项不符合本标准技术要求时,即为不合格品。

②包装不合格的评定。水泥包装标志中水泥品种、强度等级、生产者名称和出厂编号不全时,即为包装不合格。

不合格品可根据实际情况而决定使用与否。

(2)水泥的验收

水泥验收的主要内容包括:

1)检查、核对水泥出厂的质量检验报告

水泥出厂的质量检验报告，不仅是验收水泥的技术保证依据，也是施工单位长期保存的技术资料，还可以作为工程质量验收时工程用料的技术凭证。要核对试验报告的编号与实收水泥的编号是否一致，试验项目是否齐全，试验测值是否达到国家标准要求。水泥安定性仲裁检验时，应从水泥出厂之日起 10 d 以内完成，如超过 10 d 进行安定性检验不合格，则为不合格。

2)核对包装及标志是否相符

水泥的包装及标志必须符合标准。水泥的包装可以采用袋装，也可以散装。袋装水泥每袋净含量 50 kg，且不得少于标志质量的 98%，随机抽取 20 袋总质量(含包装袋)不应少于 1 000 kg。

水泥包装袋上应清楚标明：执行标准、水泥品种、代号、强度等级、生产者名称、生产许可证标志(QS)及编号、出厂编号、包装日期、净含量。包装袋两侧应根据水泥的品种采用不同的颜色印刷水泥名称和强度等级，硅酸盐水泥和普通硅酸盐水泥采用红色；矿渣硅酸盐水泥采用绿色；火山灰质硅酸盐水泥、粉煤灰硅酸盐水泥和复合硅酸盐水泥采用黑色或蓝色。

散装运输时应提交与袋装标志相同内容的卡片。

通过对水泥包装及标志的核对，不仅可以发现包装的完好程度，盘点和检验数量是否给足，还能核对所购水泥与到货的产品是否完全一致，及时发现和纠正可能出现的产品混杂现象。

(3)水泥的保管

1)防水防潮

水泥在存放过程中很容易吸收空气中的水分产生水化作用，凝结成块，降低水泥强度，影响水泥的正常使用。所以，水泥应在干燥环境条件下存放。袋装水泥在存放时，应用木料垫高约 30 cm，四周离墙 30 cm，堆置高度一般不超过 10 袋。存放散装水泥时，应将水泥储存于专用的水泥罐中。对于受潮水泥可以根据受潮程度，按表 4-5 方法做适当处理。

表 4-5 受潮水泥的处理与使用

受潮情况	处理方法	使用场合
有粉块，用手可以捏成粉末，无硬块	压碎粉块	通过试验后，根据实际强度等级使用
部分结成硬块	筛除硬块压碎粉块	通过试验后，根据实际强度等级使用。用于受力较小的部位，也可配制砂浆
大部分结成硬块	将硬块粉碎磨细	不能作为水泥使用，可作为混合材料掺加到混凝土中

2)分类储存

不同品种、强度等级、生产厂家、出厂日期的水泥，应分别储存，并加以标志，不得混杂。

3)储存期不宜过长

水泥储存时间过长，水泥会吸收空气中的水分缓慢水化而降低强度。袋装水泥储存 3 个月后，强度约降低 10%～20%；6 个月后，约降低 15%～30%；1 年后约降低 25%～40%。因此，水泥储存期不宜超过 3 个月，使用时应做到先存先用，不可储存过久。

4.2 特性水泥与专用水泥

4.2.1 特性水泥

特性水泥是指其某种性能比较突出的一类水泥，如快凝快硬硅酸盐水泥、抗硫酸盐硅酸盐水泥、膨胀水泥、低水化热水泥等。

(1)快凝快硬硅酸盐水泥

以硅酸三钙、氟铝酸钙为主的水泥熟料,加入适量的硬石膏、粒化高炉矿渣、无水硫酸钠,经磨细制成的一种凝结快、小时强度增长快的水硬性胶凝材料,称为快凝快硬硅酸盐水泥(简称双快水泥)。

快凝快硬硅酸盐水泥与硅酸盐水泥的主要区别,在于提高了水泥熟料中硅酸三钙和铝酸三钙的含量,并适当增加了石膏的掺量,同时还提高了水泥的细度。

国家标准《快凝快硬硅酸盐水泥》[JC 314—82(1996)]规定:快凝快硬硅酸盐水泥熟料中氧化镁含量不得超过5.0%;三氧化硫含量不得超过9.5%;水泥比表面积不得低于450 m^2/kg;初凝时间不得早于10 min,终凝时间不得迟于60 min;体积安定性用沸煮法检验必须合格。

根据4 h的抗压强度和抗折强度大小,快凝快硬硅酸盐水泥分为双快-150和双快-200两个强度等级。各强度等级水泥在各龄期的强度值不得低于表4-6中的数值。

表4-6 快凝快硬硅酸盐水泥各龄期的强度要求[JC 314—82(1996)]

强度等级	抗压强度(MPa)			抗折强度(MPa)		
	4 h	1 d	28 d	4 h	1 d	28 d
双快-150	14.7	18.6	31.9	2.75	3.43	5.39
双快-200	19.6	24.5	41.7	3.33	4.51	6.27

快凝快硬硅酸盐水泥具有凝结硬化快、早期强度增长快的特点,其1 h抗压强度可达到相应的强度等级,后期强度仍有一定增长,适用于早期强度要求高的混凝土工程、军事工程、低温条件下施工和桥梁、隧道、涵洞等紧急抢修工程。由于快凝快硬硅酸盐水泥水化热大、放热集中迅速、耐腐蚀性能较差,因此,不宜用于大体积混凝土工程和有耐腐蚀要求的混凝土工程。

快凝快硬硅酸盐水泥在存放时易受潮变质,所以在运输和贮存时,必须注意防潮,并应及时使用,不宜久存。出厂时间超过3个月后,应重新检验,合格后方可使用。快凝快硬硅酸盐水泥也不得与其他品种水泥混合使用。

(2)低水化热水泥

低水化热水泥包括低热硅酸盐水泥、中热硅酸盐水泥和低热矿渣硅酸盐水泥。

以适当成分的硅酸盐水泥熟料,加入适量石膏,磨细制成的具有低水化热的水硬性胶凝材料,称为低热硅酸盐水泥(简称低热水泥),代号为P·LH。

以适当成分的硅酸盐水泥熟料,加入适量石膏,磨细制成的具有中等水化热的水硬性胶凝材料,称为中热硅酸盐水泥(简称中热水泥),代号为P·MH。

以适当成分的硅酸盐水泥熟料,加入粒化高炉矿渣、适量石膏,磨细制成的具有低水化热的水硬性胶凝材料,称为低热矿渣硅酸盐水泥(简称低热矿渣水泥),代号为P·SLH。水泥中矿渣掺量按质量百分比计为20%～60%,允许用不超过混合材料总量50%的磷渣或粉煤灰代替部分矿渣。

从熟料的矿物成分来看,铝酸三钙和硅酸三钙水化热较大,同时游离氧化钙也会增加水泥的水化热,降低水泥的抗拉强度,所以对其含量应加以限制。水泥熟料中铝酸三钙含量对于低热硅酸盐水泥和中热硅酸盐水泥不得超过6%,对于低热矿渣硅酸盐水泥不得超过8%;水泥熟料中硅酸三钙含量对于中热硅酸盐水泥不得超过55%;水泥熟料中游离氧化钙含量对于低热硅酸盐水泥和中热硅酸盐水泥不得超过1.0%;对于低热矿渣硅酸盐水泥不得超过1.2%。

国家标准《低热硅酸盐水泥、中热硅酸盐水泥和低热矿渣硅酸盐水泥》(GB 200—2003)规定:低热硅酸盐水泥、中热硅酸盐水泥和低热矿渣硅酸盐水泥熟料中氧化镁含量不得超过5.0%;三氧化硫含量不得超过3.5%;细度用比表面积法测定时,不得低于250 m^2/kg;初凝时间不得早于60 min,终凝时间不得迟于12 h;体积安定性用沸煮法检验必须合格。

按照规定龄期的抗压强度和抗折强度大小,低热硅酸盐水泥和中热硅酸盐水泥的强度等级为42.5;低热矿渣硅酸盐水泥的强度等级为32.5。各强度等级水泥在各龄期的强度值不得低于表4-7中的数值。

表4-7 低热硅酸盐水泥、中热硅酸盐水泥和低热矿渣硅酸盐水泥各龄期的强度要求(GB 200—2003)

水泥品种	强度等级	抗压强度(MPa)			抗折强度(MPa)		
		3 d	7 d	28 d	3 d	7 d	28 d
低热水泥	42.5	—	13.0	42.5	—	3.5	6.5
中热水泥	42.5	12.0	22.0	42.5	3.0	4.5	6.5
低热矿渣水泥	32.5	—	12.0	32.5	—	3.0	5.5

低热硅酸盐水泥和中热硅酸盐水泥水化热较低,抗冻性与耐磨性较高,抗硫酸盐侵蚀性能好,适用于水利大坝、大体积水工建筑物,以及其他要求低水化热、高抗冻性、高耐磨、有抗硫酸盐侵蚀要求的混凝土工程。低热矿渣硅酸盐水泥水化热更低,抗硫酸盐侵蚀性能好,适用于大体积构筑物、厚大基础等大体积混凝土工程,还可用于有抗硫酸盐侵蚀要求的混凝土工程。

(3)抗硫酸盐硅酸盐水泥

根据抵抗硫酸盐侵蚀的程度不同,抗硫酸盐硅酸盐水泥分中抗硫酸盐硅酸盐水泥和高抗硫酸盐硅酸盐水泥两种。

凡以特定矿物组成的硅酸盐水泥熟料,加入适量石膏,磨细制成的具有抵抗中等浓度硫酸根离子侵蚀的水硬性胶凝材料,称为中抗硫酸盐硅酸盐水泥(简称中抗硫酸盐水泥),代号为P·MSR。

凡以特定矿物组成的硅酸盐水泥熟料,加入适量石膏,磨细制成的具有抵抗较高浓度硫酸根离子侵蚀的水硬性胶凝材料,称为高抗硫酸盐硅酸盐水泥(简称高抗硫酸盐水泥),代号为P·HSR。

硅酸盐水泥熟料中最容易被硫酸盐腐蚀的成分是铝酸三钙。因此,抗硫酸盐硅酸盐水泥熟料中铝酸三钙的含量比较低。由于在水泥熟料的烧成过程中,铝酸三钙数量与硅酸三钙数量之间存在一定的相关性,如果水泥熟料中铝酸三钙含量较低,则硅酸三钙的含量相应地也较低。但是在抗硫酸盐硅酸盐水泥熟料中硅酸三钙的含量不宜太低,如果水泥熟料中硅酸三钙的含量太低,则不利于水泥强度的增长。硅酸三钙和铝酸三钙含量的限制见表4-8。

表4-8 抗硫酸盐硅酸盐水泥熟料中硅酸三钙和铝酸三钙含量限制

品 种	中抗硫酸盐硅酸盐水泥	高抗硫酸盐硅酸盐水泥
硅酸三钙含量不大于,%	55.0	50.0
铝酸三钙含量不大于,%	5.0	3.0

抗硫酸盐硅酸盐水泥的抗侵蚀能力以抗硫酸盐腐蚀系数 F 来评定。它是指水泥试件在人工配制的硫酸根离子浓度分别为2 500 mg/L(对中抗硫酸盐水泥)和8 000 mg/L(对高抗硫酸盐水泥)的硫酸钠溶液中,浸泡6个月后的强度与同时浸泡在饮用水中试件的强度之比。抗

硫酸盐硅酸盐水泥的抗硫酸盐腐蚀系数不得小于0.8。

国家标准《抗硫酸盐硅酸盐水泥》(GB 748—2005)规定：抗硫酸盐硅酸盐水泥熟料中氧化镁含量不得超过5.0%；三氧化硫含量不得超过2.5%；水泥中不溶物不得超过1.5%；烧失量不得超过3.0%；水泥的比表面积不小于280 m^2/kg；初凝时间不得早于45 min，终凝时间不得迟于10 h；体积安定性用沸煮法检验必须合格。

根据3 d和28 d的抗压强度和抗折强度大小，抗硫酸盐硅酸盐水泥分32.5和42.5两个强度等级，各强度等级水泥在各龄期的强度值不得低于表4-9中的数值。

表4-9　抗硫酸盐硅酸盐水泥各龄期的强度要求表(GB 748—2005)

强度等级	抗压强度(MPa)		抗折强度(MPa)	
	3 d	28 d	3 d	28 d
32.5	10.0	32.5	2.5	6.0
42.5	15.0	42.5	3.0	6.5

抗硫酸盐硅酸盐水泥具有较高的抗硫酸盐侵蚀能力，水化热较低，主要用于受硫酸盐侵蚀的海港、水利、地下隧道、引水、道路与桥梁基础等工程。

(4)铝酸盐水泥

凡以铝酸钙为主的铝酸盐水泥熟料，磨细制成的水硬性胶凝材料，称为铝酸盐水泥，代号为CA。

1)铝酸盐水泥的矿物组成

铝酸盐水泥的矿物成分主要为铝酸一钙($CaO \cdot Al_2O_3$，简写为CA)，其含量约占铝酸盐水泥质量的70%，此外还有少量的硅酸二钙($2CaO \cdot SiO_2$)与其他铝酸盐，如七铝酸十二钙($12CaO \cdot 7Al_2O_3$，简写为$Cl_{12}A_7$)、二铝酸一钙($CaO \cdot 2Al_2O_3$，简写为CA_2)和硅铝酸二钙($2CaO \cdot Al_2O_3 \cdot SiO_2$，简写为$C_2AS$)等。

2)铝酸盐水泥的水化和硬化

铝酸盐水泥的水化和硬化主要是铝酸一钙的水化及其水化产物的结晶。其水化产物会随外界温度的不同而异。当温度低于20 ℃时，水化产物为水化铝酸一钙($CaO \cdot Al_2O_3 \cdot 10H_2O$，简写为$CAH_{10}$)。水化反应式为：

$$CaO \cdot Al_2O_3 + 10H_2O = CaO \cdot Al_2O_3 \cdot 10H_2O$$

当温度为20～30℃时，水化产物为水化铝酸二钙($2CaO \cdot Al_2O_3 \cdot 8H_2O$，简写为$C_2AH_8$)和氢氧化铝($Al_2O_3 \cdot 3H_2O$，简写为$AH_3$)。水化反应式为：

$$2(CaO \cdot Al_2O_3) + 11H_2O = 2CaO \cdot Al_2O_3 \cdot 8H_2O + Al_2O_3 \cdot 3H_2O$$

当温度高于30℃时，水化产物为水化铝酸钙($3CaO \cdot Al_2O_3 \cdot 6H_2O$，简写为$C_3AH_6$)和氢氧化铝。水化反应式为：

$$3(CaO \cdot Al_2O_3) + 12H_2O = 3CaO \cdot Al_2O_3 \cdot 6H_2O + 2(Al_2O_3 \cdot 3H_2O)$$

水化产物水化铝酸一钙和水化铝酸二钙为针状或板状结晶，能相互交织成坚固的结晶共生体，析出的氢氧化铝难溶于水，填充于晶体骨架的空隙中，形成比较致密的结构，使水泥石具有很高的强度。水化反应集中在早期，5～7 d后水化产物的数量很少增加。所以，铝酸盐水泥早期强度增长很快。

随硬化时间的延长，不稳定的水化铝酸一钙和水化铝酸二钙会逐渐转化为比较稳定的水化铝酸钙，转化过程会随着外界温度的升高而加快。转化结果使水泥石内部析出游离水，增大了孔隙体积，同时水化铝酸钙晶体本身缺陷较多，强度较低，因而水泥石后期强度明显降低。

3)铝酸盐水泥的技术要求

铝酸盐水泥呈黄、褐或灰色，其密度和堆积密度与硅酸盐水泥接近，密度为 3.0～3.2 g/cm^3；堆积密度为 1 000～1 300 kg/m^3。

国家标准《铝酸盐水泥》(GB 201—2000)规定：铝酸盐水泥按 Al_2O_3 含量百分数分为 CA-50、CA-60、CA-70、CA-80 四种类型；水泥细度用比表面积法测定时不得低于 300 m^2/kg，或者 45 μm 筛余不得超过 20%；对于 CA-50、CA-70、CA-80 水泥初凝时间不得早于 30 min，终凝时间不得迟于 6 h；对于 CA-60 水泥初凝时间不得早于 60 min，终凝时间不得迟于 18 h；体积安定性检验必须合格。

各类型水泥在各龄期的强度值不得低于表 4-10 中的数值。

表 4-10 铝酸盐水泥的 Al_2O_3 含量和各龄期的强度要求(GB 201—2000)

水泥类型	Al_2O_3 含量(%)	抗压强度(MPa)				抗折强度(MPa)			
		6 h	1 d	3 d	28 d	6 h	1 d	3 d	28 d
CA-50	$50\leqslant Al_2O_3<60$	20	40	50	—	3.0	5.5	6.5	—
CA-60	$60\leqslant Al_2O_3<68$	—	20	45	85	—	2.5	5.0	10.0
CA-70	$68\leqslant Al_2O_3<77$	—	30	40	—	—	5.0	6.0	—
CA-80	$77\leqslant Al_2O_3$	—	25	30	—	—	4.0	5.0	—

4)铝酸盐水泥的特点与应用

①凝结硬化快，早期强度增长快，适用于紧急抢修工程和早期强度要求高的混凝土工程。

②硬化后的水泥石在高温下(900 ℃以上)仍能保持较高的强度，具有较高的耐热性能。如采用耐火的粗细骨料(如铬铁矿等)，可制成使用温度达 1 300～1 400 ℃的耐热混凝土，也可作为高炉炉衬材料。

③具有较好的抗渗性和抗硫酸盐侵蚀能力。这是因为铝酸盐水泥的水化产物主要为低钙铝酸盐，游离的氧化钙含量极少，硬化后的水泥石中没有氢氧化钙，并且水泥石结构比较致密，因此，铝酸盐水泥具有较高的抗渗性、抗冻性和抗硫酸盐侵蚀能力，适用于有抗渗、抗硫酸盐侵蚀要求的混凝土工程。但铝酸盐水泥不耐碱，不能用于与碱溶液接触的工程。

④水化热大，而且集中在早期放出。铝酸盐水泥的 1 d 放热量约相当于硅酸盐水泥的 7 d 放热量。因此，适用于混凝土的冬季施工，但不宜用于大体积混凝土工程。

铝酸盐水泥使用时应注意：

①由于铝酸盐水泥水化产物晶体易发生转换，导致铝酸盐水泥的后期强度会有所降低，尤其是在高于 30 ℃的湿热环境下，强度下降更加明显，甚至会引起结构的破坏。因此，铝酸盐水泥不宜用于长期承受荷载作用的结构工程。

②铝酸盐水泥最适宜的硬化温度为 15 ℃左右。一般施工时环境温度不宜超过 30 ℃，否则，会产生晶体转换，水泥石强度降低。所以，铝酸盐水泥拌制的混凝土构件不能进行蒸气养护。

③铝酸盐水泥使用时，严禁与硅酸盐水泥或石灰相混，也不得与尚未硬化的硅酸盐水泥接触，否则将产生瞬凝现象，以至无法施工，且强度很低。

(5)膨胀水泥和自应力水泥

一般硅酸盐水泥在空气中硬化时，体积会发生收缩。收缩会使水泥石结构产生微裂缝或裂缝，降低水泥石结构的密实性，影响结构的抗渗、抗冻、耐腐蚀性和耐久性。膨胀水泥在硬化过程中体积不但不发生收缩，而且还略有不同程度的膨胀。当这种膨胀受到水泥混凝土中钢筋的约束而膨胀率又较大时，钢筋和混凝土会一起发生变形，钢筋受到拉力，混凝土受到压力，这种压力是由水泥水化产生的体积变化所引起的，所以叫自应力。自应力值大于 2 MPa 的水泥称为自应力水泥。由于这一过程发生在水泥浆体完全硬化之前，所以，能够使水泥石的结构更加密实而不致引起破坏。

1)膨胀作用机理

在水泥生产过程中加入石膏、膨胀剂(如明矾石、铝酸盐水泥等)，使水泥浆体中产生大量的水化硫铝酸钙晶体，进而使水泥石体积产生膨胀。

2)膨胀水泥的种类

按水泥的主要矿物成分，膨胀水泥可分为硅酸盐型膨胀水泥、铝酸盐型膨胀水泥和硫铝酸盐型膨胀水泥三类。根据水泥的膨胀值及其用途又可分为收缩补偿水泥和自应力水泥两类。

硅酸盐膨胀水泥是以硅酸盐水泥为主要组分，外加铝酸盐水泥和石膏配制而成的一种水硬性胶凝材料。这种水泥膨胀值的大小可通过改变铝酸盐水泥和石膏的含量来调节。例如用85%～88%的硅酸盐水泥熟料、6%～7.5%的铝酸盐水泥、6%～7.5%的石膏可配制成收缩补偿水泥。用这种水泥配制的混凝土可做屋面刚性防水层、锚固地脚螺栓或修补等用。如适当提高其膨胀组分即可增加膨胀量，可配制成自应力水泥。自应力硅酸盐水泥常用于制造自应力钢筋混凝土压力管及其配件。

铝酸盐膨胀水泥是以一定量的铝酸盐水泥熟料和二水石膏为组成材料，经磨细而成的大膨胀率水硬性胶凝材料。该水泥具有自应力值高、抗渗性、气密性好，质量比较稳定等优点，但水泥生产成本较高，膨胀稳定期较长。可用于制作大口径或较高压力的压力管。

硫铝酸盐膨胀水泥是以无水硫铝酸钙熟料为主要组成材料，加入较多的石膏，经磨细制成的强膨胀性水硬性胶凝材料。可制作大口径或较高压力的压力管，石膏掺量较少时，可用做收缩补偿混凝土。

3)膨胀水泥的特点与应用

膨胀水泥在约束变形条件下所形成的水泥石结构致密，具有良好的抗渗性和抗冻性。可用于配制防水砂浆和防水混凝土，浇灌构件的接缝及管道的接头，结构的加固与修补，浇注机器底座和固结地脚螺丝等。自应力水泥主要用于自应力钢筋混凝土结构工程和制造自应力压力管道等。

4.2.2 专用水泥

专用水泥是指有专门用途的水泥，如砌筑水泥、道路硅酸盐水泥、白色硅酸盐水泥等。

(1)砌筑水泥

凡由一种或一种以上的水泥混合材料，加入适量硅酸盐水泥熟料和石膏，经磨细制成的工作性较好的水硬性胶凝材料，称为砌筑水泥，代号为 M。砌筑水泥中混合材料掺量按质量百分比计为不少于 50%。

国家标准《砌筑水泥》(GB/T 3183—2003)规定：砌筑水泥熟料中三氧化硫含量不得超过4.0%；细度用 80 μm 方孔筛，筛余量不得超过 10.0%；初凝时间不得早于 45 min，终凝时间不得迟于 12 h；保水率不低于 80%；体积安定性用沸煮法检验必须合格。

根据 7 d 和 28 d 的抗压强度和抗折强度大小，砌筑水泥分为 12.5 和 22.5 两个强度等级。

各强度等级水泥在各龄期的强度值不得低于表 4-11 中的数值。

表 4-11 砌筑水泥各龄期的强度要求(GB/T 3183—2003)

强度等级	抗压强度(MPa)		抗折强度(MPa)	
	7 d	28 d	7 d	28 d
12.5	7.0	12.5	1.5	3.0
22.5	10.0	22.5	2.0	4.0

砌筑水泥凝结硬化慢,强度较低,在生产过程中以大量的工业废渣作为原材料,水泥的生产成本低,工作性较好。适用于配制砌筑砂浆、抹面砂浆、基础垫层混凝土。

(2)道路硅酸盐水泥

由道路硅酸盐水泥熟料(以硅酸钙和铁铝酸盐为主要成分)、0～10%活性混合材料和适量石膏磨细制成的水硬性胶凝材料,称为道路硅酸盐水泥(简称道路水泥),代号为 P·R。

道路硅酸盐水泥是为适应我国水泥混凝土路面的需要而发展起来的。为提高道路混凝土的抗折强度、耐磨性和耐久性,道路硅酸盐水泥熟料中铝酸三钙含量不得大于 5.0%;铁铝酸四钙含量不得小于 16.0%。

国家标准《道路硅酸盐水泥》(GB 13693—2005)规定:道路硅酸盐水泥熟料中三氧化硫含量不得超过 3.5%;氧化镁含量不得超过 5.0%;游离氧化钙含量不得超过 1.0%;烧失量不得大于 3.0%;细度用比表面积法测定时为 300～450 m^2/kg;初凝时间不得早于 1.5 h,终凝时间不得迟于 10 h;体积安定性用沸煮法检验必须合格;28 d 干缩率不得大于 0.10%;28 d 磨耗量不得大于 3.0 kg/m^2。

根据 3 d 和 28 d 的抗压强度和抗折强度大小,道路硅酸盐水泥分为 32.5、42.5 和 52.5 三个强度等级。各强度等级水泥在各龄期的强度值不得低于表 4-12 中的数值。

表 4-12 道路硅酸盐水泥各龄期的强度要求(GB 13693—2005)

强度等级	抗压强度(MPa)		抗折强度(MPa)	
	3 d	28 d	3 d	28 d
32.5	16.0	32.5	3.5	6.5
42.5	21.0	42.5	4.0	7.0
52.5	26.0	52.5	5.0	7.5

道路硅酸盐水泥具有早强和抗折强度高、干缩性小、耐磨性好、抗冲击性好、抗冻性和耐久性比较好、裂缝和磨耗病害少的特点,主要用于公路路面、机场跑道、城市广场、停车场等工程。

(3)白色硅酸盐水泥

由氧化铁含量少的硅酸盐水泥熟料、适量石膏及规定的混合材料,经磨细制成的水硬性胶凝材料称为白色硅酸盐水泥(简称白水泥),代号为 P·W。

一般硅酸盐水泥呈灰色或灰褐色,这主要是由于水泥熟料中的氧化铁所引起的。普通硅酸盐水泥的氧化铁含量大约 3%～4%,当氧化铁的含量在 0.5%以下时,水泥接近白色。生产白色硅酸盐水泥的原料应采用着色物质(氧化铁、氧化锰、氧化钛、氧化铬等)含量极少的矿物质,如纯净的石灰石、纯石英砂、高岭土。由于水泥原料中氧化铁的含量少,煅烧的温度要提高到 1 550 ℃左右。为了保证白度,煅烧时应采用天然气、煤气或重油作为燃料。粉磨时不能直接用铸钢板和钢球,而应采用白色花岗岩或高强陶瓷衬板,用烧结瓷球等作为研磨体。由于这些特殊的生产措施，使得白色硅酸盐水泥的生产成本较高，因此白色硅酸盐水泥的价格较贵。

国家标准《白色硅酸盐水泥》(GB/T 2015—2005)规定：白色硅酸盐水泥熟料中氧化镁含量不得超过5.0%；初凝时间不得早于45 min，终凝时间不得迟于10 h；细度用80 μm方孔筛，筛余量不得超过10.0%；体积安定性用沸煮法检验必须合格。

根据3 d和28 d的抗压强度和抗折强度大小，白色硅酸盐水泥分为32.5、42.5和52.5三个强度等级。各强度等级水泥在各龄期的强度值不得低于表4-13中的数值。

表 4-13 白色硅酸盐水泥各龄期的强度要求(GB/T 2015—2005)

强度等级	抗压强度(MPa)		抗折强度(MPa)	
	3 d	28 d	3 d	28 d
32.5	12.0	32.5	3.0	6.0
42.5	17.0	42.5	3.5	6.5
52.5	22.0	52.5	4.0	7.0

白度是白色硅酸盐水泥的一个重要指标。白色硅酸盐水泥的白度值不得低于87。

将白色硅酸盐水泥熟料、颜料和石膏共同磨细，可制成彩色硅酸盐水泥。所用的颜料要能耐碱，对水泥不能产生有害作用。常用的颜料有氧化铁(红、黄、褐、黑色)、二氧化锰(黑、褐色)、氧化铬(绿色)、赭石(赭色)和炭黑(黑色)等。也可将颜料直接与白水泥粉末混合拌匀，配制彩色水泥砂浆和混凝土。后者方法简便易行，色彩可以调节，但拌制不均匀，会存在一定的色差。

白色硅酸盐水泥具有强度高，色泽洁白的特点，可用来配制彩色砂浆和涂料、彩色混凝土等，用于建筑物的内外装修，同时也是生产彩色硅酸盐水泥的主要原料。

复习思考题

1. 生产通用硅酸盐系水泥的主要原料有哪些？

2. 生产通用硅酸盐系水泥为什么要掺入适量石膏？

3. 试述通用硅酸盐系水泥的主要矿物成分及其对水泥性能的影响。

4. 通用硅酸盐系水泥的主要水化产物有哪几种？水泥石的结构如何？

5. 试述水泥细度对水泥性质的影响，怎样检验？

6. 导致水泥体积安定性不良的原因有哪些？如何检验？

7. 影响通用硅酸盐系水泥强度大小的主要因素有哪些？

8. 水泥石腐蚀的类型主要有哪几种？产生腐蚀的主要原因是什么？防止腐蚀的措施有哪些？

9. 水泥检验中，哪些性能不符合要求时，则该水泥属于不合格品？应怎样处理不合格品？

10. 什么是混合材料？在水泥生产中起什么作用？

11. 为什么说掺有活性混合材的硅酸盐水泥早期强度比较低，后期强度发展比较高？

12. 与硅酸盐水泥相比，普通水泥、矿渣水泥、火山灰水泥和粉煤灰水泥在性能上有哪些不同？

13. 某工程使用一批普通硅酸盐水泥，强度检验结果如下，试评定该批水泥的强度等级。

龄　期	抗折强度(MPa)	抗压破坏荷载(kN)
3 d	4.05,4.20,4.10	41.5,42.2,46.1,45.5,44.2,43.1
28 d	7.05,7.50,8.40	71.5,68.6,72.5,75.0,69.3,74.2

14. 不同品种且同一强度等级以及同品种但不同强度等级的水泥能否掺混使用？对这两种情况分别解释为什么？

15. 试述快硬硅酸盐水泥的矿物组成有哪些特点？

16. 铝酸盐水泥有何特点？使用时应注意哪些问题？

17. 膨胀水泥的膨胀过程与水泥体积安定性不良所形成的体积膨胀有何不同？

18. 白色硅酸盐水泥对原料和工艺有什么要求？

19. 根据下列工程条件，选择适宜的水泥品种：

①现浇混凝土梁、板、柱，冬季施工；

②高层建筑基础底板(具有大体积混凝土特性和抗渗要求)；

③受海水侵蚀的钢筋混凝土工程；

④高炉炼铁炉基础；

⑤高强度预应力混凝土梁；

⑥紧急抢修工程；

⑦东北某大桥的沉井基础及桥梁墩台；

⑧采用蒸气养护的预制构件；

⑨大口径压力管及输油管道工程。

第5章 混 凝 土

【学习目标】本章主要介绍普通混凝土的组成材料、技术性质、混凝土外加剂及配合比设计要求,并简要介绍了铁路客运专线用混凝土的技术要求。通过本章的学习,要求熟悉混凝土的分类及优缺点,掌握水泥混凝土组成材料及其技术要求、水泥混凝土的技术性质、配合比设计、外加剂的作用机理及常用品种,水泥混凝土的质量控制与评定方法等。了解其他混凝土的组成、技术性质及其应用。

凡以胶凝材料将大小不等的颗粒材料胶结成为整体,并具有一定形状和强度的人工石材称为混凝土,其中大小不等的颗粒称为骨料。

混凝土从不同角度考虑,常有以下几种分类方式:

(1)按所用胶凝材料的不同可分为:水泥混凝土、沥青混凝土、水玻璃混凝土、聚合物混凝土等。

(2)按用途可分为:结构混凝土、道路混凝土、防水混凝土、耐热混凝土、防射线混凝土等。

(3)按体积密度可分为:特重混凝土($\rho_0>2700\ kg/m^3$)、重混凝土($\rho_0=1\ 950\sim2\ 700\ kg/m^3$)、轻混凝土($\rho_0=800\sim1\ 950\ kg/m^3$)和特轻混凝土($\rho<800\ kg/m^3$)等。

(4)按施工方法不同可分为:现浇混凝土、预制混凝土、泵送混凝土、喷射混凝土等。

混凝土作为一种不可缺少的重要土建工程材料,广泛应用于铁道工程、桥梁隧道、工业与民用建筑、水工结构及道路、海港、军事等土建工程中。混凝土性能优良,主要体现在:

(1)材料来源广泛,混凝土中大部分是天然石材,价格低廉,可就地取材,经济实用。

(2)混凝土拌合物具有良好的可塑性,容易浇筑成不同形状而且整体性很强的构件,使混凝土可适应各种形状复杂的结构构件的施工要求。

(3)具有较高的抗压强度,并且可以根据需要配制成不同强度的混凝土。

(4)具有较好的耐久性,对各种外界破坏因素有较强的抵抗能力,因而很少需要维修。

(5)与钢筋能牢固地黏结、组成钢筋混凝土,适用于各种大中小型构件。

混凝土的不足之处在于其抗拉强度低,受拉时容易开裂,自重较大,硬化养护时间长,破损后不易修复,使其在使用时受到一定的影响。同时,施工中的各种人为因素对混凝土的质量,特别是对混凝土的强度影响甚大,有关工程人员对相应的生产环节应加以严格的控制。

5.1 普通混凝土组成材料

普通混凝土又称为水泥混凝土,一般指由水泥、砂、石子和水按适当比例配合搅拌,浇筑成型,再经过硬化而成的人造石材,简称为混凝土。

在混凝土中,砂石的总含量约占混凝土体积的65%~75%,其余为水泥浆。由水泥和水组成的水泥浆包裹在砂石的表面,并填满砂石间的空隙,作为砂石间的润滑材料,使混凝土拌合物具有流动性,并通过水泥浆的凝结硬化,将砂石胶结成整体。砂子填充石子的空隙,共同构成坚硬骨架，并可抑制由于水泥浆硬化干燥所产生的收缩。砂子和石子称为混凝土的骨料(或集料)。

5.1.1 水 泥

水泥是混凝土获得强度的保证，也是混凝土能在所处环境中满足使用要求的重要因素之一。因而，水泥品种和强度等级的选择是否恰当，对混凝土的强度、耐久性和经济性有很大的影响。

(1)水泥品种的选择

应根据工程性质、所处环境、施工条件等，合理选择相应的水泥品种。复合硅酸盐水泥不宜用于有特殊要求或重要工程的混凝土。

(2)水泥强度等级的选择

水泥强度的高低应与混凝土的强度相适应，较高强度的混凝土需选用较高强度的水泥，较低强度的混凝土宜选用较低强度的水泥。水泥强度等级越高，胶结能力越强。混凝土的强度也就越高。当采用较低强度等级的水泥配制较高强度等级的混凝土时，应用较小的水灰比，这样将引起水泥用量的增加，并不经济合理。同样，当采用较高强度等级的水泥配制较低强度等级的混凝土时，水泥用量虽可减少，但却使混凝土的工作性及耐久性变差；如果为了改善混凝土的工作性、耐久性，则需增加水泥用量，这样必然会出现超强现象，同样也不经济。因此，水泥强度等级和混凝土强度等级之间应有一个适当的比值来控制。《铁路混凝土与砌体工程施工规范》(TB 10210—2001)中经过试验建议：水泥与混凝土强度等级之比，对于C30及以下的混凝土，宜为1.1～2.2；对于C35及以上的混凝土宜为0.9～1.5。

5.1.2 细 骨 料

公称粒径小于5.00 mm的岩石颗粒称为细骨料，通称为砂。砂按产源不同可分为天然砂、人工砂两类。

天然砂是由自然风化、水流搬运和分选、堆积形成的岩石颗粒(不含软质岩、风化岩石的颗粒)。根据产地天然砂又可分为河砂、湖砂、山砂、淡化海砂。

人工砂是经除土处理的机制砂、混合砂的统称。天然砂作为一种地方资源，在我国的建设工程中被大量、广泛的使用，但由于天然砂的资源日益减少，混凝土用砂的供需矛盾日益突出，为了解决天然砂供不应求的问题，从20世纪70年代，我国开始在建筑工程上广泛使用人工砂。

混凝土用砂的技术性质包括以下几个方面：

(1)表观密度、堆积密度、空隙率

砂表观密度、堆积密度、空隙率应符合如下规定：表观密度大于2 500 kg/m^3；松散堆积密度大于1 350 kg/m^3；空隙率小于47%。

砂的松装体积随其含水量变化而变化，当含水率为4%～7%时，砂的体积达到最大，这是由于水的表面张力的影响，砂子表面一定厚度的水膜起到一些黏结作用，并能阻止砂粒的靠近而形成较大的松装体积，但如果含水过多、水膜过厚，将不起黏结而起润滑作用，砂子可以滑动靠近，体积变小。因此，用体积比配料或用体积验收砂子时，应充分考虑湿砂体积的变化。

(2)颗粒级配和粗细程度

砂的颗粒级配是指砂中大小颗粒搭配的情况。如果大小颗粒搭配适当，它们相互填充，使砂子的空隙率达到较小值，这样的颗粒级配称为级配良好。在混凝土中，当砂颗粒间大小搭配合理，达到逐级填充，减小空隙率时，不仅用来填空的浆料少，多余的浆料可形成较厚的包裹层，有利于水泥的润滑与胶结作用，而且可得到较高的密实度，从而使混凝土的强度和耐久性得以加强。

砂的粗细程度是指不同粒径的砂粒混合中，混合在一起的总体粗细程度，若粗颗粒较多，砂就显得粗些，反之，若粗颗粒较少，砂就显得细些。对于数量相同的砂，粗砂和中砂的总表面积较小，而细砂的总表面积较大。水泥浆是通过骨料颗粒表面来实现有效黏结的，骨料的总表面积越小，水泥越节约，所以混凝土用砂颗粒的总表面积要小，即砂尽可能粗。

砂的级配情况和粗细程度是以筛分析的方法测定的。筛分析的方法，是用一套孔径为4.75 mm、2.36 mm、1.18 mm、0.6 mm、0.3 mm和0.15 mm的标准方孔筛，将500 g干砂由粗到细依次过筛，称得余留在各筛上砂的质量，叫做“分计筛余量”，各分计筛余质量占砂样总质量的百分率称为“分计筛余百分率”，分别用α_1、α_2、α_3、α_4、α_5、α_6表示，各筛上及所有孔径大于该筛的分计筛余百分率之和称为“累计筛余百分率”，分别用β_1、β_2、β_3、β_4、β_5和β_6表示，见表5-1所示。

表5-1 累计筛余率计算过程

砂的公称粒径	砂筛筛孔的公称直径	方孔筛筛孔边长	分计筛余		累计筛余百分率(%)
			分计筛余量(g)	分计筛余百分率(%)	
5.00 mm	5.00 mm	4.75 mm	m_1	α_1	$\beta_1=\alpha_1$
2.50 mm	2.50 mm	2.36 mm	m_2	α_2	$\beta_2=\alpha_2+\alpha_1$
1.25 mm	1.25 mm	1.18 mm	m_3	α_3	$\beta_3=\alpha_3+\alpha_2+\alpha_1$
630 μm	630 μm	600 μm	m_4	α_4	$\beta_4=\alpha_4+\alpha_3+\alpha_2+\alpha_1$
315 μm	315 μm	300 μm	m_5	α_5	$\beta_5=\alpha_5+\alpha_4+\alpha_3+\alpha_2+\alpha_1$
160 μm	160 μm	150 μm	m_6	α_6	$\beta_6=\alpha_6+\alpha_5+\alpha_4+\alpha_3+\alpha_2+\alpha_1$

1)砂的粗细程度以细度模数(μ_f)表示，按式(5-1)计算：

$$\mu_f=\frac{\beta_2+\beta_3+\beta_4+\beta_5+\beta_6-5\times\beta_1}{100-\beta_1} \tag{5-1}$$

细度模数较大，表示砂较粗。按细度模数值的不同，将砂子分为四种规格：粗砂$\mu_f=3.7\sim3.1$、中砂$\mu_f=3.0\sim2.3$、细砂$\mu_f=2.2\sim1.6$、特细砂$\mu_f=1.5\sim0.7$。

2)天然砂的颗粒级配情况用级配区来判别：对混凝土用砂，根据其在筛孔公称直径为0.630 mm砂筛上的累计筛余率(β_4)划分为三个级配区，$\beta_4=(71\sim85)\%$为Ⅰ区，$\beta_4=(41\sim70)\%$为Ⅱ区，$\beta_4=(16\sim40)\%$为Ⅲ区，各区的标准见表5-2。混凝土用砂的实际颗粒级配(各β值)处于表内所属的级配区内时，砂子的级配为良好。但表中所列的累计筛余百分率，除公称粒径为5.00 mm和0.630 mm筛外，其余公称粒径允许稍有超出分界线，但其总量不应超过5%，否则为级配不合格。

表5-2 砂颗粒级配区(JGJ 52—2006、TB 10424—2003)

级配区 / 累计筛余(%) / 公称粒径	Ⅰ区	Ⅱ区	Ⅲ区	级配区 / 累计筛余(%) / 公称粒径	Ⅰ区	Ⅱ区	Ⅲ区
5.00 mm	10～0	10～0	10～0	630 μm	85～71	70～41	40～16
2.50 mm	25～0	25～0	15～0	315 μm	92～70	92～70	85～55
1.25 mm	50～10	50～10	25～0	160 μm	100～90	100～90	100～90

当天然砂的实际颗粒不符合要求时，宜采取相应的技术措施，并经试验证明能确保混凝土质量后，方允许使用。

如果砂的级配不好，则应进行调整。例如某砂粗颗粒过多，则可以按一定比例掺入较细的砂子加以调整，使之符合要求。

【例 5-1】 500 g 烘干砂做筛分试验，各筛的分计筛余、累计筛余如表 5-3 所示，试判断该砂的粗细级别和级配情况。

表 5-3 试验砂筛分试验

砂筛孔的公称直径	分计筛余 (g)	分计筛余 (%)	累计筛余 (%)	砂筛孔的公称直径	分计筛余 (g)	分计筛余 (%)	累计筛余 (%)
5.00 mm	30	6.0	6.0	630 μm	90	18.0	62.8
2.50 mm	46	9.2	15.2	315 μm	80	16.0	78.8
1.25 mm	148	29.6	44.8	160 μm	85	17.0	95.8
				筛底	21	4.2	100.0

【解】 ①计算细度模数：

$$\mu_f=\frac{\beta_2+\beta_3+\beta_4+\beta_5+\beta_6-5\times\beta_1}{100-\beta_1}=\frac{15.2+44.8+62.8+78.8+95.8-5\times6.0}{100-6.0}=2.8$$

由于 $\mu_f=2.8$，在 3.0～2.3 之间，故该砂为中砂。

②该砂在 0.63 mm 筛上的累计筛余 $\beta_4=62.8$，在 41～70 之间，属Ⅱ区，将计算的各 β 值与Ⅱ区标准逐一对照，因各 β 值均落入Ⅱ区内，故此砂级配良好。

评定砂的颗粒级配，也可采用作图法，即以累计筛余百分率为纵坐标，筛孔尺寸为横坐标，根据表 5-2 的标准，可画出砂子的三个级配区曲线图（实际画为折线，如图 5-1 所示），当试验砂的筛分曲线在所属级配区曲线内穿过时，砂的级配为良好。

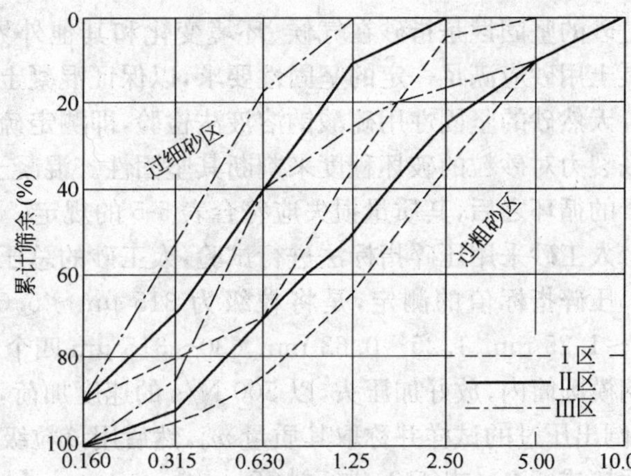

图 5-1 砂的级配区图

拌制混凝土时宜优先选用Ⅱ区砂；当采用Ⅰ区砂时，应提高砂率，并保持足够的水泥用量、满足混凝土的工作性；当采用Ⅲ区砂时宜降低砂率，并应保证混凝土强度；当采用特细砂时，应符合相关规范有关规定。

(3)含泥量、石粉含量、泥块含量和有害物质含量

混凝土应采用洁净的砂子。但天然砂中常含有泥、黏土块、云母、轻物质、硫化物、硫酸盐、有机质、氯化物及草根、树叶、树枝、塑料品、煤块、炉渣等有害物质。泥土成浆，包裹在砂粒表面，影响了水泥浆与砂的黏结，云母和轻物质自身低强易碎，硫化物、硫酸盐会造成水泥石的腐蚀，有机质会影响混凝土的凝结硬化。总之，这些有害物质会影响混凝土的强度和耐久性。因此，在 JGJ 52—2006 和 TB 10425—2003 中，对混凝土用砂中的含泥量、泥块含量、石粉含量以及有害物质含量做出了限定，如表 5-4 所示。

若砂中有害物质超标，应用水冲洗后方能使用。

表 5-4　砂中含泥量、泥块含量、有害物质和石粉含量限值

<table>
<tr><td colspan="2" rowspan="3">规范
项目</td><td colspan="3" rowspan="3">JGJ 52—2006</td><td colspan="4">TB 10425—2003</td></tr>
<tr><td colspan="3" rowspan="2">天然砂</td><td rowspan="2">机制砂、混合砂</td></tr>
<tr></tr>
<tr><td colspan="2">混凝土强度等级</td><td>≥C60</td><td>C30～C55</td><td><C25</td><td><C30</td><td>C30～C50</td><td>≥C50</td><td><C30</td></tr>
<tr><td colspan="2">含泥量(按质量计%)</td><td>≤2.0</td><td>≤3.0</td><td>≤5.0</td><td>≤5.0</td><td>≤3.0</td><td>≤2.0</td><td>—</td></tr>
<tr><td colspan="2">泥块含量(按质量计%)</td><td>≤0.5</td><td>≤1.0</td><td>2.0</td><td><1.0</td><td><0.5</td><td><0.5</td><td>≤5.0</td></tr>
<tr><td colspan="2">云母(按质量计,%,)</td><td colspan="3">≤2.0</td><td>≤1.0</td><td>≤1.0</td><td><0.5</td><td>≤1.0</td></tr>
<tr><td colspan="2">轻物质(按质量计,%)</td><td colspan="3">≤1.0</td><td colspan="3">≤1.0</td><td>—</td></tr>
<tr><td colspan="2">硫化物及硫酸盐(按 SO_3 质量计,%)</td><td colspan="3">≤1.0</td><td><1.0</td><td><1.0</td><td><0.5</td><td>≤1.0</td></tr>
<tr><td colspan="2">有机物(比色法)</td><td colspan="7">颜色不深于标准色。当颜色深于标准色时，应按水泥胶砂强度试验方法进行强度对比试验，抗压强度比不应低于 0.95。</td></tr>
<tr><td rowspan="2">人工砂或混合砂的石粉含量</td><td>MB<1.40(不合格)</td><td>≤5.0</td><td>≤7.0</td><td>≤10.0</td><td colspan="3">—</td><td>≤10.0</td></tr>
<tr><td>MB≥1.40(不合格)</td><td>≤2.0</td><td>≤3.0</td><td>≤5.0</td><td colspan="3">—</td><td>≤5.0</td></tr>
</table>

注：①有抗冻、抗渗或其他特殊要求的小于或等于 C25 混凝土用砂，其泥块含量不应大于 1.0%，其云母含量不应大于 1.0%。

②亚甲蓝 MB 是用于判定人工砂中粒径小于 0.075 mm 的颗粒含量主要是泥土还是与被加工母岩化学成分相同的石粉的指标。

(4)坚固性

砂的坚固性是指砂在气候、环境变化和其他外界物理化学因素作用下抵抗破裂的能力。混凝土用砂应满足一定的坚固性要求，以保证混凝土的耐久性。

天然砂的坚固性用硫酸钠溶液法检验，即测定硫酸钠饱和溶液渗入砂粒缝隙后形成结晶的胀裂力对砂粒的破坏程度来判断其坚固性。混凝土用砂在硫酸钠饱和溶液中经 5 次浸渍与烘干的循环之后，其质量损失应符合表 5-5 的规定。

人工砂采用压碎指标法进行试验，人工砂的总压碎指标应小于 30%。

压碎指标值的测定，是将粒级为 315 μm～5.0 mm 的人工砂，筛分成 5.0～2.5 mm、2.5～1.25 mm、1.25～0.63 mm、630～315 μm 四个粒级，取各粒级分别试验装入组装好的受压钢模圆筒内，放好加压头，以 500 N/s 的速度加荷，到 25 kN 时持荷 5 s 后，以同样的速度卸载，倒出压过的试样并称取其质量 m_0，然后用该粒级的下限筛进行筛分，称出筛余量 m_1，压碎指标按式(5-2)、式(5-3)进行计算：

第 i 单级砂样的压碎指标：

$$\delta_i = \frac{m_0 - m_1}{m_0} \times 100\% \tag{5-2}$$

式中　δ_i——第 i 单级砂样压碎指标，%；

m_0——第 i 单级砂样的质量，g；

m_1——第 i 单级砂样的压碎试验后筛余的试样质量，g。

四级砂样总的压碎指标：

$$\delta_{sa} = \frac{\alpha_1\delta_1 + \alpha_2\delta_2 + \alpha_3\delta_3 + \alpha_4\delta_4}{\alpha_1 + \alpha_2 + \alpha_3 + \alpha_4} \times 100\% \tag{5-3}$$

式中　δ_{sa}——总的压碎指标，%；

α_1、α_2、α_3、α_4——公称直径分别为 2.5 mm、1.25 mm、0.63 mm、315μm 各方孔筛的分计筛余,%;

δ_1、δ_2、δ_3、δ_4——公称粒级分别为 5.0～2.5 mm、2.5～1.25 mm、1.25～0.63 mm、630～315 μm 的单级压碎指标,%。

表 5-5 坚固性指标

规　范	项　目	5 次循环后的质量损失(%)
JGJ 52—2006《混凝土用砂、石质量及检验方法标准》	在严寒及寒冷地区室外使用并经常处于潮湿或干湿交替状态下的混凝土 对于有抗疲劳、耐磨、抗冲击要求的混凝土 有腐蚀介质作用或经常处于水位变化区的地下结构混凝土	≤8
	其他条件下使用的混凝土	≤10
TB 10210—2001《铁路混凝土与砌体工程施工规范》	最冷月平均气温低于 0 的地区,并经常处于潮湿或干湿胶体状态下的混凝土	<8
	其他条件下使用的混凝土	<10

(5)碱骨料反应

经碱骨料反应试验后,由砂制备的试件无裂缝、酥裂、胶体外溢等现象,在规定的试验龄期膨胀率应小于 0.10%。

5.1.3 粗 骨 料

公称粒径大于 5.00 mm 的岩石颗粒称为粗骨料,通称石子。其品种有天然卵石和人工碎石两种。卵石是指由自然风化、水流搬运和分选、堆积形成的公称粒径大于 5.00 mm 的岩石颗粒。其表面圆滑,空隙率和总表面积均较小,拌制混凝土时水泥浆需用量较少,工作性较好,但与水泥浆的黏结力不如碎石。碎石是指由天然岩石或卵石经机械破碎、筛分制成的公称粒径大于 5.00 mm 的岩石颗粒。颗粒多棱角,表面粗糙,空隙率和总表面积均较大,用碎石拌制的混凝土,所需的水泥浆较多,但水泥浆与碎石的黏结力较强。因此,拌制较高强度混凝土时,宜用碎石或碎卵石,一般情况下宜就地取材。

(1)石子的物理性质

表观密度、堆积密度、空隙率应符合如下规定:表观密度大于 2 500 kg/m³;松散堆积密度大于 1 350 kg/m³;空隙率小于 47%。

(2)最大粒径和颗粒级配

最大粒径 d_0 指石子公称粒级的上限,如 5～40 mm 粒级的石子,最大粒径即为 $d_0=$ 40 mm。使用最大粒径较大的石子拌制混凝土,由于石子的总表面积较小,水泥浆包裹层较厚,有利于润滑和黏结。因此,在允许条件下,石子的最大粒径宜选大一些。但由于构件尺寸和钢筋疏密程度所限,又不能选得太大。混凝土用的粗骨料,在《混凝土结构工程施工质量验收规范》(GB 50204—2002)中规定:其最大颗粒粒径不得超过构件截面最小尺寸的 1/4,且不得超过钢筋最小净间距的 3/4。对混凝土实心板,骨料的最大粒径不宜超过板厚的 1/3,且不得超过 40 mm。而《铁路混凝土与砌体工程施工规范》(TB 10210—2001)中同样规定:混凝土用的粗骨料应采用坚硬耐久的碎石、卵石或两者的混合物,其最大粒径不得大于板厚的 1/2 或结构截面最小尺寸的 1/4,也不得大于钢筋最小净距的 3/4,且不大于 100 mm。

表 5-6 碎石或卵石的颗粒级配范围(JGJ 52—2006)

级配情况	公称粒径(mm)	累计筛余,按质量(%) 方孔筛筛孔边长尺寸(mm)											
		2.36	4.75	9.5	16.0	19.0	26.5	31.5	37.5	53	63	75	90
连续粒级	5～10	95～100	80～100	0～15	0								
	5～16	95～100	85～100	30～60	0～10	0							
	5～20	95～100	90～100	40～80		0～10	0						
	5～25	95～100	90～100		30～70		0～5	0					
	5～31.5	95～100	90～100	70～90		15～45		0～5	0				
	5～40		95～100	70～90		30～65			0～5	0			
单粒粒级	10～20		95～100	85～100		0～15	0						
	16～31.5		95～100		85～100			0～10	0				
	20～40			95～100		80～100			0～10				
	31.5～63				95～100			75～100	45～75		0～10	0	
	40～80					95～100			70～100		30～60	0～10	0

表 5-7 粗骨料的颗粒级配(TB 10425—2003)

级配情况	公称粒径(mm)	累计筛余,按质量(%) 方孔筛筛孔边长尺寸(mm)											
		2.36	4.75	9.5	16.0	19.0	26.5	31.5	37.5	53.0	63.0	75.0	90
连续粒级	5～9.5	95～100	80～100	0～15									
	5～16	95～100	85～100	30～60	0～10								
	5～19	95～100	90～100	40～80		0～10	0						
	5～26.5	95～100	90～100		30～70		0～5	0					
	5～31.5	95～100	90～100	70～90		15～45		0～5	0				
	5～37.5	95～100	95～100	70～90		30～65			0～5	0			
	5～63	95～100	95～100	85～95	60～80	45～70		30～40	15～20		0～5	0	
	5～75	95～100	95～100	80～95		60～80			30～60		15～20	0～5	0
单粒粒级	9.5～19		95～100	85～100		0～15	0						
	16～31.5		95～100		85～100			0～10	0				
	19～37.5			95～100		80～100			0～10	0			
	31.5～63				95～100			75～100	45～75		0～10	0	
	37.5～75					95～100			70～100		30～60	0～10	0

石子的颗粒级配,其原理和要求与砂基本相同,各粒级的比例要适当,使骨料的空隙率尽可能小。

石子的颗粒级配用筛分析法测定,用一套标准筛(筛孔尺寸见表 5-7)进行筛分。混凝土用碎石和卵石的颗粒级配,应符合表 5-6 或表 5-7 的要求。按卵石、碎石粒径尺寸分为单粒粒级和连续粒级。一般的混凝土工程多使用表内连续粒级的石子,表内的单粒级石子,可以用于配制有特殊级配要求的石子，也可以与连续粒级石子混合使用，以改善其级配状况，或组成较大粒度的连续粒级。但由于单粒级石子级配不好，工程上不宜使用单一的单粒级石子拌制混凝土。

(3)含泥量、泥块含量及有害物质含量

石子中不宜混有草根、树叶、树枝、塑料品、煤块、炉渣等杂物，而且含泥量、黏土块和其他有害物质的含量应符合表 5-8 的规定。表中的“泥”指粒径小于 0.08 mm 的岩屑、淤泥与黏土的总和，“黏土块”指粒径大于 5 mm，经水浸捏洗后变成小于 2.5 mm 的颗粒。若所含有害物质超标，应用水冲洗后方能使用。

表 5-8　粗骨料中含泥量、泥块含量、有害物质含量限值

规　范	JGJ 52—2006			TB 10425—2003	
强度等级	≥C60	C30～C55	<C25	≥C30	<C30
含泥量(按质量计,%)	≤0.5	≤1.0	≤1.5	≤1.0	≤2.0
泥块含量(按质量计,%)	≤0.2	≤0.5	≤0.7	≤0.25	
氯化物(以 NaCl 计,%)	—			≤0.03	—
硫化物及硫酸盐含量(折算成 SO_3,按质量计,%)	≤1.0				
卵石中有机物含量(用比色法试验)	颜色不应深于标准色。当深于标准色时，应配制成混凝土进行强度对比试验，抗压强度比不应小于 0.95				

(4)针片状颗粒含量

石子颗粒粒型以接近球形为好。但石子中常含有针状颗粒(其长度大于所属粒级平均粒径的 2.4 倍)和片状颗粒(其厚度小于所属粒级平均粒径的 0.4 倍)，它们阻碍混凝土拌合物的流动，在混凝土受力时又容易折断，影响混凝土的质量。因此，混凝土用石子中的针、片状颗粒的含量应符合表 5-9 的规定。

表 5-9　粗骨料中针片状颗粒含量

规　范	JGJ 52—2006			TB 10425—2003	
强度等级	≥C60	C30～C55	<C25	≥C30	<C30
针、片状颗粒总含量(按质量计,%)	≤8	≤15	≤25	≤12	≤25

(5)坚固性

混凝土用石子亦应满足一定的坚固性要求，以保证混凝土的耐久性。混凝土用石子的坚固性，按硫酸钠溶液法检验，应满足表 5-10 的要求。

(6)强度

石子的强度直接影响混凝土的强度，因此，混凝土中的石子必须具有足够的强度。石子的强度有两种表示方法：抗压强度和压碎指标。

《铁路混凝土与砌体工程施工质量验收标准》(TB 10425—2003)中规定：粗骨料强度可用岩石抗压强度(岩石试件尺寸为 50 mm×50 mm×50 mm 的立方体或直径与高度均为 50 mm 的圆柱体）或压碎指标值表示，且岩石抗压强度与混凝土强度等级之比不应小于 1.5。

表 5-10 粗骨料的坚固性指标(硫酸钠溶液法)

规 范	项 目	5 次循环后的质量损失(%)	
JGJ 52—2006《混凝土用砂、石质量及检验方法标准》	在严寒及寒冷地区室外使用,并经常处于潮湿或干湿交替状态下的混凝土;有腐蚀介质作用或经常处于水位变化区的地下结构混凝土或有抗疲劳、耐磨、抗冲击要求的混凝土	≤8	
	其他条件下使用的混凝土	≤12	
TB 10425—2003《铁路混凝土与砌体工程施工质量验收标准》	结构或构件类型	混凝土结构	预应力混凝土结构
	最冷月平均气温低于 0℃,并经常处于潮湿或干湿交替的混凝土	≤8	≤5
	其他条件下使用的混凝土	≤12	≤8

当可采用压碎指标进行质量控制时,其方法是将 10～20 mm 的气干状态的石子,按规定方法装入压碎值测定仪的圆模中,放上压头,在 3～5 min 内均匀加压至 200 kN,卸荷后,倒出模中试样,称其总质量 G_1,用孔径为 2.50 mm 的筛子筛出压碎了的细粒(碎片),称出筛余质量 G_2,则压碎指标 Q_e 按式(5-4)计算:

$$Q_e=\frac{G_1-G_2}{G_1}\times 100\% \tag{5-4}$$

压碎指标表示被压出的碎片质量占试样总质量的百分率。对于同一种类的粗骨料,Q_e 值越小,表示其抵抗压碎的能力越强,石子的强度就越高。

《混凝土用砂、石质量及检验方法标准》(JGJ 52—2006)规定:碎石的强度可用岩石的抗压强度和压碎指标表示。岩石的抗压强度应比所配制的混凝土强度至少高 20%,当混凝土强度大于或等于 C60 时,应进行岩石抗压强度检验。岩石强度首先应由生产单位提供,工程中可采用压碎指标进行质量控制。碎石的压碎指标宜符合表 5-11 规定。

表 5-11 粗骨料的压碎指标

规 范		JGJ 52—2006		TB 10425—2003	
岩石品种		混凝土强度等级		混凝土强度等级	
		C40～C60	≤C35	≥C30	<C30
碎石压碎指标(%)	沉积岩	≤10	≤16	≤10	≤16
	变质岩或深成的火成岩	≤12	≤20	≤12	≤20
	喷出的火成岩	≤13	≤30	≤13	≤30
卵石压碎指标(%)		≤12	≤16	≤12	≤16

(7)碱骨料反应

当粗骨料中含有蛋白石、玉髓、鳞石英、方石英等含有活性 SiO_2 的矿物(即活性骨料)时,其活性 SiO_2 会与水泥中的碱物质发生碱—骨料反应,引起混凝土开裂破坏,必须进行专门的检验,在确认对混凝土质量无害时方可使用;当认定有潜在危害时,不宜使用;必须使用时,应采用低碱水泥(含碱量小于 0.6%),或采用能抑制碱—骨料反应的掺和料,并不得使用含钠、钾离子的外加剂。粗骨料中严禁混入煅烧过的白云石或石灰石块。

经碱骨料反应试验后,由卵石、碎石制备的试件无裂缝、酥裂、胶体外溢等现象,在规定的试验龄期的膨胀率应小于0.10%。

5.1.4　水

混凝土用的拌和水和养护水均应使用清洁水。《混凝土拌合用水标准》(JGJ 63—2006)中规定:混凝土拌合用水按水源可分为饮用水、地表水、地下水、海水以及经适当处理或处置后的工业废水。符合国家标准的生活饮用水可用于各种混凝土。地表水(江河、淡水湖的水)和地下水(含井水)首次使用前,应进行检验。处理后的工业废水经检验合格后方能使用。海水含有较多的氯盐,会锈蚀钢筋,且会引起混凝土表面潮湿和盐霜,因此海水可用于拌制素混凝土,但不得用于拌制和养护钢筋混凝土、预应力混凝土和有饰面要求的混凝土。

混凝土用水中所含物质不应对混凝土的工作性、凝结、强度、耐久性和钢筋产生不利影响,因此,混凝土用水所含物质的含量应符合表5-12的要求。

表5-12　混凝土拌合用水水质标准(JGJ 63—2006)

项　目	预应力混凝土	钢筋混凝土	素混凝土
pH值	≥5.0	≥4.5	≥4.5
不溶物(mg/L)	≤2 000	≤2 000	≤5 000
可溶物(mg/L)	≤2 000	≤5 000	≤10 000
Cl^-(mg/L)	≤500	≤1 000	≤3 500
SO_4^{2-}(mg/L)	≤600	≤2 000	≤2 700
碱含量(mg/L)	≤1 500	≤1 500	≤1 500

注:①对于设计年限为100年的结构混凝土,氯离子含量不得超过500 mg/L。

②使用钢丝或热处理钢筋的预应力混凝土,其拌和水中氯化物含量不得超过350mg/L。

5.2　普通混凝土拌合物的性能

5.2.1　工作性的概念

(1)工作性的概念

工作性又称为和易性。经加水拌和、浇筑成型、凝结以前的混凝土称为混凝土拌合物。混凝土拌合物的工作性,是指新拌和的混凝土在保证质地均匀、各组分不离析的条件下,适合于施工操作要求的综合性能。工作性好的混凝土拌合物,应该具有符合施工要求的流动性,良好的黏聚性和保水性。也就是说,工作性包含有流动性、黏聚性和保水性三方面含义。

1)流动性是指混凝土拌合物在自重或机械振动作用下能产生流动,并均匀密实地充满模板的性能。流动性的大小,反映拌合物的稀稠情况,故亦称稠度。

2)黏聚性是指混凝土拌合物在施工过程中,各组成材料之间有一定的黏聚力,不致产生分层离析的性能。

3)保水性是指混凝土拌合物在施工过程中,具有一定的保水能力,不致产生严重的泌水现象。发生泌水的混凝土,由于水分上浮泌出,在混凝土内形成容易渗水的孔隙和通道,在混凝土表面形成疏松的表层;上浮的水分还会聚积在石子或钢筋的下方形成较大孔隙(水囊),削弱了水泥浆与石子、钢筋间的黏结力，影响混凝土的质量。

由此可见，混凝土拌合物的工作性是关系到是否既方便于施工，又能获得均匀密实混凝土的一个重要性质。

(2)工作性的评定

混凝土拌合物工作性的好与差，是用测定其流动性(稠度)，同时观察其黏聚性和保水性加以综合评定的。

根据《普通混凝土拌合物性能试验方法标准》(GB/T 50080—2002)的规定：混凝土拌合物的稠度是以坍落度与坍落度扩展度和维勃稠度表示的。

1)坍落度

坍落度与坍落度扩展度适用骨料最大粒径不大于 40 mm、坍落度不小于 10 mm 的混凝土拌合物稠度测定。

坍落度的测定，是将混凝土拌合物按规定方法分三层装入标准的坍落度筒内，每层均匀插捣 25 次，装满刮平后，竖直向上将筒提起放至近旁，混凝土拌合物试样失去筒壁支护后因自重作用产生坍落，用尺子量出筒顶与坍落后拌合物锥体最高点的高差，即为坍落度，用 S(mm) 表示，如图 5-2 所示。

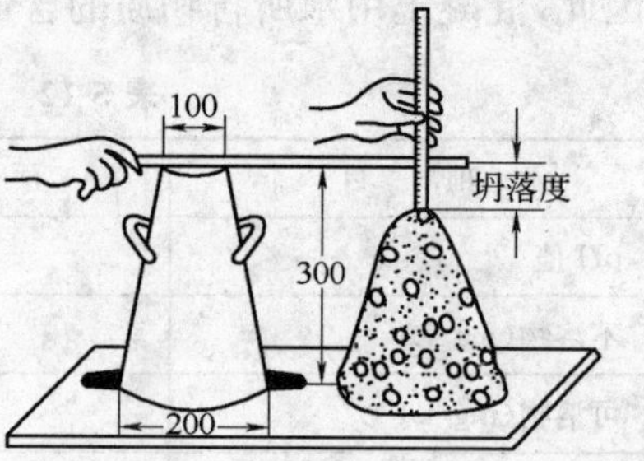

图 5-2 坍落度的测定

坍落度的大小即表示拌合物流动性的大小。《普通混凝土配合比设计规程》(JGJ 55—2000) 中按坍落度的大小将混凝土拌合物分为干硬性混凝土(S<10 mm)、塑性混凝土(S=10～90 mm)、流动性混凝土(S=100～150 mm)和大流动性混凝土(S≥160m)4 类。同时观察拌合物的黏聚性、保水性和含砂情况：将测完坍落度的拌合物锥体，用捣棒轻敲其一侧，若锥体逐渐下沉，则拌合物黏聚性良好；若锥体散塌、部分崩裂或出现离析现象，则黏聚性不好。在坍落度筒提起后无稀浆或仅有少量稀浆自底部析出，则保水性良好；如有较多的稀浆自底部析出，锥体上部的拌合物也因失浆而骨料外露，则保水性不好。

2)维勃稠度(工作度)

维勃稠度适用于骨料最大粒径不大于 40 mm，维勃稠度在 5～30 s 之间的混凝土拌合物稠度测定。

维勃稠度测定方法如图 5-3 所示：在标准的振动台上放置坍落度筒，按测坍落度的方法装入拌合物，提起坍落度筒。由于拌合物较为干稠，需要借助振动才能下坍。启动振动台，测出从启振到振平(上置的透明圆盘底面完全为水泥浆布满时)所需时间(秒数)即为维勃稠度(又称工作度)，用 V(s) 表示。

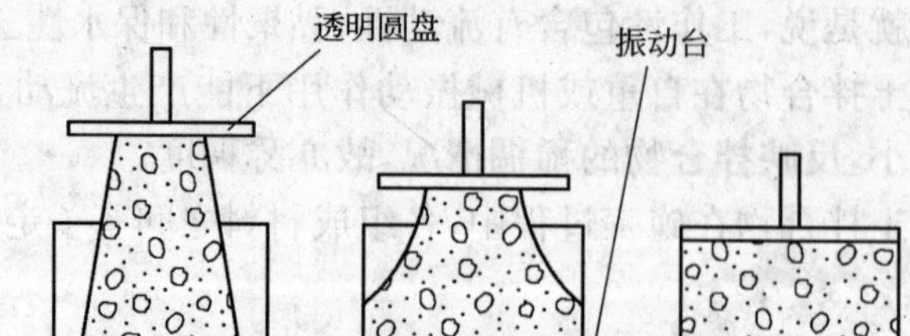

图 5-3 维勃稠度测定

根据拌合物的维勃稠度大小不同，将混凝土分为半干硬性混凝土、干硬性混凝土、特干硬性混凝土、超干硬性混凝土四级。

3)坍落度的选择

工作性好的混凝土拌合物，应该是黏聚性好、保水性好、流动性符合施工要求的拌合物。混凝土浇筑时坍落度的大小应根据不同的构件尺寸、钢筋疏密和捣固方法选用，以保证混凝土拌合物能均匀密实地充满模板。若坍落度选得过小，将不易捣实，增加施工难度，不易保证施工质量；若坍落度选得过大，则需增加泥浆用量，既不经济，又会使混凝土容易分层泌水，影响混凝土质量。《铁路混凝土与砌体工程施工规范》(TB 10210—2001)规定可以按表5-13选用。

表5-13 混凝土坍落度(TB 10210—2001)

结 构 类 型	坍落度(mm)
无配筋或配筋稀疏的混凝土结构(基础、墩台、隧道衬砌、挡土墙等)	30～50
普通配筋率的钢筋混凝土结构(板、梁、柱等)	50～70
配筋较密的钢筋混凝土结构(墙、梁、柱等)	70～90
配筋特密不便捣实的钢筋混凝土结构	100～140

5.2.2 影响工作性的因素

(1)水泥浆的稀稠——水灰比

水灰比是在混凝土拌合物中的用水量与水泥量之比(W/C)。水灰比较大时，水泥浆较稀，拌合物的流动性较大，但水灰比过大时，黏聚性和保水性变差。反之，水灰比较小时，水泥浆较稠，拌合物的流动性较小，黏聚性和保水性好，但水灰比过小时，浇捣成型比较困难。根据经验，水灰比一般宜选在0.4～0.8这个合理范围内，以便使混凝土拌合物既方便施工，又能保证浇筑成型的质量。但水灰比是由混凝土强度确定的，一旦由强度选定了水灰比，在施工中是不能随便改变的。

(2)水泥浆的数量——拌合用水量

在相同水灰比的情况下，单位体积混凝土拌合物中的拌合用水量多，水泥浆也多，拌合物的流动性就大，反之就小。这是因为水泥浆多时，水泥浆充满骨料空隙后，剩余较多的浆料，使骨料表面的水泥浆包裹层较厚，润滑性增加，流动性加大。但若水泥浆过多，将容易出现流浆，使拌合物的黏聚性变差，且水泥用量过多也不经济。因此，应以达到施工要求为宜。

大量试验证明，当水灰比在一定范围(0.40～0.80)内而拌制混凝土所用石子的品种规格确定后，混凝土拌合物的流动性只与单位用水量(每立方米混凝土拌合物的拌和水量)有关，这一现象称为“恒定用水量法则”，它为混凝土配合比设计中单位用水量的确定提供了一种简单的方法，即单位用水量可主要由流动性来确定。现行行业标准《普通混凝土配合比设计规程》(JGJ 55—2000)提供的塑性混凝土用水量见表5-23(见后)。

(3)原材料的影响

1)水泥的特性

不同品种和质量的水泥，其矿物组成、细度、所掺混合材料种类的不同都会影响到拌合用水量。即使拌和水量相同，所得水泥浆的性质也会直接影响混凝土拌合物的工作性，如矿渣硅酸盐水泥拌和的混凝土流动性较小而保水性较差。粉煤灰硅酸盐水泥拌和的混凝土流动性、黏聚性、保水性都较好。水泥的细度越细，在相同用水量情况下其混凝土拌合物流动性小，但黏聚性及保水性较好。

2）骨料的粒形与级配

卵石表面光滑，流动阻力小，所拌制的混凝土拌合物流动性较大，而碎石表面粗糙，流动阻力大，拌合物的流动性较小。使用级配良好的砂石时，由于填空所需浆量少，余浆包裹厚，拌合物的流动性较大。

3）外加剂

在混凝土拌合物中加入少量的外加剂，如减水剂、引气剂，可以在不增加水泥浆的情况下增大拌合物的流动性。

(4)砂率

在混凝土中所用砂的质量占砂石总质量的百分率称为砂率，$\beta_s=\frac{m_s}{m_s+m_g}$。在水泥浆量一定的情况下，若砂率过大，则骨料的总表面积也过大，使水泥浆包裹层过薄，拌合物显得干涩，流动性小；若砂率过小，砂浆量不足，就不能在粗骨料的周围形成足够的砂浆层而起不到润滑作用，也将降低拌合物的流动性，而且由于砂浆量较少，对水泥浆的吸附不足，将影响拌合物的黏聚性和保水性。

因此，砂率不能过大，也不能过小，最好的砂率应该是使砂浆的数量能填满石子的空隙并稍有多余，以便将石子拨开。这样，在水泥浆一定的情况下，混凝土拌合物能获得最大的流动性，这样的砂率称为合理砂率。也可以说，当采用合理砂率时，能在混凝土拌合物获得所要求的流动性及良好的黏聚性与保水性的条件下，使水泥用量最少，如图 5-4 所示。

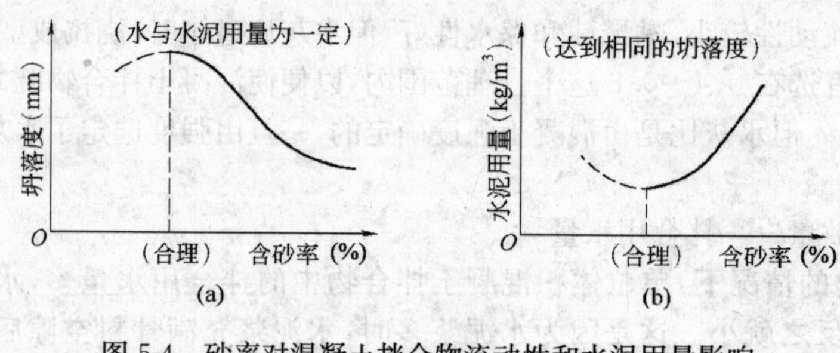

图 5-4　砂率对混凝土拌合物流动性和水泥用量影响

在工程上可以通过试验找出合理砂率，也可通过石子空隙率计算所需砂率，还可根据所用的水灰比、粗骨料的种类和最大粒径查表 5-24（见后）选定。

(5)施工方法和环境

用机械搅拌和捣实时，水泥浆在振动中变稀，可使混凝土拌合物容易流动。

若施工温度较高，由于水泥吸水加快和水分蒸发较多，将使混凝土拌合物的流动性很快变小。搅拌好的混凝土在长距离运输或放置较长时间以后，其流动性也明显变小。施工时应考虑这些因素，使混凝土拌合物在浇筑时的坍落度满足施工要求。

5.2.3　改善工作性的措施

综上所述，为保证混凝土拌合物具有良好的工作性，可使用下列措施加以改善：

(1)采用级配良好的骨料。

(2)采用合理的砂率。

(3)在水灰比不变的情况下调整水泥浆量(可以小幅度调整拌合物的流动性)。

(4)掺入减水剂(可以大幅度增大拌合物的流动性)。

5.3　普通混凝土硬化后的性能

5.3.1　强度与强度等级

混凝土的强度包括抗压强度、抗拉强度和弯曲抗压强度等。由于立方体抗压强度最容易测定,其他强度与立方体抗压强度之间又有一定的相互关系可以换算,所以选定以立方体抗压强度作为混凝土强度设计和施工质量控制的基准。

(1)普通混凝土受压破坏的特点

混凝土受压一般有三种破坏形式:一是骨料先破坏;二是水泥石先破坏;三是水泥石与粗骨料的结合面发生破坏。在普通混凝土中第一种破坏形式不可能发生,因拌制普通混凝土的骨料强度一般都大于水泥石。第二种仅会发生在骨料少而水泥石过多的情况下,在一般配合比正常时也不会发生。最可能发生的受压破坏形式是第三种,即最早的破坏发生在水泥石与粗骨料的结合面上。水泥石与粗骨料的结合面由于水泥浆的泌水及水泥石的干缩存在着早期微裂缝,随着所加外荷载的逐渐加大,这些微裂缝逐渐加大、发展,并迅速进入水泥石,最终造成混凝土的整体贯通开裂。由于普通混凝土这种受压破坏特点,水泥石与粗骨料结合面的黏结强度就成为普通混凝土抗压强度的主要决定因素。

(2)混凝土的强度

1)混凝土的立方体抗压强度和强度等级

用标准方法将混凝土制成 150 mm 边长的立方体试块(每组三块),在标准条件[温度(20±2)℃,相对湿度大于 95%]下养护 28 d,所测得的抗压强度的代表值称为混凝土的立方体抗压强度,简称为混凝土的抗压强度。

混凝土的强度等级是按混凝土抗压强度的标准值 $f_{cu,k}$ 划分的。影响混凝土强度的因素非常复杂,大量的统计分析和试验研究表明,同一等级的混凝土,在龄期、生产工艺和配合比基本一致的条件下,其强度的分布(即在等间隔的不同的强度范围内,某一强度范围的试件的数量占试件总数量的比例)呈正态分布,如图 5-5 所示。图中平均强度指该批混凝土的立方体抗压强度的平均值,若以此值作为混凝土的试验强度,则只有 50%的混凝土的强度大于或等于试配强度。这样的保证率显然太低了,满足不了工程实际的要求。为提高强度的保证率,平均强度(即试配强度)必须要提高,如图 5-6 所示,图中为均方差,为正态分布曲线拐点处的相对强度范围,代表强度分布的不均匀性。

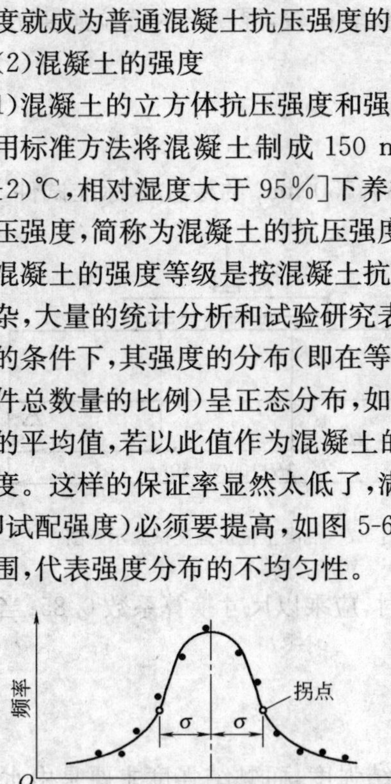

图 5-5　混凝土的强度分布

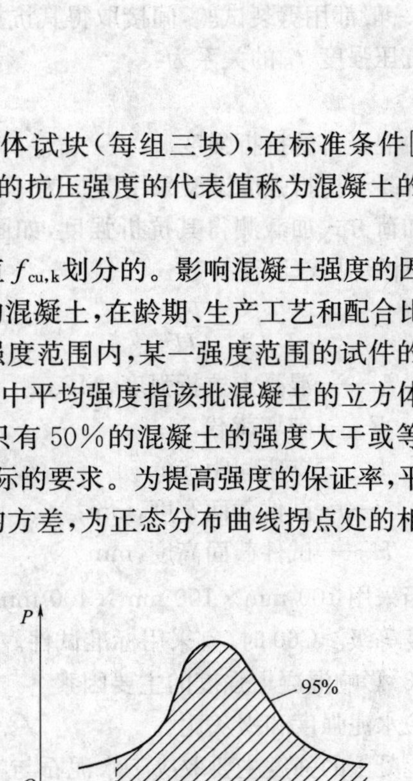

图 5-6　混凝土的立方体抗压强度标准值

我国规定，混凝土抗压强度标准值 $f_{cu,k}$ 是采用具有 95%以上保证率的立方体抗压强度值，即是在混凝土立方体抗压强度测定值的总体分布中，低于该值的百分率不超过 5%。

混凝土的强度等级采用符号 C 与立方体抗压强度标准值(以 N/mm^2 即 MPa 计)表示，根据《混凝土结构设计规范》(GB 50010—2002)将混凝土强度等级划分为 C15、C20、C25、C30、C35、C40、C45、C50、C55、C60、C65、C70、C75、C80 共十四个等级。如 C20 表示混凝土立方体抗压强度标准值 $f_{cu,k}=20$ MPa。

2)混凝土的轴心抗压强度(棱柱体抗压强度)

实际工程结构的形状和受压状态极少有立方体的，绝大部分是棱柱体的。为了使所测混凝土强度接近于结构实际情况，应采用棱柱体抗压强度作为结构设计的依据。规范规定采用 150 mm×150 mm×300 mm 棱柱体试块，在标准条件下养护 28 d，测其抗压强度值，即为轴心抗压强度，亦称棱柱体抗压强度，用 f_c 表示。

根据大量试验比较，混凝土的轴心抗压强度 f_c 小于同条件混凝土的立方体抗压强度 f_{cu}，其关系为：

$$f_c=(0.7\sim0.8)f_{cu}$$

3)混凝土的抗拉强度

混凝土在受拉时，变形很小就会开裂，并很快发生脆断。混凝土的抗拉强度很低，一般只有其立方体抗压强度的 1/20～1/10，因此，在结构中不依靠混凝土的抗拉强度，而只是用作为确定混凝土抗裂能力的指标。

测定混凝土抗拉强度的试验方法可用轴心抗拉试验或劈裂抗拉试验。轴心抗拉试验难度很大，一般都用劈裂试验，间接取得其抗拉强度。经大量试验比较，混凝土的抗拉强度 f_{ts} 与立方体抗压强度 f_{cu} 的关系为：

$$f_{ts}=0.35f_{cu}^{3/4}$$

4)混凝土的抗折强度

混凝土抗折强度试验采用边长为 150 mm×150 mm×550 mm 的棱柱体标准试件，按三分点加荷方式加载测得其抗折强度，如图 5-7 所示，计算见式(5-5)：

$$f_{cf}=\frac{FL}{bH^2} \tag{5-5}$$

式中 f_{cf}——混凝土抗折强度，MPa；

F——破坏荷载，N；

L——支座间距，mm；

b——试件截面宽度，mm；

H——试件截面高度，mm。

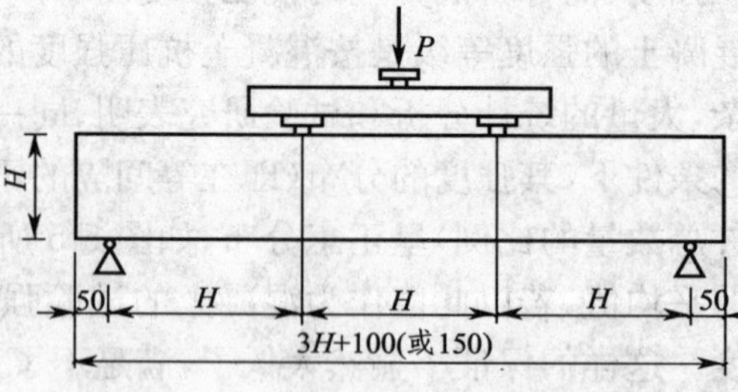

图 5-7 混凝土抗折强度试验示意图

当采用 100 mm×100 mm×400 mm 的非标准试件时，应乘以尺寸换算系数 0.85；当混凝土强度等级≥C60 时，宜采用标准试件。

(3)影响混凝土强度的主要因素

1)水泥强度和水灰比

混凝土的强度主要取决于水泥石与粗集料界面的黏结强度，而黏结强度主要是由水泥浆凝结硬化而产生的。试验证明，在其他条件相同时，水泥强度越高，混凝土的强度也越高。

此外，在一定范围内，水灰比越小(灰水比越大)，混凝土的强度就越高。由于水泥水化时所需的结合水一般只占水泥质量的23%左右，在拌制混凝土时，为了获得必要的流动性，需要掺入较多的水，约占水泥质量的40%～80%，即水灰比为0.4～0.8。水灰比增大，用水量增多，水泥浆较稀，与砂石的黏结力变差，且多余的水占有较多的体积，使硬化后的混凝土内留有较多微细孔隙，这都会使混凝土强度变低。

大量试验表明，在原材料一定的情况下，混凝土28 d的立方体抗压强度与水泥强度、水灰比三者之间存在一定的关系，混凝土的强度 f_{cu} 可以视为是水泥强度 f_{ce} 和水灰比 W/C 的函数：$f_{cu}=f(f_{ce},W/C)$。根据分析，各国的混凝土研究者提出了许多这方面的经验公式。其中，以瑞士的J·鲍罗米提出的普通混凝土的抗压强度与灰水比间的线性关系（鲍罗米公式）应用最为广泛，该种关系极易通过试验样本值用线性拟合的方法求出，具体表达式见式(5-6)。

$$f_{cu}=\alpha_a f_{ce}\left(\frac{C}{W}-\alpha_b\right) \tag{5-6}$$

式中 f_{cu}——混凝土28 d的立方体抗压强度，MPa。

f_{ce}——水泥28 d的实际抗压强度（应为ISO强度），MPa。当无水泥28d抗压强度实测值时，公式中的 f_{ce} 值可按 $f_{ce}=\gamma_c \cdot f_{ce,k}$ 确定，其中 γ_c 为水泥强度等级值的富余系数，可按实际统计资料确定。此外 f_{ce} 值也可根据3d强度或快测强度推定28 d强度关系式推定得出。

C/W——灰水比（水灰比的倒数）。

α_a、α_b——回归系数。回归系数应根据工程所使用的水泥、骨料，通过试验由建立的水灰比与混凝土强度关系式确定；当不具备上述试验统计资料时，其回归系数可按表5-14采用。

表5-14 回归系数 α_a、α_b 选用表(JGJ 55—2000)

石子品种 系数	碎 石	卵 石
α_a	0.46	0.48
α_b	0.07	0.33

应用混凝土的强度公式，可以初步解决两个问题：①可根据所用的水泥强度等级和水灰比估计混凝土的强度；②可以根据水泥强度等级和所需混凝土强度计算应采用的水灰比。

由配合比设计确定水灰比后，施工中不得随意变动。拌制混凝土时要严格控制用水量，如果多加了水，混凝土的强度就会达不到预定的要求。若因水灰比过小，拌合物过于干稠，而使施工困难，应通过提高水泥强度等级的办法来调整水灰比，使之满足施工要求。亦可掺入减水剂，改善混凝土的工作性。

2)骨料质量和施工质量

在鲍罗米混凝土强度公式 α_a、α_b，系数的值中，考虑了碎石表面粗糙，与水泥石的黏结力较强，在相同条件下，碎石混凝土的强度比卵石混凝土稍高一些。使用级配良好、质地坚硬、杂质含量少的砂石，才能保证混凝土的密实度和强度。

3)养护的温度和湿度

凝结后的混凝土，要经过一定时间的温湿养护，使水泥充分水化，才能使混凝土达到预期的强度。在养护期间，温度和湿度影响着水泥的水化过程，也影响混凝土强度的发展。

在湿度充足的条件下，温度较高时，水泥水化速度加快，因而混凝土强度发展也就加快；反之，温度较低时，混凝土强度发展较为迟缓；当温度在冰点以下时，不但水泥水化基本停止，而且水分结冰，会使早期强度还不太高的混凝土发生冻胀破坏。因此，养护期温度的高低，将影响对混凝土的拆模、搬运、预应力放张（切断预应力钢筋）等施工的安排，当室外的日平均气温在5℃以下时，应采取冬期施工措施。

混凝土的表面潮湿时，混凝土内的水分充足，水泥水化能正常进行，混凝土的强度能正常发展。如果表面干燥，混凝土内的水蒸发，影响水化，混凝土的强度将受到损失，达不到预定要求。特别是高温干燥条件下，严重的失水干燥，将使混凝土形成疏松结构，出现干缩裂纹，不仅强度严重损失（达40%～50%），耐久性也很差，整个混凝土将会报废。混凝土的强度与保湿日期的关系如图5-8所示。

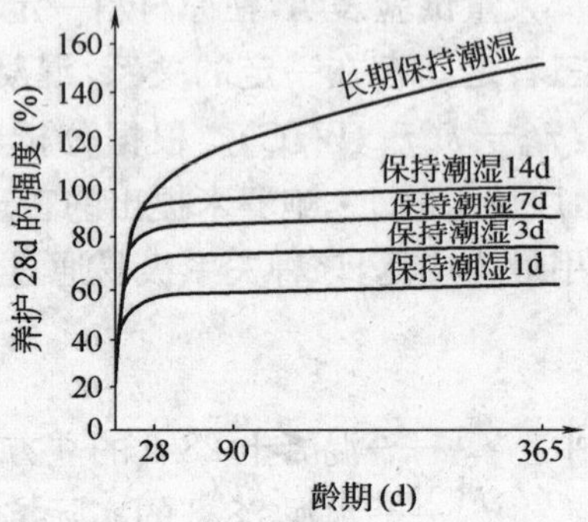

图5-8　养护温度条件对混凝土强度的影响

因此，为了保证混凝土的正常硬化，按《混凝土结构工程施工质量验收规范》(GB 50240—2002)规定，混凝土浇筑完毕后，应按施工技术方案及时采取有效的养护措施，并应符合下列规定：

a. 应在浇筑完毕后的12 h以内对混凝土加以覆盖并保湿养护。

b. 混凝土浇水养护的时间：对采用硅酸盐水泥、普通硅酸盐水泥或矿渣硅酸盐水泥拌制的混凝土，不得少于7 d；对掺用缓凝型外加剂或有抗渗要求的混凝土，不得少于14 d。

c. 浇水次数应能保持混凝土处于湿润状态；混凝土养护用水应与拌制用水相同。

d. 采用塑料布覆盖养护的混凝土，其敞露的全部表面应覆盖严密，并应保持塑料布内有凝结水。

e. 混凝土强度达到1.2 N/mm^2 前，不得在其上踩踏或安装模板及支架。

此外，当日平均气温低于5 ℃时，不得浇水。当采用其他品种水泥时，混凝土的养护时间应根据所采用水泥的技术性能确定；如果混凝土表面不便浇水或使用塑料布时，宜涂刷养护剂；对大体积混凝土的养护，应根据气候条件按施工技术方案采取控温措施。

4)龄期

浇筑后的混凝土在正常养护下，其强度随龄期的增加而不断增长，早期(3～7 d)发展较快，以后渐慢，在标准养护下28 d可达到设计的强度，以后显著缓慢，但只要有水供给，强度仍有所增长，且延续很长时间。

用硅酸盐水泥拌制的混凝土，在标准养护下，其强度发展大致与龄期的对数成正比，即有如下关系：

$$f_n=f_a\frac{\lg n}{\lg a} \tag{5-7}$$

式中　f_n——需推算龄期 n 天时混凝土抗压强度，MPa；

f_a——已测龄期为 a 天的抗压强度，MPa；

n——需推算强度的龄期，d；

a——已测强度的龄期，d。

若以28 d强度为1，则7 d的强度可达0.70～0.75，半年后强度达1.5，两年后强度为2，20年后强度为3。但实际上，影响混凝土强度的因素很多，混凝土强度的发展不可能完全照此规律。据一些单位实测表明，若混凝土在养护期满后就处于自然干燥状态下，两年后的强度只比 28 d 的强度增加了 20％～50％，其强度增长的数量与所用水泥品种、水灰比等因素有关。

在工程实践中，通常采用同条件养护，以便准确地检验混凝土的质量。为此《混凝土结构工程质量施工质量验收规范》(GB 50205—2002)提出了同条件养护混凝土养护龄期的原则：

a. 等效养护龄期应根据同条件养护试件强度与在标准养护条件下 28 d 龄期试件强度相等的原则确定。

b. 等效养护龄期可取按日平均温度逐日累计达到 600 ℃ · d 时所对应的龄期，0 ℃及以下的龄期不计入；等效养护龄期不应小于 14 d，也不宜大于 60 d。

c. 同条件养护试件的强度代表值应根据强度试验结果按现行国家标准《混凝土强度检验评定标准》(GBJ 107)的规定确定后，乘折算系数取用；折算系数宜取为 1. 10，也可根据当地的试验统计结果作适当调整。

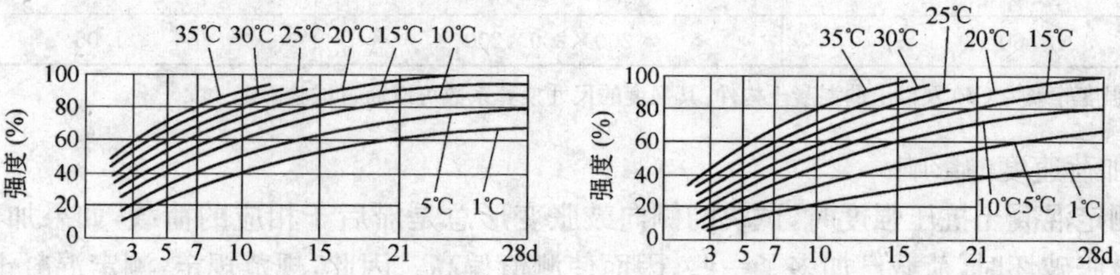

(a) 用42.5级普通水泥拌制的混凝土　　(b) 用42.5级矿渣水泥拌制的混凝土

图 5-9　温度、龄期对混凝土强度影响的参考曲线

混凝土的强度随龄期和温度变化的关系如图 5-9 所示。利用此图，可对所示范围内各温度、各龄期的混凝土强度，换算为标准温度、龄期混凝土的强度。

5)施工质量

混凝土的搅拌、运输、浇筑、振捣、现场养护是一复杂的施工过程，受到各种不确定性随机因素的影响。配料的准确、振捣密实程度、拌合物的离析、现场养护条件的控制，施工单位的技术和管理水平都会造成混凝土强度的变化。因此，必须采取严格有效的控制措施和手段，以保证混凝土的施工质量。

6)测试条件对混凝土强度测值的影响

规范规定，测定混凝土立方体抗压强度时，是以每组三个试块所测抗压强度确定的。在三个测值中，若大值和小值与中值之差均未超出中值的±15％，则取三值平均作为混凝土强度的代表值；若有一值超出，则只取中值作为强度的代表值；若两个都超出，则本试验无效。但如何使所测强度能真实地代表混凝土的强度呢？有诸多因素值得注意。

a. 试件的形状和大小

测定混凝土的抗压强度，可按石子的最大粒径的大小选用不同的试块尺寸。但相同混凝土而形状大小不同的试块，所测强度值是不同的。这是因为试块在压力机上受压时，由于内部裂纹的产生和发展，其横向将发生鼓胀破裂而破坏，而上下夹板与试块上下端面之间产生的摩阻力，对试块的横向鼓胀起着约束作用，越是接近试块的端面，这种约束作用就越大，试块破坏时，其上下部分各成一个较完整的棱锥体，就是这种约束的结果，如图 5-10 所示，这种作用称为环箍效应。对于较小试块，环箍效应的相对作用较大，故测得的强度值偏高；反之，使较大试件的测值偏低。另外，随试件尺寸增大，内部存在缺陷的几率也增大，也使较大试件的测值偏低。因此，当采用非标准尺寸的立方体试块测定强度时，对所测强度要乘以一个换算系数，换算为标准试块的强度。换算系数的值见表 5-15。

环箍效应作用的范围，大约是试件端面边长的$\sqrt{3}/2$倍，因此，在测定棱柱体抗压强度时，环箍效应就不起作用，因而所测的强度比起相同截面的立方体抗压强度低许多。

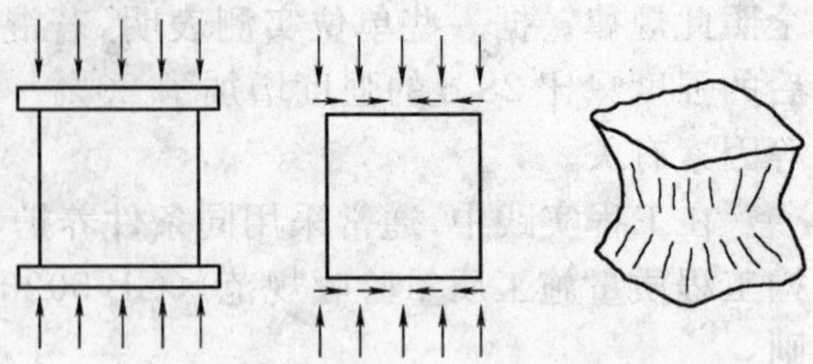

图 5-10　压力机夹板对试块测试强度的影响(环箍效应)

表 5-15　混凝土试块尺寸的选择及其抗压强度的尺寸换算系数(GB 50204—2001)

骨料最大粒径(mm)	试件边长(mm)	换算系数
≤31.5	100×100×100	0.95
≤40	150×150×150	1.00
60	200×200×200	1.05

注：对强度等级为 C60 及以上的混凝土构件，其强度的尺寸换算系数可以通过试验确定。

b. 加荷速度的影响

在测定混凝土抗压强度时，试块的侧向鼓胀变形总是滞后于相应的荷载，如果加荷过快，到试件鼓胀破坏时，荷载已加多了一些，因而使测值偏高。因此，规范规定：测定混凝土抗压强度时，在试验的过程中应连续均匀的加荷，混凝土强度等级小于 C30 时，加荷速度取 0.3～0.5 MPa/s；混凝土强度等级大于或等于 C30 且小于 C60 时，加荷速度取 0.5～0.8 MPa/s；当混凝土强度等级大于或等于 C60 时，加荷速度取 0.8～1 MPa/s。

c. 其他

试件平整度如何，试件与夹板的接触面有无碎片砂粒，荷载是否施加于轴线上，都会对强度测值产生影响，这在测试时均应注意。

(4)提高混凝土强度的措施

提高混凝土强度或促进混凝土强度发展的措施：

1)提高混凝土强度的措施：在铁道工程和建筑工程中，常需采用较高强度的混凝土，如预应力混凝土桥梁和屋架、轨枕、电杆，电气化铁路的接触网支柱，管柱、管桩，特别是现代高层建筑的钢筋混凝土结构等，已广泛采用较高强度(C30～C50)的混凝土，并取得了较为显著的技术经济效果。在结构中采用较高强度的混凝土，将可减小结构的断面，减轻结构的自重。

综合上述影响混凝土强度的主要因素可知，要获得较高强度的混凝土，可以采用下列措施：

a. 采用高强度的水泥，掺用硅灰或超细矿渣等以增加强度。硅灰是冶炼硅铁和硅金属时，在烟道中收集的灰白色超细的 SiO_2 粉末，在混凝土中掺入硅灰，可显著地提高混凝土的强度。

b. 采用坚实洁净、级配良好的骨料，宜用最大粒径为 20～31.5 mm 的高强碎石；砂子的细度模数以 3.0 为宜；砂率宜小，以 0.25～0.32 为好，但若用泵送施工，则砂率宜用 0.32～0.36。

c. 采用较小的水灰比,拌制干硬性混凝土,配以强力机械进行搅拌和振捣。

d. 掺入高效减水剂,降低水灰比,减少用水量,以提高水泥石的密实度,增大混凝土强度。

e. 保证成型均匀密实,加强养护。可以采用加压成型,压蒸养护等增强措施。

2)提高混凝土早期强度的措施:

a. 采用高强度水泥、早强型水泥或快硬水泥。

b. 掺入早强剂,促使混凝土快硬早强。

c. 采用蒸汽养护:将浇筑完毕的混凝土构件静置或预养 1~3 h,用 60~90 ℃的蒸汽养护 13~16 h,混凝土强度即可达到正常养护 28 d 强度的 70%。因此,蒸汽养护是提高混凝土早期强度的重要措施。而且由于可以加快模板和场地的周转,大大提高生产率,有很好的经济价值。

经过蒸汽养护的混凝土,还应经常洒水,在自然条件下继续养护至 28 d,其强度还继续发展。但不同品种水泥拌制的混凝土,其蒸养效果是不同的:用硅酸盐水泥和普通水泥拌制的混凝土蒸养后,水泥颗粒过早形成凝胶膜层,阻止水分进入供水泥继续水化,因而 28 d 强度与正常养护混凝土相比,大约要低 10%~15%。因此,蒸养的温度宜低些,以 60~80 ℃为宜。而用矿渣水泥、火山灰水泥、粉煤灰水泥和复合水泥拌制的混凝土则相反,活性混合材料与氢氧化钙的反应,使混凝土 28 d 强度比正常养护的混凝土提高 10%~14%,因此,其蒸养温度可用 90 ℃及以上。

5.3.2 变形性能

(1)干缩变形

混凝土随着环境湿度的变化而发生的变形称为干湿变形,表现为湿胀干缩。在水中硬化的混凝土,体积不变或有微小膨胀。在空气中硬化的混凝土,随着水分的蒸发,凝胶体紧缩而发生收缩,其收缩量可达 0.3~0.5 mm/m。

混凝土的干缩量与水泥品种、水泥用量和单位用水量有关。采用矿渣水泥或复合水泥比普通水泥的收缩大;采用高强度水泥时,由于颗粒较细,混凝土的收缩较大;水泥用量较多或单位用水量较多时,收缩也较大。相反,砂石在混凝土中形成骨架,对收缩有一定的抑制作用。在水中或潮湿条件下养护,可以大大减小混凝土的收缩。蒸汽养护的混凝土收缩很少。

混凝土的干燥收缩对工程结构有不利影响,如:由于干缩使混凝土产生干缩裂纹;若收缩受阻将使钢筋混凝土构件产生收缩应力;混凝土的收缩会使预应力混凝土中的预加应力受到损失等。因此,应当设法减少混凝土的收缩,以减少其有害影响。

(2)弹塑性变形

混凝土是一种由水泥石、砂、石组成的不均匀的复合材料,它既不是完全的弹性体,也不是完全的塑性体,而是一个弹塑性体。混凝土在外力作用下,既会产生可以恢复的弹性变形,又会产生不可恢复的塑性变形,这就是随荷载发生的弹塑性变形。

在混凝土硬化过程中,由于水泥石的干缩受到骨料的限制,在水泥石与骨料的界面上就存在一些细微的裂缝。在混凝土受压时,其内部应力在裂缝端部形成应力集中,而使裂缝不断扩展,以致延伸汇合成较大的裂缝。当荷载增大到一定程度之后,这些裂缝不断扩大并形成贯通裂缝,混凝土就会发生横向鼓胀而导致破坏。

(3)徐变

混凝土在荷载作用下，除了会发生随荷载而产生的“瞬时变形”外，还会发生随时间变化的徐变。徐变是在长期荷载作用下，混凝土在沿作用力方向随时间不断增加的塑性变形，开始时较快，延续 2～3 年才会逐渐稳定。徐变的数量可达 0.3～1.5 mm/m。徐变发生的原因，一般认为是由于水泥凝胶体发生缓慢的黏性流动并沿毛细孔迁移的结果。

混凝土的徐变能缓和钢筋混凝土内的应力集中，使应力较为均匀地重新分布，这是有利的。但在预应力混凝土中，混凝土的徐变，将使预加应力受到部分损失，这在预应力混凝土的设计和施工中应予以考虑。

5.3.3 耐久性

土建工程的混凝土结构物，经常受到各种物理和化学因素的破坏作用，如温度湿度变化、冻融循环、压力水或其他液体的渗透、环境水和土壤中有害介质以及有害气体的侵蚀等。混凝土在上述各种破坏因素作用下能否经久耐用的性质，称为混凝土的耐久性。

(1)混凝土耐久性的主要表现

混凝土的耐久性，主要表现在耐蚀、抗渗、抗冻、抗碳化和碱—骨料反应等几个方面。

①抗蚀性：混凝土抵抗化学腐蚀的性能，主要取决于水泥石的抗蚀性能和孔隙状况。合理选用水泥品种，提高混凝土的密实度或改善孔隙构造，均可增强混凝土的耐蚀性。

②抗渗性：混凝土的抗渗性主要取决于混凝土的密实程度和孔隙构造。若密实性差，且开口连通孔隙多，则混凝土的抗渗性就差；但如果孔隙均为封闭，则混凝土的抗渗性较强。普通混凝土的抗渗性用抗渗等级表示：以 28 d 龄期的 6 个标准试件，按标准方法作单面水压试验，当有两个试件出现渗水时(还有四个试件不出现渗水)的水压力(MPa)值，分为 P4、P6、P8、P10 和 P12 五个抗渗等级，如 P8 表示能承受 0.8 MPa 的水压而不渗透。

③抗冻性：混凝土的抗冻性也取决于混凝土的密实程度和孔隙构造。在寒冷地区和严寒地区与水接触又容易受冻的环境下的混凝土，要求具有较强的抗冻性能。混凝土的抗冻性用抗冻等级来表示，以 28 d 龄期的标准试块，按标准方法进行冻融循环试验，以同时满足强度损失不超过 25%、质量损失不超过 5%时的最大循环次数，分为 F10、F15、F25、F50、F100、F150、F200、F250 和 F300 九个抗冻等级。

④抗碳化：硬化后的混凝土中含有水泥水化产生的 $Ca(OH)_2$，能使钢筋表面形成一种阻锈的钝化膜，对钢筋提供了碱性保护。

长期处于潮湿状态，又受到空气中 CO_2 作用的混凝土，其所含 $Ca(OH)_2$ 与 CO_2 反应生成 $CaCO_3$，这就是碳化。严重的碳化不仅会使混凝土发生收缩裂纹，而且当碳化深度超过混凝土保护层时，钢筋便在 CO_2 和水的作用下发生锈蚀，不但失去了和混凝土的黏结，而且铁锈的膨胀会使已有裂纹的混凝土保护层发生剥落，这种剥落又将引起更严重的锈蚀和崩裂，最后导致结构破坏。因此，对于长期潮湿并且有较浓 CO_2 环境中的混凝土要重视碳化的危害。

长期处于水中的混凝土不会与 CO_2 接触，干燥环境中的混凝土没有支持碳化的水，均不存在碳化问题。

⑤碱—骨料反应：如果混凝土的骨料中含有蛋白石、玉髓、鳞石英、方石英、安山岩、凝灰岩等活性骨料，其所含的活性 SiO_2 会与水泥中的 Na_2O、K_2O 等碱性物质发生化学反应，称为碱—骨料反应。

当水泥中的碱含量(按 $Na_2O+0.658K_2O$ 计)大于 0.6%时，就很容易与活性骨料反应生成碱的硅酸盐凝胶，吸水膨胀，引起混凝土的膨胀开裂。这种反应进行的很慢，它所引起的膨胀破坏往往在几年之后才会发现，但它所引起的后果却不能忽视。因此，凡在潮湿环境中和水中使用的混凝土，都应注意水泥中的碱含量和骨料中的活性成分，当骨料中有活性成分时，就应采用含碱量小于0.6%的低碱水泥。

(2)提高混凝土耐久性的措施

①根据工程所处环境及要求，合理选用水泥品种，以适应抗蚀、抗渗或抗冻的要求。

②改善骨料级配，从严控制骨料中的有害杂质含量，注意是否含有活性骨料，保证水泥石和骨料不被腐蚀。

③控制水泥的最大水灰比和最小水泥用量。水灰比的大小直接影响混凝土的密实性，而保证水泥的用量，也是提高混凝土密实性的前提条件。大量实践证明，耐久性控制的两个有效指标是最大水灰比和最小水泥用量，这两项指标在国家相关规范中都有规定，见表5-16和表5-17。

表5-16 铁路混凝土最大水灰比和最小水泥用量的限值(TB 10210—2001)

混凝土所处的环境条件	所在地区最冷月平均气温					
	低于－15℃（严寒地区）		－15℃～－5℃（寒冷地区）		高于－5℃（温和地区）	
	最大水灰比	最小水泥用量（kg/m^3）	最大水灰比	最小水泥用量（kg/m^3）	最大水灰比	最小水泥用量（kg/m^3）
受水流冲刷、冰冻作用的混凝土最低冲刷线以下的地下部分	0.55	300	0.60	275	0.65	250
不受水流作用的地上部分、不致遭受冰冻作用的混凝土	0.60	275	0.65	250	0.70	230

注：① 在最冷月平均气温低于－5℃的地区，对有抗冻要求的混凝土应掺用引气剂或引气减水剂。

②本表中最小水泥用量(含掺合料)是指混凝土而言。钢筋混凝土的最小水泥用量应增加25 kg/m^3。预应力混凝土的最小水泥用量应为300 kg/m^3。人工捣实混凝土时，最小水泥用量应增加25 kg/m^3。内部填充或C10的混凝土，可不受本表限制。

表5-17 建筑混凝土的最大水灰比和最小水泥用量(JGJ 55—2000)

环境条件		结构物类别	最大水灰比			最小水泥用量（kg/m^3 混凝土）		
			素混凝土	钢筋混凝土	预应力混凝土	素混凝土	钢筋混凝土	预应力混凝土
1. 干燥环境		正常的居住或办公用房屋内部件	不作规定	0.65	0.60	200	260	300
2. 潮湿环境	无冻害	高湿度的室内部件室外部件在非侵蚀性土和(或)水中的部件	0.70	0.60	0.60	225	280	300
	有冻害	经受冻害的室外部件在非侵蚀性土和(或)水中且经受冻害的部件高湿度且经受冻害的室内部件	0.55	0.55	0.55	250	280	300
3. 有冻害和除冰剂的潮湿环境		经受冻害和除冰剂作用的室内和室外部件	0.50	0.50	0.50	300	300	300

注：①当用活性掺和料取代部分水泥时，表中的最大水灰比及最小水泥用量为替代前的水灰比和水泥用量。

②配制C15及以下等级的混凝土，可不受本表限制。

④掺加外加剂，以改善混凝土的孔隙结构，提高混凝土的密实性，常用的改善混凝土耐久性的外加剂有减水剂和引气剂。

⑤严格控制混凝土施工质量，保证混凝土的搅拌均匀，振捣密实，养护到位。

5.4 混凝土外加剂

5.4.1 外加剂概述

在混凝土拌和过程中掺入的能按要求改善混凝土性能，且一般情况下掺量不超过水泥质量5%的材料，称为混凝土外加剂。混凝土外加剂的应用，是水泥应用技术上的又一次重大发展，它是提高混凝土强度、改善混凝土各种性能的有效手段之一，在有的国家，外加剂已成为混凝土的第五种组成成分。

混凝土外加剂种类繁多。国家已对混凝土外加剂的分类、质量标准和应用技术作了详细规定，如《混凝土外加剂定义、分类、命名与术语》(GB 8075—2005)、《混凝土外加剂应用技术规范》(GB 50119—2003)。

混凝土外加剂按其主要功能分为四类：

(1)改善混凝土拌合物流动性的外加剂。包括各种减水剂和泵送剂等。

(2)调节混凝土凝结时间、硬化性能的外加剂。包括缓凝剂、速凝剂和早强剂等。

(3)改善混凝土耐久性的外加剂。包括引气剂、防水剂和阻锈剂等。

(4)改善混凝土其他性能的外加剂。包括膨胀剂、防冻剂、着色剂等。

5.4.2 减 水 剂

在混凝土坍落度基本相同的条件下，能减少拌合用水量的外加剂称为减水剂。

(1)减水剂的作用机理

水泥加水拌和时，由于水泥颗粒很细小，对水的吸附力很强，有许多小水珠被吸附在其上的水泥颗粒所包围，形成一种絮凝结构，如图 5-11(a)所示，这部分水未能发挥作用，使混凝土达不到预期的流动性。若事先在水中掺入减水剂，情况就不同了，减水剂是一种表面活性剂，其分子由亲水基团和憎水基团两部分组成，如图 5-11(b)所示，亲水基团在水中由于离解出离子而带有某种电荷。在混凝土拌和过程中，憎水基团定向吸附在水泥颗粒表面，而亲水基团指入水中。这样，吸附了减水剂分子的水泥颗粒表面均带上同性电荷，在颗粒间产生静电斥力，致使水泥颗粒相互分离，如图 5-11(c)所示，不能形成絮凝结构，没有被水泥颗粒包围的水珠，其所有的水能被充分利用，从而有效地发挥拌和水的作用，显著地增大混凝土的流动性，如图 5-11(d)所示。同时亲水基团吸附了大量的极性水分子，增加了水泥颗粒表面水膜厚度，润滑性能增强，水泥颗粒间更宜于滑动。综上所述，减水剂在不增加用水量的前提下，提高了混凝土拌合物的流动性，或在不影响拌合物流动性的情况下，可减少拌合用水量。

(2)减水剂的技术经济效果

在混凝土中掺入减水剂，一般可取得以下效果：

①增大流动性：在水泥量和用水量不变时，坍落度可增大，且不影响混凝土强度。因此，减水剂适用于大流动性混凝土。

②提高强度：在保持流动性和水泥用量不变时，可减少拌和水量，从而降低水灰比，使混凝

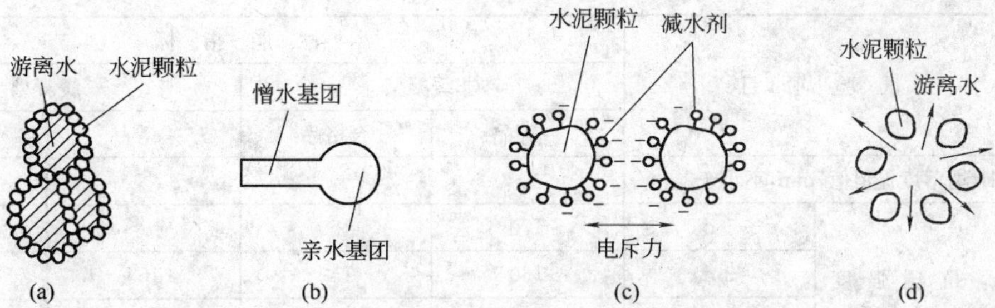

图 5-11 减水剂的分子模型和作用原理

(a)未掺减水剂时的絮凝结构;(b)减水剂的分子模型;(c)、(d)掺入减水剂后水泥颗粒被分散。

土强度提高,早期强度提高更为显著。因此,减水剂适用于高强混凝土。

③改善耐久性:由于水泥颗粒被充分分散,与水的接触面增大,水化较完全,混凝土的密实性增强,从而可提高抗渗、抗冻性能。

④节约水泥:当保持流动性和强度不变时,可在减水的同时节约水泥。

(3)常用减水剂

减水剂按其效能分为普通减水剂、高效减水剂、早强减水剂、缓凝高效减水剂、缓凝减水剂、引气减水剂等。按其化学成分分为木质素系、萘系、树脂系、糖蜜系和腐殖酸等几类。主要品种如下:

①普通减水剂

混凝土工程中可采用普通减水剂有木质素磺酸盐类:木质素磺酸钙、木质素磺酸钠、木质素磺酸镁及丹宁等。

②高效减水剂

随着建筑技术及施工技术的发展,近年来高强混凝土及大流动度混凝土、商品混凝土发展很快,而这些混凝土都是必须掺用高效减水剂或具有高效减水剂成分的复合减水剂。其他如蒸养、高耐久性、高抗渗、桥梁、轨枕等混凝土也必须掺加高效减水剂。混凝土工程中可采用的高效减水剂有:

a. 多环芳香族磺酸盐类:萘和萘的同系磺化物与甲醛缩合的盐类、胺基磺酸盐等;

b. 水溶性树脂磺酸盐类:磺化三聚氰胺树脂、磺化古码隆树脂等;

c. 脂肪族类:聚羧酸盐类、聚丙烯酸盐类、脂肪族羟甲基磺酸盐高缩聚物等;

d. 其他:改性木质素磺酸钙、改性丹宁等。

高效减水剂中聚羧酸盐类在目前高速铁路、客运专线、桥梁、隧道、涵洞、轨道等主体结构的施工中得到了广泛的应用,其掺入后混凝土性能指标如表 5-18 所示。

表 5-18 掺聚羧酸盐高效减水剂混凝土性能指标

序号	试验项目	性能指标			
		非缓凝型		缓凝型	
		一等品	合格品	一等品	合格品
1	减水率,%,不小于	25	18	25	18
2	泌水率,%,不大于	60	70	60	70
3	含气量,%,不大于	6.0			

续上表

序号	试验项目		性能指标			
			非缓凝型		缓凝型	
			一等品	合格品	一等品	合格品
4	1h 坍落度保留值,mm,不小于		—		150	
5	抗压强度比,%,不小于	1 d	170	150		
		3 d	160	140	155	135
		7 d	150	130	145	125
		28 d	130	120	130	120
6	28 d 收缩率,%,不大于		100	120	100	120
7	对钢筋的锈蚀作用		对钢筋无锈蚀作用			

普通减水剂、高效减水剂进入工地(或混凝土搅拌站)的检验项目应包括 pH 值、密度(或细度)、混凝土减水率,符合要求方可入库、使用。

5.4.3 早强剂

能加速混凝土早期强度发展的外加剂称为早强剂。早强剂多用在需要早强的、冬期施工的或抢修抢建的工程中。目前使用的早强剂有三类:

(1)强电解质无机盐类早强剂:硫酸盐、硫酸复盐、硝酸盐、亚硝酸盐、氯盐等;

(2)水溶性有机化合物:三乙醇胺,甲酸盐、乙酸盐、丙盐等;

(3)其他:有机化合物、无机盐复合物。

混凝土工程中还常采用由早强剂与减水剂复合而成的早强减水剂。

(1)早强剂作用机理

强电解质无机盐类早强剂中硫酸盐的早强作用是基于与 C_3A 反应生成水化硫铝酸钙晶体,如把硫酸钠掺入混凝土中后,会迅速与水泥水化产生的氢氧化钙反应生成高分散性的二水石膏($CaSO_4.2H_2O$),它比直接掺入的二水石膏更易与 C_3A 迅速反应生成水化硫铝酸钙的晶体,有效提高了混凝土的早期强度。氯盐早强机理则是与水泥中的 C_3A 作用生成水化氯铝酸钙,同时还与水泥的水化产物 $Ca(OH)_2$ 反应生成氧氯化钙。以上产物都是不溶性复盐,可从水泥浆中析出,增加水泥浆中固相的比例,形成骨架,从而提高混凝土的早期强度。同时,降低了水泥的碱度,从而使 C_3S 水化反应更易于进行,相应地也提高了水泥的早期强度。硝酸盐早强剂在促进水泥水化的同时,还可以改善混凝土的孔隙结构,使混凝土趋于密实。

水溶性有机化合物中三乙醇胺为浅黄色透明的油状液体,对钢筋无腐蚀作用。三乙醇胺加入混凝土拌合物后,吸附在水泥表面,使水泥表面形成一层亲水膜,加快水对水泥的润湿、渗透和水化,因而能使混凝土强度迅速提高。

(2)早强剂的早强性能

工程上常用的早强剂,其早强性能如表 5-19 所示。

(3)早强剂的应用

早强剂及早强减水剂适用于蒸养混凝土及常温、低温和最低温度不低于−5℃环境中施工的有早强要求的混凝土工程。炎热环境条件下不宜使用早强剂、早强减水剂。掺入混凝土后对人体产生危害或对环境产生污染的化学物质严禁用作早强剂。含有六价铬盐、亚硝酸盐等有害成分的早强剂严禁用于饮水工程及与食品相接触的工程。硝铵类严禁用于办公、居住等建筑工程。工程上常用早强剂掺量限制见表 5-20。

表 5-19 早强剂的早强性能

名 称	掺量(水泥质量百分数,%)	强度(MPa)			
		1 d	3 d	7 d	28 d
硫酸钠	2	4.7	13.2	17.8	21.7
氯化钙	2	5.1	12.1	17.2	23.2
三乙醇胺	0.04	5.0	12.6	18.2	27.1
硫代硫酸钠	2	5.0	11.8	14.4	22.6
乙酸钠	2	3.6	10.8	17.5	28.0
硝酸钠	2	3.7	11.7	14.9	22.8

表 5-20 常用早强剂掺量限制

混凝土种类	使用环境	早强剂名称	掺量限值(水泥质量百分数,%)不大于
预应力混凝土	干燥环境	三乙醇胺,硫酸钠	0.05 1.0
钢筋混凝土	干燥环境	氯离子[Cl^-] 硫酸钠	0.6 2.0
钢筋混凝土	干燥环境	与缓凝减水剂复合的硫酸钠三乙醇胺	3.0 0.05
	潮湿环境	硫酸钠 三乙醇胺	1.5 0.05
有饰面要求的混凝土		硫酸钠	0.8
素混凝土		氯离子[Cl^-]	1.8
注:预应力混凝土及潮湿环境中使用的钢筋混凝土中不得掺氯盐早强剂。			

注:含钾、钠离子的早强剂用于骨料具有碱活性的混凝土结构时,由外加剂带入的碱含量不得超过 1 kg/m^3 混凝土。

5.4.4 引 气 剂

能使混凝土在搅拌过程中引入大量均匀分布、稳定而封闭微小气泡的外加剂称为引气剂。

(1)引气剂的作用

在拌制混凝土时,必然会混入一些空气,若掺入了引气剂,即被吸附在气泡的表面,形成大量封闭的微小气泡,均匀地分布在混凝土中。

引气剂的掺量甚微,一般只为水泥质量的 0.005%～0.012%,能使混凝土的含气量为混凝土体积的 3%～5%。掺入引气剂的混凝土,其性能将发生变化:

①改善工作性。这些气泡在搅拌、浇捣时起润滑作用,它如同滚珠,使拌合物颗粒间摩阻力减小,流动性明显提高,且具有较好的黏聚性和保水性。若保持流动性不变,可减少水量。

②增强抗渗性和抗冻性。这些封闭气泡不仅自身不透水,还能切断混凝土中的渗水通道,显著提高混凝土的抗渗性。这些气泡使硬化后的混凝土具有较大的弹性,对胀缩变形所产生的力具有一定的缓冲作用,因而对抗冻、抗温度变形十分有利。

③降低强度。由于气泡的存在,使混凝土的强度有所降低,含气量越大,强度下降越多。

一般孔隙每增加1%，混凝土强度下降3%～5%，虽然由于减水可使强度损失得到一些补偿，但引气量绝不能过大，即引气剂掺量必须严格控制。

(2)工程中常用的引气剂

混凝土工程中可采用下列引气剂：

①松香树脂类：松香热聚物、松香皂类等；

②烷基和烷基芳烃磺酸盐类：十二烷基磺酸盐、烷基苯磺酸盐、烷基苯酚聚氧乙烯醚等；

③脂肪醇磺酸盐类：脂肪醇聚氧乙烯醚、脂肪醇聚氧乙烯磺酸钠、脂肪醇硫酸钠等；

④皂甙类：三萜皂甙等；

⑤其他：蛋白质盐、石油磺酸盐等。

混凝土工程中可采用由引气剂与减水剂复合而成的引气减水剂。

(3)引气剂的应用

引气剂及引气减水剂，可用于抗冻混凝土、抗渗混凝土、抗硫酸盐混凝土、泌水严重的混凝土、贫混凝土、轻骨料混凝土、人工骨料配制的普通混凝土、高性能混凝土以及有饰面要求的混凝土。引气剂、引气减水剂不宜用于蒸养混凝土及预应力混凝土，必要时，应经试验确定。

引气剂及引气减水剂进入工地(或混凝土搅拌站)的检验项目应包括pH值、密度(或细度)、含气量、引气减水剂应增测减水率，符合要求方可入库、使用。抗冻性要求高的混凝土，必须掺引气剂或引气减水剂，其掺量应根据混凝土的含气量要求，通过试验确定。

掺引气剂及引气减水剂混凝土的含气量，不宜超过表5-21规定的含气量；对抗冻性要求高的混凝土，宜采用表5-21规定的含气量数值。

表5-21 掺引气剂及引气减水剂混凝土的含气量

粗骨料最大粒径	20(19)	25(22.4)	40(37.5)	50(45)	80(75)
混凝土含气量	5.5	5.0	4.5	4.0	3.5

注：括号内数值为《建筑用卵石、碎石》GB/T 14685中标准筛的尺寸。

5.4.5 速凝剂

能使混凝土迅速凝结硬化的外加剂称为速凝剂。速凝剂与水泥加水拌和后，立即与水泥中的石膏发生反应，使水泥中的石膏变成硫酸钠，失去其缓凝作用，从而让C_3A迅速水化并很快析出其水化物，导致水泥浆迅速凝固。

在喷射混凝土工程中，常采用的粉状速凝剂和液体速凝剂：其中前者是以铝酸盐、碳酸盐等为主要成分的无机盐混合物等；而后者是指以铝酸盐、水玻璃等为主要成分，与其他无机盐复合而成的复合物。

速凝剂进入工地(或混凝土搅拌站)应检验项目密度(或细度)、凝结时间、1 d抗压强度，符合要求方可入库、使用。

喷射混凝土施工应选用与水泥适应性好、凝结硬化快、回弹小、28d强度损失少、低掺量的速凝剂品种。速凝剂掺量一般为2%～8%，掺量可随速凝剂品种、施工温度和工程要求适当增减。喷射混凝土施工时，应采用新鲜的硅酸盐水泥、普通硅酸盐水泥、矿渣硅酸盐水泥，不得使用过期或受潮结块的水泥。喷射混凝土宜采用最大粒径不大于20 mm的卵石或碎石，细度模数为2.8～3.5的中砂或粗砂。喷射混凝土的经验配合比为：水泥用量约400 kg/m^3，砂率45%～60%，水灰比约为0.4。

速凝剂是混凝土喷锚支护中必不可少的一种外加剂，在矿山井巷、铁路隧道、引水涵洞等工程中应用极为普遍。

5.4.6 缓凝剂、缓凝减水剂及缓凝高效减水剂

能延长混凝土凝结时间的外加剂称为缓凝剂。混凝土工程中可采用下列缓凝剂及缓凝减水剂：

(1)糖类：糖钙、葡萄糖酸盐等；

(2)木质素磺酸盐类：木质素磺酸钙、木质素磺酸钠等；

(3)羟基羧酸及其盐类：柠檬酸、酒石酸钾钠等；

(4)无机盐类：锌盐、磷酸盐等；

(5)其他：胺盐及其衍生物、纤维素醚等。

混凝土工程中可采用由缓凝剂与高效减水剂复合而成的缓凝高效减水剂。

缓凝剂、缓凝减水剂及缓凝高效减水剂可用于大体积混凝土、碾压混凝土、炎热气候条件下施工的混凝土、大面积浇筑的混凝土、避免冷缝产生的混凝土、需较长时间停放或长距离运输的混凝土、自流平免振混凝土、滑模施工或拉模施工的混凝土及其他需要延缓凝结时间的混凝土。缓凝高效减水剂可制备高强高性能混凝土。

缓凝剂、缓凝减水剂及缓凝高效减水剂进入工地(或混凝土搅拌站)时应检验其 pH 值、密度(或细度)、混凝土凝结时间，缓凝减水剂及缓凝高效减水剂应增测减水率，合格后方可入库、使用。

5.4.7 膨胀剂

能使混凝土产生补偿收缩或微膨胀的外加剂称为膨胀剂。

常用品种硫铝酸钙类、硫铝酸钙—氧化钙类、氧化钙类。水化硫铝酸钙(钙矾石)在 80 ℃以上会分解，导致强度下降，故硫铝酸钙类，硫铝酸钙—氧化钙类膨胀剂，不得用于长期处于环境温度为 80 ℃以上的工程。氧化钙膨胀剂水化生成的 $Ca(OH)_2$，其化学稳定性和胶凝性较差，它与 Cl^-、SO^-、Na^+、Mg^{++} 等离子进行置换反应，形成膨胀结晶体或被溶析出来，因而从耐久性角度考虑，该膨胀剂不得用于海水和有侵蚀性水的工程。

膨胀剂主要用于防水混凝土，补偿收缩混凝土，接缝、地脚螺栓灌浆、自应力混凝土等。

5.4.8 防冻剂

能使混凝土在负温下硬化并在规定时间内达到足够的防冻强度的外加剂称为防冻剂。

防冻剂能降低水的冰点，使水泥在负温条件下仍能继续水化，提高混凝土的早期强度，防止混凝土早期受冻破坏。这在我国北方地区冬期施工是非常需要的。

常用的防冻剂有亚硝酸钠、亚硝酸钙、氯化钙、氯化钠、碳酸钾和尿素等。目前工程上使用的都是复合防冻剂。

5.4.9 泵送剂

混凝土工程中，可采用由减水剂、缓凝剂、引气剂等复合而成的泵送剂。

混凝土原材料中掺入泵送剂，可以配制出不离析泌水，工作性、可泵性好，具有一定含气量和缓凝性能的大坍落度混凝土，硬化后混凝土有足够的强度和满足多项物理力学性能要求。

泵送剂适用于工业与民用建筑及其他构筑物的泵送施工的混凝土；特别适用于大体积混凝土、高层建筑和超高层建筑；适用于滑模施工等；也适用于水下灌注桩混凝土。

泵送剂运到工地(或混凝土搅拌站)的检验项目应包括 pH 值、密度(或细度)、坍落度增加值及坍落度损失，符合要求方可入库、使用。

5.4.10 防水剂

防水剂是在混凝土拌合物中掺入能改善砂浆和混凝土的耐久性、降低其在静水压力下透水性的外加剂。防水剂品种众多，防水的作用机理也不一样，所以应根据工程要求选择防水剂的品种。

工程上常用的防水剂有以下四类：

(1)无机化合物类：氯化铁、硅灰粉末、锆化合物等。

(2)有机化合物类：脂肪酸及其盐类、有机硅表面活性剂(甲基硅醇钠、乙基硅醇钠、聚乙基羟基硅氧烷)、石蜡、地沥青、橡胶及水溶性树脂乳液等。

(3)混合物类：无机类混合物、有机类混合物、无机类与有机类混合物。

(4)复合类：上述各类与引气剂、减水剂、调凝剂等外加剂复合的复合型防水剂。

无机化合物类中的氯盐类能促进水泥的水化硬化，在早期具有较好的防水效果，特别是在要求早期必须具有防水性的情况下，可以用它作防水剂，但因为氯盐类会使钢筋锈蚀，收缩率大，后期防水效果不大。

有机化合物类的防水剂主要是一些憎水性表面活性剂，聚合物乳液或水溶性树脂等，其防水性能较好，使用时应注意对强度的影响。

防水剂与引气剂组成的复合防水剂中由于引气剂能引入大量的微细气泡，隔断毛细管通道，减少泌水，减少沉降，减少混凝土的渗水通路，从而提高了混凝土的防水性。防水剂与减水剂组成的复合防水剂中由于减水剂的减水作用和改善工作性使混凝土更致密，从而能达到更好的防水效果。

防水剂可用于工业与民用建筑的屋面、地下室、隧道、巷道、给排水池等有防水抗渗要求的混凝土工程。含氯盐的防水剂可用于素混凝土、钢筋混凝土工程，严禁用于预应力混凝土工程。

5.4.11 外加剂的质量控制

外加剂的品种应根据工程设计和施工要求选择，通过试验及技术经济比较确定。工程上严禁使用对人体产生危害、对环境产生污染的外加剂。

选用的外加剂应有供货单位提供的产品说明书(应标明产品主要成分)、出厂检验报告及合格证、掺外加剂混凝土性能检验报告。

外加剂运到工地(或混凝土搅拌站)应立即取代表性样品进行检验，进货与工程试配时一致，方可入库、使用。若发现不一致时，应停止使用。

外加剂应按不同供货单位、不同品种、不同牌号分别存放，标识应清楚。粉状外加剂应防止受潮结块，如有结块，经性能检验合格后应粉碎至全部通过 0.63 mm 筛后方可使用。液体外加剂应放置阴凉干燥处，防止日晒、受冻、污染、进水或蒸发，如有沉淀等现象，经性能检验合格后方可使用。

外加剂配料控制系统标识应清楚、计量应准确，计量误差不应大于外加剂用量的 2%。

5.5 混凝土的质量控制及配合比设计

5.5.1 配合比设计概述

(1)配合比设计的任务和要求

①配合比的概念及设计任务

混凝土配合比是指混凝土中各组成材料的数量及其比例关系。混凝土配合比的表示方法有两种:一种是以每 $1m^3$ 混凝土中各种材料的用量表示,如“每 $1m^3$ 混凝土需用水泥 300 kg、砂子 660 kg、卵石 1 260 kg、水 180 kg”;另一种是以各种材料相互间的质量比表示(以水泥质量为 1),写成“水泥:砂:卵石:水=1:2.20:4.20:0.60”。这两种表示方法,前者便于计算工程中各种材料的需要量,后者便于确定拌制混凝土时的称料数量,都是需要的。

混凝土配合比设计的任务,是根据所选原材料的技术性能和施工条件,设计出能满足所需混凝土技术要求的各组成材料的用料及其质量比。

②配合比设计要求

混凝土配合比设计的基本要求是:

a. 要使混凝土拌合物具有良好的、适应施工要求的工作性。

b. 保证达到结构所要求的强度。

c. 符合结构所需的抗渗、抗冻、耐蚀等耐久性要求。

d. 在满足上述三项要求的前提下节省水泥、降低成本,达到经济的目的。

(2)三个重要参数

在混凝土配合比设计中,要掌握好下列三个重要参数(三个比例):

①水与水泥的比例,即水灰比,它决定混凝土的强度,对工作性、耐久性、经济性有明显影响。

②砂与石的比例,用砂率可以表达,它主要决定混凝土的工作性。

③浆量与骨料量的比例,由单位用水量表达,它决定混凝土的工作性和经济与否。

混凝土配合比中三个参数的关系如图 5-12 所示。正确掌握好这三个参数,就能配制出符合要求的混凝土。

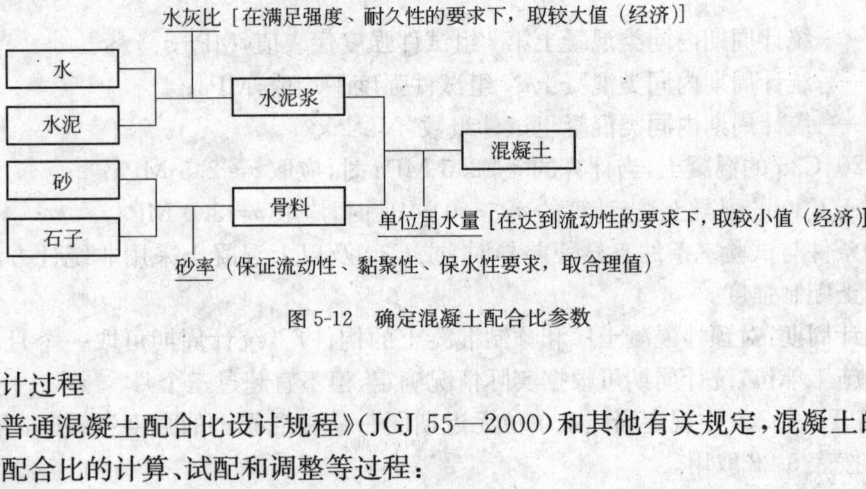

图 5-12 确定混凝土配合比参数

(3)设计过程

根据《普通混凝土配合比设计规程》(JGJ 55—2000)和其他有关规定,混凝土的配合比设计,应包括配合比的计算、试配和调整等过程:

①按混凝土的技术要求和所选用的原材料，进行初步配合比计算，得到供试配用的“初步计算配合比”。

②按“初步计算配合比”进行试配、检验并调整，得到能满足技术要求的“试验室配合比”。

③施工时，再根据现场砂石含水情况随时进行调整，计算出施工称料量，即“施工配合比”。

5.5.2 配合比设计的步骤

(1)初步计算配合比

①确定配制强度($f_{cu,o}$)

由于混凝土在施工过程中其原材料性能和生产工艺等因素的差异，会出现混凝土质量的不稳定，使混凝土强度发生波动，这种波动呈正态分布如图 5-5 所示。前节已述，如果按标准强度(即强度等级 $f_{cu,k}$)配制混凝土，则混凝土强度的平均值只达到 $f_{cu,o}$，换言之，就是将有一半的混凝土达不到设计要求，即保证率只有 50%，如图 5-5 所示。为了使混凝土强度能达到规范规定的 95%的保证率，必须使混凝土的配制强度($f_{cu,o}$)比混凝土的标准强度($f_{cu,k}$)高出一定的数量，如图 5-6 所示。

因此，《普通混凝土配合比设计规程》(JGJ 55—2000)规定：混凝土的配制强度，可依据各生产单位的混凝土质量水平按式(5-8)确定：

$$f_{cu,o}=f_{cu,k}+1.645\sigma \tag{5-8}$$

式中 $f_{cu,o}$——混凝土的配制强度，MPa；

$f_{cu,k}$——混凝土的强度等级，即混凝土抗压强度标准值，MPa；

σ——混凝土强度的标准差，MPa。

混凝土强度的标准差可按下列方法确定：

a. 当施工单位具有近期同类混凝土(强度等级、配合比、生产工艺条件相同的混凝土)28d 抗压强度的统计资料不少于 25 组时，按式(5-9)计算：

$$\sigma=\sqrt{\frac{\sum_{i=1}^{N}f_{cu,i}^{2}-N\mu_{f_{cu}}^{2}}{N-1}} \tag{5-9}$$

式中 $f_{cu,i}$——统计周期内同类混凝土第 i 组试件强度代表值，MPa；

$\mu_{f_{cu}}$——统计周期内同类混凝土 N 组试件强度平均值，MPa；

N——统计周期内同类混凝土试件组数，$N\geqslant 25$。

对于 C20、C25 的混凝土，当计算的 $\sigma<2.5$ MPa 时，应取 $\sigma=2.5$ MPa；

对于高于 C30 的混凝土，当计算的 $\sigma<3.0$ MPa 时，应取 $\sigma=3.0$ MPa。

在现场条件与试验室条件有显著差异时，或 C30 及以上混凝土采用非统计方法评定时，应提高混凝土配制强度。

关于统计周期：对预拌混凝土厂和预制混凝土的构件厂，统计周期可取一个月；对现场拌制的混凝土施工单位，统计周期可根据实际情况确定，但不宜超过三个月。

b. 铁路 TB 10210 中规定当施工单位无近期同一品种混凝土的强度资料时，混凝土强度标准差可以按表 5-22 取用。

表 5-22 混凝土强度标准差 σ 值（TB 10210—2001）

混凝土强度 / α值 / 生产单位	＜C20	C20～C40	＞C40
预制混凝土构件厂	3.0	4.0	5.0
现场集中搅拌混凝土施工单位	3.5	4.5	5.5

②确定水灰比（W/C）

根据所要求的混凝土配制强度 $f_{cu,k}$ 和水泥的实际强度 f_{ce}、粗骨料种类，用式(5-10)计算水灰比（此公式适用于C60以下的混凝土）：

$$\frac{W}{C}=\frac{\alpha_a \cdot f_{ce}}{f_{cu,o}+\alpha_a \cdot \alpha_b \cdot f_{ce}} \tag{5-10}$$

式中 f_{ce}——水泥的实际强度，即实测强度值。在无法实测时，可用下式估算：$f_{ce}=\gamma_c \cdot f_{ce,g}$，其中，$f_{ce,g}$ 是水泥强度的等级值（如42.5级水泥的 $f_{ce,g}=42.5$ MPa），f_{ce} 值也可根据3 d强度或快测强度推定28 d强度关系式推定得出。γ_c 为水泥强度富余系数，应按实际统计资料确定。

对于出厂超过3个月或存放条件不良已变质的水泥，应当实测其强度，按实测强度采用。

为了保证混凝土有必要的耐久性，所采用的水灰比不得超过表5-16或表5-17规定的最大水灰比限值，如果计算的水灰比超过规定的最大水灰比，应按规定的最大水灰比值采用。

③确定用水量 m_{w0}

每立方混凝土的用水量，应按下列方法选取：

a. 塑性混凝土和干硬性混凝土的用水量：当水灰比在0.4～0.8范围内时，应根据骨料的品种、粒径及施工要求混凝土拌合物的稠度，按表5-23选取；水灰比＜0.4的混凝土及采用特殊成型工艺的混凝土用水量，应通过试验确定。

表 5-23 塑性混凝土和干硬性混凝土的用水量（kg/m³）（JGJ 55—2000）

拌合物的稠度			卵石最大粒径(mm)				碎石最大粒径(mm)			
项目		指标	10	20	31.5	40	16	20	31.5	40
塑性混凝土	坍落度(mm)	10～30	190	170	160	150	200	185	175	165
		35～50	200	180	170	160	210	195	185	175
		55～70	210	190	180	170	220	205	195	185
		75～90	215	195	185	175	230	215	205	195
干硬性混凝土	维勃稠度(s)	16～20	175	160		145	180	170		155
		11～15	180	165		150	185	175		160
		5～10	185	170		155	190	180		165

注：①本表用水量是采用中砂时的平均值。采用细砂时，混凝土用水量可增加5～10 kg/m³；采用粗砂时，则可减少5～10 kg/m³。

②掺用各种外加剂或掺和料时，用水量应相应调整。

b. 流动性、大流动性混凝土的用水量，以坍落度90 mm时的混凝土用水量为基础，坍落度每增大20 mm，用水量增加5 kg，可计算出未掺外加剂时的混凝土用水量；掺外加剂时的混凝土用水量，当外加剂的减水率为 β 时，需将未掺外加剂时的混凝土用水量乘以 $(1-\beta)$。外加

剂的减水率 $\beta(\%)$应经试验确定。

④确定水泥用量 m_{c0}

由已选定的用水量和水灰比，按式(5-11)计算水泥用量：

$$m_{c0}=\frac{m_{w0}}{W/C} \tag{5-11}$$

同时，为保证混凝土的耐久性，水泥用量还要满足表 5-16 或表 5-17 所规定的最小水泥用量的要求。如果算得的水泥用量小于规定的最小水泥用量，则应按规定的最小水泥用量值采用。

⑤选取合理的砂率值 β_s

合理的砂率值，应使砂浆的数量能填满石子的空隙，并稍有多余，将石子拨开。混凝土的砂率应按下列方法选定：

a. 坍落度为 10～60 mm 的混凝土的砂率，可根据骨料的品种、粒径和混凝土的水灰比，按表 5-24 选用。

b. 坍落度大于 60 mm 的混凝土的砂率，可经试验确定，也可在表 5-24 的基础上，按坍落度每增大 20 mm，砂率增大 1%的幅度予以调整。

c. 坍落度小于 10 mm 的混凝土及掺用外加剂和掺和料的混凝土，其砂率应经试验确定。

表 5-24　混凝土的砂率(%)(JGJ 55—2000)

水灰比 (W/C)	卵石最大粒径(mm)			碎石最大粒径(mm)		
	10	20	40	16	20	40
0.40	26～32	25～31	24～30	30～35	29～34	27～32
0.50	30～35	29～34	28～33	33～38	32～37	30～35
0.60	33～38	32～37	31～36	36～41	35～40	33～38
0.70	36～41	35～40	34～39	39～44	38～43	36～41

注：①本表数值系中砂的选用砂率，对细砂或粗砂，可相应的减小或增大砂率。

②只用一个单粒级粗骨粒配制混凝土时，砂率值应适当增加。

③对薄壁构件，砂率取偏大值。

⑥计算砂石用量 m_{s0} 和 m_{g0}

在混凝土中除水泥浆外，其余的体积或质量均为砂石所占有，因此有体积法和质量法两种计算方法，可使用其中任一种方法计算砂、石用量。

a. 体积法：认为混凝土拌合物的体积等于各组成材料密实体积及所含空气体积之总和。如果材料用量以 kg 计，体积以 m^3 计，含气量为 α，再由已选定的砂率 β_s，可得关系式 (5-12)，便可解出 m_{s0} 和 m_{g0}：

$$\begin{cases}\dfrac{m_{c0}}{\rho_c}+\dfrac{m_{s0}}{\rho_s}+\dfrac{m_{g0}}{\rho_g}+\dfrac{m_{w0}}{\rho_w}+0.01\alpha=1\\[2ex]\beta_s=\dfrac{m_{s0}}{m_{s0}+m_{g0}}\times100\%\end{cases} \tag{5-12}$$

式中　m_{c0}、m_{s0}、m_{g0}、m_{w0}——每 $1m^3$ 混凝土中水泥、砂、石、水的用量；

ρ_c、ρ_s、ρ_g、ρ_w——水泥的密度，砂、石的表观密度，水的密度；

α——混凝土含气的百分数。在不使用引气型外加剂时，α 可取 1，在使用引气型外加剂时，按实际要求采用。

b. 质量法：认为混凝土的质量等于各组成材料质量之和。而经捣实的每 $1m^3$ 混凝土拌合

物的质量 m_{cp} 一般在 2 350～2 450 kg/m^3 之间，因此可由经验先假定 m_{cp} 的值，于是由式(5-13)可解出 m_{s0} 和 m_{g0}：

$$\begin{cases} m_{c0}+m_{s0}+m_{g0}+m_{w0}=m_{cp} \\ \beta_s=\dfrac{m_{s0}}{m_{s0}+m_{g0}}\times 100\% \end{cases} \tag{5-13}$$

m_{cp} 的值可按下列数值估计(或按已有经验)：

C7.5～C15 时，$m_{cp}=2\ 350$ kg/m^3；

C20～C35 时，$m_{cp}=2\ 400$ kg/m^3；

C40～C50 时，$m_{cp}=2\ 450$ kg/m^3。

⑦归纳初步配合比

将以上计算进行归纳，并计算出质量比，便可得到混凝土的初步配合。

(2)试验配合比

初步计算配合比是借助一些综合经验计算而得，由于各地材料的差异，不一定都符合实际情况，必须经过试配检验，如有不符合要求，应予调整，最后得到工作性和强度都符合要求的配合比——试验室配合比。

混凝土试配时，应采用工程中实际使用的材料；混凝土的搅拌方法，应与生产时使用的方法相同。

①工作性的检验和调整

按初步配合比取料试拌，试拌数量(包含制作强度试件的用量)为：石子最大粒径不大于 31.5 mm 时，试拌 15 L；石子最大粒径为 40 mm 时，试拌 25 L，采用机械搅拌时，搅拌量不应小于搅拌机额定搅拌量的 1/4。

测出拌合物的坍落度，同时观察黏聚性、保水性及含砂量是否合适。如果都符合要求，则此拌和料可进行下一步检验。

如果坍落度小于要求，应保持水灰比不变，增加水泥和水的数量，按一般经验，水泥浆每增加 2%～3%，可增大坍落度 10 mm。如果坍落度大于要求，则可增加砂石的数量(或减少水量，但保持水灰比不变，需重新称料)。同时根据黏聚性、保水性和含砂量的情况，决定是否要增大或减小砂率，直到工作性符合要求为止。这样便可得到符合工作性要求时的实拌用料量 m_{c1}、m_{s1}、m_{g1}、m_{w1}。

②按拌合物的湿体积密度调整计算

试拌完成后，测出拌合物的湿体积密度 ρ_{oh}(kg/m^3)。由于理论计算的各料用量之和与实测湿体积密度不一定相同，试拌中又可能改变了用料量，因此，应对上述实拌用料结合实测湿体积密度进行调整计算。

前面已测得混凝土拌合用料按式(5-14)计算：

$$m_{c1}+m_{s1}+m_{g1}+m_{w1}=m_{t1} \tag{5-14}$$

则每 1m^3 混凝土用料按式(5-15)调整，作为强度检验用的基准配合比。

$$\begin{cases} m_{cj}=\dfrac{m_{c1}}{m_{t1}}\rho_{oh} \quad (\text{kg/m}^3) \\ m_{sj}=\dfrac{m_{s1}}{m_{t1}}\rho_{oh} \quad (\text{kg/m}^3) \\ m_{gj}=\dfrac{m_{g1}}{m_{t1}}\rho_{oh} \quad (\text{kg/m}^3) \\ m_{wj}=\dfrac{m_{w1}}{m_{t1}}\rho_{oh} \quad (\text{kg/m}^3) \end{cases} \tag{5-15}$$

③强度的检验和调整

经调整后的基准配合比虽工作性已满足要求，但混凝土的强度是由水灰比决定的，检验混凝土的强度就是检验水灰比是否恰当。《普通混凝土配合比设计规程》(JGJ 55—2000)要求至少要用三个不同的水灰比进行强度检验，其中一个为基准配合比中的水灰比，另外两个较基准配合比的水灰比分别增加和减少 0.05，其用水量应与基准配合比的用水量相同，砂率可分别增加和减少 1%。通过三个不同的配合比做强度试验，才能一次性得出最好的方案。

制作混凝土强度试验试件时，应检验混凝土拌合物的坍落度或维勃稠度、黏聚性、保水性及拌合物的体积密度，并以此结果作为代表相应配合比的混凝土拌合物的性能。进行混凝土强度试验时，每种配合比至少应制作一组(三块)试件，标准养护 28d 时试压。需要时可同时制作几组试件，供快速检验或早龄试压，以便提前定出混凝土配合比供施工使用，但应以标准养护 28 d 的强度的检验结果为依据调整配合比。

根据试验得出的混凝土强度与其相对应的灰水比(C/W)关系，用作图法或计算法求出与混凝土配制强度($f_{cu,o}$)相对应的灰水比，并应按下列原则确定每立方米混凝土的材料用量：

①用水量(m_w)应在基准配合比用水量的基础上，根据制作强度试件时测得的坍落度或维勃稠度进行调整确定。

②水泥用量(m_c)应以用水量乘以选定出来的灰水比计算确定。

③粗骨料和细骨料用量(m_s 和 m_g)应在基准配合比的粗骨料和细骨料用量的基础上，按选定的灰水比进行调整后确定。

经试配确定配合比后，尚应按下列步骤进行校正。据前述已确定的材料用量按式(5-16)计算混凝土的表观密度计算值 $\rho_{c,c}$

$$\rho_{c,c}=m_c+m_g+m_s+m_w \tag{5-16}$$

再按式(5-17)计算混凝土配合比校正系数 δ：

$$\delta=\frac{\rho_{c,t}}{\rho_{c,c}} \tag{5-17}$$

式中 $\rho_{c,t}$——混凝土表观密度实测值，kg/m^3；

$\rho_{c,c}$——混凝土表观密度计算值，kg/m^3。

当校正系数 δ 值未超出(100±2)%范围时，按以前的配合比即为确定的实验室配合比；当校正系数 δ 值超出(100±2)%范围时，应将配合比中每项材料用量均乘以校正系数 δ，即为最终确定的实验室配合比。

根据本单位常用的材料，可设计出常用的混凝土配合比备用，在使用过程中，应根据原材料情况及混凝土质量检验的结果予以调整。但遇有下列情况之一时，应重新进行配合比设计：

①对混凝土性能指标有特殊要求时。

②水泥、外加剂或矿物掺和料品种、质量有显著变化时。

③该配合比的混凝土生产间断半年以上时。

(3)施工配合比——现场施工称料量

试验配合比是以干燥材料为基准的，而工地使用的砂石都含有一定的水分，且随着环境气候而变化。所以，现场材料的实际称量应按砂石含水情况进行修正——水泥不变，补充砂石，扣除水量。

设工地测出砂子的含水率为 W_s，石子的含水率为 W_g，则施工配合比按式(5-18)计算：

$$
\begin{aligned}
m_c' &= m_c \\
m_s' &= m_s(1+W_s) \\
m_g' &= m_g(1+W_g) \\
m_w' &= m_w - m_s \cdot W_s - m_g \cdot W_g
\end{aligned} \tag{5-18}
$$

有了施工配合比，便可进一步计算 1 包水泥（50kg）或 2 包水泥（100kg）的相应称料量。由于工地的砂石含水情况随环境气候常有变化，应按其变化情况随时加以修正。

5.5.3 配合比设计例题

寒冷地区铁路工程某钢筋混凝土涵洞盖板，钢筋疏密一般，混凝土的强度等级为 C20。材料为 32.5 级普通水泥，密度 3.1 g/cm³；粗砂，表观密度 2.65 g/cm³；碎石，表观密度 2.70 g/cm³，最大粒径 40 mm；现场机械搅拌和振捣。施工时，现场砂子含水率 4.0%，石子含水率 1.5%。

(1)配合比计算

方法一：体积法

①确定配制强度 $f_{cu,o}$：由于施工单位没有近期混凝土强度统计资料，查表 5-22，现场搅拌 C20 混凝土采用 $\sigma=4.5$ MPa，于是：

$$f_{cu,o}=f_{cu,k}+1.645\sigma=20+1.645\times4.5=27.4 \text{ MPa}$$

②确定水灰比 W/C：考虑到水泥质量一般，水泥强度富余系数试选 $\gamma_c=1.07$（即水泥强度 $f_{ce}=\gamma_c f_{ce,g}=1.07\times32.5=34.78$ MPa）。由于用碎石，于是强度公式(5-6)中的 α_a 取 0.46，α_b 取 0.07，故有

$$0.46f_{ce}\left(\frac{C}{W}-0.07\right)=f_{cu,o}$$

$$0.46\times(1.07\times32.5)\left(\frac{C}{W}-0.07\right)=27.4$$

$$\frac{C}{W}=1.78 \quad 或 \quad \frac{W}{C}=0.56$$

查表 5-16，寒冷地区不受水流冲刷的地上混凝土，最大水灰比为 0.65，故取 $W/C=0.56$ 能满足耐久性要求。

③确定用水量 m_{w0}：考虑此盖板为铁路工程，普通配筋率的钢筋混凝土结构，查表 5-13 取坍落度为 55～70 mm。再根据采用碎石最大粒径为 40 mm，查表 5-23，用水量为 185 kg/m³，考虑使用粗砂，试减少用水量 10 kg（见该表注①），得

$$m_{w0}=185-10=175 \text{ kg/m}^3$$

④确定水泥用量 m_{c0}：

$$m_{c0}=\frac{m_{w0}}{\frac{W}{C}}=\frac{175}{0.56}=313 \text{ kg/m}^3$$

查表 5-16，钢筋混凝土的最小水泥用量为 250＋25＝275 kg/m³（见注②），因此取 $m_{c0}=\frac{m_{w0}}{\frac{W}{C}}=\frac{175}{0.56}=313$ kg/m³，符合耐久性要求。

⑤确定砂率 β_s：查表 5-24，当 $W/C=0.56$ 时，可在 0.50～0.60 之间内插，砂率在 0.32～0.37 之间，考虑到用粗砂要相应增大砂率（该表注①），因此取较大值 $\beta_s=0.36$。

⑥计算砂石用量 m_{s0} 和 m_{g0}：因未掺入引气型外加剂，取 $\alpha=1$，代入公式(5-12)：

$$\frac{m_{s0}}{2650}+\frac{m_{g0}}{2700}=1-\frac{175}{1000}-\frac{313}{1000}-0.01\times 1=0.714$$

$$m_{s0}=0.36(m_{s0}+m_{g0})$$

联立解方程求得：$m_{s0}=689\ kg/m^3$，$m_{g0}=1\ 226\ kg/m^3$

方法二：质量法

①～⑤步与体积法完全相同，不重写。

⑥计算砂石用量 m_{s0} 和 m_{g0}：由于该混凝土为 C20，假设拌合物的质量 $m_{cp}=2\ 400\ kg/m^3$。

$$m_{s0}+m_{g0}=m_{cp}-m_{c0}-m_{w0}=2\ 400-313-175=1\ 912\ kg/m^3$$

$$m_{s0}=0.36(m_{s0}+m_{g0})$$

联立解方程求得：　　$m_{s0}=688\ kg/m^3$，　$m_{g0}=1\ 224\ kg/m^3$

(2)试配检验和调整

①工作性和体积密度检验和调整

按初步配合比试拌 25 L(0.025m³)，称取水泥 313×0.025＝7.83 kg，干砂 689×0.025＝17.23 kg，干石子 1 226×0.025＝30.65 kg，水 175×0.025＝4.38 kg，拌和后测得坍落度为 38 mm，小于所要求的坍落度 50～70 mm，黏聚性、保水性均好，砂率亦适宜，因而试增加水泥和水各 5%，即加入水泥 7.85×5%＝0.39 kg，水 4.38×5%＝0.22 kg，迅速拌和，再测坍落度为 58 mm，符合要求。接着测出经捣实的混凝土拌合物的湿体积密度 $\rho_{0h}=2\ 398\ kg/m^3$，调整计算如下：

$$m_{c1}=7.83+0.39=8.22\ kg,\quad m_{s1}=17.23\ kg$$

$$m_{g1}=30.65\ kg,\quad m_{w1}=4.38+0.22=4.60\ kg$$

$$m_t=8.22+17.23+30.65+4.60=60.70\ kg$$

则各料用量为：

$$m_{cj}=\frac{8.22}{60.70}\times 2\ 398=325\ kg/m^3$$

$$m_{sj}=\frac{17.23}{60.70}\times 2\ 398=681\ kg/m^3$$

$$m_{gj}=\frac{30.65}{60.70}\times 2\ 398=1\ 210\ kg/m^3$$

$$m_{wj}=\frac{4.60}{60.70}\times 2\ 398=182\ kg/m^3$$

以上 1 m³ 混凝土中各材料用量所得配合比可作为强度检验的基准配合比。

②强度检验与调整

以 m_{cj}、m_{sj}、m_{gj}、m_{wj} 组成的配合比作为基准，水灰比为 0.56。另外增加两个水灰比分别为 0.51 和 0.61 的配合比进行强度检验。设三组拌合物的湿体积密度相同(均为 2 398 kg/m³)，用水量也相同(均为 182 kg)，但水灰比分别增减 0.05 时，砂率要相应增减 0.01，计算如下：

a 组：$W/C=0.51$，$\beta_s=0.35$，配合比 357∶651∶1 208∶182。

b 组：$W/C=0.56$，$\beta_s=0.36$，配合比为：325∶681∶1 210∶182。

c 组：$W/C=0.61$，$\beta_s=0.37$，配合比为：298∶710∶1 208∶182。

对上述三组配合比各制试件一组，标准养护，测 28 d 抗压强度为：

$W/C=0.51$，$C/W=1.96$，测得：$f_{cu}=32.1\ MPa$。

$W/C=0.56$，$C/W=1.79$，测得：$f_{cu}=28.1$ MPa。

$W/C=0.61$，$C/W=1.64$，测得：$f_{cu}=24.5$ MPa。

由于采用的 $f_{cu,o}=27.4$ MPa，在②、③两组之间，由内插(如图 5-13 所示)计算得：当 $f_{cu,o}=27.4$ MPa 时，C/W＝1.76，W/C＝0.57。即当 W/C＝0.57 时，可得 $f_{cu,o}=27.4$ MPa，符合 $f_{cu,o}=27.4$ MPa 的要求。即得($\beta_s=0.36$)：

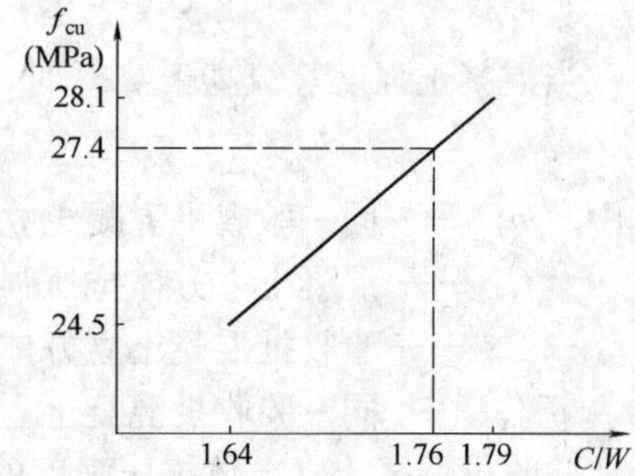

图 5-13　内插法求水灰比

$$m_c=\frac{182}{0.57}=319 \text{ kg/m}^3$$

$$m_s=(2\,398-182-319)\times 0.36=683 \text{ kg/m}^3$$

$$m_g=2\,398-182-319-683=1\,214 \text{ kg/m}^3$$

按以上材料的比例试拌，再进行工作性测定，测得坍落度为 59 mm，满足 55～70 mm，且黏聚性、保水性也合格，并测得试拌混凝土的表观密度实测值 $\rho_{c,t}=2\,400$ kg/m³，而混凝土的表观密度计算值为 $\rho_{c,c}=182+319+683+1\,214=2\,398$ kg/m³，因 $\delta=\frac{\rho_{c,t}}{\rho_{c,c}}=100.1\%<102\%$，故可不进行调整，以前面计算所得作为实验室配合比。

(3)施工配合比

因现场测得砂子的含水率 4.0%，石子的含水率 1.5%，应作如下调整：

$$m_c'=319 \text{ kg/m}^3$$

$$m_s'=683\times(1+0.04)=710 \text{ kg/m}^3$$

$$m_g'=1\,214\times(1+0.015)=1\,232 \text{ kg/m}^3$$

$$m_w'=182-683\times 0.04-1\,214\times 0.015=137 \text{ kg/m}^3$$

5.6　混凝土强度的评定

混凝土强度的评定可分为统计方法评定和非统计方法评定。

5.6.1　统计方法评定

该种方法适用于预拌混凝土厂、预制混凝土构件厂或采用现场集中搅拌的混凝土施工单位。根据混凝土强度的稳定性，混凝土强度评定的统计方法分为两种。一种是方差已知的统计法，另一种是方差未知的统计法。

(1)方差已知的统计法

该种方法适用于同一品种的混凝土的生产有可能在较长时期内通过质量管理维持基本相同的生产条件，即维持原材料、设备、工艺以及人员配备的稳定性，即使有所变化，也能很快予以调整而恢复正常的情况。这类生产状况可使每批混凝土强度的变异性基本稳定，每批的强度标准差 s_0 可按常数考虑，而且其数值可根据前一时期生产条件的强度数据加以确定。应用该种统计法评定混凝土的强度时，应由连续的三组试件组成一验收批，其强度同时满足式(5-19)要求：

$$\begin{cases} m_{f_{cu}}\geqslant f_{cu,k}+0.7s_0 \\ f_{cu,\min}\geqslant f_{cu,k}-0.7s_0 \end{cases} \tag{5-19}$$

当混凝土强度等级不高于 C20 时，其强度的最小值尚应满足式(5-20)要求：

$$f_{cu,min} \geqslant 0.85 s_0 \tag{5-20}$$

当混凝土强度等级高于C20时，其强度的最小值尚应满足式(5-21)要求：

$$f_{cu,min} \geqslant 0.90 s_0 \tag{5-21}$$

式中 $m_{f_{cu}}$——同一验收批混凝土立方体抗压强度的平均值，N/ mm²；

$f_{cu,k}$——混凝土立方体抗压强度标准值，N/ mm²；

s_0——验收批混凝土立方体抗压强度的标准差，N/ mm²；

$f_{cu,min}$——同一验收批混凝土立方体抗压强度的最小值，N/ mm²。

验收批混凝土立方体抗压强度的标准差，应根据前一个检验期内同一品种混凝土试件的强度数据，按式(5-22)确定：

$$s_0 = \frac{0.59}{m}\sum_{i=1}^{m}\Delta f_{cu,i} \tag{5-22}$$

式中 $\Delta f_{cu,i}$——第 i 批试件立方体抗压强度中最大值与最小值之差；

m——用以确定验收批混凝土立方体抗压强度标准差的数据总批数。

方差已知方案的 s_0 由近期同类混凝土在生产周期不大于3个月，且不少于15个连续批的强度数据计算确定。此外假定其值延续在一个检验期(3个月)内保持不变。3个月后重新按上一个检验期的强度数据计算各值。

(2)方差未知的统计法

该种方法是指生产连续性较差，即在生产中无法维持基本相同的生产条件，或生产期较短，无法积累强度数据以计算可靠的标准差数据的情况。此时，强度的检验评定只能直接根据每一验收批抽样的强度数据确定。为了提高检验效率，要求每一验收批抽样不少于10组，其强度应同时满足式(5-23)要求：

$$\begin{cases} m_{f_{cu}} - \lambda_1 s_{f_{cu}} \geqslant 0.9 f_{cu,k} \\ f_{cu,min} \geqslant \lambda_2 f_{cu,k} \end{cases} \tag{5-23}$$

式中 λ_1、λ_2——合格判定系数，按表5-25取用；

$s_{f_{cu}}$——同一验收批混凝土立方体抗压强度的标准差，N/mm²。当 $s_{f_{cu}}$ 的计算值小于 $0.06 f_{cu,k}$ 时，取 $s_{f_{cu}} = 0.06 f_{cu,k}$。

表5-25 合格判定系数

试件组数	10～14	15～24	≥25
λ_1	1.70	1.65	1.60
λ_2	0.90	0.85	

混凝土立方体抗压强度的标准差 $s_{f_{cu}}$，可按下列式(5-24)计算：

$$s_{f_{cu}} = \sqrt{\frac{\sum_{i=1}^{n} f_{cu,i}^2 - n m_{f_{cu}}^2}{n-1}} \tag{5-24}$$

式中 $f_{cu,i}$——第 i 组混凝土试件的立方体抗压强度值，N/mm²；

n——一个验收批混凝土试件的组数。

5.6.2 非统计方法评定

该种方法适用于零星生产的预制构件混凝土或现场搅拌批量不大的混凝土，这种情况下因试件数量有限,不具备按统计方法评定混凝土强度的条件。

按非统计方法评定混凝土强度时,其所保留强度应同时满足式(5-25)要求:

$$
\begin{aligned}
m_{f_{cu}} &\geqslant 1.15 f_{cu,k} \\
f_{cu,min} &\geqslant 0.95 s_0
\end{aligned}
\tag{5-25}
$$

5.6.3 混凝土强度的合格性判断

混凝土强度应分批进行检验评定,当检验结果能满足以上评定强度的公式的规定时,则该批混凝土判为合格;当不能满足上述规定时,该批混凝土强度判为不合格。对不合格批混凝土制成的结构或构件,应进行鉴定,对不合格的结构或构件必须及时处理。当对混凝土试件强度的代表性有怀疑时,可采用从结构或构件中钻取试件的方法或采用非破损检验方法,按有关标准对结构或构件中混凝土的强度进行推定。结构或构件拆模、出池、出厂、吊装、预应力筋张拉或放张,以及施工期间需短暂负荷时的混凝土强度,应满足设计要求或现行国家标准的有关规定。

5.7 铁路客运专线用混凝土材料的技术要求

根据国务院批准的《中长期铁路网规划》,我国规划到 2020 年,中国铁路网总里程达到 10 万 km,这对促进国民经济持续快速增长、全面建设小康社会,是十分必要的。在规划中最主要的内容,就是建设客运专线,其到 2020 年的目标是:建成客运专线 1 万 km,形成“四纵四横”客运专线骨架,建成环渤海圈、长江三角洲、珠江三角洲地区快速客运系统铁路 2 000 km。通过建设客运专线和推进既有线提速,建成铁路快速客运网,实现:2 000 km 左右范围内夕发朝至,4 000 km 左右范围内一日到达。

客运专线铁路的建设标准高、技术要求高、质量目标高,要求工程上所用的材料具有较高的性能,特别是对混凝土结构的抗碳化锈蚀、抗氯盐锈蚀、抗冻融破坏、抗裂性、抗碱一骨料反应、抗化学侵蚀、抗磨蚀等长期性能的指标和控制、检测要求提出了较高的要求。为此,铁道部发布的《铁路混凝土工程施工质量验收补充标准》(铁建设[2005]160 号)从原材料、配合比、施工等方面提出了具体要求。

5.7.1 原材料要求

混凝土工程应采用质量密度为 2 200~2 550 kg/m^3 的混凝土。

(1)水泥

水泥宜选用硅酸盐水泥、普通硅酸盐水泥,水泥的混合材宜为矿渣或粉煤灰,有耐硫酸盐侵蚀要求的混凝土也可选用中抗硫酸盐硅酸盐水泥或高抗硫酸盐硅酸盐水泥,不宜使用早强水泥。水泥到场后不得露天堆放,不同种类的水泥应存贮于不同库房。水泥由于受潮或其他原因而变质时,应及时运出场外。水泥的质量应符合国家现行标准和表 5-26 的规定。

(2)细骨料

细骨料应选用级配合理、质地均匀坚固、吸水率低、空隙率小的洁净天然中粗河砂,也可选用专门机组生产的人工砂,不宜使用山砂,不得使用海砂。

配制混凝土时宜优先选用中级细骨料。当采用粗级细骨料时,应提高砂率,并保持足够的水泥或胶凝材料用量,以满足混凝土的工作性;当采用细骨料时,宜适当降低砂率。泵送混凝土、抗渗混凝土宜选用中级细骨料。

表 5-26 水泥的技术要求(铁建设[2005]160 号)

序号	项目	技术要求
1	比表面积	≤350 m^2/kg(对硅酸盐水泥、抗硫酸盐水泥)
2	80 μm 方孔筛筛余	≤10.0%(对普通硅酸盐水泥)
3	游离 CaO 含量	≤1.0%
4	碱含量	≤0.80%
5	熟料中的 C_3A 含量	非氯盐环境下不应超过 8%
		氯盐环境下不应超过 10%
6	氯离子含量	不宜大于 0.10%(钢筋混凝土)
		≤0.06%(预应力混凝土)

注:①当骨料具有碱—硅酸反应活性时,水泥的碱含量不应超过 0.60%;
②C40 及以上混凝土用水泥的碱含量不宜超过 0.60%。

当所用细骨料的颗粒级配不符合要求时,应采取经试验证明能确保工程质量的技术措施后,方可允许使用。

细骨料的坚固性用硫酸钠溶液循环浸泡法检验,试样经 5 次循环后其重量损失不应大于 8%。细骨料的吸水率不应大于 2%。

采用天然河砂配制混凝土时,砂中含泥量、泥块含量、云母、轻物质、有机物、硫化物及硫酸盐等有害物质的含量应符合表 5-27 的规定。

表 5-27 砂中有害物质含量限定(铁建设[2005]160 号)

项目	质量指标		
	<C30	C30～C45	≥C50
含泥量(%)	≤3.0	≤2.5	≤2.0
泥块含量(%)	≤0.5		
云母含量(%)	≤0.5		
轻物质含量(%)	≤0.5		
Cl^- 含量(%)	≤0.02		
硫化物及硫酸盐含量(折算成 SO_3)(%)	≤0.5		
有机物含量(用比色法试验)	颜色不应深于标准色。如深于标准色,则应按水泥胶砂强度试验方法进行强度对比试验,抗压强度比不应低于 0.95		

当砂中含有颗粒状的硫酸盐或硫化物杂质时,应进行专门检验,确认能满足混凝土耐久性要求时,方能采用。

细骨料应采用砂浆棒法检验其碱活性,且砂浆棒的膨胀率应小于 0.10%,否则应按要求采取技术措施。

当采用以专门机组生产的人工砂或混合砂配制混凝土时,人工砂及混合砂经亚甲蓝试验判定后,石粉含量应符合表 5-28 的规定,压碎指标值应小于 25%。

表 5-28 人工砂及混合砂中石粉含量限值(铁建设[2005]160 号)

混凝土强度等级		<C30	C30～C45	≥C50
石粉含量(%)	MB<1.40	≤10.0	≤7.0	≤5.0
	MB≥1.40	≤5.0	≤3.0	≤2.0

(3)粗骨料

粗骨料应选用级配合理、粒形良好、质地均匀坚固、线胀系数小的洁净碎石，也可采用碎卵石，不宜采用砂岩碎石。混凝土应采用二级或三级级配粗骨料。粗骨料应分级采购、分级运输、分级堆放、分级计量。其松散堆积密度应大于 1 500 kg/m^3，紧密空隙率宜小于 40%，吸水率应小于 2%(用于干湿交替或冻融环境条件下的混凝土应小于 1%)。

粗骨料应选用级配合理、粒形良好、质地均匀坚固、线胀系数小的洁净碎石，也可采用碎卵石，不宜采用砂岩碎石。

粗骨料的最大公称粒径不宜超过钢筋的混凝土保护层厚度的 2/3，在严重腐蚀环境条件下不宜超过钢筋的混凝土保护层厚度的 1/2 且不得超过钢筋最小间距的 3/4。配制强度等级 C50 及以上预应力混凝土时，粗骨料最大公称粒径(圆孔筛)不应大于 25 mm。

当粗骨料为碎石时，碎石的强度可用岩石抗压强度表示，且岩石抗压强度与混凝土强度等级之比不应小于 1.5。施工过程中碎石的强度可用压碎指标值进行控制，且应符合表 5-29 的规定。若粗骨料为碎卵石，碎卵石的强度应用压碎指标值表示，且应符合表的 5—29 规定。

表 5-29 粗骨料的压碎指标(铁建设[2005]160 号)

混凝土强度等级	<C30			≥C30		
岩石种类	沉积岩(水成岩)	变质岩或深成的火成岩	火成岩	沉积岩(水成岩)	变质岩或深成的火成岩	火成岩
碎　石	≤16	≤20	≤30	≤10	≤12	≤13
碎卵石	≤16			≤12		

注:沉积岩(水成岩)包括石灰岩、砂岩等，变质岩包括片麻岩、石英岩等，深成的火成岩包括花岗岩、正长岩、闪长岩和橄榄岩等，喷出的火成岩包括玄武岩和辉绿岩等。

粗骨料的坚固性可用硫酸钠溶液循环浸泡法进行检验，试样经 5 次循环后，其质量损失率应符合表 5-30 的规定。

表 5-30 粗骨料的坚固性指标(铁建设[2005]160 号)

结构类型	混凝土结构	预应力混凝土结构
质量损失率(%)	≤8	≤5

粗骨料中的有害物质含量应符合表 5-31 的规定。

表 5-31 粗骨料的有害物质含量(%)(铁建设[2005]160 号)

项目 \ 强度等级	<C30	C30～C45	>C50
含泥量(%)	≤1.0	≤1.0	≤0.5
泥块含量(%)	≤0.25		
针、片状颗粒总含量(%)	≤10	≤10	≤8

续上表

项目 \ 强度等级	<C30	C30～C45	>C50
硫化物及硫酸盐含量(折算成 SO_3)(%)	≤0.5		
Cl^- 含量(%)	≤0.02		
碎卵石中有机质含量(用比色法试验)	颜色不应深于标准色。当深于标准色时,应配制成混凝土进行强度对比试验,抗压强度比不应小于 0.95		

(4)水

混凝土养护用水除不溶物、可溶物可不作要求外,其他质量要求应与拌和用水一致。养护用水不得采用海水,详细规定见表 5-32。

表 5-32　混凝土用水要求(铁建设[2005]160 号)

项　　目	预应力混凝土	钢筋混凝土	素混凝土
pH 值	>4.5	>4.5	>4.5
不溶物(mg/L)	<2 000	<2 000	<5 000
可溶物(mg/L)	<2 000	<5 000	<10 000
氯化物(以 Cl^- 计)(mg/L)	<500	<1 000	<3 500
硫酸盐(以 SO_4^{2-} 计)(mg/L)	<600	<2 000	<2 700
碱含量(以当量 Na_2O 计)(mg/L)	<1 500	<1 500	<1 500

(5)外加剂

外加剂应采用减水率高、坍落度损失小、适量引气、质量稳定、能满足混凝土耐久性能的产品。当将不同功能的多种外加剂复合使用时,外加剂之间以及外加剂与水泥之间应有良好的适应性。宜选用多功能复合外加剂。

(6)矿物掺和料

混凝土中宜适量掺加符合技术要求的粉煤灰、磨细矿渣粉或硅灰等矿物掺和料。矿物掺和料应选用品质稳定的产品。在运输和存贮过程中应有明显标志,严禁与水泥等其他粉状材料混淆。不同矿物掺合料的掺量应根据混凝土的施工环境条件特点、拌合物性能、力学性能以及耐久性要求通过试验确定。

混凝土所用的原材料应按品种、规格和检验状态分别标识存放。

5.7.2　配合比要求

混凝土应根据强度等级、耐久性等设计要求和原材料品质以及施工工艺、可能的环境条件变化等进行多组配合比设计。配合比选定试验应提前进行,留出足够的时间进行配合比调整。当混凝土所用的原材料、施工工艺及环境条件等发生变化时,必须重新选定配合比。选定配合比时对于混凝土的抗裂性应进行对比试验。混凝土拌制前,应测定砂、石含水率,并根据测试结果和理论配合比,提出施工配合比。对首盘混凝土的坍落度、含气量、泌水率、水胶比和拌合物温度等应进行测试鉴定。

混凝土的强度等级必须符合设计要求。预应力混凝土、喷射混凝土、蒸汽养护混凝土的抗压强度标准条件养护试件的试验龄期为 28d,其他混凝土抗压强度标准条件养护试件的试验龄期为 56 d。

混凝土的最大水胶比和单方混凝土胶凝材料的最低用量应满足设计要求。当设计无具体要求时，应符合表5-33和表5-34的规定。当化学侵蚀介质为硫酸盐时，混凝土的胶凝材料还应符合表5-35的规定。

表5-33　钢筋混凝土及预应力钢筋混凝土的最低强度等级、最大水胶比和最小胶凝材料用量（kg/m^3）

环境类别	环境作用等级	设计使用年限级别		
		一（100年以上）	二（60年以上）	三（30年以上）
碳化环境	T1	C30，0.55，280	C25，0.60，260	C25，0.65，260
	T2	C35，0.50，300	C30，0.55，280	C25，0.60，260
	T3	C40，0.45，320	C35，0.50，300	C35，0.50，300
氯盐环境	L1	C40，0.45，320	C35，0.50，300	C35，0.50，300
	L2	C45，0.40，340	C40，0.45，320	C40，0.45，320
	L3	C50，0.36，360	C45，0.40，340	C45，0.40，340
化学侵蚀环境	H1	C35，0.50，300	C30，0.55，280	C30，0.60，260
	H2	C40，0.45，320	C35，0.50，300	C35，0.50，300
	H3	C45，0.40，340	C40，0.45，320	C40，0.45，320
	H4	C50，0.36，360	C45，0.40，340	C45，0.40，340
冻融破坏环境	D1	C35，0.50，300	C35，0.55，280	C30，0.60，260
	D2	C40，0.45，320	C35，0.50，300	C35，0.50，300
	D3	C45，0.40，340	C40，0.45，320	C40，0.45，320
	D4	C50，0.36，360	C45，0.40，340	C45，0.40，340
磨蚀环境	M1	C35，0.50，300	C30，0.55，280	C30，0.60，260
	M2	C40，0.45，320	C35，0.50，300	C30，0.50，300
	M3	C45，0.40，340	C40，0.45，320	C30，0.45，320

表5-34　素混凝土的最低强度等级、最大水胶比和最小胶凝材料用量（kg/m^3）

环境类别	环境作用等级	设计使用年限级别		
		一（100年以上）	二（60年以上）	三（30年以上）
碳化环境	T1、T2、T3	C30，0.60，280	C25，0.65，260	C25，0.65，260
氯盐环境	L1、L2、L3	C30，0.60，280	C25，0.65，260	C25，0.65，260
化学侵蚀环境	H1	C35，0.50，300	C30，0.55，280	C30，0.60，260
	H2	*	C35，0.50，300	C35，0.50，300
	H3	*	*	*
	H4	*	*	*
冻融破坏环境	D1	C35，0.50，300	C30，0.55，280	C30，0.60，260
	D2	*	C35，0.50，300	C35，0.50，300
	D3	*	*	*
	D4	*	*	*
磨蚀环境	M1	C30，0.55，280	C25，0.60，260	C25，0.65，260
	M2	C35，0.50，300	C30，0.55，280	C30，0.60，260
	M3	*	C35，0.50，300	C35，0.50，300

注："*"表示不宜使用素混凝土。

表 5-35　硫酸盐侵蚀环境下混凝土胶凝材料的要求(铁建设[2005]160 号)

环境作用等级	水泥品种	水泥熟料中的 C_3A 含量(%)	粉煤灰或磨细矿渣粉的掺量(%)	最小胶凝材料用量 (kg/m^3)
H1	普通硅酸盐水泥	≤8	≥20	300
	中抗硫酸盐硅酸盐水泥	≤5		300
H2	普通硅酸盐水泥	≤8	≥25	330
	中抗硫酸盐硅酸盐水泥	≤5	≥20	300
	高抗硫酸盐硅酸盐水泥	≤3		300
H3、H4	普通硅酸盐水泥	≤6	≥30	360
	中抗硫酸盐硅酸盐水泥	≤5	≥25	360
	高抗硫酸盐硅酸盐水泥	≤3	≥20	360

5.7.3　耐久性要求

混凝土的耐久性可通过电通量测试，混凝土的电通量是通过测定混凝土在直流恒电压作用下通过的电量值来评价不同原材料和配合比混凝土的氯离子渗透性能，也可用来间接评价混凝土的密实性。对所有有耐久性要求的混凝土的基本要求应满足表 5-36 规定。

表 5-36　混凝土的电通量(铁建设[2005]160 号)

设计使用年限级别		一(100 年)	二(60 年)、三(30 年)
56 d 电通量(C)	<C30	<2 000	<2 500
	C30～C45	<1 500	<2 000
	≥C50	<1 000	<1 500

当混凝土处于氯盐环境、化学侵蚀环境或冻融破坏环境时，混凝土的耐久性指标还应分别满足表 5-37～表 5-39 的规定。

表 5-37　处于氯盐环境下混凝土的电通量(铁建设[2005]160 号)

设计使用年限级别	一(100 年)		二(60 年)、三(30 年)	
环境作用等级	L1	L2、L3	L1	L2、L3
56 d 电通量(C)	<1 000	<800	<1 500	<1 000

表 5-38　处于化学侵蚀环境下混凝土的电通量(铁建设[2005]160 号)

设计使用年限级别	一(100 年)		二(60 年)、三(30 年)	
环境作用等级	H1、H2	H3、H4	H1、H2	H3、H4
56d 电通量(C)	<1 200	<1 000	<1 500	<1 000

表 5-39　冻融破坏环境下混凝土的抗冻性(铁建设[2005]160 号)

设计使用年限级别	一(100 年)	二(60 年)	三(30 年)
环境作用等级	D1、D2、D3、D4	D1、D2、D3、D4	D1、D2、D3、D4
抗冻等级(56d)	≥F300	≥F250	≥F200

5.8　其他混凝土及混凝土的发展趋势

5.8.1　高性能混凝土

为了更好地应用高强混凝土，在《普通混凝土配合比设计规程》(JGJ 55—2000)中对高强混凝土的配制作出了下列的规定：

以耐久性作为设计指标，强度等级在C50及以上，具有高工作性、高抗渗性、高耐久性和体积安定性的混凝土，应按设计和高性能混凝土施工技术要求，制订专门的施工技术方案。

依据客运专线建设理念，主体结构设计使用年限为100年，其结构用混凝土必须是高工作性、早强、高强、高体积稳定性和高耐久性的高性能混凝土，因此桥梁的基础、承台、墩身、墩帽和梁体，涵洞的基础、侧墙和盖梁，各种有砟和无砟道床、轨枕、电杆、路基支挡、隧道衬砌等客运专线主体结构都应使用高性能混凝土。

高性能混凝土所用原材料在满足普通混凝土的要求下，尚应满足以下要求：

(1)水泥应采用不低于42.5级的普通硅酸盐水泥或硅酸盐水泥。

(2)细骨料尚应选用质地坚硬，级配良好的中、粗河砂，其细度模数应大于2.6，含泥量应小于1.5%。配制C80以上的超高强度、高性能混凝土时，其含泥量应小于1.0%。

(3)应选用级配良好的石灰岩、花岗岩、辉绿岩等碎石或卵石。岩石的抗压强度应比所配制的高性能混凝土抗压强度高50%以上。宜采用二级级配，其最大粒径不宜大于25 mm，针片状颗粒含量应小于5%，不得混入风化颗粒，含泥量不应大于0.5%。配制C80以上的超高强度混凝土时，粗骨料最大粒径不宜大于20 mm，含泥量应小于0.5%。

(4)高性能混凝土用高效减水剂除与所选用的水泥之间应具有在较低掺量时减水率大于20%、坍落度经时损失小等良好的适应性。

(5)高性能混凝土用矿物外加剂，应根据配制高性能混凝土的技术要求选择其品种，并按批对细度、含水率、需水量比、抗压强度比进行检验，其性能指标应符合《高强高性能混凝土用矿物外加剂》的有关规定。.

高性能混凝土配合比设计应首先考虑混凝土的耐久性要求，其水胶比[水/(水泥+活性超细粉+膨胀剂)]应控制在0.38～0.25范围内；砂率宜为28%～34%(当采用泵送工艺时，宜为34%～44%)；水泥用量不宜大于500 kg/m³；胶凝材料总量不宜大于600 kg/m³；活性超细粉等量取代水泥的最大用量应符合要求：磨细矿渣≤70%；粉煤灰≤30%；硅灰≤10%；磨细天然沸石≤10%；复合矿物外加剂≤50%；在有硫酸盐侵蚀条件下，超细矿渣的掺量一般不大于65%；粉煤灰、沸石粉及偏高岭土复合的活性超细粉掺量一般不大于30%。

高性能混凝土使用具有潜在碱—硅酸盐反应活性骨料时，其总碱含量应小于3 kg/m³；氯离子含量不得大于水泥用量的0.2%，在潮湿环境或有侵蚀性离子条件下，氯离子含量不得大于水泥用量的0.1%，预应力混凝土氯离子含量不得大于水泥用量的0.06%。

高性能混凝土浇筑完毕后，应立即用塑料布或草帘子覆盖，并在混凝土终凝后立即进行洒水养护。养护期不应少于14 d。

5.8.2 泵送混凝土

混凝土拌合物的坍落度不低于100 mm并用泵送施工的混凝土称为泵送混凝土。

泵送混凝土是大流动性混凝土，坍落度应为100～180 mm，用混凝土泵通过输送管道输送到浇筑地点进行浇筑。它适用于隧道混凝土、高层建筑的混凝土、大面积或大体积浇注的混凝土和其他混凝土的输送和浇灌。

泵送混凝土施工必须采用保水性好、泌水性小的水泥品种，其品质指标应符合《硅酸盐水泥、普通硅酸盐水泥》(GB 175)等现行国家标准的规定。

泵送混凝土施工用细骨料除应符合本标准普通混凝土用砂的规定外，宜采用中砂，通过

0.315 mm 筛孔的砂应不小于 15%。

泵送混凝土施工用粗骨料除应符合普通混凝土用石的规定外，宜采用连续级配，其最大粒径与输送管道内径之比尚应符合下列规定：泵送高度在 50 m 以下时，碎石不宜大于 1∶3，卵石不宜大于 1∶2.5；泵送高度在 50～100 m 时，碎石不宜大于 1∶4，卵石不宜大于 1∶3；泵送高度在 100 m 以上时，碎石不宜大于 1∶5，卵石不宜大于 1∶4。

泵送混凝土配合比设计除应符合普通混凝土规定外，还应符合下列规定：

(1)泵送混凝土的压力泌水率不宜大于 40%。

(2)泵送混凝土的坍落度选用应考虑坍落度损失值。泵送混凝土入泵坍落度不宜小于 80 mm；当泵送高度大于 100 m 时，不宜小于 180 mm。

(3)泵送混凝土的水灰比宜为 0.38～0.50。

(4)泵送混凝土的砂率宜为 38%～45%。

(5)泵送混凝土的水泥用量(含掺合料)不宜小于 300 kg/m^3。

5.8.3 水下混凝土

在地面上拌制，在水下灌注和硬化的混凝土称为水下灌注混凝土，简称水下混凝土。在桥墩、基础、钻孔桩等工程水下部分的施工中采用水下混凝土，可以省去加筑围堰、基底防渗、基坑排水等辅助工程，从而可以缩短工期、降低成本。

水下混凝土的浇筑应在静水中进行，防止流水冲刷，并且需要采用特殊的竖向导管施工法，连续不间断地进行浇筑。导管使用前应进行充水加压检查。

水下混凝土施工用水泥除应符合规定外，其初凝时间不应早于 2 h。水下混凝土施工用粗骨料除应符合普通混凝土规定外，宜采用连续级配，其最大粒径，不应大于导管内径的 1/4 或钢筋净距的 1/4(仅有单层钢筋时，则最大粒径不应大于钢筋净距的 1/3，且不宜大于 60 mm。)

水下混凝土配合比设计除应符合普通混凝土的规定外，其配制强度应较普通混凝土的配制强度提高 10%～20%；水泥用量不宜小于 350 kg/m^3；当掺用外加剂、掺和料时，水泥用量可减少，但不得小于 300 kg/m^3。

水下混凝土的坍落度宜为 180～220 mm，在可能与水接触的最初浇筑阶段，坍落度可适当减少。

5.8.4 抗渗混凝土

混凝土抗渗等级为 P6 以上的混凝土施工应采用普通抗渗混凝土、外加剂抗渗混凝土。当设计有要求时，可采用掺膨胀剂抗渗混凝土和膨胀水泥抗渗混凝土。

抗渗混凝土应采用泌水少、水化热低的水泥。其品质指标应符合《硅酸盐水泥、普通硅酸盐水泥》(GB 175)等现行国家标准的规定。

抗渗混凝土施工用细骨料和粗骨料应符合普通混凝土规定。此外细骨料宜采用中砂，其含泥量不应大于 3%，粗骨料宜采用连续粒级，其最大粒径不应大于 40 mm；含泥量不应大于 1%；泥块含量不应大于 0.25%。

抗渗混凝土的配合比设计除应符合普通混凝土规定外，抗渗试验时，其抗渗压力应比设计要求提高 0.2 MPa，水胶比不应大于 0.60。

抗渗混凝土终凝后，应立即进行湿润养护，养护时间不得少于 14 d。

5.8.5 喷射混凝土

喷射混凝土是用压缩空气喷射施工的混凝土。它是将水泥、砂、细石子和速凝剂配合拌成干料装入喷射机，借助高压气流使干料通过喷头与水迅速拌和，以很高的速度喷射到施工面上，使混凝土与施工面紧密地黏结在一起，形成完整而稳定的混凝土衬砌层。

喷射混凝土具有较高的密实度和强度，抗压强度为25～40 MPa，与岩石的黏结力强，抗渗性能好。且一般不用或少用模板，施工简便，可在高空或狭小工作区内任意方向操作，在铁道工程中常用于隧道的喷锚支护、隧道衬砌层，桥梁、隧道的加固修补等，还可用于薄壁结构、岩石地下工程、矿井支护工程和修补建筑混凝土构件的缺陷等。

喷射混凝土应优先采用湿喷工艺。喷射混凝土应采用普通硅酸盐水泥，必要时可采用特种水泥。喷射混凝土宜随拌随用。其在运输、存放过程中不得淋雨、浸水及混入杂物。混凝土拌合物的停放时间不得大于30 min。

喷射混凝土所用细、粗骨料应符合普通混凝土的规定，此外细骨料细度模数应大于2.5，含泥量不应大于3%；粗骨料最大粒径不宜大于16 mm，并宜采用连续粒级，含泥量不应大于1%。

喷射混凝土所用液体速凝剂除普通混凝土的规定外，尚应进行与水泥适应性和速凝效果检验，其掺量不宜超过水泥质量的5%；水泥净浆初凝时间不应大于5 min，终凝时间不应大于10 min。喷射混凝土亦可按需要掺入其他外加剂，其掺量应通过试验确定。

喷射混凝土的配合比设计除应符合普通混凝土的规定外，其灰骨比宜为1：4～1：5；水灰比宜为0.40～0.50；砂率宜为45%～60%；水泥用量不宜小于400 kg/m^3，混凝土拌合物的坍落度宜为80～130 mm。

喷射混凝土终凝2 h后，应进行湿润养护。养护时间不得少于14 d。

5.8.6 特细砂混凝土

用细度模数小于1.6的砂拌制的特细砂混凝土仅可用于一般工程或附属工程，严禁用于梁、拱、高墩台和有抗冲刷、抗磨(水位变化范围)、抗冻、抗渗和抗腐蚀要求的工程。其强度必须符合设计要求。

特细砂混凝土的最小水泥用量不得少于250 kg/m^3。

特细砂混凝土用特细砂和粗骨料应符合普通混凝土的规定，此外特细砂中不得含有泥块，含泥量不应大于5%，粗骨料则宜采用二级配或三级配。

特细砂混凝土的配合比设计除应符合普通混凝土的规定外，尚应符合下列规定：

(1)宜采用砂浆剩余系数法进行设计。

(2)采用低砂率，其砂率宜为中、细砂混凝土砂率的85%～70%。

(3)采用低坍落度，坍落度不宜大于30 mm。

特细砂混凝土浇筑完毕后，应在12 h以内进行潮湿养护。特细砂混凝土保持湿润状态的养护时间应比普通混凝土延长7 d。

5.8.7 轻混凝土

普通混凝土的体积密度大(2 000～2 800 kg/m^3)是其一大弊病，自混凝土广泛用于建筑的近200多年来，人们一直不懈地探求降低混凝土自重的途径。随着混凝土技术的发展，强度高、密度小的轻混凝土已成为现代混凝土技术一大亮点。轻混凝土是指干体积密度不大于1 950 kg/m^3 的混凝土。根据原料和制造工艺的不同特点，可分为轻骨料混凝土、加气混凝土和大孔混凝土，其中轻骨料混凝土是应用范围大、技术较为成熟的一种新型混凝土。

(1)轻骨料混凝土

轻骨料混凝土是指用轻粗骨料、轻砂(或普通砂)、水泥和水配制而成的干体积密度不大于1 950 kg/m^3 的混凝土。为进一步改善轻骨料混凝土的各项技术性能，轻骨科混凝土中还常掺入各种化学外加剂和掺和料(如粉煤灰等)。

轻骨料混凝土是一种轻质、多功能的新型建筑材料，用于建筑工程，有利于减轻结构重量，改善保温隔热和吸声性能。

轻骨料混凝土中轻骨料的种类按其来源分为三类：工业废料轻骨料、天然轻骨料、人造轻骨料。其技术性质包括轻骨料的颗粒级配、粒型、堆积密度、抗压强度、吸水率及有害物质含量等。

轻骨料混凝土按细骨料品种分：有全轻混凝土和砂轻混凝土两类。全轻混凝土的全部粗细骨料均为轻骨料；砂轻混凝土的粗骨料为轻骨料，细骨料则为部分轻骨料加部分普通砂或全部为普通砂。按粗骨料品种分：有浮石混凝土、粉煤灰陶粒混凝土、黏土陶粒混凝土、页岩陶粒混凝土、膨胀矿渣珠混凝土等。按用途分：有保温轻骨料混凝土，结构保温轻骨料混凝土和结构轻骨料混凝土三类，见表 5-40。

表 5-40　轻骨料混凝土按用途分类

类别名称	混凝土强度等级的合理范围	混凝土密度等级的合理范围	用　途
保温轻骨料混凝土	LC5.0	≤800	主要用于保温的围护结构或热工构筑物
结构保温轻骨料混凝土	LC5.0、LC7.5、LC10、LC15	800～1 400	主要用于既承重又保温的围护结构
结构轻骨料混凝土	LC15、LC20、LC25、LC30、LC35、LC40、LC45、LC50、LC60	1 400～1 900	主要用于承重构件或构筑物

轻骨料混凝土的技术性质包括工作性、抗压强度和强度等级、密度等级、弹性模量、收缩和徐变、导热性、抗冻性等。

(2)加气混凝土

加气混凝土是由含钙材料(水泥、石灰)、含硅材料(石英砂、粉煤灰、粒化高炉矿渣、页岩等)和发气剂为基本原料，经磨细、配料、搅拌、浇注、发泡、凝结、切割、压蒸养护而成的硅酸盐混凝土。

发气剂一般采用铝粉，在加入混凝土浆料中后，发气剂与氢氧化钙发生反应产生氢气，形成许多分布均匀的微小气泡，使混凝土形成多孔结构。除用铝粉作发气剂外，还可以用双氧水、漂白粉等。

加气混凝土的品种主要有水泥矿渣砂加气混凝土、水泥石灰砂加气混凝土、水泥石灰粉煤灰加气混凝土。

加气混凝土的主要技术性质包括体积密度、孔隙率、抗压强度、导热系数等。

加气混凝土是多孔轻质材料，具有保温隔热、吸声、耐火等多种功能和易于加工、施工方便等优点。适用于墙体砌块、配筋隔墙板、配筋屋面板、屋面保温块、管道保温瓦等。

由于加气混凝土强度较低、耐水性差等缺点，若用于横墙承重墙体时，房屋的层数不得超过三层，总高度不超过 10 m。当用于墙体时，应做饰面防护措施。不得用于建筑物基础以及处于浸水、高湿、化学侵蚀环境和表面温度高于 80 ℃等部位。

(3)无砂大孔混凝土

无砂大孔混凝土是由粒径相近的粗骨料、水泥和水配制而成的一种轻混凝土。这种混凝土由于没有细骨料，水泥浆只是包裹在粗骨料表面，将粗骨料胶结在一起，但不起填充空隙的作用，因而形成一种具有大孔结构的混凝土。

无砂大孔混凝土的体积密度为 1 500～1 800 kg/m³，抗压强度为 3.5～10 MPa，导热系数小，保温性能好，吸湿性较小，透水性大，由于不存在毛细孔，故抗冻性好。

无砂大孔混凝土由于无砂，故水泥用量较少，一般只需 150～250 kg/m³ 混凝土。水灰比宜小，一般为 0.4～0.5，且应严格控制用水量，以免因浆稀导致水泥浆流淌沉入底部，造成上层骨料缺浆，使混凝土强度不匀，质量下降。

无砂大孔混凝土可用于现浇基础、勒脚和墙体，或制作空心砌块和墙板；可用作地坪材料和滤水材料，如排水暗管、井壁滤管等。

5.8.8 大体积混凝土

大体积混凝是指土混凝土结构物实体最小尺寸等于或大于 1 m，或易由温度应力引起裂缝的混凝土，应按设计和大体积混凝土施工技术要求，制定专门的施工技术方案。

大体积混凝土施工应采用低水化热水泥和低水泥用量，必要时可掺用适量粉煤灰和缓凝减水剂；或采取降低拌合物温度和埋设循环冷却水管等措施。

大体积混凝土浇筑完毕后，应在养护期间测定混凝土表面和内部的温度，其拆模温差应符合设计要求。当设计未提出要求时，温差不宜大于 25 ℃。

混凝土浇筑完毕后，应及时采取养护措施。其养护时间可按表 5-41 控制。

表 5-41 大体积混凝土养护时间

序号	水 泥 品 种	养护时间(d)
1	硅酸盐水泥、普通硅酸盐水泥	14
2	火山灰质硅酸盐水泥、矿渣硅酸盐水泥、低热微膨胀水泥、矿渣硅酸盐大坝水泥	21
3	现场掺粉煤灰的水泥	

复习思考题

1. 普通混凝土由哪四种材料组成，各组成材料在混凝土中起什么作用？

2. 对普通混凝土的细骨料和粗骨料各有哪些方面的技术要求？

3. 混凝土用砂石中有哪些有害杂质，它们对混凝土的质量有何不良影响？

4. 什么叫砂石的级配，砂石级配的好与差对混凝土的质量有何影响？砂石级配的好与差如何评定？

5. 砂石的粗细程度各用什么表示？拌制混凝上用的砂石宜粗还是宜细？为什么？有什么具体的规定？

6. 用 500 g 干砂做筛分试验，各筛筛余量如下表：

筛孔尺寸(mm)	4.75	2.36	1.18	0.6	0.3	0.15	<0.15
筛余量(g)	25	50	100	125	100	75	25

(1)计算各筛上的分计筛余率和累计筛余率(可列表)。

(2)判别该砂所属级配区？级配情况如何(要说明理由)？

(3)计算细度模数,判别该砂的粗细级别。

7. 什么是混凝土拌合物的工作性？它包含哪些含义和要求？分别如何评定？所谓工作性好的混凝土拌合物应达到什么要求？

8. 混凝土的坍落度是如何测定的？

9. 影响混凝土拌合物工作性的因素有哪些？其影响如何？

10. 需要增大混凝土拌合物流动性时,下列办法是否可行？并分别说明其理由。

(1)多掺些水。

(2)增大水灰比。

(3)保持水灰比不变,增加水泥浆。

(4)掺入减水剂。

(5)掺入引气剂。

11. 什么叫混凝土的砂率,砂率过大或过小对混凝土的工作性有何影响？为什么？什么样的砂率才是合理砂率？

12. 什么是混凝土的立方体抗压强度？什么是混凝土强度的标准值？

13. 混凝土的强度等级是如何划分的？有哪些强度等级？

14. 影响混凝土强度的因素有哪些？

15. 水灰比对混凝土的强度有何影响？其原理是什么？兼论拌制混凝土时为什么不能多加水？

16. 养护期的温度和湿度对混凝土强度的发展有何影响？兼论混凝土灌注完毕后应如何正确养护,否则会出现什么问题？

17. 测定混凝土强度时,规定的标准试块为多大？如果采用非标准试块,应如何换算？其原理是什么？

18. 某建筑用42.5R级普通水泥(设强度富余系数为1.06),拌制C30碎石混凝土,配制强度为38.2 MPa,试按强度要求计算该用的水灰比。

19. 测得下列两组混凝土试块的破坏荷载如下表,试计算每个试块的强度和每组试块强度的代表值。

组　别	试块尺寸(cm)	破坏荷载(kN)		
		1	2	3
第1组	15×15×15	640	540	692
第2组	10×10×10	202	226	193

20. 要使混凝土早强,可以采用哪些措施？

21. 什么是混凝土的耐久性？如何提高混凝土的耐久性？

22. 为什么要规定混凝土的最大水灰比和最小水泥用量？如何应用？

23. 常用的混凝土外加剂有哪些类别,各有何作用？

24. 混凝土减水剂的作用原理是什么？有哪些常用的类型和品种？在哪些情况下需要使用？

25. 混凝土早强剂有何作用？有哪些主要品种？在哪些情况下需要使用？

26. 混凝土引气剂有何作用？有哪些主要品种？在哪些情况下需要使用？

27. 混凝土配合比设计的任务是什么？要达到哪些要求？要掌握好哪几个参数？要经过哪几个过程？有了计算配合比，为什么还要做设计配合比和施工配合比？

28. 试述混凝土计算配合比设计的步骤和方法。

29. 混凝土的配制强度是怎样确定的？如何利用鲍罗米公式计算混凝土所应取的水灰比？

30. 混凝土配合比计算的体积法和质量法的原理是什么？如何应用？

31. 已知，某铁路工程用的预制钢筋混凝土梁(不受风雪影响)。混凝土设计强度等级为C20，要求强度保证率95%。施工要求坍落度为30～50 mm(混凝土由机械搅拌、机械振捣)，该施工单位无历史统计资料。采用的材料：普通水泥，现已经实测28 d抗压强度为48.0 MPa，密度为3.10 kg/cm^3；河沙，表观密度ρ_{0s}=2.65 g/cm^3，堆积密度ρ'_{0s}=1 550 kg/m^3；碎石，表观密度ρ_{0g}=2.70 g/cm^3，堆积密度ρ'_{0g}=1 650 kg/m^3，最大粒径为31.5 mm；自来水。试设计该混凝土的配合比(按干燥材料计算)(初步配合比)。

32. 已知混凝土的实验室配合比为水泥：砂：石=310：665：1268，W/C=0.6，施工现场砂子含水率3%，石子含水率1%。求：

(1)混凝土的施工配合比。

(2)每拌100 kg水泥时，各材料的用量。

33. 某工程设计要求混凝土强度等级为C25，工地一个月内按施工配合比施工，先后取样制备了30组试件(15 cm×15 cm×15 cm立方体)，测出每组(三个试件)28 d抗压强度代表值见下表，请计算该批混凝土强度的平均值、标准差、保证率，并评定该工程的混凝土能否验收和生产质量水平。

试件组编号	1	2	3	4	5	6	7	8	9	10	11	12	13	14	15
28 d抗压强度(MPa)	26.5	26.0	29.5	27.5	24.0	25.0	26.7	25.2	27.7	29.5	26.1	28.5	25.6	26.5	27.0
试件组编号	16	17	18	19	20	21	22	23	24	25	26	27	28	29	30
28 d抗压强度(MPa)	24.1	25.3	29.4	27.0	20	25.1	26.0	26.7	27.7	28.0	28.2	28.5	26.5	28.5	28.8

第6章 砂　浆

【学习目标】本章主要介绍建筑砂浆的组成材料、技术性能和配合比设计方法等。通过本章的学习，要求掌握建筑砂浆的组成材料、技术性质、配合比计算等内容。

建筑砂浆是由胶结材料、细骨料、掺加料和水配制而成的工程材料，在建筑工程中起黏结、衬垫和传递应力的作用。由于砂浆中没有粗骨料，可以认为砂浆是一种细骨料混凝土，因此有关混凝土的各种基本规律，原则上也适用于砂浆。

建筑砂浆是一种用量大、用途广的建筑材料，主要用于：

(1)砌筑砖、石、砌块等构成砌体；

(2)作为墙面、柱面、地面等的砂浆抹面；

(3)内、外墙面的装饰抹面；

(4)作为砖、石、大型墙板的勾缝；

(5)用来镶贴大理石、水磨石、面砖、马赛克等贴面材料。

可见，砂浆在使用时的特点是铺设层薄；多与多孔吸水的基面材料相接触；强度要求不高。

建筑砂浆按用途不同，分为砌筑砂浆、抹面砂浆及特殊用途砂浆。按所用胶结材料不同，分为水泥砂浆、石灰砂浆、水泥石灰混合砂浆等。

6.1　建筑砂浆的组成材料

6.1.1　胶结材料

建筑砂浆常用的胶结材料有水泥、石灰、石膏等。在选用时应根据使用环境、用途等合理选择。在干燥条件下使用的砂浆既可选用气硬性胶凝材料，又可选用水硬性胶凝材料；若在潮湿环境或水中使用的砂浆则必须选用水硬性胶凝材料(水泥)作为胶结材料。

用于砌筑砂浆的水泥，其强度等级应根据砂浆强度等级进行选择，并应尽量选用中、低等级的水泥。水泥强度应为砂浆强度的4～5倍为宜，水泥强度过高，将使砂浆中水泥用量不足而导致保水性不良。水泥砂浆采用的水泥等级，不宜大于32.5级；水泥混合砂浆采用的水泥等级，不宜大于42.5级。

6.1.2　砂(细骨料)

建筑砂浆用砂(细骨料)，原则上应符合混凝土用砂的技术要求。由于砂浆铺设层较薄，应对砂的最大粒径加以限制。对于毛石砌体宜选用粗砂，其最大粒径应小于砂浆层厚度的1/4～1/5；对于砌体砂浆宜选用中砂，其最大粒径不应大于2.5 mm；对于抹面用的砂浆应采用洁净的中砂，其最大粒径不应大于1.25 mm。为了保证砂浆的质量，对砂中的含泥量应有所限制。砂的含泥量不应超过5%。强度等级为M2.5的水泥混合砂浆，砂的含泥量不应超过10%。

6.1.3 掺和料

为改善砂浆的和易性常在砂浆中加入无机微细颗粒的掺和料(掺入量大于水泥质量的5%),如石灰膏、黏土膏及磨细粉煤灰等。

(1)石灰膏

石灰膏作为掺合料,在砌筑砂浆中主要起塑化作用,可以改善砂浆的和易性。石灰膏应用孔径不大于3 mm×3 mm的筛网过筛,熟化时间不得少于7 d。沉淀池中贮存的石灰膏,应采取防止干燥、冻结和污染的措施。严禁使用脱水硬化的石灰膏。消石灰粉不得直接用于砌筑砂浆中。可以使用磨细的生石灰,其细度用0.08 mm筛的筛余量不应大于15%,且熟化时间不得少于2d。

(2)电石膏

电石膏是电石消解后经过滤后的产物。制作电石膏的电石渣应用孔径不大于3 mm×3 mm的筛网过滤,检验时应加热至70 ℃并保持20 min,若没有乙炔气味,方可使用。

(3)黏土膏

在干燥环境下使用的较低强度的砌筑砂浆中,可以用黏土膏作掺和料,拌制水泥黏土混合砂浆。黏土膏应选用颗粒细、黏性好、含砂量少、含有机物少的黏土或亚黏土,事先用搅拌机搅拌,通过孔径不大于3 mm×3 mm的筛网,再化成膏状。

(4)粉煤灰

掺用粉煤灰,可以改善砂浆的和易性,还可以取代一部分水泥和石灰,从而节省水泥用量,但粉煤灰的品质指标应符合《用于水泥和混凝土中的粉煤灰》(GB/T 596—2005)的要求。

6.1.4 外加剂

在混凝土拌合物中,掺入量一般不大于水泥质量的5%,能改善混凝土拌合物或硬化后混凝土性质的材料,称为外加剂。

与混凝土中掺加外加剂一样,为了改善砂浆的和易性,还可以掺入一些塑化剂,如微沫剂、皂化松香、纸浆废液等有机塑化剂。微沫剂和皂化松香都是用松香和工业纯碱熬制而成的,掺入砂浆中搅拌,会形成许多微小的气泡,使砂浆流动性增大,和易性变好,并且节省一半的石灰。微沫剂的掺量为水泥用量的0.005%~0.01%,皂化松香和纸浆废液则掺入0.1%~0.3%。但应经砂浆性能试验合格后,方可使用。

6.1.5 水

对水质的要求,与混凝土对水的要求基本相同,凡可饮用的水均可拌制砂浆,未经试验鉴定的污水不得使用。

6.2 砂浆的技术性质

6.2.1 和易性

同混凝土一样,新拌砂浆应具有良好的和易性。砂浆的和易性是指新拌制的砂浆是否便于施工操作,并能保证质量的综合性质。和易性好的砂浆可以比较容易地在砖石表面上铺成均匀连续的薄层，且与底面紧密地黏结，保证工程质量。因此，新拌砂浆的和易性应包括流动性和保水性两方面的含义。

(1)流动性(稠度)

砂浆的流动性是指砂浆在自重或外力作用下流动的性能，又称稠度。

砂浆流动性的大小以沉入度表示，即砂浆稠度测定仪的圆锥体沉入砂浆内深度的毫米数。圆锥沉入深度越大，砂浆的流动性越大。流动性过大，砂浆易分层、析水；流动性过小，则不便施工操作，灰缝不易填充，所以新拌砂浆应具有适宜的稠度。

影响砂浆流动性的因素有：

①所用胶结材料种类及数量；

②掺合料的种类与数量；

③砂的粗细与级配；

④用水量；

⑤塑化剂的种类与掺量；

⑥搅拌时间等。

可见，当原材料确定后，流动性的大小主要取决于用水量。因此，施工中常以调整用水量的方法来改变砂浆的稠度。

根据《砌筑砂浆配合比设计规程》(JGJ 98—2000)，砌筑砂浆的稠度应按表 6-1 的规定选用。

表 6-1　砌筑砂浆的稠度

砌　体　种　类	砂浆稠度(mm)
烧结普通砖砌体	70～90
轻骨料混凝土小型空心砌块砌体	60～90
烧结多孔砖,空心砖砌体	60～80
烧结普通砖平拱式过梁 空斗墙,筒拱 普通混凝土小型空心砌块砌体 加气混凝土砌块砌体	50～70
石砌体	30～50

(2)保水性

保水性是指新拌砂浆保持水分的能力。保水性好的砂浆在存放、运输和使用过程中，能很好地保持水分不致很快流失，各组分不易分离，在砌筑过程中容易铺成均匀密实的砂浆层，能使胶结材料正常水化，最终保证工程质量。

由于保持水分是颗粒表面吸附的结果，因此加大胶结材料的数量，掺入适量的掺合料(石灰膏、黏土膏、磨细粉煤灰等)，采用较细砂并加大掺量等办法都可以有效地改善砂浆的保水性。为此《砌筑砂浆配合比设计规程》(JGJ 98—2000)中规定；水泥砂浆中水泥用量不应小于 200 kg/m^3；水泥混合砂浆中水泥和掺加料总量宜在 300～350 kg/m^3 之间。

砂浆的保水性用分层度试验测定，将新拌砂浆测定其稠度后，再装入分层度测定仪中，静置 30 min 后取底部 1/3 砂浆再测其稠度，两次稠度之差值即为分层度(以 mm 表示)。分层度不得大于 30 mm。分层度过大，砂浆容易泌水、分层或水分流失过快，不便于施工。但分层度也不宜过小，分层度过小，砂浆干稠，不易操作，不能保证工程质量。故砂浆的分层度不宜小于 10 mm。

6.2.2　抗压强度及强度等级

砌筑砂浆在砌体中将砖石黏结成为整体，起传递荷载作用，并经受环境介质的作用。因此，砌筑砂浆除新拌制后应具有良好的和易性外，硬化后还应具有一定的强度。

砌筑砂浆的强度等级是以边长为 70.7 mm 立方体试件，在标准养护条件下，用标准试验方法测得 28 天龄期的抗压强度值（MPa）来确定。根据《砌筑砂浆配合比设计规程》(JGJ 98—2000)规定：砌筑砂浆的强度等级宜采用 M20、M15、M10、M7.5、M5、M2.5 六个等级。

6.2.3　黏结强度

砂浆对于砖石应有足够的黏结力，以便能将砖石黏结成坚固的砌体。

砂浆的黏结力随其强度增大而增大，又与砖石的表面粗糙程度、清洁程度、湿润程度、养护条件有关。因此，为保证砂浆有足够的黏结力，选择砂浆的强度不能过低，砖石表面应该洁净，砖在使用前要浇水润湿，宜使砖内含水率在 10%～15%左右，以保证砌体的质量。

6.3　砌筑砂浆的配合比设计

6.3.1　砂浆配合比设计的基本要求

(1)砂浆拌合物的和易性应满足施工要求。

(2)砂浆的强度、耐久性应满足设计要求。

(3)砂浆拌合物的体积密度：水泥砂浆宜大于或等于 1 900 kg/m^3，水泥混合砂浆宜大于或等于 1800 kg/m^3。

(4)经济 上要求合理，控制水泥及掺合料的用量，降低成本。

6.3.2　砌石材用水泥砂浆的配合比设计

根据《铁路混凝土与砌体工程施工质量验收标准》(TB 10424—2003)，铁道工程中砌筑石材用水泥砂浆的配合比设计步骤如下。

(1)计算砂浆的配制强度 $f_{m,o}$

① 砂浆的配制强度应按式(6-5)计算：

$$f_{m,o}=f_2+0.645\sigma \tag{6-5}$$

式中　$f_{m,o}$——砂浆的配制强度，MPa；

f_2——砂浆设计强度等级值，MPa；

σ——砂浆现场强度标准差，MPa。

② 砂浆现场强度标准差应按式(6-6)确定：

$$\sigma=\sqrt{\frac{\sum_{i=1}^{n}f_{m,i}^2-N\mu_{f_m}^2}{N-1}} \tag{6-6}$$

式中　$f_{m,i}$——统计周期内同一品种砂浆第 i 组试件的强度，MPa；

μ_{f_m}——统计周期内同一品种砂浆 n 组试件强度的平均值，MPa；

n——统计周期内同一品种砂浆试件的总组数，$n \geqslant 25$。

当不具有近期统计资料时，其砂浆现场强度标准差 σ 可按表 6-2 取用。

表 6-2　砂浆强度标准差 σ 选用值（MPa）（TB 10424—2003）

施工水平＼砂浆强度	砂浆强度等级			
	M5.0	M7.5	M10	M15
优良	1.00	1.50	2.00	3.00
一般	1.25	1.88	2.50	3.75
较差	1.50	2.25	3.00	4.50

（2）计算砂浆的水灰比

砂浆的水灰比按式(6-7)计算：

$$\frac{W}{C}=\frac{0.71f_{ce}}{f_{m,o}+0.71\times0.91f_{ce}} \tag{6-7}$$

式中　$f_{m,o}$——砂浆的配制强度，MPa；

W/C——砂浆的水灰比；

0.71，0.91——回归系数；

f_{ce}——水泥 28 d 抗压强度实测值，MPa。

当无水泥实测强度数据时，f_{ce} 值可按下式确定：

$$f_{ce}=\gamma_c f_{ce,k}$$

式中　γ_c——水泥强度等级 28 d 抗压强度标准值的富余系数，该值应按实际统计资料确定，无统计资料时 γ_c 取 1.0；

$f_{ce,k}$——水泥 28 d 抗压强度标准值(MPa)。

（3）计算砂浆的用水量

砂浆用水量按表 6-3 确定。

表 6-3　砂浆用水量表（kg/m^3）

下沉度(mm)＼砂的规格	粗砂	中砂	细砂
10～20	200～210	210～230	220～240

（4）计算砂浆的水泥用量

$$m_c=\frac{m_w}{\frac{W}{C}} \tag{6-8}$$

式中　m_c——每立方米砂浆的水泥用量，kg/m^3；

m_w——每立方米砂浆的用水量，kg/m^3。

（5）计算砂浆的用砂量

采用质量法确定时，应按式(6-9)计算：

$$m_s = m_{mp} - m_w - m_c \tag{6-9}$$

式中 m_s——每立方米砂浆的用砂量，kg/m^3；

m_{mp}——每立方米砂浆拌合物假定质量，其值可取 1 950～2 100 kg/m^3。

(6)砂浆配合比的试配、调整与确定

①砂浆试配时，应采用工程中使用的材料，按计算配合比进行试拌，测定其拌合物的稠度；当不能满足要求时，应在保证水灰比不变的条件下相应调整用水量或砂用量，直至符合要求为止，然后提出砂浆基准配合比。

②砂浆试配时至少采用 3 个不同的配合比，其中 1 个为按前述方法得出的基准配合比，另外 2 个的配合比，其水灰比宜较基准配合比的水灰比分别增加或减少 0.05，其用水量与基准配合比基本相同。

③当不同配合比的砂浆拌合物稠度与要求值相差超过允许偏差时，可以增减用水量进行调整。

④3 个不同的配合比经调整后，每种配合比至少制作 1 组(6 块)试件，经标准养护至 28 d 试压，并选定符合要求且水泥用量较少的砂浆配合比为确定的砂浆配合比。

6.3.3 砌砖(或多孔砌块)用水泥混合砂浆的配合比设计

根据《砌筑砂浆配合比设计规程》(JGJ 98—2000)，用于砌砖(或多孔砌块)用水泥混合砂浆的配合比设计步骤如下。

(1)计算砂浆的试配强度 $f_{m,o}$

考虑施工中的质量波动情况，为使砂浆具有 95%的强度保证率，以满足强度等级要求，砂浆的配制强度应按式(6-10)计算：

$$f_{m,o} = f_2 + 0.645\sigma \tag{6-10}$$

式中 $f_{m,o}$——砂浆的试配强度，MPa；

f_2——砂浆抗压强度平均值，MPa；

σ——砂浆现场强度标准差，MPa。

砌筑砂浆现场强度标准差当有统计资料时，可按式(6-11)计算：

$$\sigma = \sqrt{\frac{\sum_{i=1}^{n} f_{m,i}^2 - n\mu_{f_m}^2}{n-1}} \tag{6-11}$$

式中 $f_{m,i}$——统计周期内同一品种砂浆第 i 组试件的强度，MPa；

μ_{f_m}——统计周期内同一品种砂浆 n 组试件强度的平均值，MPa；

n——统计周期内同一品种砂浆试件的总组数，$n \geqslant 25$。

当不具有近期统计资料时，其砂浆现场强度标准差 σ 可按表 6-4 取用。

表 6-4 砂浆强度标准差 σ 选用值(MPa)(JGJ 98—2000)

砂浆强度等级 / 施工水平	砂浆强度等级					
	M2.5	M5	M7.5	M10	M15	M20
优 良	0.50	1.00	1.50	2.00	3.00	4.00
一 般	0.62	1.25	1.88	2.50	3.75	5.00
较 差	0.75	1.50	2.25	3.00	4.50	6.00

(2)计算每立方米砂浆的水泥用量 Q_C

由砌砖砂浆强度公式得：

$$Q_C=\frac{1\ 000(f_{m,o}-\beta)}{\alpha f_{ce}} \tag{6-12}$$

式中 Q_C——每立方米砂浆的水泥用量，kg；

$f_{m,o}$——砂浆的试配强度，MPa；

f_{ce}——水泥的实测强度，MPa；

α、β——砂浆的特征系数，其中 $\alpha=3.03$，$\beta=-15.09$。

在无法取得水泥的实测强度值时，可按式(6-13)计算 f_{ce}：

$$f_{ce}=\gamma_c \cdot f_{ce,k} \tag{6-13}$$

式中 $f_{ce,k}$——水泥强度等级对应的强度值，MPa；

γ_c——水泥强度等级值的富余系数，该值应按实际统计资料确定，无统计资料时 γ_c 可取 1.0。

(3)计算掺合料用量 Q_D

$$Q_D=Q_A-Q_C \tag{6-14}$$

式中 Q_D——每立方米砂浆的掺合料用量，kg；

Q_C——每立方米砂浆的水泥用量，kg；

Q_A——每立方米砂浆中水泥和掺合料的总量，宜在 300～350kg 之间。

石灰膏、黏土膏使用时的稠度应为(120±5) mm。当石灰膏不同稠度时，其换算系数可按表 6-5 进行换算。

表 6-5 石灰膏不同稠度时的换算系数

石灰膏的稠度(mm)	120	110	100	90	80	70	60	50	40	30
换算系数	1.00	0.99	0.97	0.95	0.93	0.92	0.90	0.88	0.87	0.86

(4)确定砂子用量

每立方米砂浆中的砂子用量，应以干燥状态(含水率小于 0.5%)的堆积密度值作为计算值(kg)。

(5)估计用水量

每立方米砂浆中的用水量应根据施工要求的稠度等要求选定，可在 240～310 kg 之间选用。

混合砂浆中的用水量，不包括石灰膏或黏土膏中的水；当采用细砂或粗砂时，用水量分别取上限或下限；稠度小于 70 mm 时，用水量可小于下限；施工现场气候炎热或干燥季节，可酌量增加水量。

(6)砂浆配合比试配、调整并确定设计配合比

①试配时采用与工程实际相同的材料，采用规程规定的搅拌方法试拌砂浆。

②按计算或查表所得配合比进行试拌时，应测定其拌合物的稠度和分层度，当不能满足要求时，应调整材料用量，直到符合要求为止。然后确定为试配时的砂浆基准配合比。

③试配时至少应采用三个不同的配合比，其中一个将确定为基准配合比，其他配合比的水泥用量应按基准配合比分别增加及减少 10%。在保证稠度、分层度合格的条件下，可将用水量或掺加料用量作相应调整。

④对三个不同的配合比进行调整后，应按现行行业标准《建筑砂浆基本性能试验方法》(JGJ 70—90)规定的成型试件，测定砂浆强度；并选定符合试配强度要求的且水泥用量最低的

配合比作为砂浆配合比。

(7)施工称料量

当砂子含水率大于0.5%时,应考虑砂子的含水率。

6.3.4 砌砖(或多孔砌块)用水泥砂浆的配合比

由于水泥的强度较高,而砂浆的强度较低,若按计算,水泥用量普遍偏少。为保证砂浆的质量,使用32.5级水泥配制砌砖用水泥砂浆时,其配合比可直接按表6-6采用。其试配强度应达到同等级的砌砖用水泥混合砂浆的配制强度的要求。

表6-6 砌砖用水泥砂浆的各料用量(kg/m^3)(JGJ 98—2000)

强度等级	32.5级水泥用量	砂子用量	用 水 量
M2.5～M5	200～230	$1m^3$ 砂子的堆积密度值	270～330
M7.5～M10	220～280		
M15	280～340		
M20	340～400		
说 明	1. 大于32.5级的水泥用量宜取下限; 2. 根据施工水平合理选择水泥用量		1. 用细砂时,用水量取上限; 2. 用粗砂时,用水量取下限; 3. 稠度小于70 mm时,用水量可小于下限; 4. 炎热干燥时,用水量酌量增加

6.3.5 砌筑砂浆配合比设计例题

【例6-1】 某铁路石砌挡土墙需用M10水泥砂浆,要求沉入度10～20 mm,使用32.5级矿渣水泥,河砂 $\mu_f=2.6$(中砂),$\rho'_{os}=1\,490\ kg/m^3$。施工水平一般,试计算砂浆的配合比。

【解】 (1)配制强度:查表6-2,施工水平一般的M10砂浆取 $\sigma=2.5$ MPa,代入式(6-5):

$$f_{m,o}=f_2+0.645\sigma=10+0.645\times2.5=11.6\ \text{MPa}$$

(2)计算水灰比:由公式(6-7)得:

$$\frac{W}{C}=\frac{0.71f_{ce}}{f_{m,o}+0.71\times0.91f_{ce}}=\frac{0.71\gamma_c f_{ce,k}}{f_{m,o}+0.71\times0.91\gamma_c f_{ce,k}}$$

$$=\frac{0.71\times1.0\times32.5}{11.6+0.71\times0.91\times1.0\times32.5}=0.71$$

$$\frac{C}{W}=1.408$$

(3)1 m^3 砂浆用水量:查表6-3,由下沉度10～20 mm,中砂,取 $m_w=220$ kg。

(4)1 m^3 砂浆水泥用量:由公式(6-8)得:

$$m_c=m_w\times\frac{C}{W}=220\times1.408=310\ \text{kg}$$

(5)1 m^3 砂浆砂子用量:由公式(6-9)得:

$$m_s-m_{mp}-m_w-m_c=2\,000-220-310=1\,470\ \text{kg}$$

(6)初步配合比为:

	水 泥	砂	水
每 $1m^3$ 砂浆用料(kg)	310	1 470	220
质 量 比	1∶4.74∶0.71		

(7)以上计算需经试配调整才能投入使用,并应根据砂的含水率进行用料量的调整。

【例 6-2】 某住宅工程的砖墙需用强度等级 M10 的石灰水泥混合砂浆砌筑。所用材料为矿渣水泥 32.5 级,28 d 实测强度值为 37 MPa;中砂,含水率为 3%,堆积密度 1 360 kg/m³;要求流动性 70~100 mm;施工水平一般。试计算砂浆的配合比。

【解】 (1)计算砂浆的配制强度 $f_{m,o}$

根据施工水平一般,查表 6-4 得 $\sigma=2.5$ MPa,代入公式(6-5):

$$f_{m,o}=f_2+0.645\sigma=10+0.645\times2.5=11.6\ \text{MPa}$$

(2)计算水泥用量 Q_C

根据式(6-12)有

$$Q_C=\frac{1\,000(f_{m,o}-\beta)}{\alpha f_{ce}}=\frac{1\,000(11.6+15.09)}{3.03\times37}=238\ \text{kg}$$

(3)计算石灰膏用量 Q_D

$$Q_D=Q_A-Q_C=350-238=112\ \text{kg}$$

(4)计算砂子用量

由于本工程采用中砂的含水率为 3%,大于 0.5%,故需考虑砂子的含水率,即实际砂子用量为

$$1\,360\times(1+3\%)=1\,401\ \text{kg}$$

(5)估计用水量

取 240~310 kg/m³ 的中值,即 280 kg/m³。

(6)砂浆的初步配合比:

每 1 m³ 砂浆用料(kg)	水泥	石灰膏	砂子	水
	238	112	1 401	280
质量比	1∶0.47∶5.80∶1.18			

以上初步配合比需经试配调整后得到设计配合比才能投入使用。施工时还要随时根据砂子的含水率进行调整,计算出施工称料量。

6.4 其他用途砂浆

6.4.1 抹面砂浆

抹面砂浆又称抹灰砂浆,是以薄层抹于构件表面的砂浆,既可对构件提供保护、增加建筑物和结构的耐久性,又使其表面平整、美观。

对于抹面砂浆,要求它具有更好的和易性和黏结力,面层抹灰还要求平滑、光洁。因此,它所用的胶凝材料比砌筑砂浆多。抹面砂浆的沉入度宜用 70~100 mm。

抹面砂浆种类的选择,主要依据其使用的部位、环境和要求的性能来决定。为了保证抹灰层表面平整,避免开裂剥落,抹面砂浆有两层或三层做法,故有底层、中层和面层之分。底层主要起黏结作用,中层主要起找平作用,而面层主要起装饰作用。水泥砂浆多用于易受碰击磨损和受水潮湿的环境,如室内外地面、受水作用的构件表面和容易潮湿的墙面等;水泥石灰混合砂浆多用于室内混凝土构件表面和墙柱表面抹灰的底层和中层;石灰砂浆可用于室内墙柱和

顶棚抹灰的底层和中层；掺入纸筋的纸筋石灰浆，则用于干燥的墙柱表面和顶棚抹灰的面层。常用抹面砂浆的品种和配合比见表6-7。

表6-7 常用抹面砂浆的品种和配合比

品 种	配合比(体积比)	应 用
水泥砂浆	水泥∶砂 1∶1 1∶2.5 1∶3	清水墙勾缝、混凝土地面压光 潮湿的内外墙面、地面、楼面水泥砂浆面层 砖或混凝土墙面的水泥砂浆底层
混合砂浆	水泥∶石灰膏∶砂 1∶0.5∶4 1∶1∶6 1∶3∶9	加气混凝土表面砂浆抹面的底层 加气混凝土表面的砂浆抹面的中层 混凝土墙、梁、柱、顶棚的砂浆抹面的底层
石灰砂浆	石灰膏∶砂 1∶3	干燥砖墙或混凝土墙的内墙面石灰砂浆底层和中层
纸筋灰	100 kg石灰膏加3.8 kg纸筋	内墙、吊顶石灰砂浆面层
麻刀灰	100 kg石灰膏加1.5 kg麻刀	板条、苇箔抹灰的底层

6.4.2 防水砂浆

防水砂浆是具有不透水性的砂浆。水工工程和地下工程，如水池、水塔、地下室、隧道、涵洞等结构物的抹面砂浆，应采用具有一定强度、黏结力和防水防潮性能的防水砂浆。防水砂浆的做法有下面几种：

(1)普通防水砂浆

按水泥∶砂=1∶2～1∶3，水灰比0.50～0.55，配制水泥砂浆，按五层压抹作法：三层水泥净浆和两层水泥砂浆轮番铺设并压抹密实，形成紧密的砂浆防水层，用于一般建筑物的防潮工程。

(2)防水剂防水砂浆

在1∶2～1∶3的水泥砂浆中掺入防水剂，可以增大水泥砂浆的密实性，堵塞渗水通道达到防水目的。常用的防水剂有：

①氯化物金属盐类防水剂(简称氯盐防水剂)：它是由氯化铁、氯化铝、氯化钙和水按一定比例配成的深棕色液态防水剂，也可以由氯化铝∶氯化钙∶水=1∶10∶11配成防水剂，掺量为水泥质量的3%～5%。在水泥砂浆中掺入氯盐防水剂后，氯化物与水泥反应生成不溶性复盐填塞砂浆的毛细孔隙，提高抗渗能力。

②金属皂类防水剂：它是由硬脂酸(皂)、氨水、碳酸钠、氢氧化钾等和水按比例混合后经加热皂化而得到的乳白色浆料，也称为避水浆；亦可由硬脂酸、硫酸亚铁、氢氧化钙、硫酸铜、二水石膏等配制成粉料，称为防水粉。此类防水剂的掺量为水泥质量的3%～5%，掺入后也是产生不溶物质，填塞毛细孔隙，增强抗渗性能。

③水玻璃矾类防水剂(硅酸钠类防水剂)：在水玻璃中掺入几种矾，如用白矾(硫酸铝钾)、蓝矾(硫酸铜)、绿矾(硫酸亚铁)、红矾(重铬酸钾)和紫矾(硫酸铬钾)各一份，溶于60份的沸水中，降温至50℃，投入于400份水玻璃中搅匀，即成为水玻璃五矾防水剂。水玻璃矾类防水剂有二矾、三矾、四矾、五矾多种做法，但以五矾效果最佳。这类防水剂的掺量为水泥质量1%，其成分与水泥的水化产物反应生成许多胶体和不溶性盐类，填塞毛细孔隙，增强抗渗性能。水玻璃矾类防水剂因有促凝作用，又称防水促凝剂，工程中常利用其促凝和黏附的作用，调制成快凝水泥砂浆，对于结构物中的局部渗水、漏水进行堵漏处理。水玻璃矾类防水促凝剂的常用

配合比见表 6-8。

表 6-8 水玻璃矾类防水促凝剂配合比

材料名称	硅酸钠（水玻璃）	硫酸铝钾（白矾）	硫酸铜（蓝矾）	硫酸亚铁（绿矾）	重铬酸钾（红矾）	硫酸铬钾（紫矾）	水
五矾防水促凝剂	400	1	1	1	1	1	60
四矾防水促凝剂	400	1	1	1	1	—	60
四矾防水促凝剂	400	1.25	1.25	1.25	—	1.25	60
四矾防水促凝剂	400	1	1	—	1	1	60
四矾防水促凝剂	400	1	—	1	1	1	60
三矾防水促凝剂	400	1.66	1.66	1.66	—	—	60
二矾防水促凝剂	400	—	1	—	1	—	60
二矾防水促凝剂	442	—	2.67	—	1	—	221

(3)聚合物防水砂浆

在水泥砂浆中掺入水溶性聚合物，如天然胶乳、氯丁胶乳、丁苯胶乳、丙烯酸胶乳等，配制成的聚合物防水砂浆，可应用于地下工程的防渗、防潮及有特殊气密性要求的工程中，具有较好效果。

对防水砂浆的施工，其技术要求很高，一般先在底面上抹一层水泥净浆，再将防水砂浆分4～5 层涂抹，每层约 5 mm，均要压实，最后一层要进行压光，抹完后要加强养护，才能获得良好的防水效果。

若采用喷射法施工，效果更好，对提高铁路隧道衬砌的抗渗能力和路基边坡防护，均能取得较为理想的效果。

复习思考题

1. 建筑砂浆是如何分类的？

2. 砌筑砂浆有哪些技术性质要求？

3. 砌筑砂浆的流动性和保水性对砖砌体的施工质量有何影响？为什么在一般砖砌体中主要使用混合砂浆？

4. 砂浆的强度等级是如何确定的？有哪些强度等级？

5. 比较一下：砌砖用砂浆与砌石用砂浆所需的稠度和对强度的影响因素有什么不同？原因是什么？

6. 如何进行砌砖用砂浆和砌石用砂浆的配合比设计？

7. 用 32.5 级普通水泥，中砂，拌制沉入度为 10～20 mm 的 M7.5 水泥砂浆，用于砌筑某铁道工程毛石基础，试设计其配合比。假定每立方砂浆拌合物质量为 1 950 kg。

8. 用 32.5 级普通水泥、石灰膏、砂，拌制 M7.5 混合砂浆，用于砌筑承重砖墙，试设计其配合比。设砂的干堆积密度为 1 520 kg/m^3，施工单位水平一般。

9. 防水砂浆有哪些做法？

第7章 建筑钢材

【学习目标】本章主要介绍钢材的基本知识、技术性能、常用品种及防腐措施等。通过本章内容的学习，要求了解钢材冶炼的方法，了解钢材的分类方法及冷加工、时效对钢材性能的影响，了解钢材的腐蚀原因及防治方法，了解钢轨的基本知识；掌握建筑钢材的力学性质、工艺性质，掌握碳素结构钢、低合金高强度结构钢、钢筋、钢丝、钢绞线的技术性质、特性及应用。

建筑钢材是指工程中使用的各种钢材。如钢结构中使用的各种型材(圆钢、角钢、工字钢、钢管)、板材以及用于钢筋混凝土结构中的钢筋、钢丝、钢绞线等。

建筑钢材强度高、材质均匀，具有一定的弹性和塑性应变能力，能承受冲击、振动等荷载，可焊接、铆接、螺栓连接，易于装配。因此，钢材用于建筑结构时，安全性大，自重较轻，适用于大跨度和高层结构，但建筑钢材也存在易锈蚀及耐火性差的缺点。

7.1 钢材的基本知识

7.1.1 铁和钢的冶炼

(1)铁的冶炼及性能

铁俗称生铁，是由含碳量大于或等于 2.11%的铁碳合金组成。铁是由铁矿石、焦炭和助熔剂在高炉中经高温冶炼，从矿石中还原出来的。用来炼铁的矿石主要有四种：赤铁矿(Fe_2O_3)、磁铁矿(Fe_3O_4)、菱铁矿($FeCO_3$)和褐铁矿($Fe_2O_3 \cdot nH_2O$)。生铁的含碳量较高，一般含碳 2.5%～4.0%，且含有较多的硫、磷等有害杂质，因而质硬而脆、塑性及韧性差，且抗拉强度很低，通常用于铸造成形，故又常称为铸铁。

铸铁由于其所含碳的存在形式不同，性能有很大的差别，可分为白口铸铁、灰口铸铁、可煅铸铁和球墨铸铁四种。

白口铸铁(断口呈银白色)的碳以化合物 Fe_3C 的形态存在，很硬很脆，很难加工，性能也很差，它只能作为炼钢的原料。

灰口铸铁(断口呈暗灰色，代号为 HT)的机械性能不好，但生产工艺简单，成本低廉，常用于铸造机座和机件。工程中所用的上下水道的铸铁管及其管件(短管、套管、弯管、丁字管、十字管等)就是用灰口铸铁铸造的。

可煅铸铁(代号为 KT)的机械性能比灰口铸铁高，冲击韧性较好，常用于制造重要的小型铸件或锻件。自来水管道用的各种连接件，铁道上用于将钢轨定位的铁座、轨撑、扣紧钢轨用的扣板等，就是用可锻铸铁铸造或锻造的。

球墨铸铁(代号为 QT)的机械性能较好，并可用热处理改善性能，用于铸造重要的机件，如曲轴、齿轮、连杆等，在机械上应用较广泛。

(2)钢的冶炼

①钢的冶炼

钢比生铁的杂质元素含量小，机械性能高。炼钢就是减少生铁中碳、硅、锰、磷、硫等杂质元素，添加必要的合金元素，以便得到性能理想的钢材。炼钢方法有三种：转炉炼钢法、平炉炼钢法和电炉炼钢法。现对三种炼钢方法简介如下：

a. 转炉炼钢法：转炉法冶炼过程可分三个阶段：第一阶段是装料，将混铁炉中的铁水倒入能前后转动的梨形炉中，并按比例向炉内加入一定量的废钢和造渣材料；第二阶段是吹炼，从转炉顶部或侧面吹入高压纯氧，使铁水中大部分杂质迅速氧化成渣并排除；第三阶段是出钢，在钢水放入盛钢桶的过程中，根据钢种要求加入适量的锰铁、硅铁、铝块和合金料，依靠钢液的高温和冲击和拌搅作用，使脱氧和合金化过程得以顺利进行。氧气转炉炼钢能有效地去除硫、磷等杂质，钢材性能好，且冶炼时间短(20～40 min)，无须其他燃料，成本较低，因而发展迅速，已成为当今世界炼钢发的主流，大量用于炼制碳素钢和低合金钢。

b. 平炉炼钢法：是在平炉中以固态或液态的生铁、铁矿石和废钢铁做原料，以煤气或重油为燃料，在平炉中加热进行冶炼，使杂质氧化而造渣并排除。平炉炼钢的冶炼过程可分四个阶段：分别是装料、熔化、精炼、脱氧出钢。由于冶炼时间较长(一般 2～3 h)，炉温较高，可取样化验，其成分能精确控制，炼得的钢中硫、磷、氮、氢等有害杂质含量少，质量较高，并可一次获得大批量的匀质产品。此法一般用来炼制优质碳素钢、合金钢和有特殊要求的专用钢，如铁路桥梁钢、钢轨钢等。但平炉设备投资大，燃料效率低，钢材成本较高。

c. 电炉炼钢法：是用电加热进行高温冶炼的炼钢法，冶炼过程可分为装料、熔化、氧化、还原及出钢等阶段。电炉炼钢法加温速度快，能在短时间内达到高温，且温度容易调节，钢的成分可准确控制，杂质含量很少，钢质很好，但产量低，成本高，一般只炼制优质的特殊合金钢及高、中合金钢。

②钢的浇注

炼钢炉炼好的钢液放入盛钢桶内，除少数直接浇注成铸钢件外，大部分要浇注成钢锭，目前浇注方法有钢锭模铸锭和连续铸锭两种浇注方法。模铸法是将盛钢桶内的钢水直接浇入或通过中注管注入钢锭模内，形成钢锭。

根据出钢时钢水脱氧程度的不同，将钢分为沸腾钢、半镇静钢、镇静钢、和特殊镇静钢四种。

a. 沸腾钢(代号 F)：在炼钢炉内加入锰铁进行部分脱氧，脱氧不完全，钢中残留的 FeO 与碳化合，生成 CO 气泡逸出，形成钢水“沸腾”，故名为沸腾钢。沸腾钢中有残留 CO 气泡，热轧后会留下一些微型缝，使钢的力学性能变差。在冷却过程中，硫、磷成分会向凝固较迟的部分积聚，形成偏析现象，增大钢材的冷脆性和时效敏感性，降低可焊性。因此，沸腾钢的质量只能达到一般要求。

b. 镇静钢(代号 Z)：它是除加入锰铁和硅铁外，还加入铝，使钢脱氧完全。铸锭时钢水很平静，无沸腾现象，故称镇静钢。镇静钢的成分均匀纯净，组织致密，故质量很好，但成本提高。此外，加入的铝还可以与氮化合生成氮化铝减轻氮的有害作用。所以镇静钢的冷脆性和时效敏感性较低，疲劳强度较高，可焊性好，适用于承受冲击荷载或其他重要结构。

c. 半镇静钢(代号 b)：脱氧程度介于沸腾钢和镇静钢之间，其性能与质量也介于这两者之间。

d. 特殊镇静钢(代号 TZ)：脱氧更彻底，性能比镇静钢更好。但在工程上很少使用。

③热轧成型

将钢锭再加热到一定的高温进行热加工，即经过锻造、热压，轧制成形状尺寸符合要求的钢材，如钢筋、钢带、钢板、钢管和各种型钢等，才能供工程使用。这种热加工还可以使钢锭内的大部分气孔焊合，疏松组织变得密实，晶粒细化，从而提高钢的质量，碾轧的次数越多，强度提高的程度就越大。故同成分的钢材，小截面的比大截面的强度高，沿轧制方向的比非轧制方向的强度高。

7.1.2　钢材的分类

(1)按化学成分分类

按化学成分，钢可分为碳素钢和合金钢。钢的基本元素是铁，普通碳素钢中纯铁约占99%，其他元素有碳、硅、锰等，及在冶炼过程中不易除尽的有害杂质硫、磷等。为了改善钢材的力学性质，一般在钢中加入适量的锰、硅、铬、镍、铜、钒、钛、铌等合金元素，使其获得某些特殊性质，这种钢称为合金钢。

①碳素钢

根据含碳量可分为：低碳钢（含碳量<0.25%）、中碳钢（含碳量 0.25%～0.6%）、高碳钢（含碳量≥0.6%）。

②合金钢

按掺入合金元素的总量可分为：低合金钢（合金元素总含量<5%）、中合金钢（合金元素总含量 5%～10%）、高合金钢（合金元素总含量>10%）。

(2)按钢材的质量等级分类

按照钢材的质量等级，主要是对硫、磷有害杂质的限制不同，钢材可分为：

①普通碳素钢：含硫量≤0.055%，含磷量≤0.045%；

②优质碳素钢：含硫量≤0.03%，含磷量≤0.035%；

③高级优质碳素钢：含硫量≤0.02%，含磷量≤0.025%。

(3)按用途分类

根据用途的不同，钢材可分为：

①结构钢：主要用于建筑工程中的钢结构和钢筋混凝土结构；

②工具钢：一般用于各种切削工具、量具、模具等工具的生产；

③特殊性质钢：用于具有各种特殊物理、化学性质钢的生产，如不锈钢、耐热钢、耐磨钢、磁钢等。

目前，在建筑工程中常用普通碳素结构钢和普通低合金结构钢。

(4)按脱氧程度分类

冶炼后的钢液一般要先浇铸成钢锭（或钢坯），然后再轧制成各种钢材，但在浇注钢锭之前必须进行脱氧处理，因为钢材在冶炼过程中，不可避免地产生部分氧化铁并残留在钢水中，降低了钢的质量。脱氧程度不同，钢材的性质就不同，根据钢在冶炼过程中的脱氧程度，钢材可分为沸腾钢、镇静钢及半镇静钢。

建筑工程中，常用的钢材主要是沸腾钢、镇静钢和半镇静钢。

7.2　建筑钢材的力学与工艺性能

建筑钢材作为主要的受力结构材料，其技术性质包括两个方面：力学性质和工艺性质，钢材在外力作用下表现出来的性质称为力学性质；钢材在加工过程中表现出来的性质称为工艺性质。

7.2.1 建筑钢材的力学性质

建筑钢材的力学性质有抗拉性质、抗冲击性质、耐疲劳性质及硬度等，其中抗拉性质是建筑钢材最主要的力学性质，通过拉伸试验测定的屈服强度、抗拉强度和伸长率等是建筑钢材的重要技术指标。

(1)抗拉性质

力学性质需由试验来测定，拉伸试验是工程上最重要、应用最广泛的材料试验。因为低碳钢在拉伸过程中所表现的荷载与变形的关系具有代表性，所以一般以低碳钢的拉伸试验为研究钢材的抗拉性质的典型的例证。低碳钢的拉伸试件分两种，分别是细长试件和粗短试件，其中细长试件的标距长度 L_0 是试件直径 d_0 的 10 倍（$L_0=10d_0$），粗短试件的标距长度 L_0 是试件直径 d_0 的 5 倍（$L_0=5d_0$），低碳钢拉伸试件如图 7-1 所示。

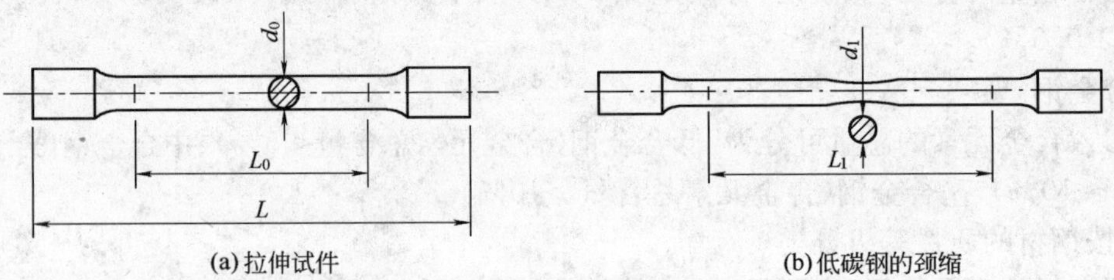

图 7-1 钢材拉伸试件及颈缩现象

将试件放在试验机的夹具上，试件两端施加一对缓慢增加的拉伸荷载，观察试件的受力与变形过程直到被拉断。在加荷载过程中，记录各个荷载 P 作用下试件标距内的变形量 ΔL，并绘出 $P-\Delta L$ 曲线，此曲线称为拉伸曲线，如图 7-2(a)所示。为了使拉伸试验不受不同试件尺寸的影响，更好反映钢材的力学性能，可将拉伸荷载改为试件所受应力 σ 表示（应力 σ 为试件的荷载 P 与试件的初始横截面面积 A_0 之比，$\sigma=P/A_0$），将试件的伸长改为应变 ε 表示（应变为试件伸长量 ΔL 与初始长度 L 之比，$\varepsilon=\Delta L/L$），得到钢材试件的应力－应变曲线（$\sigma-\varepsilon$ 曲线）。

不同材料的拉伸试验所得到的应力—应变曲线差异很大，以塑性材料、低碳钢的标准拉伸试件的拉伸试验为例，如图 7-2(b)所示，把低碳钢从开始受力至拉断的整个试验过程可分为以下四个阶段：

①弹性阶段（Ⅰ）。OA 段为弹性变形阶段。在 OA 范围内，随着荷载增加，应力和应变成比例增加，如果卸去荷载，试件的应变会全部消失，这种性质称为弹性，在此范围内的变形，称为弹性变形，A 点对应的应力值称为弹性极限，用 σ_p 表示，应力与应变的比值为一常数，称为弹性模量，用 E 表示，即 $E=\sigma_p/\varepsilon$，弹性模量反映了钢材抵抗弹性变形能力。碳素结构钢 Q235 的弹性模量 $E=(2.0\sim2.1)\times10^5$ MPa，弹性极限 $\sigma_p=180\sim200$ MPa。

②屈服阶段（Ⅱ）。AB 段为屈服阶段。在 $\sigma-\varepsilon$ 曲线上为一接近水平的锯齿形线段，应力在 $B_{下}$（下屈服点）的小范围内波动，而应变迅速增长，材料暂时失去了抵抗变形的能力，这种现象称为材料的屈服，这一阶段称为屈服阶段，一般取波动应力的最低值 $B_{下}$ 作为材料的屈服极限（位置较易确定），用 σ_s 表示。

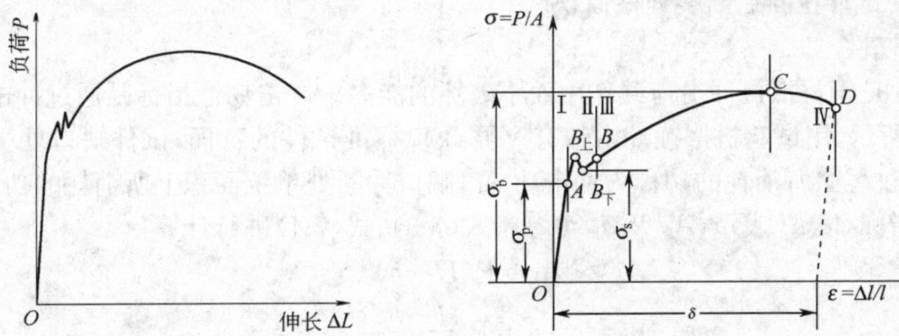

(a) 低碳钢的拉伸曲线

(b) 低碳钢的σ—ε曲线

图 7-2 低碳钢的拉伸图和σ—ε曲线

钢材受力达屈服后，虽然尚未破坏，但变形发展迅速，已经不能满足使用要求，所以设计中一般以屈服强度作为钢材强度取值的依据。

对于外力作用下屈服现象不明显的钢材，如中、高碳钢，规定卸载后产生 0.2%塑性应变时的应力值作为屈服强度，用$\sigma_{0.2}$表示，如图 7-3 所示。

③强化阶段(Ⅲ)。BC为强化阶段。当应力超过屈服强度后，应力又随应变的增长而增大，说明材料恢复了对变形的抵抗能力，要增加变形必须增大拉力，这种现象称为材料的强化，最高点C对应的应力称为强度极限，又称抗拉强度，是钢材所能承受的最大应力，用σ_b表示。

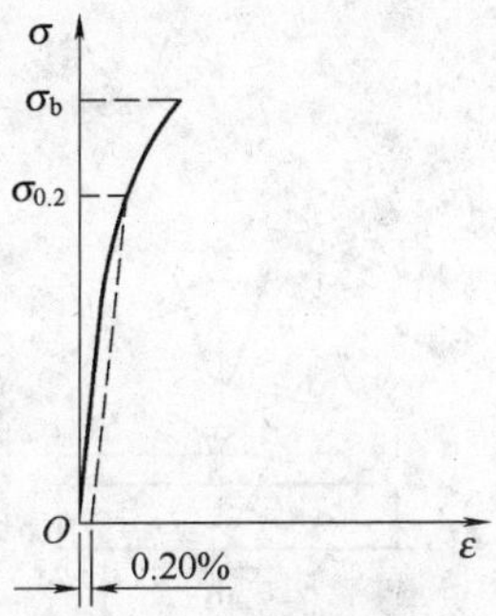

图 7-3 中、高碳钢的应力-应变图

抗拉强度在工程中不能直接利用，但屈服强度与抗拉强度的比值(屈强比，用σ_s/σ_b表示)是评价钢材受力特征的一个参数，屈强比越小，表明材料的安全性和可靠性越高，材料越不容易发生危险的脆性破坏，但屈强比过小，钢材强度的利用率偏低，不够经济。建筑钢材合理的屈强比一般为 0.6～0.75。

④颈缩阶段(Ⅳ)。CD为颈缩阶段。应力达到强度极限后，在应变迅速增长的同时，应力反而下降，材料抵抗变形的能力明显降低，在试件薄弱处的断面迅速缩小，塑性变形急剧增加，产生颈缩现象并很快断裂，如图 7-1(b)所示。

将断裂后的试件拼合后，量出标距两端点的距离，按式(7-1)计算伸长率：

$$\delta=\frac{L_1-L_0}{L_0}\times 100\% \tag{7-1}$$

式中 L_0——试件原标距长度，mm；

L_1——试件拉断后标距间的长度，mm。

伸长率是反映钢材塑性变形能力的一个重要指标，在工程中具有重要意义。δ越大，说明材料的塑性好，破坏前会有较大的塑性变形，可防止突发性的破坏。工程上一般规定$\delta>5\%$的材料为塑性材料；$\delta<5\%$的材料为脆性材料。

试件拉断后，其颈缩处横截面面积减缩量占原横截面面积的百分率，称为材料的截面收缩率(用Ψ表示)，截面收缩率也是反映钢材塑性变形程度的一个指标，按式(7-2)计算：

$$\Psi=\frac{A_0-A_1}{A_0}\times 100\% \tag{7-2}$$

式中 A_0——试件拉伸前截面积；

A_1——试件拉断后断裂处截面积。

(2)冲击韧性

冲击韧性是钢材抵抗冲击荷载作用而不破坏的能力。冲击韧性指标是通过冲击试验确定的,如图 7-4 所示,用试验机摆锤冲击带有 V 形缺口标准试件的背面,试件缺口处受冲击破坏后,缺口冲断过程中所消耗的功称为冲击功 A_k,缺口冲断处单位面积上所消耗的功(J/cm^2)即为冲击韧性指标,以 a_k 表示,A_k 及 a_k 可参考式(7-3)、式(7-4)进行计算:

$$A_k = P(H-h) \tag{7-3}$$

$$a_k = P\frac{H-h}{A} \tag{7-4}$$

式中 A_k——冲击功,J;

a_k——冲击韧性,J/cm^2;

P——摆锤重量,N;

H——冲击前摆锤扬起的高度,m;

h——冲击后摆锤向后摆动的高度,m;

A——标准试件缺口处的截面面积,cm^2。

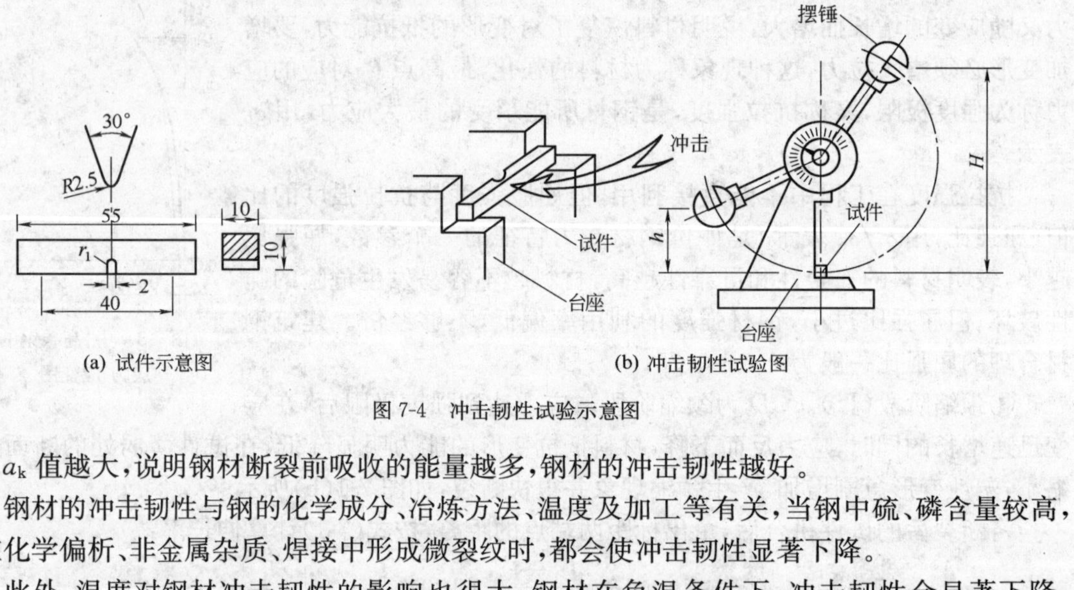

(a) 试件示意图　　(b) 冲击韧性试验图

图 7-4　冲击韧性试验示意图

a_k 值越大,说明钢材断裂前吸收的能量越多,钢材的冲击韧性越好。

钢材的冲击韧性与钢的化学成分、冶炼方法、温度及加工等有关,当钢中硫、磷含量较高,存在化学偏析、非金属杂质、焊接中形成微裂纹时,都会使冲击韧性显著下降。

此外,温度对钢材冲击韧性的影响也很大,钢材在负温条件下,冲击韧性会显著下降,钢材会由塑性状态转化为脆性状态,这一现象称为钢材的冷脆性。使用过程中,对钢材冷脆性评定,通常是在−20 ℃、−30 ℃、−40 ℃三个温度下分别测定其冲击功 A_k 或冲击值 a_k,由此来判断钢材脆性转变温度的高低,要求钢材的脆性转变温度低于其实际使用环境的最低温度。

(3)疲劳强度

钢材在交变荷载反复作用下,在远小于抗拉强度时会发生突然破坏,这种破坏称为疲劳破坏。钢材疲劳破坏的应力指标用疲劳强度表示,是钢材在交变荷载作用下,于规定周期基数内不发生断裂所能承受的最大应力值。一般把钢材承受交变荷载 $10^6 \sim 10^7$ 次不发生破坏所能承受的最大应力作为疲劳强度。

钢材疲劳断裂过程,一般认为是在重复的交变荷载作用下,虽然其所受应力值远小于抗拉强度σ_b，甚至小于钢材的屈服强度σ_s，但在构件的最薄弱部分，首先产生很小的疲劳裂纹，并随交变荷载循环次数的增加而扩展，从而使钢材的有效承载面积不断缩小，以致不能承受所加荷载而突然断裂。因此，当制作承受反复交变荷载作用的结构或构件时，应对所用钢材进行疲劳测试。

(4)硬度

硬度是指钢材表面抵抗其他较硬物体压入产生塑性变形的能力。硬度是衡量钢材软硬程度的一个指标，一般可用布氏硬度法、洛氏硬度法或维氏硬度法进行测定，其中最常用的是布氏硬度测定法，布氏硬度指标值用 HB 表示。

布氏法的测定原理是：用直径为D(mm)的淬火钢球以P(N)的荷载将其压入试件表面，经规定的持续时间后卸载，即得直径为d(mm)的压痕，以压痕表面积F(mm^2)除荷载P，所得应力值即为试件的布氏硬度值 HB，如图 7-5 所示。HB 值越大，表明钢材越硬，例如钢轨的硬度一般为 HB280～370。

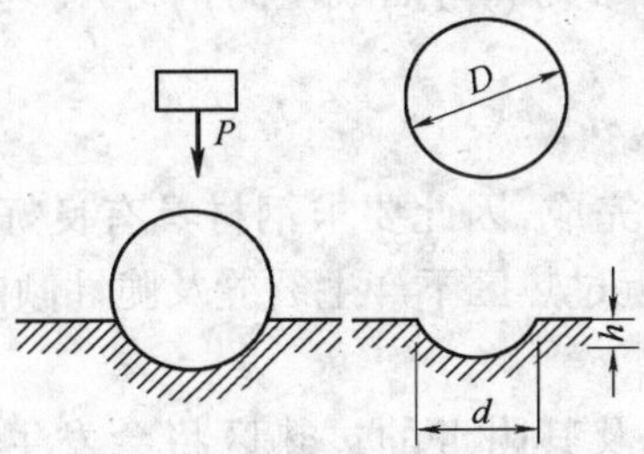

图 7-5 布氏硬度试验示意图

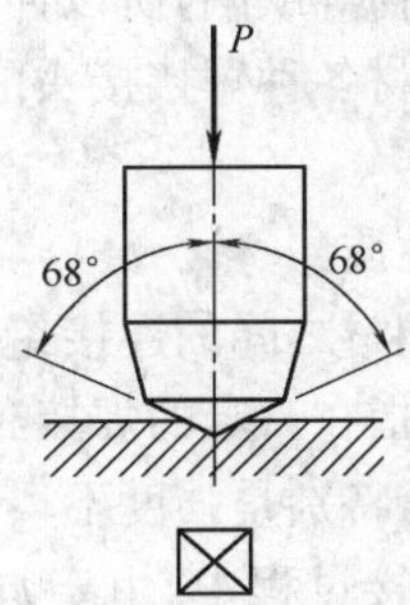

图 7-6 维氏硬度试验示意图

洛氏法的测定原理是：在洛氏硬度试验机上，用 120°的金刚圆锥压头或淬火钢球对钢材进行压陷，以一定压力作用下压痕的深度(按一定关系换算)表示的硬度，根据压头类型和压力的大小不同，可用 HRA、HRB、HRC 分别表示，值越大，表示钢材越硬。

维氏法的测定原理是：用 136°的金刚棱锥压头在维氏硬度试验机对钢材进行压陷，如图 7-6 所示，以每单位凹陷面积上所承受的压力表示硬度，用 HV 表示，值越大，表示钢材越硬。

通常，钢材的抗拉强度越高，塑性变形抵抗力越强，硬度值越大，一般中、高碳钢比低碳钢要硬。

7.2.2 建筑钢材的工艺性质

冷弯性质和焊接性质是建筑钢材重要的工艺性质，钢材应具有良好的工艺性质，以满足施工工艺的要求。

(1)冷弯性质

冷弯性质是指钢材在常温下承受弯曲变形的能力。建筑上常把钢材弯成要求的形状，因此要求钢材具有良好的冷弯性质。

冷弯是通过检查试件按规定的弯转角度和弯心直径弯曲后，弯曲处的外侧和内面有无裂纹、起层、断裂等情况进行评定的，其性质一般用弯曲的角度和弯心直径与试件直径(或厚度)的比值(d/a)来表示，冷弯试验如图 7-7 所示。

若弯曲角度越大，弯心直径对试件直径(或厚度)的比值越小，则表明钢材的冷弯性质

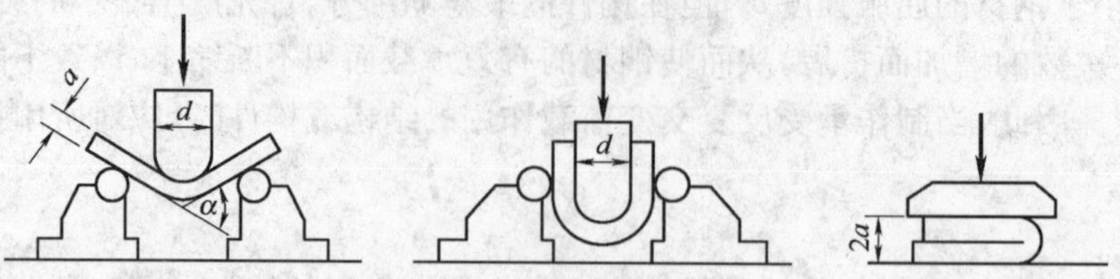

图7-7 钢材的冷弯试验

越好。

钢材的冷弯性质和伸长率都是钢材塑性能力的反映，伸长率大的钢材，其冷弯性质必然较好，但伸长率是在试件轴向变形条件下测定的，而冷弯试验测定的是钢材局部变形的能力，对钢材的塑性评定比拉伸试验更严格、更敏感，更有助于揭示钢材内部结构是否均匀，是否存在内应力和夹杂物等缺陷，所以伸长率合格的钢材，其冷弯不一定合格。工程中还可用冷弯试验来检验建筑钢材各种焊接接头的焊接质量。所以对重要结构和弯曲成型的钢材，冷弯性质必须合格。

(2)焊接性质

工程中，钢材之间的连接绝大多数采用焊接方式来完成，因此要求钢材具有良好的可焊性。可焊性是指在一定的焊接工艺条件下，在焊缝及附近过热区不产生裂缝及脆性倾向，焊接后的力学性质，特别是强度不得低于原钢材的性质。

钢材在焊接过程中，由于局部温度很高，导致焊缝及其附近的过热区将会发生晶体结构的变化，使焊缝周围产生硬脆倾向，降低焊件的部分力学性能，影响焊件的使用。可焊性良好的钢材，焊接后的焊头牢固可靠，硬脆倾向小，焊缝处及附近仍能保持与母材基本相同的性质。

钢的化学成分、冶炼质量及冷加工都会影响焊接性质。含碳量小于0.25%的碳素钢具有良好的可焊性，含碳量超过0.3%时可焊性变差。钢材中所含的硫、磷及气体杂质均会显著降低可焊性；钢材中过多的合金元素也将不同程度地降低可焊性，因此，焊接结构钢宜选用含碳量较低，杂质含量少的平炉镇静钢。对于高碳钢和合金钢，为改善焊接质量，一般需要采用焊前预热及焊后热处理等措施，来改善钢材焊接后表现的硬脆性。

7.3 钢材化学成分组成及热处理

7.3.1 钢材的化学成分组成

(1)钢材的主要化学成分

①碳。碳是决定钢材性能的最重要元素，它对钢材的强度、塑性、韧性等机械力学性能有重要影响。当钢中含碳量在0.8%以下时，随着含碳量的增加，钢的强度和硬度提高，塑性和韧性下降；但当含碳量大于1.0%时，随着含碳量增加，钢的强度反而下降。含碳量增加，还会使钢材的焊接性能、耐锈蚀性能下降，并增加冷脆性和时效敏感性。含碳量大于0.3%时，可焊性能明显下降。

②锰。当锰含量为0.8%～1%时，在不降低韧性和塑性的条件下，能使钢的强度、硬度提

高，但对冷加工不利。锰还有脱氧和脱硫作用，与硫化合形成硫化锰(MnS)后，可以克服由硫引起的热脆性，提高热加工能力和钢材的耐磨性。

③硅。硅与锰同样作为脱氧剂加入钢中，含量小于1.5%时，可提高低合金钢的强度，但可焊性和冷加工性有所降低。

④铝。铝也是脱氧时带入的成分。铝可使钢的组织细化，改善强度及其他性质。

⑤镍。镍可提高钢的强度、韧性和耐蚀性以及热加工等性能。

⑥钒。钒与氧、氮(有害杂质)及碳等的亲和力很强，生成的化合物稳定，可使钢的晶粒细化，因而可提高钢的强度、韧性和可焊性。一般掺量为0.06%～0.12 %，若含量过高，会使塑性和韧性降低。常与硅、锰等合金元素共同加入。

⑦钛。钛与碳、氧的亲和力很强，使钢的组织致密，强度提高，可改善韧性和可焊性。一般掺量为0.06%～0.12 %。当含碳量高时，掺入较多的钛，韧性和塑性会显著降低。

硅、钒、钛等元素在我国有丰富的资源，已被广泛用于合金钢中，形成硅钒系、硅钛系普通低合金钢，已定型批量生产。

(2)钢材中有害杂质的影响

①磷。磷是炼钢原料中带入的杂质，可使钢在常温下的强度和硬度增加，塑性和韧性显著降低，在低温时尤甚。钢材在低温状态下塑性和韧性显著降低的性能称为钢材的冷脆性。磷的存在可增加钢液的流动性，使其容易浇铸。如与铜共存时，可提高钢的耐腐蚀性。

②硫。硫是炼钢原料和燃料带入的杂质。通常以硫化铁(FeS)的形式存在，它的熔点低，焊接时，容易产生裂纹现象，称为热脆性。含硫量过高时，钢的韧性、耐疲劳性和耐蚀性都会有不同程度的降低。

③氧。氧元素多数以氧化物形式存在，如FeO、MnO等。一般钢中常含0.005%～0.02%的氧，氧含量增加，钢的机械强度、塑性和韧性都会降低，氧的含量要求不超过0.05%。

④氮。氮能使钢的强度提高，韧性和塑性降低，在碳素钢中，一般要求氮含量不超过0.03%。

⑤氢。氢在高温时能溶解于钢中，温度降低便游离出来，并将钢胀裂形成微小裂纹，在显微镜下可以观察到“白点”，氢能大大降低钢的焊接性、塑性和韧性。

7.3.2 钢材的热处理

热处理是强化钢材，使其发挥潜在能力的重要工艺。钢的热处理就是将钢在固态范围内加热到一定的温度，并在此温度保持一定的时间，然后以选定的冷却速度冷却下来，改变钢的内部组织，从而获得所需要性能的一种工艺方法。钢的热处理过程由加热、保温和冷却三个阶段所组成。

热处理工艺方法日益繁多，根据热处理的目的以及加热和冷却方法不同，可将热处理分为普通热处理及表面热处理。

普通热处理包括退火、正火、淬火、回火；表面热处理包括表面淬火及化学热处理，在钢轨的热处理中常用表面淬火的方法进行热处理。

(1)钢材的普通热处理

①退火

退火是将钢加热到某一温度,保温一定时间,然后缓慢冷却,以获得接近平衡组织的一种热处理工艺。

根据退火目的不同,可将退火处理分为完全退火、球化退火、去应力退火等不同工艺。当采用不同的退火工艺时,钢材加热的温度不同,冷却的速度不同,热处理后钢材的力学与工艺性能也有明显的区别。

②正火

正火是将钢件加热到某一温度,保温一段时间,使钢材达到完全奥氏体化和均匀化,然后在自然流通的空气中冷却。

正火的目的是调整钢件的硬度、细化晶粒及消除网状碳化物。正火与退火的主要区别是正火冷却速度比退火稍快,因此正火后得到的组织比退火细,机械性能也有所提高。

③淬火

淬火是将中高碳钢材加热到某一温度,保温一定时间,然后急速冷却下来,以获得高硬度组织的一种热处理工艺。一般钢轨在出厂前会进行淬火处理。

淬火冷却介质包括水、食盐水溶液及油。由于水最容易获得、最经济,因而是用得最广泛的淬火介质。

钢的淬透性是指钢在淬火后获得淬硬层深度的能力。淬硬层愈深,表明钢的淬透性愈好。钢的淬透性与淬火临界冷却速度有着密切关系。

淬火冷却时,为了获得高硬的马氏体组织和足够的淬硬层深度,必须快速冷却。但赤热零件的急速冷却必然导致表面与心部、厚的部分与薄的部分形成很大温差,从而使零件各部分的体积变化和组织转变不能同时进行,因而产生了很大的内应力,这种应力叫淬火应力。对于淬火钢轨来说,我们既要求轨面有较高的淬火硬度,又要求降低淬火应力,以提高淬火钢轨的质量。

④回火

回火是将淬火后的钢材重新加热到某一温度,保温一定时间,然后以一定方式冷却下来的一种热处理操作。回火的主要目的是:降低脆性,消除或减少淬火后的应力和脆性,并稳定钢材构件的尺寸和形状。

(2)钢的表面热处理

对一些钢铁构件如钢轨,其轨头表面层承受着比心部高的应力,且不断地被磨损,因此对表面层提出了强化的要求,要求其表面具有很高的强度、硬度、耐磨性和疲劳强度,而心部仍保持足够的塑性和韧性。因此生产上广泛采用表面热处理方法,如钢的表面淬火就可以在一定程度上满足上述构件的性能要求。

钢的表面淬火是一种不改变钢件表面层化学成分,只改变表面层组织的局部热处理方法。它利用快速加热使钢件表面很快地达到淬火温度,而不等热量传至心部,迅速予以冷却,可使表面层被淬硬,而心部仍是未淬火组织。根据加热方法不同,表面淬火方法主要有感应加热表面淬火和火焰加热表面淬火。

①感应加热表面淬火。感应加热表面淬火是使工件表面产生一定频率的感应电流,将零件表面迅速加热,然后迅速淬火冷却的一种热处理操作方法。

②火焰加热表面淬火。火焰加热表面淬火是利用乙炔—氧混合气体燃烧的火焰,喷射到工件表面上,使之快速加热,当达到淬火温度时立即喷水冷却,从而获得预期硬度和淬硬层深度的一种表面淬火方法。火焰加热表面淬火的淬硬层深度一般为 2~6 mm。

7.4 钢材的冷加工与强化

钢材的冷加工和时效不是钢材的基本性质，而是钢材加工过程中具有的一种特性。建筑钢材常见的冷加工方式有：冷拉、冷拔、冷轧，即通常所说的“三冷操作”。

7.4.1 钢材的冷加工

钢材在常温下受到强力作用，产生塑性变形，从而提高屈服强度，相应降低塑性和韧性的现象，称为冷加工（又称冷加工强化）。对钢材进行冷加工，可充分发挥钢材效用，节约钢材。

以钢筋的冷拉为例，如图7-8所示，图中$OABCD$为未经冷拉时效的应力—应变曲线，当试件加载到强化阶段中的某一点（如K点）后逐渐卸载，由于试件已产生塑性变形，所以应力—应变曲线将沿基本平行于直线OA的路径KO'退回而不能回到原点。到横坐标轴时试件的应力等于零，而出现的应变OO'为塑性应变。如完全卸载后，再立即重新加载，其应力—应变曲线将沿原来的卸载直线$O'K$变化，到最高点K后又沿曲线KCD变化，直至D点发生断裂。可见，钢材通过冷拉后，其屈服强度提高而抗拉强度基本不变，但塑性和韧性相应降低了。

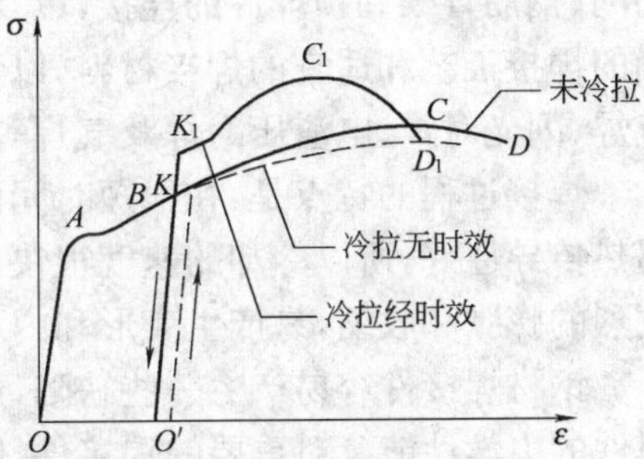

图7-8 钢筋冷拉时效后应力—应变图

冷拉是将热轧钢筋用冷拉设备加力进行张拉，钢材经冷拉后，屈服强度可提高20%～30%，可节约钢材10%～20%。

钢材冷拉操作中，应按相应的保证指标进行控制拉伸。控制方法分单控与双控两种，单控只控制冷拉时钢材的伸长率；双控既控制伸长率，同时又控制拉伸应力，并以控制拉伸应力为主，即拉伸至控制控制应力而冷拉率没超过允许值为合格。

冷拔是强力拉拔光面圆钢筋，使其通过截面小于钢筋截面面积的拔丝模，由于模孔直径小于钢筋直径，则钢筋在拉拔过程中不仅受拉，同时还受到挤压作用，使冷拉的钢筋屈服强度大幅度提高而塑性显著下降。经过一次或多次冷拔后的钢筋，屈服强度可提高40%～60%，但塑性大大降低，具有硬钢性质。

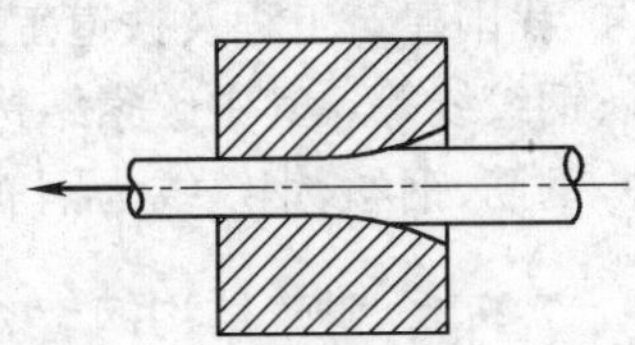
图7-9 钢筋冷拔示意图

冷轧是将圆钢在轧钢机上轧成断面按一定规律变化的钢筋，可增大钢筋与混凝土间的黏结力，提高钢筋的屈服强度。钢筋在冷轧时，纵向与横向同时产生变形，因此能较好地保持塑性性质及内部结构的均匀性。

7.4.2 钢材的时效

钢材经冷加工后，随时间的延长，钢材屈服极限和强度极限逐渐提高而塑性和韧性逐渐降低的现象，称为时效。经过冷拉的钢筋在常温下存放15～20 d，或加热到100～200 ℃并保持一定时间，这个过程称为时效处理，前者为自然时效，后者为人工时效，一般强度较低的钢材采用自然时效，而强度较高的钢材则采用人工时效。

以钢筋的时效为例(如图 7-8)。当试件加载到强化阶段的任一点 K,卸去荷载后,不立即重新张拉,而是松弛应力经时效处理后,再继续张拉,此时钢材的应力—应变曲线为 $O'K_1C_1D_1$,屈服点进一步提高到 K_1,其抗拉强度也明显提高了,但塑性和韧性进一步降低了。

钢材的时效是普遍而长期的过程,有些未经冷加工的钢材,长期存放后也会出现时效现象,冷加工仅是加速了时效的发展。因时效而导致钢材性质改变的程度称为时效敏感性。时效敏感性大的钢材,经时效后,其韧性、塑性改变较大。承受振动、冲击荷载作用的重要性结构(如吊车梁、桥梁等),应选用时效敏感性小的钢材。

7.4.3 钢材的焊接

焊接连接是钢结构的主要联结方式,在钢筋混凝土工程中,焊接大量应用于钢筋接头、钢筋网、钢筋骨架和预埋件的连接,以及装配式构件的安装。焊件的焊接质量主要取决于选择正确的焊接工艺和适宜的焊接材料,以及钢材本身的焊接性能。焊接的主要方法有电弧焊、电阻点焊、闪光对焊、电渣压力焊及气焊等。

焊接过程的特点是:在很短时间内钢材达到非常高的温度,金属熔化的体积很小;由于金属热传导性好,所以冷却的速度很快。因此,焊接件易产生复杂的、不均匀的反应和变化;也有剧烈的膨胀和收缩,易产生变形和内应力。

钢材焊接件容易产生一些缺陷,如焊缝裂纹、气孔、夹渣;焊件母材裂纹、晶粒粗大等,影响焊件的力学性能。对重要的焊接件,应进行拉伸、冲击韧性及疲劳强度试验,以检验焊接件的力学性能。

7.5 工程中常用的钢材

我国建筑工程及铁道工程常用的钢材主要有碳素结构钢、低合金高强度结构钢、钢筋、钢丝、钢绞线等。其中碳素结构钢、低合金高强度结构多用于钢结构工程、铁道工程及桥梁工程中,钢筋、钢丝、钢绞线为钢筋混凝土结构用钢。

7.5.1 碳素结构钢

(1)碳素结构钢的牌号及表示方法

国家标准《碳素结构钢》(GB 700—2006)规定:碳素结构钢共有 4 个牌号,其牌号的表示方法由代表屈服点的字母、屈服点的数值、质量等级符号、脱氧程度符号四部分按顺序组成。其中“Q”表示屈服点代号;质量以硫、磷等杂质的含量由多到少,分为 A、B、C、D 四个等级,A、B、C 级表示普通级钢,D 表示优质钢(含硫、磷均小于或等于 0.035%);脱氧方法以 F 表示沸腾钢,b 表示半镇静钢,Z 表示镇静钢,TZ 表示特殊镇静钢,其中 Z、TZ 在牌号组成表示中可以省略。

例如:Q235AF 表示屈服点为 235 MPa 的 A 级沸腾钢。

碳素结构钢按其力学性能和化学成分含量可分为 Q195、Q215、Q235、Q275 四个牌号。

(2)碳素结构钢的技术标准

各牌号的碳素结构钢均应符合国家标准规定,其中化学成分、力学性质及工艺性质要求分别见表 7-1、表 7-2、表 7-3。

表 7-1 碳素结构钢的化学成分(GB 700—2006)

牌号	统一数字代号	等级	厚度(或直径)(mm)	脱氧方法	化学成分(质量分数),%,不大于				
					C	Si	Mn	P	S
Q195	U11952		—	F、Z	0.12	0.30	0.50	0.035	0.040
Q215	U12152	A	—	F、Z	0.15	0.35	1.20	0.045	0.050
	U12155	B							0.045
Q235	U12352	A	—	F、Z	0.22	0.35	1.40	0.045	0.050
	U12355	B			0.20				0.045
	U12358	C		Z	0.17			0.040	0.040
	U12359	D		TZ				0.035	0.035
Q275	U12752	A	—	F、Z	0.24	0.35	1.50	0.045	0.050
	U12755	B	≤40	Z	0.21			0.045	0.045
			>40		0.22				
	U12758	C	—	Z	0.20			0.040	0.040
	U12759	D		TZ				0.035	0.035

a. 表中为镇静钢、特殊镇静钢牌号的统一数字,沸腾钢牌号的统一数字代号如下:

Q195F—— Ull950;

Q215AF—— Ul2150,Q215BF——Ul2153;

Q235AF—— Ul2350,Q235BF——Ul2353;

Q275AF—— Ul2750。

b. 经需方同意,Q235B 的碳含量可不大于 0.22%。

表 7-2 碳素结构钢的力学性质(GB 700—2006)

牌号	等级	屈服强度(N/m^2),不小于						抗拉强度(N/m^2)	断后伸长率 A(%),不小于					冲击试验(V形缺口)	
		厚度(或直径)(mm)							厚度(或直径)(mm)					温度(℃)	冲击吸收功(纵向)J,不小于
		≤16	>16~40	>40~60	>60~100	>100~150	>150~200		≤40	>40~60	>60~100	>100~150	>150~200		
Q195		195	185					315~430	33						
Q21	A	215	205	195	185	175	165	335~450	31	30	29	27	26		
	B													+20	27
Q235	A	235	225	215	215	195	185	370~500	26	25	24	22	21		
	B													+20	27
	C													0	
	D													−20	
Q275	A	275	265	255	245	225	215	410~540	22	21	20	18	17		
	B													+20	27
	C													0	
	D													−20	

a. Q195 的屈服强度值仅供参考,不作交货条件。

b. 厚度大于 100 mm 的钢材,抗拉强度下限允许降低 20 N/mm^2,宽带钢(包括剪切钢板)抗拉强度上限不作交货条件。

c. 厚度小于 25 mm 的 Q235B 级钢材,如供方能保证冲击吸收功值合格,经需方同意,可不做检验。

表 7-3　碳素结构钢的冷弯试验指标(GB 700—2006)

牌　号	试样方向	冷弯试验 180°，$B=2a$	
		钢材厚度(或直径)(mm)	
		≤60	>60～100
		弯心直径 d	
Q195	纵	0	
	横	0.5a	
Q215	纵	0.5a	1.5a
	横	a	2a
Q235	纵	a	2a
	横	1.5a	2.5a
Q275	纵	1.5a	2.5a
	横	2a	3a

a. B 为试样宽度，a 为试样厚度(或直径)。

b. 钢材厚度(或直径)大于 100mm 时，弯曲试验由双方协商确定。

(3)碳素结构钢的应用

不同牌号的碳素结构钢其含碳不同，一般牌号数值越大，含碳量越高，其强度、硬度也就越高，但塑性、韧性则越低。硫、磷含量低的 C、D 级钢质量优于 A、B 级钢，特殊镇静钢、镇静钢质量优于半镇静钢，更优于沸腾钢。

Q195 和 Q215 钢的强度较低，但塑性、韧性很好，易于冷加工，线材用于制作冷拔低碳钢丝，并可用作铁钉、铆钉、螺栓；板材用于冷轧钢板、冷弯型钢；型材可用于钢结构、钢门窗；管材可用于供水、供油、供气管道等。

Q235 有较高的强度和良好的塑性、韧性、可焊性和冷加工性性能，适合于工程使用。结构工程的各种型钢和板材，钢筋混凝土工程中的光圆钢筋、钢丝及工程中的各种管材均可用 Q235 制作，铁路轨道中的垫板、道钉、轨距杆、防爬器也可用 Q235 制作。

Q275 的屈服强度较高，但塑性、韧性和可焊性较差，加工难度较大，用于结构中的配件制作，预应力工程中预应力锚具制作等。

7.5.2　低合金高强度结构钢

低合金高强度结构钢是以碳素结构钢为基础加入少量的一种或几种合金元素(总含量<5%)冶炼而成的一种结构钢。低合金高强度结构钢具有较高的强度，同时材料的塑性、韧性、耐磨性、耐腐蚀性、焊接性及低温性能良好。加入的合金元素有锰(Mn)、硅(Si)、钒(V)、钛(Ti)、铌(Nb)、铬(Cr)或稀土元素。

(1)低合金高强度钢的牌号及表示方法

国家标准《低合金高强度结构钢》(GB/T 1591—1994)规定：低合金高强度结构钢共有 5 个牌号，其牌号的表示方法由代表屈服点的字母、屈服点的数值、质量等级符号三部分按顺序组成。其中“Q”表示屈服点代号；质量以硫、磷等杂质的含量由多到少，分为 A、B、C、D、E 五个等级。

例如：Q295-A 表示屈服点为 295MPa、质量为 A 级的低合金高强度结构钢。

低合金高强度结构钢按其力学性能和化学成分含量可分为 Q295、Q345、Q390、Q420、Q460 五个牌号。

(2)低合金高强度结构钢的技术标准

低合金高强度结构钢应符合国家标准规定，其中化学成分、力学性质要求分别见表 7-4、表 7-5。

表 7-4　低合金高强度结构钢的化学成分（GB/T 1591—1994）

牌号	等级	化学成分（%）										
		C≤	Mn	Si	P≤	S≤	V	Nb	Ti	Al	Cr≤	Ni≤
Q295	A	0.16	0.80～1.50	0.55	0.045	0.045	0.02～0.15	0.015～0.060	0.02～0.20	—		
	B	0.16	0.80～1.50	0.55	0.040	0.040	0.02～0.15	0.015～0.060	0.02～0.20	—		
Q345	A	0.02	1.00～1.60	0.55	0.045	0.045	0.02～0.15	0.015～0.060	0.02～0.20	—		
	B	0.02	1.00～1.60	0.55	0.040	0.040	0.02～0.15	0.015～0.060	0.02～0.20	—		
	C	0.20	1.00～1.60	0.55	0.035	0.035	0.02～0.15	0.015～0.060	0.02～0.20	0.015		
	D	0.18	1.00～1.60	0.55	0.030	0.030	0.02～0.15	0.015～0.0600	0.02～0.20	0.015		
	E	0.18	1.00～1.60	0.55	0.025	0.025	0.02～0.15	0.015～0.060	0.02～0.20	0.015		
Q390	A	0.20	1.00～1.60	0.55	0.045	0.045	0.02～0.20	0.015～0.060	0.02～0.20	—	0.3	0.7
	B	0.20	1.00～1.60	0.55	0.040	0.040	0.02～0.20	0.015～0.060	0.02～0.20	—	0.3	0.7
	C	0.20	1.00～1.60	0.55	0.035	0.035	0.02～0.20	0.015～0.060	0.02～0.20	0.015	0.3	0.7
	D	0.20	1.00～1.60	0.55	0.030	0.030	0.02～0.20	0.015～0.0600	0.02～0.20	0.015	0.3	0.7
	E	0.20	1.00～1.60	0.55	0.025	0.025	0.02～0.20	0.015～0.060	0.02～0.20	0.015	0.3	0.7
Q420	A	0.20	1.00～1.70	0.55	0.045	0.045	0.02～0.20	0.015～0.060	0.02～0.20	—	0.40	0.7
	B	0.20	1.00～1.70	0.55	0.040	0.040	0.02～0.20	0.015～0.060	0.02～0.20	—	0.40	0.7
	C	0.20	1.00～1.70	0.55	0.035	0.035	0.02～0.20	0.015～0.060	0.02～0.20	0.015	0.40	0.7
	D	0.20	1.00～1.70	0.55	0.030	0.030	0.02～0.20	0.015～0.0600	0.02～0.20	0.015	0.40	0.7
	E	0.20	1.00～1.70	0.55	0.025	0.025	0.02～0.20	0.015～0.060	0.02～0.20	0.015	0.40	0.7
Q460	C	0.20	1.00～1.70	0.55	0.035	0.035	0.02～0.20	0.015～0.060	0.02～0.20	0.015	0.40	0.7
	D	0.20	1.00～1.70	0.55	0.030	0.030	0.02～0.20	0.015～0.060	0.02～0.20	0.015	0.40	0.7
	E	0.20	1.00～1.70	0.55	0.025	0.025	0.02～0.20	0.015～0.060	0.02～0.20	0.015	0.40	0.7

表 7-5　低合金高强度结构钢的力学性质（GB/T 1591—1994）

牌号	等级	屈服点 σ_s（MPa）				抗拉强度 σ_b（MPa）	伸长率 δ_5（%）	V 形缺口冲击功（A_{kv}纵向）（J）				180°弯曲试验 d 为弯心直径 a 为试件厚度、直径	
		钢材厚度（直径、边长）（mm）										钢材厚度、直径（mm）	
		≤16	＞16～35	＞35～50	＞50～100			+20℃	0℃	−20℃	−40℃		
		≥					≥					≤16	＞16～100
Q295	A	295	275	255	235	390～570	23					$d=2a$	$d=3a$
	B	295	275	255	235	390～570	23	34				$d=2a$	$d=3a$
Q345	A	345	325	295	275	470～630	21					$d=2a$	$d=3a$
	B	345	325	295	275	470～630	21	34				$d=2a$	$d=3a$
	C	345	325	295	275	470～630	21		34			$d=2a$	$d=3a$
	D	345	325	295	275	470～630	22			34		$d=2a$	$d=3a$
	E	345	325	295	275	470～630	22				27	$d=2a$	$d=3a$
Q390	A	390	370	350	330	490～650	19					$d=2a$	$d=3a$
	B	390	370	350	330	490～650	19	34				$d=2a$	$d=3a$
	C	390	370	350	330	490～650	20		34			$d=2a$	$d=3a$
	D	390	370	350	330	490～650	20			34		$d=2a$	$d=3a$
	E	390	370	350	330	490～650	20				27	$d=2a$	$d=3a$
Q420	A	420	400	380	360	520～680	18					$d=2a$	$d=3a$
	B	420	400	380	360	520～680	18	34				$d=2a$	$d=3a$
	C	420	400	380	360	520～680	19		34			$d=2a$	$d=3a$
	D	420	400	380	360	520～680	19			34		$d=2a$	$d=3a$
	E	420	400	380	360	520～680	19				27	$d=2a$	$d=3a$
Q460	C	460	440	420	400	550～720	17					$d=2a$	$d=3a$
	D	460	440	420	400	550～720	17		34	34		$d=2a$	$d=3a$
	E	460	440	420	400	550～720	17				27	$d=2a$	$d=3a$

(3)低合金高强度结构钢的应用

因低合金高强度结构钢具有强度高、综合性能好的特点，在实际工程中，低合金高强度结构钢轧制的型钢、钢板常用作高层建筑的钢结构、大跨度屋架、网架及其他承受较大荷载的构件。

低合金高强度结构钢在桥梁工程中也有广泛的应用，如16Mnq、14MnNbq、15MnVNq、Q370qE、Q345qD等具有强度高，塑性、韧性、可焊性良好，疲劳强度高等特点，在我国的铁路桥梁工程中有广泛应用。我国新建的芜湖长江大桥大量采了板厚6～60 mm的14MnNbq钢。

此外铁路钢轨及一些弹簧用钢也采用不同型号的低合金高强度结构钢轧制。

7.5.3 钢　筋

钢筋是土木建筑工程中应用最为广泛的钢材，一般用于钢筋混凝土结构中。工程应用中，将直径大于6 mm的线材归类为钢筋。钢筋主要由碳素结构钢或低合金结构钢轧制而成，品种有热轧钢筋、冷拉钢筋、冷轧带肋钢筋、热处理钢筋等。

(1)热轧钢筋

①热轧钢筋的分类

热轧钢筋是用加热的钢坯轧制的条型成品钢材，可分为热轧带肋钢筋和热轧光圆钢筋。带肋钢筋的横截面为圆形，但表面通常带有两条纵肋和沿长度方向均匀分布的横肋，如图7-10所示。《钢筋混凝土用钢第2部分：热轧带肋钢筋》(GB 1499.2—2007)规定，热轧带肋钢筋可分为普通热轧钢筋及细晶粒热轧钢筋。普通热轧带肋钢筋有三个牌号，分别是HRB335、HRB400、HRB500，其中H表示热轧，R表示带肋，B表示钢筋的意思，后面的数字表示钢筋的屈服强度特征值；细晶粒热轧带肋钢筋也有三个牌号，分别是HRBF335、HRBF400、HRBF500，其中H、R、B表示的意思与普通热轧钢筋的规定相同，F则表示细晶粒的意思，后面的数字表示钢筋的屈服强度特征值。

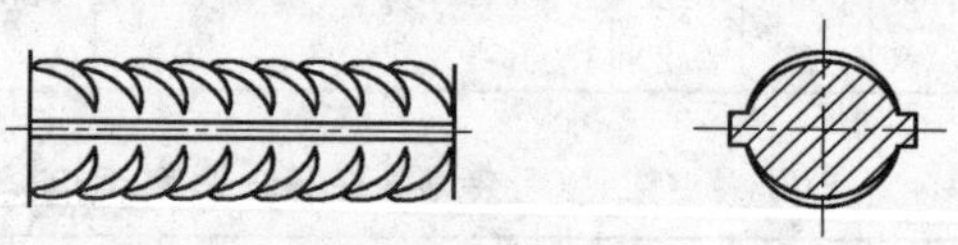

图7-10　带肋钢筋的外形

热轧光圆钢筋的横截面为圆形，且表面光滑。热轧光圆钢筋标准《钢筋混凝土用热轧光圆钢筋》(GB 1499.1—2008)规定，热轧光圆钢筋有两个牌号，分别是HPB235、HPB300，其中H表示热轧，P表示光圆，B表示钢筋，后面的数字表示钢筋的屈服强度特征值。

②热轧钢筋的性能

根据《钢筋混凝土热轧光圆钢筋》(GB 1499.1—2008)的规定，热轧钢筋的性能如表7-6所示。

③热轧钢筋的应用

热轧光圆钢筋强度较低，但塑性好，易于加工，大量应用于各种钢筋混凝土工程，常用作箍筋及构造钢筋。盘条还可以用于制作冷拔低碳钢丝，冷轧带肋钢筋等。

热轧带肋钢筋强度高，与混凝土的结合力强，广泛应用各种钢筋混凝土构件中；400 MPa、500 MPa级钢筋还可用作预应力钢筋使用。目前，国内工程中普遍使用的主力受力钢筋是HRB335，辅助钢筋大多为HPB235。随着发展的需要，高强度热轧钢筋在钢筋混凝土工程中的应用会越来越广泛。

表 7-6　热轧钢筋性能

<table>
<tr><th>类　别</th><th>牌号</th><th>外形</th><th>公称直径（mm）</th><th>屈服强度特征值 R_{eL}（MPa）不小于</th><th>抗拉强度 R_m（MPa）不小于</th><th>断后伸长率 A（%）不小于</th><th>最大力总伸长率 A_{gt}（%）不小于</th><th>180°冷弯 d 为弯心直径 a 为钢筋直径</th></tr>
<tr><td rowspan="2">热轧光圆钢筋</td><td>HPB235</td><td rowspan="2">光圆</td><td rowspan="2">8～22</td><td>235</td><td>370</td><td rowspan="2">25</td><td rowspan="2">10</td><td rowspan="2">$d=a$</td></tr>
<tr><td>HPB300</td><td>300</td><td>420</td></tr>
<tr><td rowspan="3">普通热轧带肋钢筋</td><td>HRB335</td><td>带肋</td><td>6～25
28～40
>40～50</td><td>335</td><td>455</td><td>17</td><td rowspan="6">7.5</td><td>$d=3a$
$d=4a$
$d=5a$</td></tr>
<tr><td>HRB400</td><td>带肋</td><td>6～25
28～40
>40～50</td><td>400</td><td>540</td><td>16</td><td>$d=4a$
$d=5a$
$d=6a$</td></tr>
<tr><td>HRB500</td><td>带肋</td><td>6～25
28～40
>40～50</td><td>500</td><td>630</td><td>15</td><td>$d=6a$
$d=7a$
$d=8a$</td></tr>
<tr><td rowspan="3">细晶粒热轧带肋钢筋</td><td>HRBF335</td><td>带肋</td><td>6～25
28～40
>40～50</td><td>335</td><td>455</td><td>17</td><td>$d=3a$
$d=4a$
$d=5a$</td></tr>
<tr><td>HRBF400</td><td>带肋</td><td>6～25
28～40
>40～50</td><td>400</td><td>540</td><td>16</td><td>$d=4a$
$d=5a$
$d=6a$</td></tr>
<tr><td>HRBF500</td><td>带肋</td><td>6～25
28～40
>40～50</td><td>500</td><td>630</td><td>15</td><td>$d=6a$
$d=7a$
$d=8a$</td></tr>
</table>

注：细晶粒热轧带肋钢筋的焊接工艺应经试验确定。

（2）冷轧带肋钢筋

①冷轧带肋钢筋的分类

冷轧带肋钢筋是以低碳钢或低合金钢的圆盘条，在其表面冷轧成沿长度方向均匀分布的三面或两面横肋的钢筋。根据《冷轧带肋钢筋》（GB 13788—2000）的规定，冷轧带肋钢筋按抗拉强度分为五个牌号，分别是 CRB550、CRB650、CRB800、CRB970 和 CRB1170，其中 C 表示冷轧，R 表示带肋，B 表示钢筋，而后数值表示抗拉强度的最小值。

②冷轧带肋钢筋的性能

冷轧带肋钢筋的性能如表 7-7 所示。

表 7-7　冷轧带肋钢筋的性能

牌　号	抗拉强度 σ_b（MPa）不小于	伸长率（%）不小于		冷弯试验 180°	反复弯曲次数	松弛率初始应力 $\sigma_{con}=0.7\sigma_b$		母材盘条用钢
		δ_{10}	δ_{100}			1000 h（%）不大于	10 h（%）不大于	
CRB550	550	8.0	—	$d=3a$	—	—	—	Q215
CRB650	650	—	4.0	—	3	8	5	Q235
CRB800	800	—	4.0	—	3	8	5	24MnTi 20MnSi
CRB970	970	—	4.0	—	3	8	5	41MnSiV
CRB1170	1170	—	4.0	—	3	8	5	70Ti

③冷轧带肋钢筋应用

冷轧带肋钢筋强度高，塑性好，与混凝土黏结牢固，且质量稳定，可节约钢材，在普通钢筋混凝土构件及预应力混凝土构件中有广泛的应用。但冷轧带肋钢筋不宜使用在承受冲击荷载或强烈振动荷载的构件中，也不宜用焊接方法施工。

(3)热处理钢筋

热处理钢筋是将热轧带肋钢筋(由普通中碳钢或低合金钢轧制)，经过淬火和回火的调质处理后所得的钢筋。热处理钢筋具有高强度、高韧性和高黏结力等特点，适合用作预应力混凝土结构中的预应力钢筋。

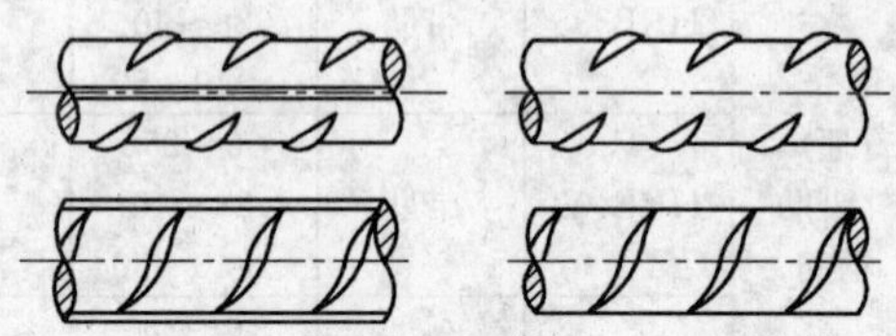

图 7-11　热处理钢筋外形示意图

热处理钢筋按外形分为有纵肋和无纵肋两种，但都有横肋，其外形如图 7-11 所示，根据国标《预应力混凝土用热处理钢筋》(GB 4463—84)的规定，热处理钢筋有 $40Si_2Mn$、$48Si_2Mn$ 及 $45Si_2Cr$ 三种牌号(各数值及符号与前节 7.5.2 所述相同)，直径有 6 mm、8.2 mm 和 10 mm 三种规格，钢筋热处理后应卷成盘形供应，开盘后钢筋能自动伸直。热处理钢筋的力学性质如表 7-8 所示。

表 7-8　预应力混凝土用热处理钢筋力学性能

钢筋代号	公称直径(mm)	牌　号	屈服强度 $\sigma_{0.2}$(MPa)	抗拉强度 σ_b(MPa)	伸长率 δ_{10}(%)
			≥		
RB150	6	$40Si_2Mn$	1325	1470	6
	8.2	$48Si_2Mn$			
	10	$45Si_2Cr$			

近年来在铁路预应力轨枕生产中利用热处理的直径 7mm 的 43Si 代替原直径 3mm 的普通冷拉钢丝，以提高轨枕的综合性能。

7.5.4　钢丝和钢绞线

(1)冷拔低碳钢丝

工程实践中，一般将直径小于 6 mm 的线材归类为钢丝。冷拔低碳钢丝是用普通低碳钢的光圆盘条钢筋经冷拔制作而成的，其性能与母材强度和冷拔后的压缩率有关。冷拔低碳钢丝分为甲、乙两级，甲级钢丝主要用作预应力筋，乙级钢丝主要用作焊接网、焊接骨架、箍筋和构造钢筋。冷拔低碳钢丝技术性能应符合《混凝土结构工程施工及验收规范》(GB 50204—2002)规定，见表 7-9。

表 7-9　冷拔低碳钢丝的力学性能

钢丝级别	直径(mm)	抗拉强度(MPa)		伸长率(%)(L=100 mm)	180°反复弯曲(次数)
		Ⅰ组	Ⅱ组		
甲　级	5.0	≥650	≥600	3.0	4
	4.0	≥700	≥650	2.5	4
乙　级	3.0～5.0	≥550		2.0	4

(2)预应力混凝土用钢丝

预应力混凝土用钢丝是由优质碳素结构钢经冷拔、调质处理后制成的，按《预应力混凝土用钢丝》(GB 5223—2002)规定，预应力混凝土用钢丝按加工状态分为冷拉钢丝(WCD)和消除应力钢丝两类，消除应力钢丝按松弛性能又分为低松弛级钢丝(WLR)和普通松弛级钢丝(WNR)；按外形分光面钢丝(P)、刻痕钢丝(I)、螺旋肋钢丝(H)三种。刻痕钢丝外形如图 7-12 所示。

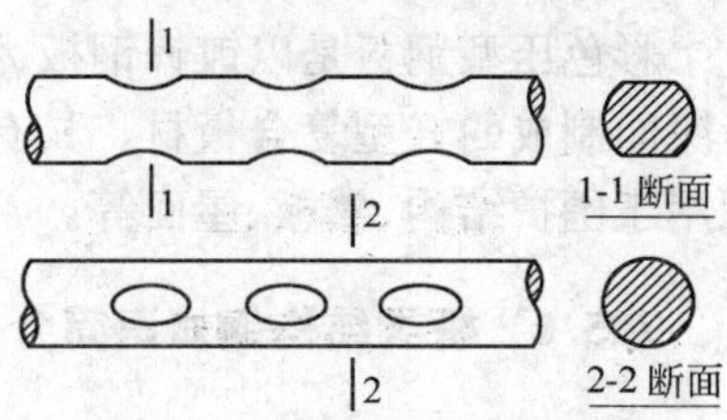

图 7-12 刻痕钢丝外形示意图

预应力混凝土钢丝质量稳定、安全可靠、强度高、柔性好、松弛率低、施工方便，主要应用于工业建筑中的大跨度屋架、吊车梁，铁道混凝土轨枕及桥梁工程中，此外高强度低松弛预应力钢筋已被开发用于生产高速铁路用 M-Ⅲ型预应力轨枕受力筋。

(3)预应力混凝土用钢绞线

钢绞线是以数根高强钢丝经绞捻和消除内应力的热处理后制成的钢丝束，根据《预应力混凝土用钢绞线》(GB/T 5224—2003)规定，钢绞线按捻制结构分为三类，用两根钢丝捻制的钢绞线，结构为 1×2；用三根钢丝捻制的钢绞线，结构为 1×3；用七根钢丝捻制的钢绞线，结构为 1×7。其中 1×7 结构钢绞线是以一根钢丝为中心，其余 6 根围绕捻制而成的，如图 7-13 所示。

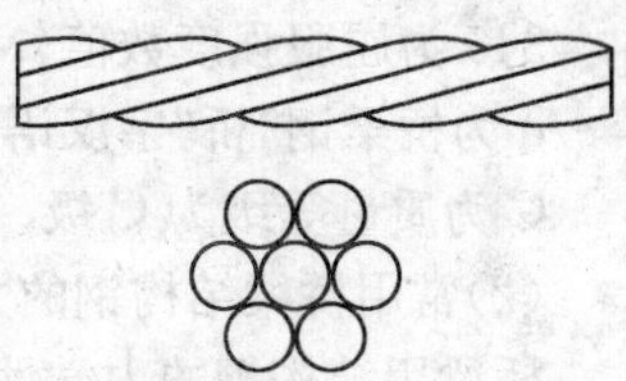
图 7-13 钢绞线

钢绞线具有强度、柔性好，质量稳定，与混凝土黏结性能好，断面面积大，承载能力强等特点，主要应用于大跨度、大负荷的桥梁、屋架、大跨度的吊车梁、薄腹梁等结构中。

7.5.5 工程中常用型钢

我国土木工程使用的型钢按轧制方法可分为热轧成型和冷轧成型，型钢的截面形式不一，型号繁多，工程中根据需要选择。使用中各种型钢构件可直接连接或附以钢板进行连接，连接方式有铆接、螺栓连接或焊接。

(1)热轧型钢

热轧型钢有角钢、工字钢、槽钢、T 形钢、H 形钢及 Z 形钢等，其中以角钢、工字钢、槽钢的应用最为广泛。

我国建筑用热轧型钢主要采用碳素结构钢 Q235-A(含碳量约为 0.14%～0.22%)，其强度适中，塑性和可焊性较好，成本较低。在钢结构设计规范中，推荐使用的低合金高强度结构钢主要有 Q345 和 Q390，适用于大跨度、承受动载的钢结构工程。

(2)冷弯薄壁型钢

冷弯薄壁型钢通常用 2～6 mm 薄钢板冷弯或模压而成，有角钢、槽钢等开口薄壁型钢及方形、矩形等空心薄壁型钢，主要用于轻型钢结构。

(3)钢板和压型钢板

钢板是用碳素结构钢和低合金钢轧制而成的扁平钢材。以平板状态供货的称为钢板，以卷状供货称为钢带。厚度大于 4 mm 以上为厚板，厚度小于或等于 4 mm 的为薄板。可热轧或冷轧生产。

热轧碳素结构钢厚板是钢结构的主要用材。薄板用于屋面、墙面或压型板的原料等。低合金钢厚板用于重型结构、大跨度桥梁或高压容器等。

彩色压型钢板是以镀锌钢板为基材，经辊压、冷弯成异型断面，表面涂装彩色防腐涂层或烤漆而制成的轻型复合板材。具有质量轻，强度大，抗震性能好，施工快，外观美观等特点。主要用于围护结构、楼板、屋面等。

7.5.6 桥梁结构钢知识简介

(1)桥梁用结构钢的表示方法

我国现行《桥梁用结构钢》(GB/T 714—2000)是由《桥梁建筑用热轧碳素钢技术条件》(GB/T 714—1965)、《桥梁用碳素钢及普通低合金钢板技术条件》(YB 168—1970)和《桥梁用结构钢》(YB/T 10—1981)三个标准合并修订而成的。新标准对桥梁用结构钢的表示方法有较大修改，以便与现行其他标准一致。桥梁钢牌号由代表屈服强度“屈”字的汉字拼音字母、屈服强度数值、桥梁钢的汉语拼音字母、质量等级符号四个部分组成。

例如 Q345qC，其中，Q 为桥梁钢屈服强度“屈”字汉语拼音的首位字母；

345 为屈服强度数值，MPa；

q 为桥梁钢“桥”字汉语拼音的首位字母；

C 为质量等级为 C 级。桥梁用结构钢共分 C、D、E 三个等级。

(2)常用桥梁结构钢的力学和工艺性能

桥梁用结构钢的力学性能和工艺性能应符合表 7-10 的规定。在经需方同意的情况下，时效冲击可不做检验。

表 7-10 桥梁用结构钢的力学性能和工艺性能指标

<table>
<tr><th rowspan="3">牌号</th><th rowspan="3">质量等级</th><th rowspan="3">厚度(mm)</th><th>屈服点</th><th>抗拉强度</th><th>伸长率</th><th colspan="3">V 形缺口冲击功(纵向)</th><th colspan="2">180°弯曲试验</th></tr>
<tr><th>σ_s (N/mm²)</th><th>σ_b (N/mm²)</th><th>δ_5 (%)</th><th>温度(℃)</th><th>功(J)</th><th>功(J)(时效)</th><th colspan="2">钢材厚度(mm)</th></tr>
<tr><th colspan="6">不小于</th><th>≤16</th><th>>16</th></tr>
<tr><td rowspan="8">Q235q</td><td rowspan="4">C</td><td>≤16</td><td>235</td><td>390</td><td rowspan="4">26</td><td rowspan="4">0℃</td><td rowspan="8">27</td><td rowspan="4"></td><td rowspan="8">$d=1.5a$</td><td rowspan="8">$d=2.5a$</td></tr>
<tr><td>>16～35</td><td>225</td><td>380</td></tr>
<tr><td>>35～50</td><td>215</td><td>375</td></tr>
<tr><td>>50～100</td><td>205</td><td>375</td></tr>
<tr><td rowspan="4">D</td><td>≤16</td><td>235</td><td>390</td><td rowspan="4">26</td><td rowspan="4">−20℃</td><td rowspan="4">27</td></tr>
<tr><td>>16～35</td><td>225</td><td>380</td></tr>
<tr><td>>35～50</td><td>215</td><td>375</td></tr>
<tr><td>>50～100</td><td>205</td><td>375</td></tr>
<tr><td rowspan="12">Q345q</td><td rowspan="4">C</td><td>≤16</td><td>345</td><td>510</td><td>21</td><td rowspan="4">0℃</td><td rowspan="12">34</td><td rowspan="12">34</td><td rowspan="12">$d=2a$</td><td rowspan="12">$d=3a$</td></tr>
<tr><td>>16～35</td><td>325</td><td>490</td><td>20</td></tr>
<tr><td>>35～50</td><td>315</td><td>470</td><td>20</td></tr>
<tr><td>>50～100</td><td>305</td><td>470</td><td>20</td></tr>
<tr><td rowspan="4">D</td><td>≤16</td><td>345</td><td>510</td><td>21</td><td rowspan="4">−20℃</td></tr>
<tr><td>>16～35</td><td>325</td><td>490</td><td>20</td></tr>
<tr><td>>35～50</td><td>315</td><td>470</td><td>20</td></tr>
<tr><td>>50～100</td><td>305</td><td>470</td><td>20</td></tr>
<tr><td rowspan="4">E</td><td>≤16</td><td>345</td><td>510</td><td>21</td><td rowspan="4">−40℃</td></tr>
<tr><td>>16～35</td><td>325</td><td>490</td><td>20</td></tr>
<tr><td>>35～50</td><td>315</td><td>470</td><td>20</td></tr>
<tr><td>>50～100</td><td>305</td><td>470</td><td>20</td></tr>
</table>

续上表

牌号	质量等级	厚度 (mm)	屈服点 σ_s (N/mm²)	抗拉强度 σ_b (N/mm²)	伸长率 δ_5 (%)	V形缺口冲击功(纵向)			180°弯曲试验	
						温度(℃)	功(J)	功(J)(时效)	钢材厚度(mm)	
			不小于						≤16	>16
Q370q	C	≤16	370	530	21	0℃	41	41		
		>16～35	355	510	20					
		>35～50	330	490	20					
		>50～100	330	490	20					
	D	≤16	370	530	21	−20℃				
		>16～35	355	510	20					
		>35～50	330	490	20					
		>50～100	330	490	20					
	E	≤16	370	530	21	−40℃				
		>16～35	355	510	20					
		>35～50	330	490	20					
		>50～100	330	490	20					
Q420q	C	≤16	420	570	20	0℃	47	47		
		>16～35	410	550	19					
		>35～50	400	540	19					
		>50～100	390	530	19					
	D	≤16	420	570	20	−20℃				
		>16～35	410	550	19					
		>35～50	400	540	19					
		>50～100	390	530	19					
	E	≤16	420	570	20	−40℃				
		>16～35	410	550	19					
		>35～50	400	540	19					
		>50～100	390	530	19					

注：Q420qE级钢的 −40℃冲击功值由供需双方协议规定。

(3)桥梁用结构钢的新旧牌号对照

常用桥梁用结构钢新旧牌号对照如表7-11所示。

表7-11 桥梁用结构钢的力学性能和工艺性能指标

新牌号	旧牌号	新牌号	旧牌号
Q235q	16q	Q370q	14MnNbq
Q345q	16Mnq	Q420q	15MnVNq

7.6 钢　轨

7.6.1 钢轨用钢

钢轨是轨道最重要的组成部件，它直接承受列车的荷载，引导列车运行，把机车车辆荷载传递给轨枕。

钢轨的工作条件十分复杂，钢轨受到车轮碾压会产生弯曲，为抵抗弯曲，钢轨应具有相当的强度。钢轨承受冲击荷载，为了减轻车轮对钢轨的冲击作用，减少机车、车辆走行部分及钢轨的裂损，钢轨又必须具有一定的可挠性；为使钢轨不致被巨大压力压溃或迅速磨耗，钢轨应具有足够的硬度。但硬度太高时，钢轨又容易被车轮的动力冲击所折断，因此，钢轨又应具有一定的断裂韧性；此外，处于多雨潮湿地区、盐碱地带、隧道环境中的钢轨，会受到各种介质的腐蚀作用，所以钢轨还应具有较强的抗剥离性和抗疲劳性，一定的耐腐蚀性，良好的可焊性等。

由于机车车辆轴重的逐渐增大，钢轨所承受的荷载也越来越大，对钢轨的材质和强度有更高的要求。

钢轨的组织与性能，主要取决于它的化学成分。合适的化学成分是保证钢轨质量，提高钢轨的机械性能的主要因素之一。为了进一步改善钢轨钢的机械性能，冶金部门开发了微合金轨，即在碳素钢中加入铬(Cr)可提高钢的强度、硬度、耐磨性、淬透性和耐磨蚀性；加入钒(V)可提高钢的强度、耐磨性和淬透性，改善钢的塑性和韧性；加入钛(Ti)可细化钢的晶粒，提高强度，改善韧性；加入稀土可细化有害的非金属杂质的粒径，改善钢的耐磨性和韧性，以此改善钢轨的综合性能。表 7-12 列举了我国几种常用的钢轨的化学成分与技术性能。

表 7-12　铁路钢轨的化学成分及性能

<table>
<tr><th rowspan="2">钢轨名称</th><th rowspan="2">钢轨代号</th><th colspan="6">化学成分(%)</th><th rowspan="2">σ_b
(MPa)</th><th rowspan="2">δ_5
(%)</th><th rowspan="2">硬度
HB</th></tr>
<tr><th>C</th><th>Si</th><th>Mn</th><th>Cu</th><th>P</th><th>S</th></tr>
<tr><td>普通碳素钢轨</td><td>U71</td><td>0.64～
0.77</td><td>0.13～
0.28</td><td>0.60～
0.90</td><td>—</td><td rowspan="3">≤0.040</td><td rowspan="3">≤0.050</td><td rowspan="3">≥800</td><td>≥10</td><td rowspan="3">280～350</td></tr>
<tr><td>普通碳素钢轨</td><td>U74</td><td>0.67～
0.80</td><td>0.13～
0.28</td><td>0.70～
1.00</td><td>—</td><td>≥9</td></tr>
<tr><td>含铜碳素钢轨</td><td>U71Cu</td><td>0.65～
0.77</td><td>0.15～
0.30</td><td>0.70～
1.00</td><td>0.10～
0.40</td><td>≥9</td></tr>
<tr><td>普通碳素钢轨</td><td>U71Mn</td><td>0.65～
0.77</td><td>0.15～
0.35</td><td>1.10～
1.50</td><td>—</td><td rowspan="3">≤0.040</td><td rowspan="3">≤0.040</td><td rowspan="3">≥900</td><td rowspan="3">≥8</td><td rowspan="3">301～
370</td></tr>
<tr><td>高硅钢轨</td><td>U70MnSi</td><td>0.65～
0.77</td><td>0.85～
1.15</td><td>0.85～
1.15</td><td>—</td></tr>
<tr><td>含铜高硅钢轨</td><td>U70MnSiCu</td><td>0.65～
0.77</td><td>0.70～
1.10</td><td>1.80～
1.20</td><td>0.10～
0.40</td></tr>
</table>

7.6.2　钢轨知识简介

(1)钢轨的分类

目前我国定型生产的钢轨分类如下：

①按钢种分：钢轨可分为碳素轨、合金轨和热处理轨三种。碳素轨主要以碳(C)、锰(Mn)两元素来提高强度，改善韧性，如 U71Mn、U74。合金轨是以碳素轨为基础，添加适量合金元素钒(V)、钛(Ti)、铬(Cr)、钼(Mo)等，来提高钢轨的强度和韧性。热处理轨主要是对碳素轨通过加热和控制冷却，来改善其金相结构，从而获得高强度和高韧性。

②按钢轨的重量分：有 38 kg/m(P38)、43 kg/m(P43)、45 kg/m(P45)、50 kg/m(P50)、60 kg/m(P60)和 75 kg/m(P75)。

③按力学性能分：有普通轨、高强轨、耐磨轨三类。普通轨是指抗张拉强度不小于 800 MPa 的钢轨；高强轨是指抗张拉强度不小于 900 MPa 的钢轨；耐磨轨是指抗张拉强度不小于 1100 MPa 的钢轨。

④按钢轨长度分：有 12.5 m 和 25 m 两种，今后将主要生产 25 m 轨。

目前国内用得最多的钢轨是 P60 的 U71Mn。此外，由于国际贸易往来，近几年来还大量进口国外生产的钢轨，随着加入 WTO 后，会有更多的外国产钢轨进入我国，铺设在线路中。

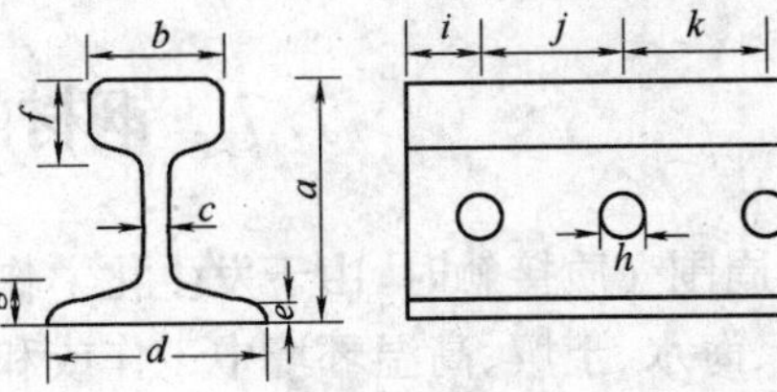

图 7-14　钢轨形状示意图

(2)钢轨的断面尺寸

钢轨断面为左右对称的工字形，如图 7-14 所示，从上往下分为轨头、轨腰和轨底三部分。不同型号的钢轨，其断面尺寸和螺孔位置各不相同，表 7-13 反应了各型钢轨的相关尺寸。

表 7-13　钢轨尺寸表

轨型 / 项目		钢轨类型(kg/m)					
		38	43	45	50	60	75
a	钢轨高度	134	140	145	152	176	192
b	轨头宽度	68	70	67	70	73	75
c	轨腰厚度	13	14.5	14.5	15.5	16.5	20
d	轨底宽度	114	114	126	132	150	150
e	轨底边缘厚度	9	11	10	10.5	12	13.5
f	轨头内高	39	42	44	42	48.5	107.5
g	轨底内高	24	27	26	27	30.5	32.3
h	螺栓孔直径	29	29	29	31	31	31
i	轨端至 1 孔中心距	56	56	76	66	76	96
j	1 孔至 2 孔中心距	110	110	140	150	140	220
k	2 孔至 3 孔中心距	160	160	140	140	140	130

(3)钢轨的标志及说明

钢轨标志是表示生产厂、出厂时间、钢轨材质、生产过程等内容的符号，钢轨标志一般均轧制于钢轨一侧轨腰上，有两种类型，一种是辊轧凸字，字体凸出于轨腰表面；另一种为热轧凹字，字体凹陷在轨腰表面以下。

国产钢轨生产厂家名称、代号(辊轧凸字)见表 7-14。

表 7-14　国产钢轨生产厂家名称、代号表

顺号	厂　　名	厂　　标	主要生产钢种
1	攀枝花钢铁公司	PZH	U71Mn、PD_1、PD_2、PD_3
2	鞍山钢铁公司		AP、U71Mn
3	武汉钢铁公司		WP、WP
4	包头钢铁公司		P75、U74
5	重庆钢铁公司		AP1、U71Mn

7.7 钢材的腐蚀与防护

钢铁和周围介质接触时，由于发生化学作用或电化学作用而引起的破坏叫做钢铁的腐蚀。钢铁在空气、海水、土壤、高温环境中工作或和酸、碱、盐等化学介质接触时，都会产生不同程度的腐蚀。

腐蚀的危害性很大，它不但使钢铁的外形、色泽和力学性能发生变化，而且还损失大量的钢铁材料。由于钢铁被腐蚀需要大量的费用进行维护检修，且钢铁设备因腐蚀而停工减产的损失就更为可观。因此，研究腐蚀的基本过程，从而采取适当的防止措施，有非常重大的意义。

7.7.1 钢材的腐蚀

根据钢铁腐蚀过程的不同特点，可分为化学腐蚀和电化学腐蚀两类。

(1)化学腐蚀

钢铁与周围介质(非电解质)接触时单纯由化学作用而引起的腐蚀叫做化学腐蚀。化学腐蚀一般发生在干燥的气体或不导电的液体(润滑油或汽油)场合中。例如，钢铁和干燥气体如氧气(O_2)、硫化氢(H_2S)、二氧化硫(SO_2)、氯气(Cl_2)等接触时，在钢铁表面上生成相应的化合物，如氧化物、硫化物、氯化物等，从而使钢铁零件因腐蚀而破坏。

氧化是最常见的化学腐蚀，形成的氧化膜通过扩散逐渐加厚。如果能形成致密的氧化膜(如铬和铝)并具有防护作用，则能阻止氧化膜继续向钢铁内部发展。

温度对化学腐蚀的影响很大，随着温度的升高，钢铁材料更容易产生化学腐蚀。以钢材为例，在加热至高温时，表面极易生成一层氧化皮(由 FeO、Fe_2O_3 和 Fe_3O_4 组成)。通过扩散，使氧化皮逐渐加厚，造成损耗。高温下加热时间越长，氧化损耗越严重。

在实际生产实践中，由单纯的化学腐蚀引起钢铁的损耗较少，更多的是电化学腐蚀。

(2)电化学腐蚀

当金属和电解液接触时，由电化学作用而引起的腐蚀叫做电化学腐蚀。例如钢铁在电解液溶液(酸、碱、盐溶液)以及海水中发生的腐蚀，地下钢铁管道在土壤中的腐蚀，钢轨处于潮湿空气中的腐蚀等等，均属于电化学腐蚀，电化学腐蚀过程中有电流产生。

电化学腐蚀的发生主要是由于钢铁具有一定的电极电位，而不同的金属有不同的电极电位，如表 7-15 所示。

表 7-15 常用金属的标准电极电位 (V)

金属	Al(铝)	Zn(锌)	Cr(铬)	Fe(铁)	Ni(镍)	Sn(锡)	Pb(铅)	Cu(铜)	Ag(银)
电极电位	−1.706	−0.762	−0.56	−0.409	−0.23	−0.136	−0.13	+0.3402	+0.7996

工程上的金属或合金，它们的组织一般是不均匀的，当它们与电解液接触时，不均一的晶体或组织将具有不同的电极电位，结果在金属或合金中形成大量的微小原电池，就产生了电化学腐蚀。例如，碳钢的组织由铁素体和渗碳体两相组成，铁素体的电极电位比渗碳体低，当有电解液(如潮湿空气)存在时，即可形成原电池，铁素体成为阳极而被腐蚀。图 7-15 为碳素钢电化学腐蚀示意图。

从以上分析可见，钢铁的腐蚀绝大多数是电化学腐蚀引起的，因此，在生产实践中电化学腐蚀的危害性最大。

7.7.2 钢材腐蚀的防护

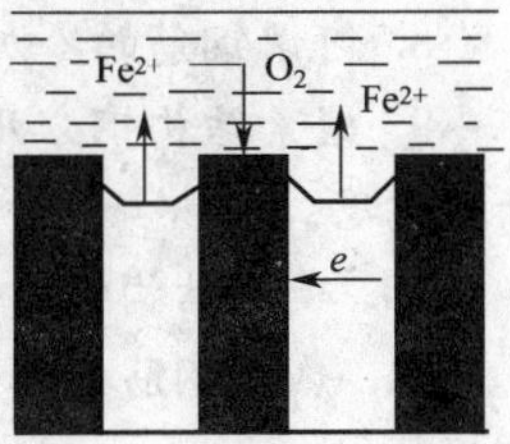

图 7-15 碳素钢电化学腐蚀示意图

从形成原电池的基本原理可知，产生电化学腐蚀有两个必备条件：①存在电极电位差；②存在电解液。因此防止电化学腐蚀的一切方法就是为使上述两个条件不要同时存在。因此，为提高钢铁的腐蚀能力，原则上可采取以下方法：

尽可能使钢铁保持均匀单相组织，即无电极电位差，并使钢铁具有较高的电极电位。

尽量减少两极之间的电极电位差，并提高阳极的电极电位，以减缓腐蚀速度。

尽量不与电解液接触，减少甚至隔绝腐蚀电流。

常用的方法有以下几种：

(1)添加合金元素

不锈钢是一个典型的例子。在炼钢时加入一定量的合金元素(常用 Cr)时，钢基体的电极电位提高，从而提高了其抵抗电化学腐蚀的能力。不锈钢中大量铬和镍的加入，不仅使钢表面能形成钝化膜，而且使内部组织成为单相，消除电极电位差，从而提高了钢的耐蚀性。

(2)覆盖法

在需要保护的钢铁表面，覆盖一层极薄的耐蚀性很高的钢铁或非钢铁物质，使钢铁同腐蚀介质隔开。

①金属覆盖法。在钢铁表面形成一层致密的金属保护层，常用热镀法或电镀法。例如，在铁皮、钢丝、管子表面热镀锌，在制件表层电镀铜和铬，不仅能防锈，而且美观。

②非金属覆盖法。在钢铁表面形成一层致密的非金属保护层，如喷涂涂料、塑料和搪瓷等，其中喷涂涂料是最常用的方法。

(3)电化学保护法

此法适用于在电解液中工作的零件。它是将被保护的钢铁作为原电池的阴极而不受腐蚀的方法，所以又叫阴极保护法。

阴极保护法有两种：一种是牺牲阳极保护法，另一种是外加电流法。

①牺牲阳极保护法。它是将被保护的钢铁与另一电极电位较低的钢铁紧密接触，形成一个原电池，使被保护钢铁作为原电池的阴极而受到保护，电极电位较小的钢铁作为原电池的阳极而被腐蚀。

②外加电流法。它是将保护的钢铁与一直流电源的阴极相连，而将另一金属片与被保护钢铁隔绝并与直流电源的阳极相连，从而达到防腐的目的。

复习思考题

1. 试述钢的分类，钢与铁有何区别？
2. 低碳钢拉伸可分成几阶段，各阶段各有什么特点？试绘制低碳钢的应力—应变图。
3. 什么叫钢材的屈服？什么叫钢材的屈服强度？屈服强度和抗拉强度有何区别？
4. 钢材中的化学元素对钢材性质有什么影响？
5. 什么是钢材的塑性？如何计算钢材的塑性？
6. 什么是钢材的冷弯性质？什么是钢材的冲击韧性？在工程中有何实际意义？
7. 什么是钢材的疲劳强度？造成疲劳破坏的原因是什么？

8. 何谓钢筋的冷加工和时效处理？钢筋冷拉并经时效处理后，其力学性能有何变化？

9. 碳素结构钢分几个牌号？低合金结构钢分几个牌号？举例说明牌号数值及字母表示什么意思。

10. 碳素结构钢与低合金结构钢在化学成分上有何区别？在性能上有何区别？

11. 热轧钢筋按轧制外形可分几类？按其力学性能分几类？各级钢筋有何特点？各有何应用？

12. 冷拉钢筋与冷拔钢丝在加工过程中有何区别？两者性能有何异同？

13. 钢丝有几种？性能有何特点？

14. 根据钢轨的质量及力学性能如何对钢轨分类？各有何特点？

15. 钢轨用钢有哪些？化学元素含量有何差异？

16. 钢材生锈的原因有哪些？可采取哪些防锈措施？

第8章 沥 青

【学习目标】本章主要介绍沥青的基本知识、技术性能及工程上常用的各类沥青制品。通过本章内容的学习，要求了解沥青材料的基本组成，掌握石油沥青的技术性质，了解沥青材料、防水卷材、防水涂料和密封材料的组成、性能及其应用。

8.1 沥 青

沥青是一种有机胶凝材料，是由一些极其复杂的高分子碳氢化合物和这些碳氢化合物的非金属(氧、硫、氮)衍生物所组成的混合物。常温下呈黑色或暗黑色固体、半固体或黏稠状物。沥青能溶于多种有机溶剂，完全溶解于二硫化碳，具有憎水性、不透水、不导电、耐腐蚀等优良性能，与钢、木、砖、石、混凝土等材料有良好的黏结性。在土建工程中，沥青主要作为防水、防潮、防腐材料和胶凝材料，广泛应用于铁路桥梁、道路工程、涵洞、建筑屋面、地下室的防水工程以及防腐工程中，是土建工程不可或缺的材料。

沥青根据产源不同，分为地沥青及焦油沥青两大类：地沥青包括在地下直接开采的天然沥青和石油加工后所剩残渣的石油沥青；焦油沥青是先将煤、木、页岩、泥炭中的有机物干馏得到焦油，再经提炼加工后所剩的残渣，有煤沥青、木沥青、页岩沥青、泥炭沥青等。

土建工程中主要使用石油沥青和煤沥青两类。

8.1.1 石油沥青

石油沥青是非常复杂的烃类和非烃类的混合物，是石油中相对分子量最大、组成及结构最复杂的组分，除了碳、氢两种元素外，还有少量的硫、氮、氧等非金属元素及钒、镍、铁、钠、钙等微量金属元素。石油沥青由原油经蒸馏提炼出汽油、煤油、柴油和机油后的残渣，再经处理而得到的制品。

(1)石油沥青的分类

石油沥青按不同的分类标准，有诸多品种，见表8-1，常用的分类方法是按加工方法进行分类。

表8-1 石油沥青的分类

序号	分类标准	品 种
1	按原油成分	石蜡沥青、沥青基沥青、混合沥青
2	按加工方法	残留沥青、蒸馏沥青、氧化沥青、裂化沥青；酸洗沥青、溶剂沥青、调配沥青
3	按产品在常温下的稠度	液体沥青、黏稠沥青
4	按用途	道路石油沥青、建筑石油沥青和普通石油沥青

①按加工方法分

a. 直馏沥青：将原油在蒸馏塔内加热至350～400 ℃分离出各种油质，最后剩下的残渣称为直馏沥青。它含有较多的油分，因此塑性大，黏性小，温度稳定性差。

b. 蒸馏沥青：将直馏沥青加热至300～350 ℃，吹入过热蒸汽，蒸馏掉其中一部分油分，从而改善其黏性，便得到蒸馏沥青。

c. 氧化沥青：将各种较软的沥青在250～300 ℃高温下吹入空气，通过氧化作用提高其黏性，便得到氧化沥青（或称吹制沥青）。

②按用途分

a. 道路石油沥青：主要是直馏沥青和蒸馏沥青。因主要用于铺筑道路而得名，其中较黏稠的可用于屋面防水、地下防水防潮、制作浸渍油纸和绝缘材料等。

b. 建筑石油沥青：主要是氧化沥青。它是建筑工程中使用的品种，用于屋面和地下的防水材料、制作油毡、油纸和绝缘材料等。

c. 普通石油沥青：因含蜡量较高，性能较差，在工程中一般不直接使用，但可与其他石油沥青掺配成混合沥青使用。

(2)石油沥青的组成

沥青的化学组成非常复杂，含碳量一般在83%～87%之间，含氢量在10%左右，H/C原子比约在1.4～1.6之间。为便于分析应用，在工程使用中，常将沥青中化学成分和物理特征相似的部分作为一个部分，从而将石油沥青分为三个主要部分或四个主要部分，叫三组分法或四组分法。按三组分法则将沥青分为油分、胶质及沥青质，按四组分法则将沥青分为饱和分、芳香族、胶质及沥青质。

①油分：它是无色或淡黄色的油状液体，能使沥青具有流动性。它是沥青中最轻的组分，密度为0.6～1 g/cm^3，在沥青中的含量约为40%～60%，能溶于大多数有机溶剂，但不溶于酒精，170 ℃以上能挥发。油分含量多的沥青较软、易流，而黏性和温度稳定性较差。

②胶质：它是黄色至褐色的黏稠半固体，能使沥青具有黏性和塑性。它的密度为1.0～1.1 g/cm^3，熔点低于100 ℃，能溶解于汽油、三氯甲烷等有机溶剂中，在石油沥青中的含量约为15%～30%。脂胶含量高的沥青，其黏结性和塑性较高。

③沥青质（又称地沥青质）：它是沥青中的固体颗粒，能使沥青具有黏性和耐热性。它的密度为1.1～1.5 g/cm^3，黑色，不溶于汽油、酒精，但能溶于二硫化碳和三氯甲烷，在石油中的含量约为10%～30%。沥青质含量高的沥青，其黏结性能大，热稳定性好，但塑性降低，硬脆性增大。

此外，沥青中含有少量的沥青酸、沥青酸酐和石蜡等。沥青酸和沥青酸酐可增加沥青的黏性，是沥青中的好成分。而石蜡会降低沥青的黏结性、塑性和温度稳定性，是沥青中的有害成分。

沥青中各组分的组成比例，决定着沥青的技术性能：含油分多的沥青常温下可呈半固态或流态，油分少的沥青则呈固态；当温度升高时，易熔的脂胶会转变成油分，使沥青变软、变流；反之，温度降低时，油分则会凝成脂胶，使沥青变成固体、变硬，甚至变脆。沥青防水工程的施工，正是利用这一性能，将沥青加热融化后进行铺设，冷却凝固后即成防水层。

(3)石油沥青的技术性质

①黏滞性（或称黏性）：黏滞性是指沥青在外力作用下抵抗变形的能力，反映了沥青的稀稠软硬程度。含油分少的沥青呈固态，其黏滞性较大，受力不易变形；含油分多的沥青呈软质的半固态，黏滞性较小，容易受力变形；含油分再多便呈流态，容易流淌，黏滞性就更小了。流态沥青的黏滞性用黏滞度表示，而固态、半固态沥青的黏滞度用针入度表示。

a. 黏滞度：是流态沥青在规定温度（t=25 ℃或60 ℃）下，经指定直径（d=3 mm、5 mm或

10 mm)的圆孔流出 50 mL 所需的时间(s),用 C_t^d 表示 。例如 $C_{25}^{10}=30$ s,表示该沥青液在 25 ℃的温度下通过直径 10 mm 小圆孔流出 50 mL 时需要 30 s。在温度、孔径相同的条件下,黏滞度较大,表示沥青较稠,黏滞性较大,沥青黏滞度的测定如图 8-1 所示。

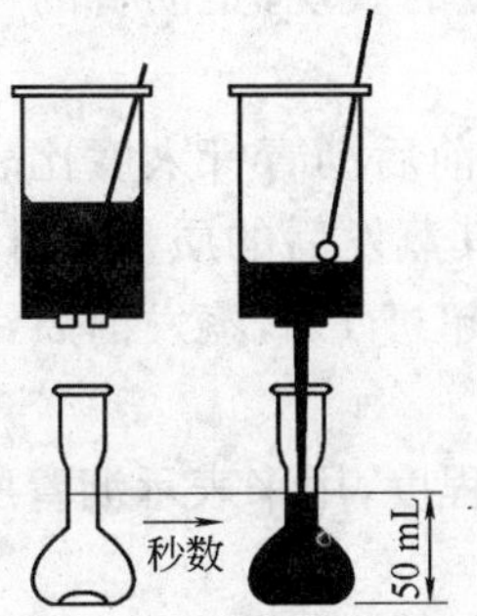

图 8-1　黏滞度的测定示意图

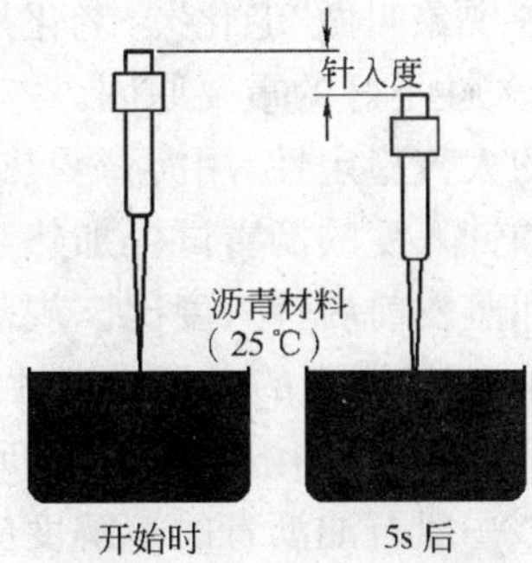

图 8-2　针入度测定示意图

b. 针入度:针入度是在 25 ℃条件下 ,总重度为 100 g 的标准试针(连杆)在 5 s 内,竖直插入固态或半固态沥青试件的深度,以 0.1 mm 为 1 度。如针入度为 6.3 mm ,则沥青的针入度为 63 度。针入度越大,说明沥青越软,黏滞性越小,针入度的测定如图 8-2 所示。

②塑性:塑性指沥青在外力作用下能产生变形而不断裂的性能。塑性好的沥青,其变形能力强,在使用的过程中,能随着结构的变形而变形且不开裂,保持其防水防潮性能。

沥青的塑性用延度或延伸率表示:用特制试模,将沥青制成"8"字形试件(中部最窄处的截面积为 1 cm^2),在恒温 25 ℃的水中,以 5 cm/min 的速度缓慢拉伸至试件断裂时的伸长量(cm),即为沥青的延度。沥青的延度一般在 1～100 cm 之间,延度越大的沥青,其塑性越好,沥青延度的测定如图 8-3 所示。

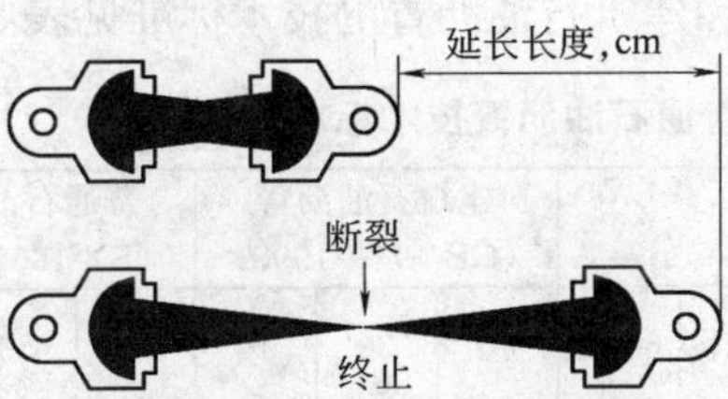

图 8-3　延度测定示意图

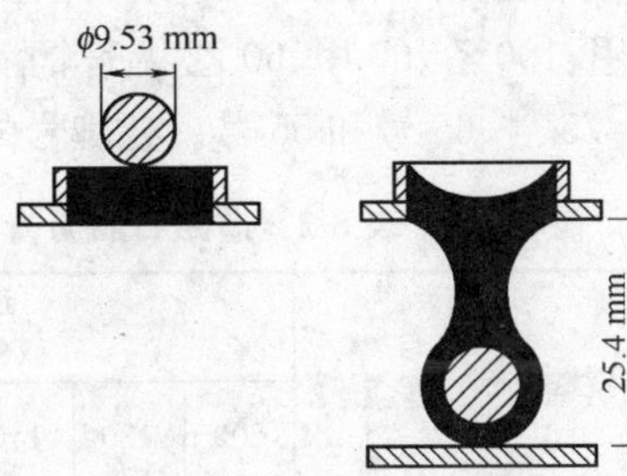

图 8-4　软化点测定示意图

③温度稳定性:也称温度敏感性,沥青性能随温度变化而变化的程度称为温度稳定性,它反映沥青的耐热程度。沥青的黏滞性和塑性都随温度的变化而变化。在相同的温度范围内,黏滞性和塑性变化程度较小的沥青,其温度稳定性较好。有的沥青在夏季高温时容易变软融化而流淌,到冬季低温时又变得硬脆而易裂,这就是温度稳定性不好。

温度稳定性用软化点表示,用"环球法"测定:将沥青试样装入小铜环中,上面加放一个质量为 3.5 g 的小钢球,在水中以 5 ℃/min 的速度加热升温,随着沥青的软化,沥青连球下坠 25.4 mm(与下方底板接触)时的温度即为流态时的温度。一般沥青的软化点在 30～95 ℃之间,软化点越高的沥青,其温度稳定性越好,沥青软化点测定如图 8-4 所示。

④大气稳定性:沥青在长期的大气、阳光、雨雪、温变的综合作用下,其性能的稳定程度称为大气稳定性。它反映沥青的耐老化性能即耐久性能。

沥青在上述诸因素的长期作用下，一部分油分被挥发，其余分子则会氧化、缩合和聚合，导致组分逐渐递变，发生油分向脂质转化，脂质向沥青质转化，结果使油分、脂质逐渐减少，分子量大的沥青质逐渐增多，因而使沥青的塑性降低，脆性增加，各方面性能下降，最后失去其防水性能。这种现象叫做“老化”。老化是沥青的大气稳定性不良的表现，是沥青的一个重大的缺点，是其耐久性不好的重要原因。

沥青的大气稳定性，用沥青受热后的蒸发减少量和蒸发前后沥青针入度比表示。即将测定了质量和针入度的沥青试样加热至160 ℃并恒温5 h，测其蒸发后的质量和针入度，计算其质量减少和蒸发前后针入度比。规范规定，当蒸发减少量不超过1%，蒸发前后针入度比不小于表8-2规定时，沥青的大气稳定性才算合格。

⑤溶解度：沥青的溶解度是指沥青在指定溶剂中溶解的程度，用来表示沥青所含不溶性杂质的含量。一般石油沥青的溶解度应在98%以上。

⑥闪点和燃点：沥青在使用时，通常需要加热熔化，但如加热温度过高，其挥发的油气遇到火焰会发生闪火甚至燃烧，从而危及施工安全。沥青初次发生闪火（着火而不持续）时的温度称为闪点，能发生燃烧（保持5 s以上）时的温度称为燃点。沥青的闪点在180～230 ℃之间，而燃点只比该沥青的闪点高10 ℃左右。因此，为保证施工安全，必须控制好沥青熬制的温度。

⑦水分：沥青几乎不溶于水，但也不是绝对不含水，其所含的盐分中也会有微量的水。且沥青在运输贮存中也免不了会使其表面带水。在施工熔制时，沥青所含水分蒸发成泡，容易发生溢锅现象，以致引起火灾，危及施工安全。所以在加热熔制时，锅内沥青不要装得过满，熔制过程中要控制好温度，加强搅拌，使气泡易于上浮破裂，以确保施工安全。

（4）石油沥青的技术标准和选用

①石油沥青的牌号和标准：石油沥青按其针入度划分牌号。我国现行石油沥青材料标准，将石油沥青分为道路石油沥青、建筑石油沥青和普通石油沥青三种。道路石油沥青分为200、180、140、100甲、100乙、60甲、60乙共7个牌号。建筑石油沥青分为40号、30号和10号。普通石油沥青分为75号、65号和55号。各牌号的道路石油沥青和建筑石油沥青的技术标准见表8-2。

表8-2　道路石油沥青、建筑石油沥青和普通石油沥青技术标准

质量指标	道路石油沥青（SH 0522—92）							建筑石油沥青（GB 494—1998）			普通石油沥青（SY 1665—77）		
	200	180	140	100甲	100乙	60甲	60乙	40	30	10	75	65	55
针入度1/10 mm(25 ℃,100 g)	201～300	161～200	121～160	91～120	81～120	51～80	41～80	36～50	26～35	10～25	≥75	≥65	≥55
延度(25 ℃)(cm) ≥	—	100	100	90	60	70	40	3.5	2.5	1.5	2	1.5	1
软化点(环球法)(℃)	30～45	35～45	38～48	42～52	42～52	45～55	45～55	≥60	≥75	≥95	≥60	≥80	≥100
溶解度(三氯甲烷，四氯化碳或苯)(%) ≥	99.0	99.0	99.0	99.0	99.0	99.0	99.0	99.5	99.5	99.5	98	98	98
蒸发损失(160 ℃,5 h)(%) ≤	1	1	1	1	1	1	1	1	1	1	—	—	—
蒸发后针入度比(%) ≥	50	60	60	65	65	70	70	65	65	65	—	—	—
闪点(开口)(℃) ≥	180	200	230	230	230	230	230	230	230	230	230	230	230

从表内可见，当沥青的牌号从高到低时，其针入度和延度变小，软化点升高。即牌号较低的沥青，其黏滞性较大，塑性较差，温度稳定性较好，抗老化的能力较低。

此外，我国道路石油沥青依据国标(GB 50092—96)标准，将道路石油沥青划分“重交通道路石油沥青(代号 AH)”与“中、轻交通道路石油沥青(代号 A)”，其中重交通道路石油沥青按照针入度指标分为 5 个等级。

②石油沥青的选用：石油沥青的选用，应根据工程所出处环境，满足塑性或温度稳定性的要求。在此前提下，宜选牌号较高者以提高其使用年限。

用于路面、地坪、地下防水及可能产生相对位移的沟管接头、伸缩缝、沉降缝等，应选用黏性大、塑性好、能随着构件变形而保持其完整有效性能的沥青，如选用 60 号、100 号或 140 号及其掺和的沥青。

用于屋面防水的沥青，主要依据温度稳定性来选择，要达到夏季不流淌、冬季不脆裂的要求。一般夏季高温时屋面受阳光直射，其实际温度比当时的标准气温要高出 20～30℃，因此要求所选用沥青的软化点应比当地气温高出 20～25 ℃。对于炎热地区屋面坡度较大的防水层，常选用 10 号、30 号及其混合的石油沥青；对气温不太高或屋面坡度不大的屋面防水层，则可选用 60 号与 30 号、60 号与 10 号的混合沥青，所选用沥青均以达到所要求的软化点为准。

(5)石油沥青的掺配

当某一种牌号的石油沥青不能满足工程技术要求时，需用不同牌号的沥青进行掺配。在进行掺配时，为了不使掺配的沥青胶体结构被破坏，应选用表面张力相近和化学性质相似的沥青。试验证明同产源的沥青容易保证掺配后的沥青胶体结构的均匀性。所谓同产源是指同属石油沥青或同属煤沥青。

两种沥青掺配的比例可用下式估算：

$$Q_1=\frac{T_1-T}{T_2-T_1}\times 100$$

$$Q_2=100-Q_1$$

式中 Q_1——较软沥青用量，%；

Q_2——较硬沥青用量，%；

T——掺配后的沥青软化点，℃；

T_1——较软沥青软化点，℃；

T_2——较硬沥青软化点，℃。

根据估算的掺配比例或在其邻近的比例(5%～10%)进行试配(混合熬制均匀)，测定掺配后沥青的软化点，然后绘制“掺配比—软化点”曲线，即可从曲线上确定所要求的掺配比例。

8.1.2 煤 沥 青

(1)煤沥青

煤沥青是炼焦厂或煤气厂的副产品，用煤碳炼焦或制取煤气时，把干馏挥发物冷凝得到煤焦油，煤焦油经分馏加工出各种油质后所剩残渣，称为煤沥青(又称柏油)。按蒸馏程度不同，煤沥青分为低温煤沥青(软化点低于 75 ℃)、中温煤沥青(软化点为 75～95 ℃)和高温煤沥青(软化点为 95～120 ℃)，工程上多采用低温煤沥青。

与石油沥青相比，煤沥青的塑性、大气稳定性都较差，冬季易脆裂，夏季易软化，老化快，故不宜用于屋面防水和温度变化较大的环境。煤沥青含有酚、蒽等有毒成分，但黏性好，所以常用于地下防水和木材防腐材料。

由于煤沥青含有有毒成分，在贮存和施工中，应遵守有关劳保规定，以防中毒。

(2)石油沥青与煤沥青的区别

石油沥青与煤沥青由于各自成分不同，因而具有不同的性质，可以满足使用上的不同要求，不应错用，且一般情况下也不得随意混用。但两者外观相似，容易混淆，要掌握两者的区别和简易鉴别方法，鉴别方法见表 8-3。

表 8-3　煤沥青与石油沥青的简易鉴别方法

鉴别方法	石油沥青	煤沥青
密度法	近似 1.0g/cm³	大于 1.0g/cm³
锤击法	声哑，有弹性、韧性感	声脆，韧性差
燃烧法	烟无色，基本无刺激性臭味	烟呈黄色，有刺激性臭味
溶液比色法	用 30～50 倍汽油或煤油溶解后，将溶液滴于滤纸上，斑点呈棕色	采用相同的溶解法，斑点有两圈，内黑外棕

8.2　改性沥青及主要沥青制品

8.2.1　改性沥青

(1)改性沥青的分类

沥青是一种良好的防水材料，但有时其性能并不能完全满足使用要求，故需要对沥青进行改性处理，以适应工程要求。对沥青进行氧化、乳化、催化，或掺入橡胶、树脂等物质，可使沥青的性质得到不同程度的改善，这种改善后的产品称为改性沥青。改性沥青可分为橡胶改性沥青、树脂改性沥青、橡胶树脂改性改性沥青和矿物填充剂改性沥青。

①橡胶改性沥青：用橡胶作改性材料加于石油沥青中，可以得到橡胶改性沥青。橡胶是石油沥青比较理想的改性材料，通过掺入橡胶，使改性沥青具有一些橡胶的性能，黏结性、弹性和柔韧性增加，温度稳定性提高，抗老化能力增强等。常用的改性橡胶主要有再生橡胶、氯丁橡胶、丁苯橡胶等，在石油沥青中按一定的方法掺入这些橡胶，便可得到各种不同的橡胶改性沥青。

②树脂改性沥青：将合成树脂掺入于沥青中，可以改善沥青的黏结性、低温柔韧性、耐热性和不透气性。因树脂与煤沥青的相溶性较好，故多用作煤沥青的改性材料，常用的树脂有聚氯乙烯、聚乙烯、聚丙烯、聚苯乙烯等。

③树脂橡胶改性沥青：这是在沥青中掺入橡胶和树脂，三者混溶而成的改性沥青，它兼有橡胶和树脂的特性。

④矿物填充改性沥青：在沥青中掺入一定数量的矿物填充料，可以提高沥青的温度稳定性，增强它的黏结力和柔韧性。常用的矿物填充料有滑石粉、石灰石粉、云母粉、石棉粉等。

(2)改性沥青的生产

改性沥青是将改性剂采用一定的工艺加入沥青中，使之均匀稳定地分散于沥青之中，生产工艺根据改性剂的种类而有不同，常用有直接混溶法、母料法及胶乳法三种。

①直接混溶法：直接将改性剂与沥青按一定的比例混合形成改性沥青，混溶法生产改性沥

青采用的设备有搅拌机和胶体磨机。由于聚合物分子和化学结构不同，在沥青中的溶解速度相差很大，对部分热塑性胶橡类，需要采用胶体磨或高速剪切设备，在高温高速条件下，将聚合物研磨成很细的颗粒，以增加沥青与聚合物的接触面积，从而促使聚合物的溶胀，使两种更好混溶，形成稳定的改性沥青。

②母料法：预先制作改性剂浓度较高的改性沥青母体，运到工地现场经稀释后使用，此为改性沥青的母料制作法。用母料制作的高浓度改性沥青一般在常温下呈固态，运输和储存较为方便，施工现场采用简单的搅拌设备即可实现母料的混溶。

③胶乳法：采用丁苯胶乳（要求高浓度胶体）直接投入沥青混合拌和机与矿料、沥青拌和制作改性沥青。胶乳直接投入拌和锅使改性沥青工艺大大简化，但由于胶乳中所含水分较高，易使拌和机产生锈蚀。

8.2.2　其他沥青制品

(1)防水卷材

防水卷材是一种可卷曲的片状防水材料。根据其组成和生产工艺不同，分为有胎卷材（纸胎、玻璃布胎、麻布胎）和辊压卷材（无胎、可以掺入玻璃纤维）两类。根据其主要防水组成材料可分为沥青防水卷材、高聚合物改性沥青防水卷材和合成高分子防水卷材三类。各类防水卷材均应有良好的耐水性、温度稳定性，并应具有必要的机械强度、延伸率和抗断裂能力。

①沥青防水卷材

沥青防水卷材是基胎上浸涂沥青后，在表面撒布粉状或片状的隔离材料而制成的防水卷材。沥青防水卷材的使用性能一般，存在有低温柔韧性差、延伸率低、拉伸强度低、耐久性差等缺陷，但由于成本低，目前仍广泛用于一般建筑的屋面或地下防水防潮工程。

a. 纸胎油毡

纸胎油毡（简称油毡）是将经浸渍的油纸，用高软化点的热熔沥青涂盖两面，并在其两面撒布防止自粘的粉料或片料。撒布滑石粉称为粉毡，撒布云母片的称为片毡。

石油沥青油毡的技术性能指标，包括沥青浸涂量、不透水性、吸水率、耐热度、抗拉力、柔度等方面的要求，按其性能指标分为Ⅰ型、Ⅱ型和Ⅲ型，，详见表8-4。

表8-4　石油沥青油毡技术性能指标(GB 326—2007)

项目		性能指标		
		Ⅰ型	Ⅱ型	Ⅲ型
卷重(kg/卷，不小于)		17.5	22.5	28.5
单位面积浸涂材料总量(g/cm³，不小于)		600	750	1000
不透水性	压力(MPa，不小于)	0.02	0.02	0.10
	保持时间(min，不小于)	20	30	30
吸水率(不大于，%)		3.0	2.0	1.0
耐热度(℃)		(85±2)℃受热2 h，涂盖层应无滑动、流淌和集中性气泡		
拉力(25 ℃±2 ℃时，纵向，N，不小于)		240	270	340
柔度		(85±2)℃，绕ϕ20 mm圆棒或弯板无裂纹		

Ⅰ型油毡适用于简易防水、临时性建筑防水、建筑防潮及包装；Ⅱ型和Ⅲ型油毡适用于屋面、

地下、水利等工程的多层防水。纸胎油毡低温柔韧性差，胎体易腐烂，耐久性差，使用年限较短。为克服纸胎抗拉能力低、易腐蚀、耐久性差的缺点，通过改进胎体材料来改善沥青防水卷材的性能，已开发出了玻璃布沥青油毡、玻璃纤维胎沥青油毡、铝箔沥青油毡等一系列防水沥青卷材。

b. 玻璃布沥青油毡(简称玻璃布油毡)

玻璃布沥青油毡是在玻璃纤维织布的两面涂盖沥青层，再撒布防止自粘粉料制成的沥青防水卷材。其抗拉强度、柔韧性和耐久性优于纸胎油毡，适用于耐水、耐蚀、耐久性要求较高的防水工程和金属管道防腐保护层。

②高聚物改性沥青卷材

高聚物改性沥青卷材是以掺入橡胶或树脂等高聚物的改性沥青为涂盖层，以纤维织物或纤维毡为胎体的片状可卷防水卷材。高聚物改性沥青卷材克服了传统纸胎油毡的缺陷，具有高温不流淌、低温不脆裂、延伸率较大，能适应基层开裂及伸缩变形要求等优良性能，适用于中档次的防水工程。常见的高聚物改性沥青防水卷材有 SBS、APP、PVC 和再生胶改性沥青防水卷材。

a. SBS 改性沥青油毡

SBS 改性沥青油毡是以聚酯纤维无纺布为胎体，以丁苯橡胶(SBS)改性石油沥青为浸涂材料，以塑料薄膜为防粘隔离层或表面带有砂粒的柔性油毡。

SBS 改性沥青油毡按其厚度分为Ⅰ型、Ⅱ型、Ⅲ型三种类型，各类型油毡的宽度均为 1 m，Ⅰ型油毡厚度 1.0 mm，长 20 m，表面为薄膜；Ⅱ、Ⅲ型油毡厚度分别为 2.0 mm 和 3.0 mm，长为 10 m，表面有砂砾。

b. APP 改性沥青油毡

APP 改性沥青油毡是以无规聚丙烯(APP)改性沥青涂盖于玻璃纤维或聚酯纤维的无纺布上，撒布滑石粉或用聚乙烯薄膜覆面的防水卷材。其特点是高温不熔化、低温柔韧性好、抗拉力大、延展率大、耐候性强，使用时可只做单层防水，施工方便。适用于各类屋面防水、地下防水以及水池、隧道、水利等工程使用，使用寿命在 15 年以上。

我国目前生产的 APP 改性沥青油毡的规格为幅度 1 m，卷长 10 m，厚度分别为 2 mm、3 mm、4 mm、5 mm。

c. PVC 改性焦油沥青耐低温油毡

这种油毡是指以焦油为基料，掺以聚氯乙烯(PVC)改性材料制成的纸胎油毡。其特点是耐热性和耐低温性能较好，其技术指标和应用与 350 号石油沥青纸胎油毡相当。

d. 再生橡胶沥青油毡

再生橡胶沥青油毡是由废橡胶粉、石油沥青、碳酸钙和玻璃纤维，经混炼、辊压而成的无胎防水卷材。具有弹性好、延伸性大、低温柔韧性好、抗拉强度较高、耐腐能力较好等优良性能。适用于屋面防水、变形缝处的防水、地下结构的防水和浴室、洗衣房、冷库的蒸汽隔离层等。再生橡胶沥青油毡的技术性能指标见表 8-5。

表 8-5　再生橡胶沥青防水卷材技术性能指标

项　目		指　标
1	抗拉强度(MPa)　20℃±2℃时，纵向≥	0.8
2	延伸率(%)　20℃±2℃时，纵向	20
3	低温柔性−20℃　绕 ϕ1 mm 金属丝对折	无裂缝
4	不透水性(MPa)　动水压发，保持 90 min ≥	0.3
5	耐热度 120℃　加热 5 h	不气泡，不发黏
6	吸水性(%)　18℃±2℃时，24 h≥	0.5

③合成高分子防水卷材

合成高分子防水卷材是以合成橡胶、合成树脂或它们两者的共混体为基料，掺入适量的化学助剂和填充材料制成的防水材料。合成高分子防水材料具有拉伸强度和抗撕裂强度高，断裂伸长率大、耐热性和低温柔性好、耐腐蚀、耐老化等一系列优异的性能。

a. 三元乙丙橡胶防水卷材：这是以三元乙丙橡胶为主体，掺入其他掺料，经熔炼压延制得的新型防水卷材。这种卷材防水性能强、弹性好、抗拉强度高、耐腐蚀、耐久性好，可用于冷操作。这种卷材可用于具有高要求的屋面防水工程，作单层外露防水效果很好，也用于建筑物地下室、厨房、厕所的防水工程。

b. 自粘型彩色三元乙丙复合防水卷材：以彩色三元乙丙橡胶为面料，以再生橡胶为底层，可以制成自粘型彩色三元乙丙复合防水卷材。它既利用了三元乙丙橡胶的优点，又能降低成本。使用自粘型卷材时，剥开背面的隔离纸便可粘贴，施工方便。

c. 聚氯乙烯(PVC)防水卷材：分S型和P型两种，S型是以煤焦油与聚氯乙烯树脂混熔料为基料制成的柔性防水卷材；P型是以增塑聚氯乙烯为基料制成的塑性防水卷材。

聚氯乙烯(PVC)防水卷材具有抗渗性能好，抗断裂强度高，弹性好，施工方便，耐老化，防水效果好等优点，可用于铁路隧道、地下车库和水坝的防水防渗漏工程。

d. 氯化聚乙烯防水卷材：这种卷材是以氯化聚乙烯树脂为主要原料制成的新型高档次的无胎防水卷材，具有较高的耐热性、耐候性和耐磨性，可用于冷操作。适合于屋面、铁路隧道、山洞、水库、水池、污水处理、室内防水工程使用。

e. 氯化聚乙烯—橡胶共混防水卷材：这种防水卷材是以氯化聚乙烯树脂、合成橡胶为主要原料，经炼制、压延加工而成的具有较高弹性的防水卷材。

(2)防水涂料和防水胶黏剂

防水涂料是用沥青、改性沥青或合成高分子材料为主料制成的具有一定流态的、经涂刷施工成防水层的胶状物料。其中有些防水涂料可以用来粘贴防水卷材，所以它又是防水卷材的胶黏剂。

防水涂料按液态性能可分为溶剂型、水乳型和反应型三种，按成膜物质的主要成分分为沥青类、高聚物改性沥青类和合成高分子类。按组成材料及用途分为乳化沥青涂料、改性沥青和高聚物防水涂料、冷底子油及沥青胶。

①乳化沥青防水涂料

乳化沥青是以石油沥青为基料，加入有乳化剂的水(可以加入一些改性材料)，经强力机械搅拌，将沥青打散为1～6 μm的微粒悬浮于水中，形成的一种乳化液。可作为冷用的水性沥青基防水涂料。

在一般的情况下，水与沥青是互不相溶的，但加入离子型乳化剂后，因乳化剂的分子一端是亲水性的，另一端是憎水亲油的，因而乳化剂的分子吸附在沥青微粒与水的界面上，使沥青微粒能稳定地悬浮于水中，即成为乳化沥青。加入非离子型乳化剂亦有同样效果。

常用的乳化剂有阴离子型和非离子型两类：阴离子型乳化剂有肥皂、洗衣粉、松香皂、十二烷基苯磺酸钠等；非离子型乳化剂有石灰膏、平平加(烷基苯酚环氧乙烷缩合物)、聚乙烯醇等。

在《水性沥青基防水涂料》(JC 408—91)中规定：乳化沥青防水涂料按采用的乳化剂、成品外观和施工工艺不同，分为薄质和厚质两类。薄质乳化沥青涂料(AE-2类)，是用皂液或其他化学乳化剂配制，可掺入氯丁胶乳或再生胶乳，常温下成液态，具有流平性，可代替冷底子油作涂刷基层或作防潮层使用；厚质乳化沥青涂料（AE-1 类）是用矿物胶体乳化剂（如石灰膏等）配制的，可掺入石棉纤维或其他矿物填料，常温下成膏体或黏稠体，不具有流平性，可代替沥青胶涂刷施工成防水层。

乳化沥青防水涂料按其质量分为一等品和合格品，其质量指标见表 8-6。

表 8-6　水性沥青基防水涂料的性能指标（JC 408—91）

项　目		质量指标			
		AE-1 类（厚质）		AE-2 类（薄质）	
		一等品	合格品	一等品	合格品
外　观		搅拌后为黑色或黑灰色均质膏体或黏稠体，搅匀和分散在水溶液中无沥青丝	搅拌后为黑色或黑灰色均质膏体或黏稠体，搅匀和分散在水溶液中无明显沥青丝	搅拌后为黑色或蓝褐色均质液体，搅拌棒上不黏附任何颗粒	搅拌后为黑色或蓝褐色液体，搅拌棒上不黏附明显颗粒
固体含量（%）≥		50		43	
延伸性(mm)≥	无处理	5.5	4.0	6.0	4.5
	处理后	4.0	3.0	4.5	3.5
柔韧性		5℃±1℃	10℃±1℃	−15℃±1℃	−10℃±1℃
		无裂纹、断裂			
耐热性（80℃）		无流淌、起泡和滑动			
黏结性（MPa）		0.20			
不透水性		不透水			
抗冻性		20 次冻融循环无开裂			

乳化沥青防水涂料在常温下操作，可在潮湿基层上施工。涂料施工后，随着水分蒸发，沥青颗粒相互挤近靠拢，凝聚成膜，与基层黏结成防水层，起到防水作用。但不宜在负温下施工，以免水分结冰而破坏防水层；也不宜在烈日下施工，以免水分蒸发过快使表面过早结膜，使膜内水分蒸发不出而产生气泡。

乳化沥青防水涂料用带盖的铁筒或塑料筒包装。运输和存放中应严防日光暴晒，防止碰撞，应放在 10～45 ℃的仓库内，不得接近热源和火源。AE-1 类产品存放期不应超过 3 年，AE-2 类产品不应超过 3 个月。

②改性沥青和高聚物防水涂料

这是采用改性沥青或高聚物制作的防水涂料，可用于直接涂刷成防水层，或粘贴同类的防水卷材，利用这种防水涂料可得到低温下抗裂性能、黏接性能、防水性能和抗老化性能更好的防水层，用于要求较高的屋面防水和其他防水工程。其品种有：

a. 再生橡胶沥青防水涂料：它是由石油沥青和废橡胶粉加工制作的，有油溶型和水溶型两种。若掺入汽油作溶剂，则得到油溶型的再生橡胶沥青防水卷材（JG—1 型防水冷胶料）；若掺入水和乳化剂，则经乳化而成的是水乳型再生橡胶沥青防水涂料（JG-2 型防水冷胶料）。

b. 氯丁橡胶沥青防水涂料：它是由氯丁橡胶改性沥青为基料加工制作的，也有油溶型和水乳型两种。

c. 丁苯橡胶（SBS）改性沥青防水涂料：它是以石油沥青、合成树脂、SBS 橡胶等材料制成的水乳型弹性防水涂料。

d. 聚氨酯防水涂料：它是以合成高分子材料聚氨酯为基料制作的防水涂料，若掺入焦油，则为焦油聚氨酯防水涂料。其涂膜有透明、彩色、黑色等品种。

③冷底子油

冷底子油是将热熔的沥青加入有机溶剂配制成的一种液体沥青涂料，由于它是在冷却后用于涂刷防水层的底层，故称冷底子油。

用10号、30号或60号石油沥青热熔后，按30∶70配入汽油或按40∶60配入煤油或轻柴油，可配成石油沥青冷底子油，用于石油沥青类防水层的刷底；用煤沥青热熔后按45∶55配入苯，可配成煤沥青冷底子油，用于煤沥青类防水层的刷底。

在铺设防水层时，需要在干燥的基层（砂浆、混凝土）上先刷一道冷底子油，它能很快地渗入到基层的毛细孔隙中，待溶剂挥发后，其沥青成分填塞基层的毛细孔隙，并在基层表面形成一层沥青薄膜，从而提高基层的抗渗能力，又能增强后铺防水材料与基层之间的黏结。但冷底子油必须在干燥的基层上涂刷，若基层潮湿，水分起了隔离作用，使沥青成分不能与基层黏合，更不能深入基层填塞毛孔，起不到应有的作用。

④ 沥青胶（玛琋脂）

a. 热用沥青胶

热用沥青胶是将沥青热熔后掺入粉状或纤维状的填充料均匀混合配制而成的。掺入矿质粉料（如滑石粉、石灰石粉、白云石粉等）和纤维状填料（如石棉绒、木棉纤维等）的作用，是为了提高其耐热性、低温柔韧性和抗老化性能，其掺量一般为10%～30%。

沥青胶按其所用沥青不同，分为石油沥青胶和焦油沥青胶（煤沥青胶），又按耐热度将石油沥青胶划分为S-60、S-65、S-70、S-75、S-80、S-85六个标号，将焦油沥青胶划分为J-55、J-60和J-65三个标号。沥青胶的性能主要取决于沥青胶所用沥青及其组成。所用沥青的软化点越高，则沥青胶的耐热性越好，夏季受热时不易流淌。若所用沥青的延度大，则沥青胶的柔韧性好，冬季低温时不易开裂。沥青胶标号的选用见表8-7。

表8-7 沥青胶标号的选用

类 别	屋面坡度	历年室外最高温度（℃）	沥青胶标号
石油沥青胶	1～3	＜38	S-60
		38～41	S-65
		42～45	S-70
	3～15	＜38	S-65
		38～41	S-70
		42～45	S-75
	15～25	＜38	S-75
		38～41	S-80
		42～45	S-85
焦油沥青胶	1～3	＜38	J-55
		38～41	J-60
		42～45	J-65
	3～10	＜38	J-60
		38～41	J-65

热用沥青胶在热熔状态下使用，主要用于粘贴油毡、涂敷成防水层、耐腐蚀层和嵌缝补漏等。涂刷沥青胶前，在基层先涂刷一层同类的冷底子油。石油沥青胶用于粘贴石油沥青油毡，而焦油沥青胶用于粘贴煤沥青油毡，两者不能混用，否则会影响粘贴质量和耐久性。

b. 冷用沥青胶

冷用沥青胶是在热熔沥青中掺入填充料的同时，掺入同类的溶剂（石油沥青掺汽油、煤油、柴油，煤沥青掺苯）配制而成的。冷却后，常温下呈流态或膏状，施工时不需要再加热，因而施工方便。其应用与热用沥青胶相同。

(3)密封材料

密封材料又称嵌缝材料，密封材料有定型（俗称密封条和压条）和不定型（俗称密封膏或嵌缝膏）两大类。定型密封材料是具有特定形状的垫衬材料，如密封条、密封带、密封垫等。不定型密封材料是膏状材料，常用的密封膏有沥青胶、沥青嵌缝油膏、各种改性沥青密封膏和各种合成高分子密封膏。

密封材料应具有一定的强度和良好的黏结性、弹塑性和耐老化性，在接缝发生震动或变形时，所填充的密封材料应能牢固黏结，不断不裂，保持不透水，不透气，并有较长的使用寿命。应用于建筑上的各种接缝或裂缝、变形缝（沉降缝、伸缩缝、抗震缝），以保持水密、气密性能。

①沥青嵌缝油膏

沥青嵌缝油膏是以石油沥青为基料，加入改性材料、稀释剂和填充料混合制成的冷用膏状嵌缝材料，所用改性材料有废橡胶粉，稀释剂有重松节油、机油，填充料有石棉绒和滑石粉等。沥青嵌缝油膏适用于预制屋面板接缝处的嵌缝处理。使用油膏嵌缝时，缝内应洁净干燥，先涂刷冷底子油，待其干后即可嵌填油膏。油膏表面可加石油沥青、油毡、砂浆覆盖。

根据《屋面工程质量验收规范》(GB 50207—2002)，改性石油沥青密封材料按耐热度和低温柔性分为两类，以适应南北环境温度差异的需求，北方地区宜使用Ⅰ类产品，南方地区宜使用Ⅱ类产品。改性石油沥青密封材料物理性能见表 8-8 所示。

表 8-8　改性石油沥青密封材料物理性能

项目		性能要求	
		Ⅰ	Ⅱ
耐热度	温度(℃)	70	80
	下垂值(mm)	≤4.0	
低温柔性	温度(℃)	−20	−10
	黏结状态	无裂纹和剥离现象	
拉伸黏结性（%）		≥125	
浸水后拉伸黏结性（%）		≥125	
挥发性（%）		≤2.8	
施工度（mm）		≥22.0	≥20.0

②聚氨酯建筑密封膏(JC 482—2003)

聚氨酯建筑密封膏是以聚氨基甲酸酯聚合物为主要成分的、双组分反应固化型的建筑密封材料。有 N 型和 L 型之分：N 型是用于立缝或斜缝而不下垂的非下垂型；L 型是用于水平接缝能自动流平，形成光滑表面的自流平型。

这种密封膏具有延伸率大、弹性和黏结性好，耐低温、耐火、耐油、耐酸碱，使用年限长等优良性能，被广泛用于各种装配式屋面板、楼地面、阳台、窗框、卫生间等部位的接缝，施工缝的密封、给排水管道接缝和贮水池的密封等。

③聚硫建筑密封膏(JC 483—92)

聚硫建筑密封膏是以液态聚硫橡胶为基料的常温硫化双组分建筑密封材料。亦有 N 型(非下垂型)和 L 型(自流平型)之分。按其伸长量和模量分为 A 类(高模量低伸长率)和 B 类(高伸长率低模量)两类。

聚硫建筑密封膏具有良好的耐候性，使用温度由－40～90 ℃，抗撕裂性强，对金属和各种建筑材料有良好的黏结。适用于混凝土屋面板、楼板、墙板、金属幕墙、玻璃窗、钢铝窗、贮水池、上下管道等的接缝密封，可用于活动量大的接缝。

④丙烯酸酯建筑密封膏(JC 484—92)

丙烯酸酯建筑密封膏是以单组分水乳型丙烯酸酯为基料的建筑密封材料。这种密封膏黏结力强，具有很好的弹性，能适应一般伸缩变形的需要；耐候性好，能在－20～100 ℃情况下长期保持柔韧性，耐水、耐酸性好。适用于混凝土、金属、木材、砖石、玻璃等材料之间的密封防水。

8.3 沥青混合料简介

沥青混合料是由矿料与沥青拌和而成的沥青混凝土混合料和沥青碎石混合料的总称。由适当比例的粗集料(粗骨料)、细集料(细骨料)及填料与沥青拌和、压实，剩余空隙小于10％的混合料，简称沥青混凝土混合料；剩余空隙率大于10％的混合料，简称沥青碎石混合料。

8.3.1 沥青混合料的分类

沥青混合料根据不同的分类标准，有多种分类方法。工程中根据材料组成及结构、矿料级配组成及空隙率大小、最大公称粒径、制造工艺进行分类，具体如图 8-5 所示。

- 沥青混合料
  - 按材料组成及结构
    - 连续级配
    - 间断级配
  - 按矿料级配组成及空隙率大小
    - 密级配
    - 半开级配
    - 开级配
  - 按公称最大粒径
    - 特粗式(公称最大粒径 37.5 mm)
    - 粗粒式(公称最大粒径 31.5 mm 或 26.5 mm)
    - 中粒式(公称最大粒径 19 mm 或 16 mm)
    - 细粒式(公称最大粒径 13.2 mm 或 9.5 mm)
    - 砂粒式(公称最大粒径小于 4.75 mm)
  - 按制造工艺
    - 热拌沥青混合料
    - 冷拌沥青混合料

图 8-5 沥青混合料分类

8.3.2 沥青混合料的组成结构

胶浆理论认为沥青混合料可以看成是多级分散体系，粗集料分散在沥青砂浆中；沥青砂浆则由细集料分散在沥青胶浆中构成，沥青胶浆由填料分散在沥青中构成。表面理论认为沥青混合料由粗集料、细集料、填料组成具有一定级配的矿质骨架，沥青分布在矿料表面将矿料黏结形成具有一定强度的整体。

当各组成材料的相对比例不同时，压实后沥青混合料表现出不同的内部颗粒分布状态、剩余空隙率等结构特征，沥青混合料也因此表现出不同的技术性能。按矿质混合料的级配特点，沥青混合料有三种结构类型，分别是悬浮—密实型、骨架—空隙型及密实—骨架型，各组成结构混合料在黏聚力、密实度、水稳定性、高温稳定性及耐久性等方面表现出不同性能。

8.3.3 沥青混合料强度构成及影响因素

沥青混合料的强度是反映沥青混合料综合性能的一个重要招标，一般认为其强度由矿料颗粒间嵌锁力及沥青与矿料交互作用产生的内聚力构成，在试验室可通过三轴试验等进行测试。

工程中影响沥青混合料强度的因素很多，主要包括沥青的黏度、沥青与矿料化学性质、矿质混合料的物理性能、沥青用量及矿料的比表面积，此外外部温度及荷载条件也对混合料的强度产生明显影响。

8.3.4 沥青混合料的路用性能

沥青混合料多用于路面铺设，在高温、低温及外荷载作用下混合料路面会产生一些病害，常见的病害有高温下的车辙、波浪、推挤壅包，低温下的开裂，水稳定性不良及老化破坏等。因此，作为路面材料，沥青混合料应具有良好的高温稳定性、低温抗裂性、耐久性、抗滑性、施工和易性等技术性能。沥青混合料的路用性能可以通过一些试验方法进行测试，下面简单介绍常用的马歇尔试验。

马歇尔试验是常用的测试沥青混合料高温稳定性的方法。高温稳定性是指沥青混合料在高温条件下具有高的抗剪强度和抵抗变形的能力，在车辆的反复作用下不发生显著永久性变形，保持路面平整度的性能。

马歇尔试验是将沥青混合料制作成标准尺寸圆柱体试件，在高温(60 ℃)下用马歇尔稳定度仪测定在规定加载条件下试件破坏时的最大荷载，即为马歇尔稳定度(MS)，其单位为 kN；与最大荷载对应的变形即为流值(FL)，其单位以 mm 计。经计算得马歇尔模数(T)：

$$T=\frac{MS}{FL}\quad (\mathrm{kN/mm})$$

由于马歇尔试验与路面的抗车辙能力相关性不强，其稳定度和流值不能确切反映沥青混合料永久变形性能，我国现行规范也可采用车辙试验测定沥青混合料的高温稳定性。

复习思考题

1. 何谓地沥青和焦油沥青？
2. 石油沥青有哪三个组分？各自对沥青的性能有何影响？
3. 石油沥青的牌号是如何划分的？牌号大小说明什么问题？
4. 石油沥青应具有哪些主要性质？
5. 试述沥青的黏滞性、塑性、温度稳定性的概念。
6. 何谓沥青的“老化”？如何提高沥青的抗老化能力？
7. 常用防水卷材有哪些品种？各有何特点？
8. 常用的防水涂料、防水胶黏剂和密封材料有哪些？

第9章　木　　材

【学习目标】本章主要介绍木材的构造、物理力学性质以及防护处理方法。通过本章学习，了解木材的分类、构造和木材防护处理，掌握木材物理力学性质、影响因素和木材在工程中的主要用途。

木材是天然生长的有机高分子材料，也是人类使用最早的工程材料之一。由于木材具有轻质高强、对热、电的传导性都比较低；弹性、韧性、耐久性好，能承受振动和冲击作用；容易加工且木纹美观等优异性能，在土木工程中被广泛使用，与水泥、钢材并称为土木工程的三大工程材料。

木材作为工程材料也存在不足之处，如构造不均匀，各向异性；易吸水或失水，导致构件发生变形、翘曲或开裂；易燃、易腐；疵病较多等，使木材的应用受到一定限制。

据统计，我国的森林覆盖率不到14%，人均森林面积约为0.11 hm^2，只相当于世界人均水平的17.2%，并且树木生长缓慢，需求量大，平均每1 000 m^2 建筑面积的房屋需用木材约100 m^3，铁路钢桥上每一延长公里线路需用枕木约1 800根，导致我国的木材资源非常不足，远不能满足各方面的要求。因此节约木材，提高木材的综合利用率，有着十分重要的意义。

9.1　木材的分类与构造

9.1.1　木材分类

根据树叶的外观形状，木材可分为针叶树和阔叶树两大类。

针叶树树叶细长，呈针状，多为常绿树，树干通直且高大，纹理顺直，材质均匀，木质较软而易于加工，故又称为软木材。针叶树材强度较高，表观密度和胀缩变形较小，耐腐蚀性较强，是土木建筑工程中的主要用材。常用树种有红松、白松、杉木、柏树等。

阔叶树树叶宽大，呈片状，多为落叶树，树干通直部分较短，材质坚硬，加工比较困难，故又称硬木材。阔叶树材表观密度大，强度高，胀缩和翘曲变形大，易开裂，在建筑工程中不适合用于承重构件，但它坚硬耐磨，纹理美观，适用于制作家具或作室内装修。常用树种有榆木、水曲柳、柞木等。

9.1.2　木材构造

木材的构造是指木质部的构造，它是决定木材性质的主要因素。树木的种类及生长环境条件不同，具有不同的构造。研究木材的构造通常从宏观和微观两个方面进行。

(1)木材的宏观构造

木材的宏观构造是指用肉眼或借助放大镜就能观察到的木材组织。为便于研究木材的构造，可从树干的三个不同切面来进行剖析。即：①横切面——垂直于树轴的切面；②径切面——通过树轴的径向纵切面;③弦切面——不通过树轴,但平行于树轴的切面。

木材的宏观构造如图 9-1 所示,由图可见,树木由树皮、木质部、年轮和髓心几个主要部分组成。

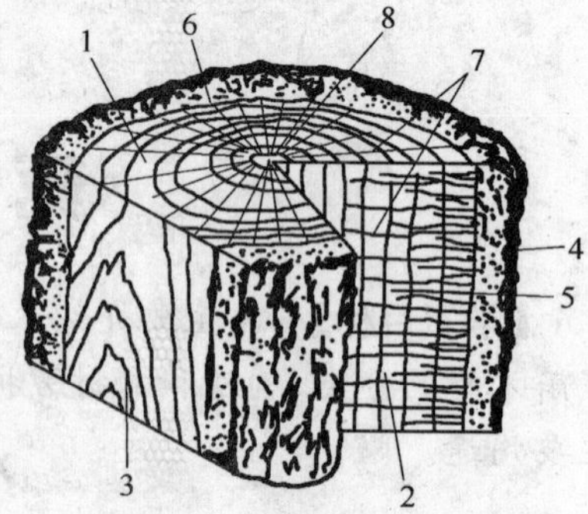

图 9-1　木材的宏观构造

1—横切面;2—径切面;3—弦切面;4—树皮;5—木质部;6—髓心;7—髓线;8—年轮

髓心形如管状,居于树干中心,是树木最早形成的木质部分,材质松软,强度低,易腐朽,故一般不用。

木质部是树皮和髓心之间的部分,是木材的主体。木质部的颜色不均匀,接近树干中心的部分色泽较深,称为心材;靠近树皮的部分色泽较浅,称为边材。由于心材的含水量低,材质较硬,不易翘曲变形,耐久性、耐腐性均比边材好,故心材比边材的利用价值要大些。

从横切面上可以看到木质部具有深浅相间的同心圆环,即年轮。在同一年轮内,春天生长的木质生长快,色泽浅,质松软,强度低,称为春材(早材);夏秋两季生长的木质生长缓慢,色泽深,质坚硬,强度高,称为夏材(晚材)。相同的树种,年轮细密且均匀,材质越好;夏材部分愈多,表观密度愈大,木材强度愈高。

髓线是以髓心为中心呈放射状分布的横向细胞组织,在树干生长过程中起着横向输送和储藏养料的作用。髓线的细胞壁很薄,它与周围细胞组织的连接较弱,因此木材干燥时,容易沿髓线方向产生放射状裂纹。

(2)木材的微观构造

木材的微观构造是指在显微镜下所看到的木材组织。在显微镜下可以看到,木材由无数管状细胞紧密结合而成,它们大部分为纵向排列,少数横向排列(如髓线)。每一个细胞又由细胞壁和细胞腔两部分组成,细胞壁由细纤维组成。细胞之间纵向联结比横向联结牢固,造成细胞纵向强度高,横向强度低。细胞壁的成分和组织构造决定了木材的物理力学性质。细胞壁越厚,细胞腔越小,木材越密实,其表观密度和强度也越大,但胀缩变形也大。与春材相比,夏材的细胞壁较厚,细胞腔较小,所以夏材的构造比春材密实。

针叶树与阔叶树的微观构造有较大差别,如图 9-2 和图 9-3 所示。针叶树材显微构造简

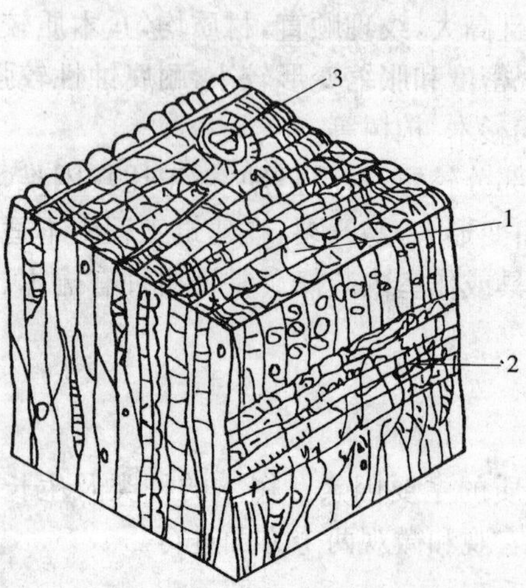

图 9-2　针叶树材的微观构造

1—管胞;2—髓线;3—树脂道

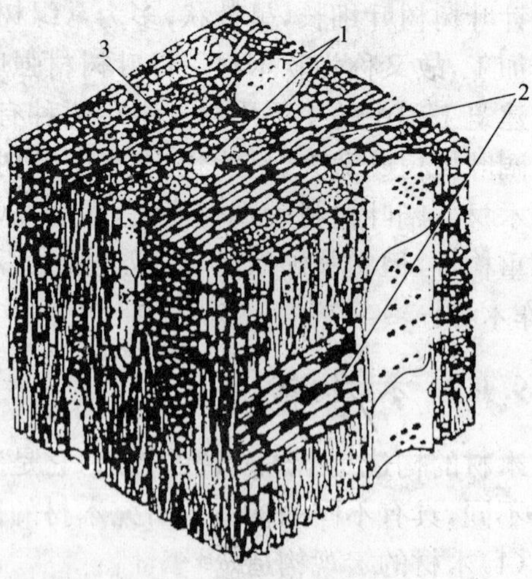

图 9-3　阔叶树材的微观构造

1—导管;2—髓线;3—木纤维

单而规则，主要由管胞、髓线和树脂道组成，髓线细小不明显。阔叶树材显微构造比较复杂，主要由木纤维、导管和髓线组成，髓线发达，粗大而明显。有无导管及髓线粗细是区分阔叶树材和针叶树材的显著特征。

9.2 木材的物理力学性质

木材的物理力学性质主要包括含水率、湿胀干缩、强度等，这些性质因树种、产地、气候和树龄的不同而各异。

9.2.1 木材的物理性质

(1)密度和表观密度

木材的密度约为 1.48～1.56 g/cm^3，各树种之间相差不大，常取 1.54 g/cm^3。

木材的表观密度随树木种类、木材含水量、孔隙率的变化而不同。气干状态下，木材的表观密度约为 500 kg/m^3。

(2)含水率

木材的含水率是指木材中所含水分的质量占木材干燥质量的百分数。木材很容易从周围环境中吸收、释放水分，因此，木材含水率随木材所处环境湿度的不同而变化。新伐木材的含水率在 35%以上；风干木材的含水率为 15%～25%；室内干燥木材的含水率为 8%～15%。

①木材中的水分

木材中所含的水根据其存在的形式可分为三类，即：自由水、吸附水和结合水。

自由水是存在于木材细胞腔和细胞间隙中的水分，自由水的变化，可影响木材的表观密度、燃烧性、抗腐蚀性；吸附水是被吸附在细胞壁内细纤维之间的水分，吸附水的变化是影响木材强度和胀缩变形的主要因素；结合水为木材化学组成中的结合水，结合水在常温下无变化，对木材性能无明显影响。

②木材的纤维饱和点

木材受潮时，进入木材内的水首先被吸附在细胞壁内的细纤维间，成为吸附水。吸附水达饱和后，多余的水成为自由水；木材干燥时，首先失去自由水，然后才失去吸附水。当木材细胞壁内吸附水达到饱和，而细胞腔和细胞间隙中的自由水为零时的含水率称为木材纤维饱和点。木材纤维饱和点随树种而异，一般在 25%～35%，通常取其平均值，约为 30%。

③木材的平衡含水率

木材具有一定的吸湿性，干燥的木材可以从周围的空气中吸收水分，潮湿的木材也会在较干燥的环境下失去水分。当木材长期处于一定温度和湿度的环境中，木材中的含水量与周围环境湿度处于相互平衡状态，此时木材的含水率称为平衡含水率。它是木材进行干燥的重要指标。木材的平衡含水率随其所在地区的不同而变化，我国北方地区为 12%左右，南方地区约为 18%，长江流域一般为 15%。图 9-4 为不同温度和湿度的环境条件下，木材相应的平衡含水率。

(3)木材的湿胀和干缩变形

木材具有显著的湿胀干缩性，这主要是由于细胞壁中吸附水的增多或减少，使细胞壁中的细纤维之间的距离发生变化而造成的。当木材含水率在纤维饱和点以上变化时，自由水数量增减，只引起木材质量的变化，而对强度和胀缩没有影响；当木材的含水率在纤维饱和点以下

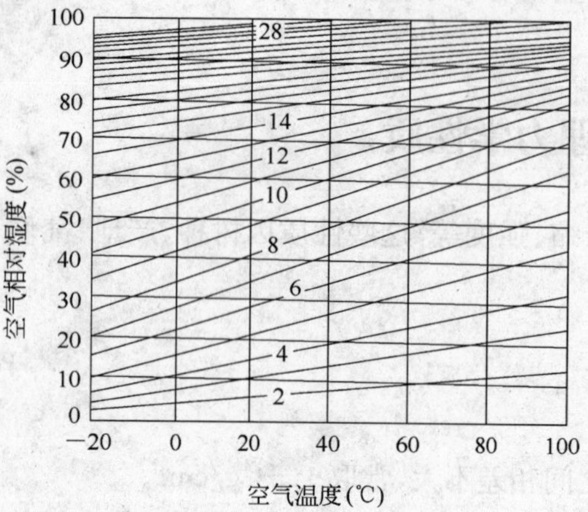

图 9-4　木材的平衡含水率

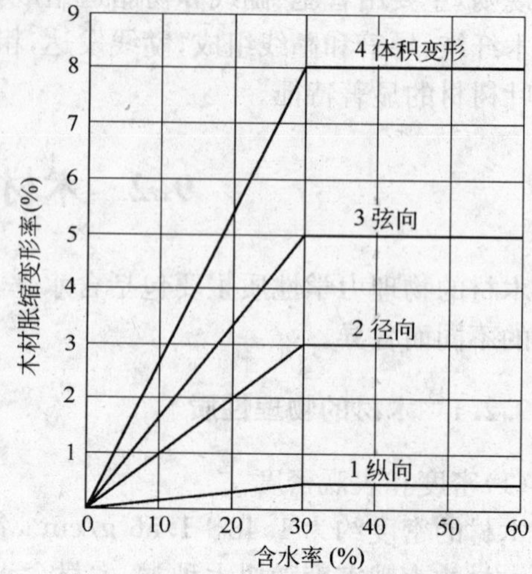

图 9-5　木材含水率与胀缩变形的关系

变化时，则会引起木材强度和胀缩发生变化。木材含水率与其胀缩变形的关系如图 9-5 所示，从图中可以看出，纤维饱和点是木材物理力学性质发生变化的转折点。

由于木材构造的不均匀性，各个方向胀缩变形也不一样。在同一木材中，以弦向最大，径向次之，纵向(即顺纤维方向)最小。木材的胀缩变形还与树木的种类有关，一般来说，表观密度大、夏材含量多的木材，胀缩变形较大。

9.2.2　木材的力学性质

(1)木材的强度

在工程结构中，木材常用的强度有抗拉、抗压、抗弯和抗剪强度。由于木材构造上的不均匀性，使木材的力学性质具有明显的方向性。木材的强度有顺纹强度(作用力与木材纵向纤维方向平行)和横纹强度(作用力与木材纵向纤维方向垂直)之分。

①抗压强度

木材顺纹受压破坏并非由于纤维断裂，而是因细胞壁失去稳定所致；横纹受压破坏是因木材受力压紧后产生显著变形而造成破坏。顺纹抗压强度较高，是木材各种力学性质中的基本指标。木桩、柱、斜撑以及木桁架中的受压杆件等均属于顺纹受压构件，铁路枕木、垫块、桥面板等均属于横纹受压构件。

②抗拉强度

木材受拉破坏通常是因纤维间撕裂后拉断所致。木材具有很高的顺纹抗拉强度，但横纹抗拉强度很低，只有顺纹抗拉的 1/10～1/40，这是因为木材纤维之间横向连接薄弱的缘故。木屋架的下弦杆就属于顺纹受拉构件。

③抗弯强度

木材受弯时其上部为顺纹受压，下部为顺纹受拉，在水平面内还有剪力作用，破坏时首先是受压区纤维达到强度极限，产生大量变形，但这时构件仍能继续承载，当受拉区纤维也达强度极限时，则纤维及纤维间的联结产生断裂，导致最终破坏。木材抗弯强度介于顺纹抗拉与顺纹抗压之间。桥梁、桁架、地板等均属于受弯构件。

④抗剪强度

根据作用力与木材纤维方向的不同，木材的剪切有顺纹剪切、横纹剪切和横纹切断三种，如图 9-6 所示。

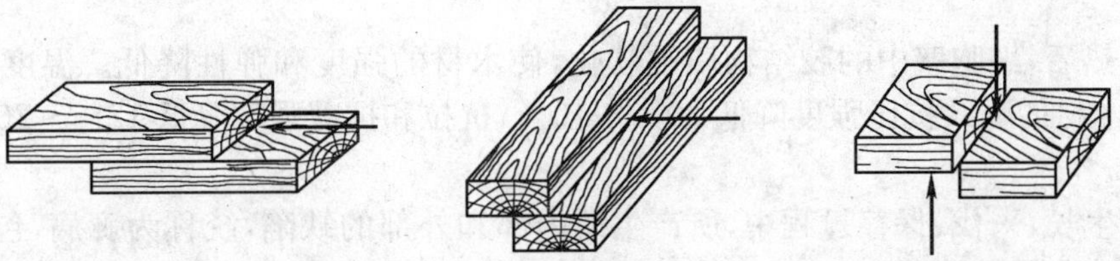

图 9-6 木材的剪切

顺纹剪切破坏是由于纤维间联结撕裂产生纵向位移和受横纹拉力作用所致；横纹剪切破坏完全是因剪切面中纤维的横向联结被撕裂的结果；横纹切断破坏是将木材纤维切断，因此，横纹切断强度较大，一般为顺纹剪切强度的 4～5 倍。

为了便于比较，木材各种强度之间的大小关系见表 9-1。

表 9-1 木材各种强度间关系表

抗压强度		抗拉强度		抗弯强度	抗剪强度	
顺纹	横纹	顺纹	横纹		顺纹	横纹
1	1/10～1/3	2～3	1/20～1/3	1.5～2	1/7～1/3	0.5～1

(2)影响木材强度的因素

①含水率的影响

木材的强度受含水率的影响较大，表现为当木材的含水率在纤维饱和点以下时，随含水率的增大，细胞中吸附水增多，木纤维间距离增大，使分子间作用力减弱，细胞壁软化，木材强度降低；反之，细胞壁趋于紧密，木材强度提高。当木材含水率在纤维饱和点以上变化时，含水率的变化只是自由水的增减，对木材强度无影响。含水率对木材抗弯和顺纹抗压强度的影响较大，对顺纹抗剪强度的影响较小，而对顺纹抗拉强度则几乎没有影响，如图 9-7 所示。

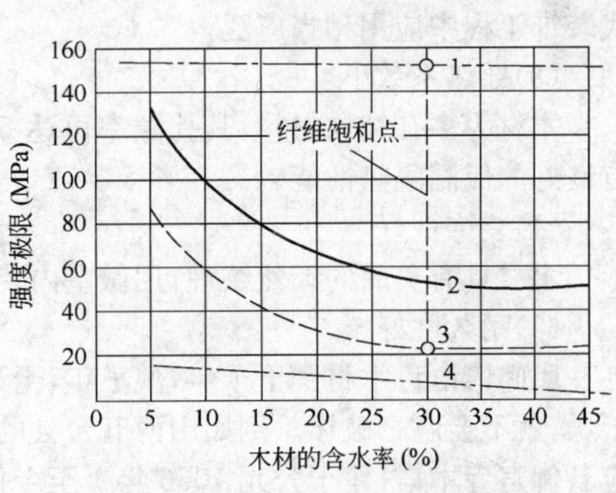

图 9-7 含水率对木材强度的影响

1—顺纹抗拉；2—抗弯；

3—顺纹抗压；4—顺纹抗剪

为了便于比较，标准规定以含水率为 12%(称木材的标准含水率)时的强度为标准值，其他含水率时强度的测定值，可按下式换算：

$$\sigma_{12}=\sigma_W[1+\alpha(W-12)]$$

式中 σ_{12}——含水率为 12%时的木材强度，MPa；

σ_W——含水率为 W%时的木材强度，MPa；

W——试验时的木材含水率，%；

α——校正系数，随外力作用方式和树种不同而异。顺纹抗压为 0.05；顺纹抗拉时阔叶树为 0.015，针叶树为 0；弦切面或径切面顺纹抗剪为 0.03，抗弯为 0.04；径向或弦向横纹局部抗压为 0.045。

②荷载作用时间

木材在长期荷载作用下，变形会不断增大，强度不断降低。木材在长期荷载作用下不致引起破坏的最大强度,称为持久强度。木材的持久强度比其极限强度小得多,一般为极限强度的50%～60%。

③温度

木材受热后,细胞壁中的胶结物质被软化,使木材的强度和弹性降低。温度从25℃升高到50℃时,木材的顺纹抗压强度降低20%～40%,抗拉和抗剪强度降低12%～20%。

④疵病

木材在生长、采伐、保存过程中,所产生的内部和外部的缺陷,统称为疵病,包括天然生长的缺陷(如木节、斜纹、弯曲)、加工后产生的缺陷(如裂缝、翘曲)以及病虫害(如腐朽、白蚁蛀蚀)等。疵病的存在,使木材的物理力学性能变化,影响木材的使用。

⑤夏材率

夏材(晚材)比春材(早材)密实,因此木材中夏材率越高,强度也越高。

9.3 木材在工程中的应用

由于木材具有一些独特的优良特性,特别是木质饰面给人的特殊质感,是其他装饰材料无法替代的。因此,木材在工程中始终占据着重要的地位。

9.3.1 木材的特性

(1)质轻强度高

木材的表观密度为550 kg/m³左右,但其顺纹抗拉强度和抗弯强度均在100 MPa左右,因此木材的比强度高,属轻质高强材料。

(2)弹性和韧性好

木材的韧性较好,因而木结构具有较好的抗震性。木材具有较好的弹性,因而木地板在现代装饰工程中应用相当广泛。

(3)导热系数小

木材为多孔结构材料,其孔隙率可达50%,木材的导热系数为0.30 W/(m·K)左右,具有良好的保温隔热性能。

(4)装饰性好

木材具有美丽的天然纹理,用做室内装饰时,给人以自然而高雅的美感。

(5)耐久性好

民间谚语称木材:"干千年,湿千年,干干湿湿两三年"。意思是说,木材只要一直保持通风干燥,就不会腐朽破坏。例如山西五台县的佛光寺大殿木结构建筑(建于公元857年)和山西应县佛宫寺木塔(建于公元1056年),至今仍保持十分完好。

(6)易于加工

木材材质较软,易于进行锯、刨、雕刻等加工,可制作成各种造型、线型、花饰的构件与制品,而且安装施工方便。

由于木材构造的特殊性,木材也存在一些缺陷,如各向异性、胀缩变形大、易腐、易燃、天然疵病多等。这些缺陷的存在,对木材的应用有较大影响。

9.3.2 木材的品种

按用途和加工程度的不同,木材分为原条、原木、枋材和板材四类品种,在铁路工程中还常使用枕木。

原条指除去树皮、根、树梢，尚未按一定尺寸加工成规定直径和长度的木材，主要用于建筑工程的脚手架、建筑用材；原木是将原条按一定尺寸加工切取的木料，主要用于屋架、桩木、坑木、电杆等；板材是指宽度为厚度的3倍或3倍以上的木料，按板材的厚度不同，分为薄板、中板、厚板、特厚板，主要用于家具、桥梁、车辆、造船等；枋材是指宽度不足3倍厚度的木料，按枋材的体积大小，分小枋、中枋、大枋，主要用于门窗、家具、楼梯扶手等；枕木是指按枕木断面和长度加工而成的型材，主要用于铁道工程。

9.3.3 木材在建筑工程中的应用

(1)木材在工程结构中的应用

我国许多古建筑物均为木结构，它们在建筑技术和艺术上均有很高的水平，并具有独特的风格。在工程结构中，木材主要用于屋架、梁、柱、桁檩、椽等，作为工程结构的主要受力构件。

(2)木材在装饰工程中的应用

古今中外，木材一直被广泛用于建筑室内装修与装饰，它以其特殊的质感给人以自然美的享受，使室内空间产生温暖与亲切感。常用的木装饰制品有：

①条木地板

条木地板是室内使用最普遍的木质地板，条板宽度一般不大于120 mm，板厚为20～30 mm，材质要求采用不易腐朽和变形开裂的优质板材。

条木地板自重轻，弹性好，脚感舒适，导热性小，故冬暖夏凉，且易于清洁。条木地板被公认是优良的室内地面装饰材料，适用于办公室、会议室、旅馆、住宅、幼儿园等场所。

②木装饰线条

木装饰线条简称木线条，是采用材质较好的树材加工而成。木线条种类繁多，立体造型各异。建筑室内采用木线条装饰，可增添古朴、高雅、亲切的美感。主要用于建筑物室内的墙、洞口、门框装饰线及高级家具的镶边等。

③人造板材

木材加工成型材和构件时，会留下大量的碎块、废屑，如将这些下脚料进行加工处理，可制成各种人造板材。常用的人造板材有胶合板、纤维板、刨花板、木屑板等。

a. 胶合板

胶合板是用原木旋切成薄片，经干燥、上胶，按纹理交错重叠热压而成的人造板材。薄片胶合时，应使相邻木片的纤维相互垂直，以克服木材的各向异性和因干燥而翘曲开裂的缺点。胶合板最高层数可达15层，建筑工程中常用的胶合板是三合板和五合板。胶合板提高了木材的利用率，并且材质均匀，强度高，吸湿变形小，不翘曲开裂，板面具有美丽的木纹，装饰性好。可用作于室内隔墙、顶棚板、门面板、家具、客车车厢等。

b. 纤维板

纤维板是将木材加工下来的板皮、刨花、树枝等废料，经破碎、浸泡、研磨成木浆，再加入一定的胶料，经热压成型、干燥处理而成的人造板材。根据表观密度大小，分硬质纤维板、半硬质纤维板和软质纤维板三种。纤维板具有材质构造均匀，各向强度一致，耐磨，绝热性好，不腐朽等特点。硬质纤维板可用于室内墙壁、门窗、家具及车船装修等。软质纤维板结构疏松，具有保温、吸音的特性，故常用作隔热、吸声材料。

c. 刨花板、木丝板、木屑板

刨花板、木丝板、木屑板是分别以刨花木渣、短小废料刨制的木丝、木屑等为原料，经干燥后拌入胶料，再经热压而制成的人造板材。所用胶料可为合成树脂，也可为水泥、石膏等无机胶结料。这类板材表观密度较小，强度较低，主要用做绝热和吸声材料，也可作为吊顶、隔墙材料。

9.4 木材的防护处理

木材的防护处理包括木材的干燥、防腐、防蛀和防火处理，它是提高木材耐久性，延长木材使用寿命和节约木材的重要措施。建筑工程中使用的木材，一般都要经过干燥和防腐处理，重要建筑物的构件还需要进行防火或防蛀处理。

9.4.1 木材的干燥

木材含有较多的水分，在加工和使用之前，应进行干燥处理。干燥处理后，可有效防止腐朽、虫蛀，减少木材在使用过程中产生的变形、开裂，提高木材的耐久性和强度。

木材的干燥方法有自然干燥和人工干燥两种。自然干燥是将木材架空堆放于棚内，利用空气对流作用，使木材中的水分自然蒸发，达到风干的目的。这种方法简便易行，成本低，但干燥时间长，而且只能干燥到风干状态。人工干燥是将木材置于密闭的干燥室内，通入蒸汽使木材中的水分逐渐扩散而达到干燥的目的。这种方法速度快，效率高，但应适当地控制干燥温度和湿度，如控制不当，会因收缩不均匀而导致木材开裂和变形。

9.4.2 木材的防腐和防蛀

(1)木材的防腐

①木材腐朽的原因

木材的腐朽主要是真菌侵害所致，常见的真菌有霉菌、变色菌和腐朽菌三种。霉菌生长在木材表面，变色菌以木材细胞腔内含物为养料，不破坏细胞壁，它们只会使木材变色，对木材质量影响较小。腐朽菌寄生在木材的细胞壁中，它能分泌出一种酵素，把细胞壁物质分解成简单的养分，供自身摄取生存，从而使木材产生腐朽破坏。

真菌在木材中生存和繁殖，必须同时具备三个条件，即适宜的温度、适当的水分和足够的空气。当空气相对湿度在90%以上、木材的含水率在30%～50%、环境温度为25～30℃时，最适于真菌繁殖，木材最易腐朽。

②木材防腐措施

木材的防腐原理就是设法破坏真菌的生存条件，使之不能寄生和繁殖。可将木材置于通风处，使其保持干燥状态，也可在木材表面进行涂漆处理，油漆涂层使木材既隔绝了空气，又隔绝了水分，防止木材腐朽。还可以将化学防腐剂注入木材中，使木材具有毒性，达到防腐的目的。枕木的防腐就是在压力罐内利用高压(0.7～1.3 MPa)将煤焦油等防腐剂渗入枕木中，以提高枕木的抗腐能力。

(2)木材的防蛀

木材除了受菌类破坏外，还会受到白蚁、天牛等昆虫的侵害。它们在树皮或木质部内生存、繁殖，在木材内部形成孔眼，破坏木质结构的完整性，降低木材的使用价值。

经过防腐处理的木材，一般都能起到防止虫蛀的作用。但白蚁的预防却比较困难，往往要采取特殊的处理办法，如摸清白蚁的来龙去脉和生活习性，或采取措施断其水源，或用诱捕的方法以药物捕杀。

9.4.3 木材的防火

木材的防火，就是将木材用具有阻燃性能的化学物质经处理后，变成难燃的材料。其目的是提高木材的耐火性，使之不易燃烧。

防火处理方法是在木材表面涂刷、覆盖难燃材料和用防火剂浸注木材。常用的覆盖材料有各种金属，防火剂有硼酸、硼砂、磷酸铵、氯化铵、碳酸铵、硫酸铵和水玻璃等。

复习思考题

1. 树木如何进行分类？
2. 木材含水率的变化对其强度、变形、导热性、表观密度有何影响？
3. 何谓木材的平衡含水率、纤维饱和点？
4. 影响木材强度的因素有哪些？
5. 木材的品种有哪些？划分依据是什么？
6. 人造板材有哪几种？试述其应用。
7. 木材腐朽的原因有哪些？如何防止木材腐朽？
8. 木材干燥、防火的目的是什么？

第10章 墙体材料

【学习目标】本章主要介绍工程中常用墙体材料的生产、组成、技术性能及适用范围。通过本章的学习，要求了解各类墙体材料的生产及组成，掌握砌墙砖、砌块、墙板等墙体材料的技术性能及其在工程上的应用。

墙体在建筑中起着承重、围护、分隔作用；承重墙体要承受上部结构传来的荷载，即使是非承重墙体，亦须承受自身的重量和某些横向撞击的作用。因此，作为墙体的材料，要满足相应的强度要求，同时要实现建筑节能，节约资源；充分利用工业废料，有利于环境保护，实现可持续发展的战略，墙体材料还应具有保温、隔热、吸声、隔声等多种功能。

10.1 砌墙砖

砌墙砖是以黏土、工业废料或其他地方资源为主要原料，用不同工艺制作而成的，适用于砌筑墙体的小型块状材料。

按制造工艺不同，砌墙砖又分为烧结砖、蒸压(蒸养)砖和碳化砖。经焙烧而成的砖称为烧结砖；经高压(或常压)蒸汽养护而成的砖称为蒸压(蒸养)砖；含有石灰成分，经二氧化碳处理而硬化的砖称为碳化砖。

按外观形态不同，砌墙砖分为普通砖、多孔砖和空心砖。无孔洞或孔洞率小于15%的砖为普通砖；孔洞率大于或等于15%的是多孔砖；孔洞率大于或等于35%的是空心砖。孔洞率是指砖中各孔洞体积之和占按外廓尺寸计算的砖体积的百分率。

10.1.1 烧结普通砖

烧结普通砖是指以黏土、页岩、煤矸石、粉煤灰为主要原料，经焙烧而成的实心或孔洞率小于15%的砖，分别称为烧结黏土砖(N)、烧结页岩砖(Y)、烧结煤矸石砖(M)和烧结粉煤灰砖(F)。

(1)烧结普通砖的生产

烧结普通砖中，生产和应用最广泛的仍是烧结黏土砖。烧结黏土砖是以黏土为主要原料，经采土、配料调制、制坯、干燥、入窑焙烧、冷却制成的。焙烧的温度应达到950～1 050 ℃，在这样的高温下，已脱水分解的黏土矿物成分之间发生化合反应，生成新的结晶硅酸盐矿物，与此同时，黏土矿物中的易熔物受热熔化，包裹未熔颗粒的表面并使其互相黏结，从而形成一定的强度和耐水性能，且孔隙率下降、体积收缩。

除用黏土作为制砖的主要原料外，还可以利用页岩、煤矸石和粉煤灰做原料，页岩和煤矸石中含有黏土成分和可燃成分，先经破碎磨细，而后调料制砖；用粉煤灰做砖要掺入黏土，其焙烧原理与烧结黏土砖相似。利用煤矸石、粉煤灰等工业废料制砖，不仅可节省黏土和耕地，而且能节约大量燃料煤，尤其是减少环境污染。

(2)烧结普通砖的技术要求

《烧结普通砖》(GB 5101—2003)的规定：

①规格。烧结普通砖的外形为直角六面体，其公称尺寸为：长 240 mm、宽 115 mm、高 53 mm。考虑砌筑灰缝为 10 mm，则 4 块砖的长、8 块砖的宽、16 块砖的厚均为 1 m，每 1 m^3 砖砌体需用砖 4×8×16＝512 块。其中 240 mm×115 mm 的面称为大面，240 mm×53 mm 的面称为条面，115 mm×53 mm 的面称为顶面。强度、抗风化性能和放射性物质合格的砖，根据其尺寸偏差、外观质量、泛霜和石灰爆裂的程度分为优等品(A)、一等品(B)、合格品(C)三个质量等级。

②强度等级。烧结普通砖的各项技术性质指标，应满足《烧结普通砖》(GB 5101—2003)和《砌墙砖试验方法》(GB/T 2542—2003)的规定。

烧结普通砖是根据抽检的 10 块砖所测抗压强度的平均值 $\bar{f}$ 和标准值 f_k 或单块最小值 f_{min} 划分等级的，烧结普通砖划分为 MU30、MU25、MU20、MU15 和 MU10 五个强度等级。

③外观质量。烧结普通砖的外观质量是指厚度不匀、缺棱掉角、裂纹弯曲的程度等。

此外，烧结普通砖中不允许有欠火砖、酥砖(有大量网状裂纹)和螺旋纹砖(有螺旋状裂纹)。

④抗风化性能。抗风化性能是指砖对于温度、干湿、冻融等气候因素引起风化破坏的抵抗能力。砖的抗风化性能可用抗冻性能和吸水性能两个方面来反映。

各地区对砖的抗风化性能要求如下：

a. 严重风化区中的黑龙江、吉林、辽宁、内蒙古、新疆五个地区的砖必须进行抗冻融试验：按标准方法抽取 5 块砖，吸水饱和，经 15 次冻融循环试验后，每块砖样不允许出现裂纹、分层、掉皮、缺棱、掉角等冻坏现象，单块砖的干质量损失不得大于 2%。

b. 其他地区砖的抗风化性能，可进行 5h 沸煮吸水率和饱和系数测定，凡符合表 10-1 要求的为抗风化性能合格，可不作抗冻融试验。5 h 沸煮吸水率和饱和系数测定，是将 5 块烘干试样先浸泡 24 h，再沸煮 5 h，其总的吸水率称为 5 h 沸煮吸水率；其浸泡 24 h 的吸水量与沸煮后的总吸水量的比值称为饱和系数。

表 10-1 烧结普通砖的抗风化性能(GB 5101—2003)

<table>
<tr><th rowspan="3">项　目</th><th colspan="4">严重风化区</th><th colspan="4">非严重风化区</th></tr>
<tr><th colspan="2">5 h 沸煮吸水率(%)≤</th><th colspan="2">饱和系数≤</th><th colspan="2">5 h 沸煮吸水率(%)≤</th><th colspan="2">饱和系数≤</th></tr>
<tr><th>平均值</th><th>单块最大值</th><th>平均值</th><th>单块最大值</th><th>平均值</th><th>单块最大值</th><th>平均值</th><th>单块最大值</th></tr>
<tr><td>黏土砖</td><td>18</td><td>20</td><td rowspan="2">0.85</td><td rowspan="2">0.87</td><td>19</td><td>20</td><td rowspan="2">0.88</td><td rowspan="2">0.90</td></tr>
<tr><td>粉煤灰砖</td><td>21</td><td>23</td><td>23</td><td>25</td></tr>
<tr><td>页岩砖</td><td rowspan="2">16</td><td rowspan="2">18</td><td rowspan="2">0.74</td><td rowspan="2">0.77</td><td rowspan="2">18</td><td rowspan="2">20</td><td rowspan="2">0.78</td><td rowspan="2">0.80</td></tr>
<tr><td>煤矸石砖</td></tr>
</table>

注：(1)粉煤灰掺入量(体积比)小于 30%时，按黏土砖的规定。

⑤泛霜：泛霜是指可溶性盐类在砖表面的盐析现象，一般呈白色粉末、絮团或絮片状。

将 5 块砖样烘干后，浸在不低于 20 mm 深的水中部分浸泡 7 d，经晾干和烘干后，视其泛霜程度，分为无泛霜(几乎看不到盐析)、轻微泛霜(出现一层细小霜膜)、中等泛霜(部分表面出现明显霜层)和严重泛霜(表面起砖粉、掉屑、脱皮现象)四种情况。严重泛霜的砖对建筑结构起破坏作用，不能使用。

经泛霜试验后，每块砖样可按下列规定区分：

优等品：无泛霜；

一等品：不允许出现中等泛霜；

合格品：不允许出现严重泛霜。

⑥石灰爆裂：烧结砖的原料或燃料中夹杂着石灰石等成分，烧结时被烧成过火生石灰，吸水后缓慢熟化产生体积膨胀，使砖发生爆裂的现象称之为石灰爆裂。石灰爆裂不但影响砖的外观，而且会降低砌体的强度，故对其提出要求如下：

优等品：不允许出现最大破坏尺寸大于 2 mm 的爆裂区域。

一等品：出现最大破坏尺寸大于 2 mm 且小于等于 10 mm 的爆裂区域，每组砖样不得多于 15 处。不允许出现最大破坏尺寸大于 10 mm 的爆裂区域。

合格品：出现最大破坏尺寸大于 2 mm 且小于等于 15 mm 的爆裂区域，每组砖样不得多于 15 处，其中大于 10 mm 的不得多于 7 处。不允许出现最大破坏尺寸大于 15 mm 的爆裂区域。

⑦烧结普通砖的其他物理性质：烧结黏土砖的体积密度为 1 800～1 900 kg/m^3，孔隙率 30％～35％，吸水率 8％～16％，导热系数约为 0.78 W/(m·K)。

烧结页岩砖的体积密度为 1 600～1 800 kg/m^3，吸水率约 20％，颜色与黏土砖相似。

烧结煤矸石砖和烧结粉煤灰砖较轻，体积密度只有 1 400～1 650 kg/m^3，吸水率为 15％～20％。

(3)烧结普通砖的应用

应用历史最长的是烧结黏土砖，自“秦砖汉瓦”以来，已有两千多年历史。近年来才逐渐利用工业废料制砖。

烧结普通砖具有一定强度和较好的隔热、隔声、吸潮、耐久性能。其中优等品适用于清水墙和墙体装饰，一等品和合格品用于混水墙，合格品不得用于潮湿部位。

烧结普通砖还可用于砌筑柱、拱、窑炉、烟囱、台阶、沟道及基础等，亦可砌成薄壳，修建跨度较大的屋盖。在砖砌体中配置适当的钢筋或钢筋网成为配筋砖砌体，可代替钢筋混凝土过梁。在现代建筑中，砖还可与轻骨料混凝土、加气混凝土、岩棉等复合，砌筑成各种轻体墙，以增大其保温隔热性能。

烧结普通砖的缺点是：块体小，需手工操作，劳动强度大，施工效率低，自重大，抗震性能差，特别是大量生产黏土砖，占用了许多农田。因此，我国建设部门已作出决策，从 20 世纪 90 年代开始，将逐步减少黏土砖的生产，大力改革墙体材料，充分利用工业废料，使其朝着轻质、高强、空心、大块、多功能的方向发展。

10.1.2 烧结多孔砖和烧结空心砖

推广使用多孔砖和空心砖，可以节约原材料、节约能源、减轻墙体重量，改善墙体热工性能，所以空心化是我国墙体材料改革的方向之一。

(1)烧结多孔砖

以黏土、页岩、煤矸石、粉煤灰为主要原料，经焙烧而成的、孔洞率大于或等于 15％、孔的尺寸小而数量多的砖称为烧结多孔砖。烧结多孔砖按其所用的主要原料分为烧结黏土多孔砖(N)、烧结页岩多孔砖(Y)、烧结煤矸石多孔砖(M)和烧结粉煤灰多孔砖(F)。烧结多孔砖主要用于承重墙体。

烧结多孔砖的外形为直角六面体，其长、宽、高应分别符合下列要求：①290 mm、240 mm、

190 mm、180 mm；②175 mm、140 mm、115 mm、90 mm。烧结多孔砖的孔洞较多，都开在大面上，主要以竖孔方向砌筑。除了手抓孔稍大外，其余均为小孔，以防砌筑时砂浆掉入过多。由于孔洞较多，其体积密度较小，孔洞率为18%～28%的多孔砖，其体积密度为1 350～1 480 kg/m^3，与烧结普通砖相比，墙体自重可减轻1/5。

烧结多孔砖根据其抗压强度分为MU30、MU25、MU20、MU15和MU10五个强度等级，各等级的强度指标见表10-2。

表10-2　烧结多孔砖强度等级的强度指标(GB 13544—2000)

强度等级	抗压强度平均值(MPa)	变异系数$\delta\leqslant0.21$	变异系数$\delta>0.21$
	$\bar{f}\geqslant$	抗压强度标准值$f_k\geqslant$	单块最小抗压强度值$f_{min}\geqslant$
MU30	30.0	22.0	25.0
MU25	25.0	18.0	22.0
MU20	20.0	14.0	16.0
MU15	15.0	10.0	12.0
MU10	10.0	6.5	7.5

强度和抗风化性能合格的烧结多孔砖，根据其尺寸偏差、外观质量、泛霜和石灰爆裂的程度，以及孔型和孔洞排列等，分为优等品(A)、一等品(B)和合格品(C)三个质量等级。各项技术指标均应符合《烧结多孔砖》(GB 13544—2000)的要求。烧结多孔砖的外观质量要求见表10-3，各质量等级的泛霜、石灰爆裂和抗风化性能的要求与烧结普通砖相同。

表10-3　烧结多孔砖的外观质量要求(GB 13544—2000)

项　目		优等品	一等品	合格品
颜色(一条面和一顶面)		一致	基本一致	
完整面　不得少于		一条面和一顶面	一条面和一顶面	
缺棱掉角的三个破坏尺寸(mm)　不得同时大于		15	20	30
裂纹长度(mm)不大于	大面上深入孔壁15 mm以上，宽度方向及其延伸至条面的长度	60	80	100
	大面上深入孔壁15 mm以上，长度方向及其延伸至顶面的长度	60	100	120
	条面和顶面上水平裂纹的长度	80	100	120
杂质在砖面上造成的凸出高度(mm)　不大于		3	4	5

(2)烧结空心砖

以黏土、页岩、煤矸石、粉煤灰为主要原料，经焙烧而成的、孔洞率大于等于35%、孔的尺寸大而数量少的砖称为烧结空心砖。

烧结空心砖的外形为直角六面体，在与砂浆的接合面上有1 mm以上深度的凹线槽，以增加结合力。孔洞采用矩形条孔或其他孔形，且平行于大面和条面(图10-1)。使用时按水平孔方向砌筑，其长度、宽度、高度尺寸应符合下列要求：390 mm、290 mm、240 mm、190 mm、180(175) mm、140 mm、115 mm、90 mm。

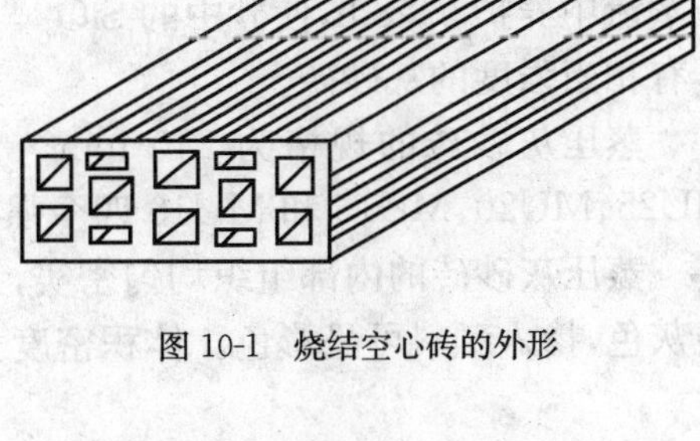

图10-1　烧结空心砖的外形

烧结空心砖，根据变异系数、平均值与标准值、平均值与最小值分为 MU10. 0、MU7. 5、MU5. 0、MU3. 5、MU2. 5 五个强度等级，其强度应符合表 10-8 的规定。

烧结空心砖根据其体积密度分为 800、900、1 000、1 100 四个密度级别，各密度等级指标见表 10-4。与烧结普通砖相比，墙体自重可减轻 1/3～1/2。

表 10-4　烧结空心砖的密度等级(GB 13545—2003)

密度等级	5 块砖密度平均值(kg/m³)	密度等级	5 块砖密度平均值(kg/m³)
800	≤800	1 100	901～1 000
900	801～900	1 100	1 001～1 100

强度、密度、抗风化性能和放射性物质合格的烧结空心砖，根据其尺寸偏差、外观质量、孔洞排数及其结构、泛霜、石灰爆裂、吸水率分为优等品(A)、一等品(B)和合格品(C)三个质量等级。各项性能指标均应符合《烧结空心砖和空心砌块》(GB 13545—2003)的要求。其中各等级空心砖的强度指标见表 10-5。

烧结空心砖由于质轻、强度低，适用于非承重墙体，如多层建筑的内隔墙和框架结构的填充墙等。

表 10-5　烧结空心砖各等级的强度指标(GB 13545—2003)

强度等级	抗压强度(MPa)			密度等级范围(kg/m³)
	抗压强度平均值 $\bar{f}$≥	变异系数 δ≤0.21 抗压强度标准值 f_k≥	变异系数 δ>0.21 单块最小抗压强度值 f_{min}≥	
MU10. 0	10. 0	7. 0	8. 0	≤1 100
MU7. 5	7. 5	5. 0	5. 8	
MU5. 0	5. 0	3. 5	4. 0	
MU3. 5	3. 5	2. 5	2. 8	
MU2. 5	2. 5	1. 6	1. 8	≤800

10. 1. 3　非烧结砖

不经过焙烧而制成的砖，都属于非烧结砖。与烧结砖相比，它具有耗能低的优点。目前，非烧结砖主要有蒸养砖、蒸压砖、碳化砖和非烧结的黏土砖等。蒸养砖和蒸压砖由于能够利用工业废料，因而会优先得到发展。

(1)蒸压灰砂砖

蒸压灰砂砖是以石灰、砂子为主要原料，经坯料制备、压制成型、蒸压养护而成的实心砖。所用原料中磨细砂子约占 80%～90%，石灰约占 10%～20%，水 3%～10%，允许掺入颜料和外加剂，经混合搅拌，在 15～20 MPa 压力下压制成型，放入蒸压釜内，在 0. 8 MPa、170 ℃的高压蒸汽中养护 5～8 h，使砂中的 SiO_2 与石灰发生反应生成水化硅酸钙，将砂粒牢固黏结，形成具有相当强度的灰砂砖。

蒸压灰砂砖的规格为 240 mm×115 mm×53 mm。根据抗压强度和抗折强度，分为 MU25、MU20、MU15 和 MU10 四个强度等级，其强度指标见表 10-6。

蒸压灰砂砖的内部组织均匀密实，无烧缩现象，尺寸偏差较小，外形光洁整齐。灰砂砖呈淡灰色，掺入颜料可呈彩色。体积密度为 1 800～1 900 kg/m³。

蒸压灰砂砖根据其尺寸偏差、外观质量、强度和抗冻性，分为优等品(A)、一等品(B)和合格品(C)三个质量等级。各项技术指标均应符合《蒸压灰砂砖》(GB 11945—1999)的要求。蒸压灰砂砖的尺寸偏差和外观质量要求见表10-7，抗冻性指标见表10-8。

表10-6　蒸压灰砂砖各等级的强度指标(GB 11945—1999)

强度等级	抗压强度(MPa)		抗折强度(MPa)	
	5块平均值　不小于	单块值　不小于	5块平均值　不小于	单块值　不小于
MU25	25.0	20.0	5.0	4.0
MU20	20.0	16.0	4.0	3.2
MU15	15.0	12.0	3.3	2.6
MU10	10.0	8.0	2.5	2.0

注：优等品的强度等级不得小于MU15。

表10-7　蒸压灰砂砖的尺寸偏差和外观质量要求(GB 11945—1999)

项目				优等品	一等品	合格品
尺寸允许偏差(mm)	长度	L		±2		
	宽度	B		±2	±2	±3
	高度	H		±1		
外观质量	缺棱掉角	个数(个)	不多于	1	1	2
		最大尺寸(mm)	不得大于	10	15	20
		最小尺寸(mm)	不得大于	5	10	10
	对应高度差(mm)		不得大于	1	2	3
	裂纹	条数(条)	不多于	1	1	2
		大面上宽度方向及其延伸到条面的长度(mm)，	不得大于	20	50	70
		大面上长度方向及其延伸到顶面的长度或条、顶面水平裂纹的长度(mm)	不得大于	30	70	100

表10-8　蒸压灰砂砖的抗冻性指标(GB 11945—1999)

强度等级	冻后抗压强度平均值(MPa)不小于	冻后单块砖的干质量损失(%)不大于
MU25	20.0	2.0
MU20	16.0	2.0
MU15	12.0	2.0
MU10	8.0	2.0

同其他砖相比，灰砂砖具有较高的蓄热能力，容重大，隔声性能十分优越，不易燃。除了用于外墙和内隔墙中承重和非承重的灰砂砖和砌块外，还有灰砂地面砖、屋面砖、饰面砖、灰砂空心砖(空洞率大于15%)和各种异型砖等产品。

灰砂砖中的MU25、MU20、MU15的砖可用于基础和其他建筑；MU10的砖用于防潮层以上的建筑，但不得用于长期受热200 ℃以上、受急冷急热和有酸 性侵蚀的建筑部位，也不适用于有流水冲刷的部位。

(2)蒸压(养)粉煤灰砖

蒸压(养)粉煤灰砖是指以粉煤灰、石灰和水泥为主要原料，掺加适量石膏、外加剂、颜料和骨料，经坯料制备、压制成形、高压或常压蒸汽养护而成的实心粉煤灰砖。砖的外形、公称尺寸同烧结普通砖。

《粉煤灰砖》(JC 239—2001)中规定：粉煤灰砖有彩色、本色两种；按抗压强度和抗折强度划分为MU30、MU25、MU20、MU15、MU10五个等级。按外观质量、尺寸偏差、强度和干燥收缩值分为优等品(A)、一等品(B)、合格品(C)，优等品应不低于MU15。干燥收缩率为：优等品和一等品应不大于0.65 mm/m；合格品不大于0.75 mm/m。碳化系数K_c≥0.8，色差不显著。

(3)煤渣砖(炉渣砖)

煤渣砖是以煤渣为主要原料，掺入石膏、石灰，经混合、压制成形、蒸汽或蒸压养护制成的实心煤渣砖。砖的规格尺寸主要为240 mm×115 mm×53 mm，呈灰黑色，表观密度为1 500～2 000 kg/m^3，吸水率为6%～19%，根据抗压强度和抗折强度将强度级别分为MU20、MU15、MU10和MU7.5。其技术要求主要有尺寸偏差、外观质量、强度级别、抗冻性、碳化性能、放射性六个方面。每个级别的强度指标见表10-9。

表10-9 煤渣砖的强度等级

强度等级	抗压强度(MPa)		抗折强度(MPa)	
	10块平均值≥	单块值≥	10块平均值≥	单块值≥
20.0	20.0	15.0	4.0	3.0
15.0	15.0	11.2	3.2	2.4
10.0	10.0	7.5	2.5	1.9
7.5	7.5	5.6	2.0	1.5

煤渣砖碳化后强度不得低于相应级别的强度的75%。根据尺寸偏差、外观质量与强度级别分为优等品(A)、一等品(B)、合格品(C)。

这种砖可用于工业与民用建筑的墙体和基础，但用于基础或易受冻融破坏或干湿交替作用的建筑部位时，必须使用MU15及以上的砖；不得用于长期受热200 ℃以上、受急冷急热和有酸性腐蚀的建筑部位。

(4)混凝土多孔砖

混凝土多孔砖是以水泥为胶结材料，以砂、石等为主要集料，加水搅拌、成型、养护制成的一种多排小孔的混凝土砖。砖的外形为直角六面体，其规格尺寸为：长290 mm、240 mm、190 mm、180 mm；宽240 mm、190 mm、115 mm、90 mm；高115 mm、90 mm。孔洞率大于等于30%，最小外壁厚不应小于15 mm，最小肋厚不应小于10 mm。混凝土多孔砖宜采用蒸压或蒸养工艺，如采用自然养护需满足28天龄期。

混凝土多孔砖主要用于工业与民用建筑的承重部位，其技术要求应符合《混凝土多孔砖》(JC 943—2004)的规定。其尺寸允许偏差见表10-10；按尺寸偏差、外观质量分为：一等品(B)和合格品(C)，其外观质量见表10-11。按强度等级分为：MU10、MU15、MU20、MU25、MU30，其强度等级见表10-12。

表10-10 混凝土多孔砖尺寸允许偏差

项目名称	单位	一等品(B)	合格品(C)
长度	mm	±1	±2
宽度	mm	±1	±2
高度	mm	±1.5	±2.5

表 10-11 混凝土多孔砖外观质量

项目名称			一等品(B)	合格品(C)
弯曲(mm)		≤	2	2
掉角缺棱	个数(个)	≤	0	2
	三个方向投影尺寸的最小值(mm)	≤	0	20
裂纹延伸投影尺寸累计(mm)		≤	0	20

表 10-12 混凝土多孔砖强度等级

强度等级	抗压强度(MPa)	
	10块试样平均值≥	单块最小值≥
MU10	10.0	8.0
MU15	15.0	12.0
MU20	20.0	16.0
MU25	25.0	20.0
MU30	30.0	24.0

为了减轻墙体自重及保温隔热功能，标准 JC 943—2004 规定混凝土多孔砖的孔洞率不小于 30%，并对孔洞、结构与排列作了规定。为防止墙体收缩、开裂，标准要求干燥收缩率不应大于 0.045%，并对不同干燥收缩率下的相对含水率作出了严格的规定。对抗冻性要求：非采暖地区 D15；采暖地区：一般环境 D15，干湿交替环境 D25。冻融后强度损失小于等于 25%，质量损失小于等于 5%。此外，混凝土多孔砖还应符合 GB 6566—2001 对放射性的要求；用于外墙的混凝土多孔砖要符合抗渗性要求。

混凝土多孔砖是一种新型的墙体材料，其外形特征是烧结多孔砖，而材料性能应归于普通混凝土小型空心砌块。其优点是：不占耕地，不用焙烧，节省能耗，制作工艺简单，施工方便，是普通黏土砖及烧结多孔砖的良好的替代品。

(5)非烧结砖的验收、运输和保管

①标志

产品应有质量合格证书，其中包括生产厂名、商标、产品标记、本批产品实测技术性能、检验部门及检验人员签章和生产日期等。

②储存

产品应按规格、等级、批次分别存放，不得混杂。存放场地要平整、稳固。

③运输

运输装卸时应轻码轻放，严禁摔、掷、翻斗卸货，必要时应采取防雨措施。

④验收

a. 粉煤灰砖的检验项目有尺寸偏差、抗压强度和抗折强度、外观质量和色差，必要时检验其抗冻性、干燥收缩值及碳化性能。抽样批量为每 10 万块为一批，不足者视为一批。随机取 36 块检验颜色，随机取 100 块(一批样本 50 块)进行外观和尺寸偏差检验，第一批 50 块中的不合格数不超过 5 块时，外观和尺寸偏差合格；超过 9 块时为外观和尺寸偏差不合格；在 5 块～9 块之间时，用第二批 50 块重复检验，两批不合格数的和不超过 12 块时，外观和尺寸偏差合格；超过 13 块时为外观和尺寸偏差不合格。从外观合格的样品中随机取 10 块检验强度，取 3 块检验干燥收缩值，取 15 块检验碳化性能。当所有检验项目都合格时判定该批产品合格。

b. 灰砂砖的检验项目包括尺寸偏差、抗压强度和抗折强度、外观质量,必要时检验其抗冻性和空洞率。抽样批量为每10万块为一批,不足者视为一批。随机取36块检验颜色,随机取50块进行外观和尺寸偏差检验;从外观合格的样品中随机取10块(NF砖为2组20块)检验抗压强度(5块)和抗折强度(5块)。按技术标准中的指标评定其等级并判定是否合格。

c. 混凝土多孔砖按外观质量等级和强度等级分批验收。以用同一种原材料配制成,同一工艺生产的相同外观质量等级、强度等级的35 000～150 000块混凝土多孔砖为一批,不足35 000块的按一批计。每批随机抽取50块做尺寸偏差和外观质量检验,从上述两项检验合格的混凝土多孔砖中分别抽取10块做强度等级检验、10块做抗冻检验、3块做干燥收缩率检验、3块做相对含水率检验、3块做孔洞率检验、3块做抗渗性检验、3块做放射性检验。根据检验数据,按照JC 943—2004标准判定该批混凝土多孔砖的相应等级。

10.2 砌　　块

砌块是指砌筑用的人造块材,多为直角六面体。按用途划分为承重砌块和非承重砌块;按产品规格可分为大型(主规格高度大于980 mm)、中型(主规格高度为380～980 mm)和小型(主规格高度为115～380 mm)砌块;按生产工艺可分为烧结砌块和蒸养、蒸压砌块。按其主要原材料命名,主要品种有普通混凝土砌块、轻骨料混凝土砌块、硅酸盐混凝土砌块、粉煤灰砌块及石膏砌块等。

砌块的生产工艺简单,生产周期短;可以充分利用地方资源和工业废渣,有利于环境保护;而且尺寸大,砌筑效率高,可提高工效;通过空心化,可以改善墙体的保温隔热性能,是当前大力推广的墙体材料之一。

10.2.1　蒸压加气混凝土砌块

蒸压加气混凝土砌块是以钙质材料(水泥、石灰等)和硅质材料(矿渣和粉煤灰)为主要材料,并加入铝粉作加气剂,经磨细、计量配料、搅拌浇筑、发气膨胀、静停切割、蒸压养护等工序而制成的多孔轻质块体材料,简称加气混凝土砌块,其尺寸偏差和外观要求见表10-13。

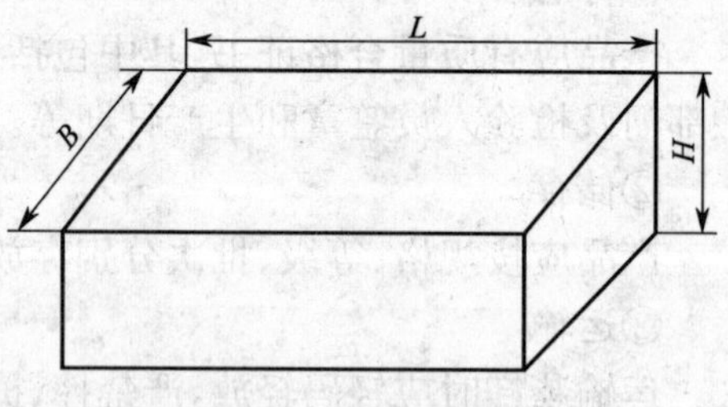

图10-2　加气混凝土砌块

(1)规格尺寸

《蒸压加气混凝土砌块》(GB 11968—1997)规定:砌块长度为600mm,宽度为100 mm、125 mm、150 mm、200 mm、250 mm、300 mm或120 mm、180 mm、240 mm,高度为200 mm、250 mm、300 mm。外形示意图见图10-2。

(2)强度等级

按抗压强度分为A1.0、A2.0、A2.5、A3.5、A5.0、A7.5、A10.0七个级别;按体积密度划分为B03、B04、B05、B06、B07、B08六个级别;各等级的抗压强度见表10-14。

(3)质量等级

按尺寸偏差、外观质量、体积密度及抗压强度分为优等品(A)、一等品(B)、合格品(C)。砌块的强度级别、体积密度、干燥收缩、抗冻性、热导率见表10-15。

表 10-13　加气混凝土砌块的尺寸偏差和外观要求表

<table>
<tr><th colspan="2" rowspan="2">项　　目</th><th colspan="3">指　标</th></tr>
<tr><th>优等品</th><th>一等品</th><th>合格品</th></tr>
<tr><td rowspan="3">尺寸允许偏差（mm）</td><td>长度 L</td><td>±3</td><td>±4</td><td>±5</td></tr>
<tr><td>宽度 B</td><td>±2</td><td>±3</td><td>+3/−4</td></tr>
<tr><td>高度 H</td><td>±2</td><td>±3</td><td>+3/−4</td></tr>
<tr><td rowspan="3">缺棱掉角</td><td>个数不多于</td><td>0</td><td>1</td><td>2</td></tr>
<tr><td>最大尺寸(mm)　不得大于</td><td>0</td><td>70</td><td>70</td></tr>
<tr><td>最小尺寸(mm)　不得大于</td><td>0</td><td>30</td><td>30</td></tr>
<tr><td rowspan="3">裂纹</td><td>条数(条)，　不多于</td><td>0</td><td>1</td><td>2</td></tr>
<tr><td>任一面上裂纹长度不得大于裂纹方向尺寸的</td><td>0</td><td>1/3</td><td>1/2</td></tr>
<tr><td>贯穿一棱、两面的裂纹长度不得大于裂纹所在面的裂纹方向尺寸总和的</td><td>0</td><td>1/3</td><td>1/3</td></tr>
<tr><td colspan="2">平面弯曲(mm)　不得大于</td><td>0</td><td>3</td><td>5</td></tr>
<tr><td colspan="2">表面疏松、层裂、油污</td><td colspan="3">不允许</td></tr>
<tr><td colspan="2">爆裂、黏模和损坏深度(mm)　不得大于</td><td>10</td><td>20</td><td>30</td></tr>
</table>

表 10-14　加气混凝土砌块等级的抗压强度

<table>
<tr><td colspan="2">强度级别</td><td>A1.0</td><td>A2.0</td><td>A2.5</td><td>A3.5</td><td>A5.0</td><td>A7.5</td><td>A10.0</td></tr>
<tr><td rowspan="2">立方体抗压强度(MPa)</td><td>平均值　≥</td><td>1.0</td><td>2.0</td><td>2.5</td><td>3.5</td><td>5.0</td><td>7.5</td><td>10.0</td></tr>
<tr><td>单块最小值　≥</td><td>0.8</td><td>1.6</td><td>2.0</td><td>2.8</td><td>4.0</td><td>6.0</td><td>8.0</td></tr>
</table>

表 10-15　加气混凝土砌块的强度级别、干体积密度、干燥收缩、抗冻性、热导率

<table>
<tr><td colspan="2">干体积密度级别</td><td>B03</td><td>B04</td><td>B05</td><td>B06</td><td>B07</td><td>B08</td></tr>
<tr><td rowspan="3">强度级别</td><td>优等品</td><td rowspan="3">A1.0</td><td rowspan="3">A2.0</td><td>A3.5</td><td>A5.0</td><td>A7.5</td><td>A10.0</td></tr>
<tr><td>一等品</td><td>A3.5</td><td>A5.0</td><td>A7.5</td><td>A10.0</td></tr>
<tr><td>合格品</td><td>A2.5</td><td>A3.5</td><td>A5.0</td><td>A7.5</td></tr>
<tr><td rowspan="3">干体积密度（kg/m³）</td><td>优等品</td><td>300</td><td>400</td><td>500</td><td>600</td><td>700</td><td>800</td></tr>
<tr><td>一等品</td><td>330</td><td>430</td><td>530</td><td>630</td><td>730</td><td>830</td></tr>
<tr><td>合格品</td><td>350</td><td>450</td><td>550</td><td>650</td><td>750</td><td>850</td></tr>
<tr><td rowspan="2">干燥收缩(mm/m)≤</td><td>标准法</td><td colspan="6">0.50</td></tr>
<tr><td>快测法</td><td colspan="6">0.80</td></tr>
<tr><td rowspan="2">抗冻性</td><td>质量损失(%)≤</td><td colspan="6">5.0</td></tr>
<tr><td>冻后强度(MPa)≥</td><td>0.8</td><td>1.6</td><td>2.0</td><td>2.8</td><td>4.0</td><td>6.0</td></tr>
<tr><td colspan="2">热导率(W/m·K)　≤</td><td>0.10</td><td>0.12</td><td>0.14</td><td>0.16</td><td>—</td><td>—</td></tr>
</table>

(4)验收、运输和保管

①标志

应有产品质量说明书，内容包括生产厂名、商标、产品标记、本批产品的实测技术性能及生产日期。

②运输

应成垛绑扎或有其他包装，绝热用产品应用塑料薄膜封包，装卸应用专用机具，严禁摔、掷、翻斗车自翻卸货。

③储存

砌块储存应做到场地平整、坚实，同品种、同规格、同等级做好标记，不同品种、规格、等级不得混放。

④检验

检验项目有尺寸偏差、外观、立方体抗压强度、干体积密度，必要时应增加干燥收缩、抗冻性、热导率。

ⓐ同品种、同规格、同等级的砌块以 10 000 块为一批，不足者也为一批。ⓑ随机抽取 50 块进行尺寸、外观检验，不符合相应等级的数量不超过 5 块时为合格。外观检验要在交货地点进行。ⓒ从尺寸和外观合格的样品中随机抽样，制成 3 组试件进行立方体抗压强度试验，以 3 组平均值和其中一组的最小值判定强度级别；制成 3 组试件进行干体积密度试验，以 3 组平均值判定密度级别，符合相应级别的强度和密度要求时判为合格。其中有一项不合格时要判为不合格或降级使用。

(5)用途

蒸压加气混凝土砌块的常用品种有加气粉煤灰砌块和蒸压矿渣砂加气混凝土砌块两种。这种砌块具有表观密度小，保温及耐火性好，易于加工，抗震性强，隔声性好，其耐火等级按厚度从 75 mm、100 mm、150 mm、200 mm 分别为 2.50 h、3.75 h、5.75 h、8.00 h，施工方便。适用于低层建筑的承重墙，多层和高层建筑的非承重墙、隔断墙、填充墙及工业建筑物的维护墙体和绝热材料。这种砌块易干缩开裂，必须做好饰面层，同时其砌筑砂浆的技术性能应符合《蒸压加气混凝土砌块用砌筑砂浆和抹面砂浆》(JC 890—2001)的规定。

如无有效措施不得用于以下部位：建筑物标高±0.000 以下；长期浸水或经常受干湿交替作用；受酸碱化学物质腐蚀；制品表面温度高于 80 ℃。

10.2.2 混凝土小型空心砌块

混凝土小型空心砌块是以水泥为胶结材料，砂、碎石或卵石、煤矸石、炉渣为集料，加水搅拌，振动加压或冲压成形、养护而成的小型砌块，空心率应不小于 25%。混凝土小型空心砌块外形示意图见图 10-3。

(1)普通混凝土小型空心砌块

《普通混凝土小型空心砌块》(GB 8239—1997)规定：主规格尺寸为 390 mm×190 mm×190 mm，要求最小外壁的厚度不小于 30 mm，最小肋厚不小于 25 mm。

按尺寸偏差、外观质量，划分为优等品(A)、一等品(B)、合格品(C)。

按抗压强度分为 MU3.5、MU5.0、MU7.5、MU10.0、MU15.0、MU20.0 六个等级，每个强度等级的抗压强度见表 10-16。尺寸偏差、外观质量要求见表 10-17。

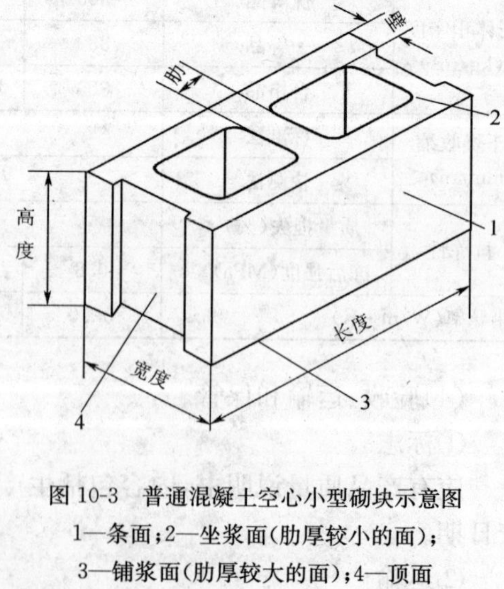

图 10-3　普通混凝土空心小型砌块示意图
1—条面；2—坐浆面(肋厚较小的面)；
3—铺浆面(肋厚较大的面)；4—顶面

表 10-16 普通混凝土小型空心砌块的各等级的抗压强度

强度级别		MU3.5	MU5.0	MU7.5	MU10	MU15	MU20
砌块抗压强度(MPa)	平均值 ≥	3.5	5.0	7.5	10.0	15.0	20.0
	单块最小值≥	2.8	4.0	6.0	8.0	12.0	16.0

表 10-17 普通混凝土小型砌块的尺寸偏差、外观质量

项目				优等品(A)	一等品(B)	合格品(C)
尺寸允许偏差(mm)	长度			±2	±3	±3
	宽度			±2	±3	±3
	高度			±2	±3	+3,−4
外观质量	弯曲(mm)		≤	2	2	2
	缺棱掉角	个数(个)	≤	0	2	2
		三个方向投影尺寸最小值(mm)	≤	0	20	30
	裂纹延伸的投影尺寸累计(mm)		≤	0	20	30

砌块出厂时的相对含水率：用于潮湿地区时不大于 45%；用于中等潮湿地区时不大于 40%；用于干燥地区时不大于 35%。用于清水墙时应满足抗渗性要求。用于采暖地区的一般环境时，抗冻性达到 F15，干湿交替环境时，抗冻性达到 F25。冻融实验后，质量损失不大于 2%，强度损失不大于 25%。

这种砌块有承重和非承重两种，适用于地震设计烈度为 8 度及以下地区的一般民用与工业建筑物的墙体。用于承重墙和外墙的砌块要求干缩值小于 0.5 mm/m，用作非承重或内墙的砌块要求干缩值小于 0.56 mm/m。

(2)轻集料混凝土小型空心砌块

混凝土小型空心砌块具有保护耕地，节约能源、充分利用地方资源和工业废渣，劳动生产率高，有利建筑节能和综合效益，是一种可持续发展的墙体材料，发展前景广阔。

采用轻集料时称为轻集料混凝土小型空心砌块，其中轻骨料有天然轻骨料(浮石、火山渣)、工业废渣(煤渣、天然煤矸石)、人造轻骨料(黏土陶粒、页岩陶粒、粉煤灰陶粒)。其性能应符合 GB 15229—2002 中规定。

按孔的排数可分为：实心(0)、单排孔(1)、双排孔(2)、三排孔(3)、四排孔(4)五类；按其密度可分为 500、600、700、800、900、1 000、1 200、1 400 八个等级，其中实心砌块的密度等级不应大于 800；按强度等级分为 1.5、2.5、3.5、5.0、7.5、10.0 六个等级；按尺寸偏差和外观质量分为：一等品(B)和合格品(C)两个等级。

采用轻砂配制的全轻骨料混凝土小砌块，表观密度小，保温性能好，表面质量好，可满足自承重或既承重又保温的外墙体用；采用普通砂配制的砂轻骨料混凝土小砌块，表观密度大，强度高，表面质量好，可用于承重的内外墙体。采用无细骨料或少细骨料配制的无砂轻骨料混凝土小型砌块具有更小的表观密度和更好的保温性能，适用于作保温自承重的框架结构填充墙。

(3)混凝土小型空心砌块的验收、运输和保管

①标志

应有产品质量说明书，内容包括生产厂名、商标、产品标记、批量编号及数量、本批产品的实测技术性能及生产日期，检验人员和检验部门签章。

②运输

装卸应用专用机具，严禁摔、掷、翻斗车自翻卸货。

③储存

砌块储存存放应做到场地平整，应有防雨措施，按品种、规格、等级分批堆放，不得混杂。

④检验

检验项目有尺寸偏差、外观质量、强度等级、相对含水率（对于轻骨料混凝土小型空心砌块还有表观密度和吸水率），用于清水墙的砌块还应检验抗渗性。ⓐ同一种原材料、同外观质量和强度等级、同一工艺生产的砌块以 10 000 块为一批，不足者也为一批。ⓑ随机抽取 32 块进行尺寸、外观检验，不符合相应等级要求的数量不超过 7 块时为合格。外观检验要在交货地点进行。ⓒ从尺寸和外观合格的样品中随机抽样（强度等级 5 块，相对含水率 3 块，抗渗性 3 块，抗冻性 10 块，空心率 3 块，表观密度和吸水率各 3 块），所有项目都合格时判为合格。

10.2.3 粉煤灰硅酸盐砌块

粉煤灰硅酸盐砌块是以粉煤灰、石灰、石膏和骨料为原料，加水搅拌，振动成形，蒸气养护制成的一种密实砌块。

《粉煤灰砌块》(JC 238—1991)规定砌块的主规格尺寸为 880 mm×380 mm×240 mm 和 880 mm×430 mm×240 mm。端面应设灌浆槽，坐浆面应设抗剪槽。按立方体抗压强度分为 MU10、MU13；按外观质量、尺寸偏差分为一等品(B)、合格品(C)；各等级的抗压强度、碳化后强度、抗冻性能和密度、干缩性能见表 10-18。

表 10-18 粉煤灰砌块的立方体抗压强度、碳化后强度、抗冻性能、密度和干缩性能

项　目		MU10	MU13
立方体抗压强度(MPa)	3 块平均值≥	10.0	13.0
	单块最小值≥	8.0	10.5
碳化强度(MPa)，≥		6.0	7.5
干缩值/(mm/m)，≤		合格品 0.90，一等品 0.75	
密　度		不超过设计值的 10%	
抗冻性		冻融循环后无明显疏松、剥落、裂缝。强度损失不大于 20%	

这类砌块主要用于工业与民用建筑的墙体和基础。但不适用于有酸性侵蚀介 质的、密封性要求高的、易受较大震动的建筑物，以及受高温受潮湿的承重墙。粉煤灰小型空心砌块是一种新型材料，其性能应符合相关标准的规定，适用于非承重墙和填充墙。

10.2.4 粉煤灰小型空心砌块

粉煤灰小型空心砌块是以粉煤灰、水泥、各种轻重集料、水为主要组分（也可加入外加剂等）拌和制成的小型空心砌块，其中粉煤灰用量不应低于原材料质量的 20%，水泥用量不应低于原材料质量的 10%。

《粉煤灰小型空心砌块》(JC 862—2000)规定的砌块主规格尺寸为 390 mm×190 mm×190 mm；按孔的排数分为：单排孔(1)、双排孔(2)、三排孔(3)、四排孔(4)四类；按尺寸偏差、外观质量、碳化系数分为：优等品(A)、一等品(B)和合格品(C)三个等级。尺寸允许偏差、外观质量、碳化系数要求见表 10-19。

表 10-19　粉煤灰小型空心砌块尺寸允许偏差、外观质量、碳化系数

项　目　名　称				优等品(A)	一等品(B)	合格品(C)
尺寸允许偏差(mm)	长度			±2	±3	±3
	宽度			±2	±3	±3
	高度			±2	±3	+3/−4
	注:最小外壁厚不应小于 25 mm,肋厚不应小于 20 mm					
外观质量	弯曲(mm)		≤	2	3	4
	缺棱掉角	个数(个)	≤	0	2	2
		三个方向投影的最小值(mm)	≤	0	20	30
	裂缝延伸投影的累计尺寸(mm)		≤	0	20	30
碳化系数			≥	0.80	0.75	0.70

强度等级根据五块试样抗压强度平均值和单块试样抗压强度最小值分为:MU2.5、MU3.5、MU5.0、MU7.5、MU10.0、MU15.0 六个等级。各等级的抗压强度指标见表 10-20。

表 10-20　粉煤灰小型空心砌块强度等级

强度等级	抗压强度(MPa)	
	5 块试样平均值 ≥	单块试样最小值 ≥
MU2.5	2.5	2.0
MU3.5	3.5	2.8
MU5.0	5.0	4.0
MU7.5	7.5	6.0
MU10.0	10.0	8.0
MU15.0	15.0	12.0

对粉煤灰小型空心砌块的技术要求,标准还规定其干燥收缩率不应大于 0.060%;软化系数不小于 0.75;非采暖地区抗冻性,一般环境下抗冻标号为 D15,干湿交替环境下抗冻标号为 D25,两种环境下冻融循环后强度损失均不大于 25%,质量损失均不大于 5%;放射性应符合相关规范的要求。

利用粉煤灰生产小型空心砌块,工艺简单,不用焙烧,原材料来源广泛,可利用工业废料。因此,具有节约耕地、降低能耗、提高经济效益、保护环境、变废为宝等诸多优越性。用小型空心砌块砌筑的墙体,具有隔热、保温、防噪功能。粉煤灰小型空心砌块是一种环保型绿色建材,发展前景广阔,适用于非承重墙和填充墙。

粉煤灰小型空心砌块的验收、运输和保管应符合以下要求:

①标志

应有产品质量合格证书,内容包括生产厂名、商标、产品标记、批量编号及数量、本批产品的实测技术性能及生产日期,检验人员和检验部门签章等。实行准用证的地区应注明准用证号。

②运输

装卸应用专用机具,严禁碰撞、扔摔、翻斗倾卸,应轻码轻放,运输过程中应做好防雨。

③储存

砌块储存存放应做到场地平整，按品种、规格、等级分批堆放，不得混杂，应有防雨措施。

④检验

砌块按外观质量等级和强度等级分批验收。以用同一种粉煤灰、同一种集料和水泥、同一生产工艺生产的相同强度等级、质量等级的 10 000 块粉煤灰小型空心砌块为一批。每批随机抽取 32 块进行尺寸偏差和外观质量检验，再从其合格的砌块中随机抽取 12 块，其中 5 块进行抗压强度检验，7 块进行碳化系数检验。所有项目均符合 JC 862—2000 要求时，判定该批砌块符合相应等级。

10.2.5 石膏砌块

石膏砌块是以建筑石膏为原料，经料浆搅拌浇筑成形，自然干燥或烘干而制成的轻质块状材料。有时可加入各种轻骨料、填充料、纤维增强材料、发泡剂等辅助材料。也可用高强石膏粉或部分水泥代替建筑石膏，并掺加粉煤灰生产石膏砌块。利用各种废料生产石膏砌块时，其性能指标应符合 JC/T 698—1998 的规定。

石膏砌块的外形为平面长方体，纵横边缘分别设有凹凸企口，砌块的规格尺寸为 666 mm×500 mm×(60、80、90、100、110、120) mm；尺寸偏差要求：长度为±3 mm，宽度为±2 mm，厚度为±1.5 mm；三块相拼正好为 1 m^2 的墙面。

按石膏特性分为天然石膏砌块(T)和工业副产石膏砌块(H)；按其结构特性分为空心(K)和实心(S)砌块，国内以空心为主；按其防潮性能分为普通石膏砌块(P)和防潮石膏砌块(F)两种。实心砌块的密度应不大于 1 000 kg/m^3；空心砌块的密度应不大于 700 kg/m^3。单块质量应不大于 30kg，砌块应有足够的机械强度，断裂荷载值应不小于 1.5 kN，砌块表面应平整，棱边平直。防潮石膏砌块的软化系数应不低于 0.6。

石膏砌块产品要有产品质量合格证和发货清单，其中包括产品标记、商标、生产企业名称和详细地址、生产日期、数量及防潮标志。每 500 块同类型同规格的产品为一批，应检验的项目有外观、尺寸偏差、表观密度、单块质量、平整度、软化系数和断裂荷载。现场存放应轻拿轻放，严禁碰撞，存放于地面平整坚实、干燥的仓库，内榫槽向下。运输时作好防雨措施。

石膏砌块具有特殊的“呼吸”功能。因为表观密度小，孔隙率高，具有良好的蓄热功能和保温隔热性能，有利于建筑节能，同时，因为石膏中含有结晶水，在遇火时可以释放结晶水，吸收大量热量，并形成水雾阻止火势蔓延。因此特别适用于框架结构和其他结构中的非承重墙体，一般做内隔墙用，尤其是高层建筑和有特殊防火要求的建筑。

10.3 墙　板

墙体板材具有轻质、高强、多功能的特点，便于拆装，平面尺寸大，施工劳动效率高，改善墙体功能；厚度薄，可提高室内使用面积；自重小，可减轻建筑物对基础的承重要求，降低工程造价。因此大力发展轻质板材是墙材改革的趋势。

10.3.1 石膏板材

石膏板材以其平面平整，光滑细腻，可装饰性好，具有特殊的呼吸功能，原材料丰富，制作简单而得到广泛的应用。在轻质板材中使用较多的主要有各种纸面石膏板、石膏空心板、石膏刨花板等。

(1)纸面石膏板

纸面石膏板是以熟石膏为胶凝材料,并掺入适量添加剂和纤维作为芯材,以特制的护面纸作为面层的一种轻质板材。在各种轻质隔断墙体材料中,产量最大,机械化自动化程度最高的是纸面石膏板。

①分类

按用途可分为普通纸面石膏板(P)、耐水纸面石膏板(S)、耐火纸面石膏板(H)三种。普通纸面石膏板是以建筑石膏为主要原料,掺入适量轻骨料、纤维增强材料和外加剂构成芯材,并与护面纸牢固地黏结在一起的建筑板材;若掺入耐水外加剂,并采用耐水护面纸制成的石膏板,就得到耐水纸面石膏板;若采用无机耐火纤维增强材料和外加剂,以改善高温下的黏结力,就得到耐火纸面石膏板。

②规格尺寸

常用的规格尺寸:长度有1 800 mm、2 100 mm、2 400 mm、2 700 mm、3 000 mm、3 600 mm;宽度有900 mm、1 200 mm;普通型的厚度有9.5 mm、12 mm、15 mm、18 mm,耐水型的厚度有9.5 mm、12 mm、15 mm,耐火型的厚度有9.5 mm、12 mm、15 mm、18 mm、21 mm、25 mm。板材的边部形状可分为矩形、倒角形、楔形、圆形四种。

③ 技术要求

a. 表面平整,不得有影响使用的破损、波纹、沟槽、污痕、过烧、亏料、边部漏料和纸面脱开等缺陷。

b. 耐水型板材的吸水率应不大于10%,表面吸水量应不大于160 g/ m^2;耐火型板材的遇火稳定时间应不小于20 min。

c. 板材的两对角线的长度差应不大于5 mm。

d. 纵向断裂荷载为360～1 100 N,横向断裂荷载为140～370 N;板材的单位面积质量为9.5～25.0 kg/ m^2。板材厚度越大,承受的断裂荷载越大。

纸面石膏板主要用于公共建筑和高层建筑的内隔墙,以及复合墙板的内面板。使用这种板材的墙体中可以安装管道和电线,墙面平整,装饰效果好。

(2)石膏刨花板和石膏纤维板

石膏刨花板是以二水石膏为胶凝材料,木质刨花碎料为增强材料,外加适量水和化学缓凝助剂,经搅拌形成半干性混合料,加压而成的板材,常用规格主要有3 050 mm×1 220 mm×(8～28)mm,具有较好的防水、防火、隔热、隔声性能及较高的尺寸稳定性。主要用于工业建筑与住宅建筑的隔墙、吊顶、复合墙体基材。

石膏纤维板由熟石膏、纤维(废纸纤维、木纤维或有机纤维)及多种添加剂(淀粉、硫酸钾、密封剂、生石灰)等加水组合而成,具有较好的尺寸稳定性和防潮、防火、隔声性能,以及可钉可锯可装饰性能,同时可调节室内的温、湿度。主要用于工业建筑与住宅建筑的隔墙、吊顶、防火门、地板等。

(3)石膏空心条板

石膏空心条板是以建筑石膏为基材,掺以无机轻骨料(如膨胀珍珠岩、膨胀蛭石)、无机纤维增强材料,经振动成形、抽芯模,干燥而制成的空心条板,主要用于建筑物中非承重内墙。空心条板应设有榫头和榫槽。常用规格尺寸为:长度2 400～3 000 mm,宽度600 mm,厚度60 mm。孔与孔之间和孔与板面之间的最小壁厚不得小于10 mm。面密度为(40±5) kg/ m^2,抗弯破坏荷载不少于800 N,抗冲击能力为承受30 kg的砂袋落差0.5 m的摆动冲击3次,不出现贯通裂纹。单点吊挂力作用 24 h，不出现贯通裂纹。

10.3.2 水泥类墙体板材

水泥类的墙用板材具有较好的耐久性和力学性能，生产技术成熟，产品质量可靠，可用于非承重墙，外墙和复合墙体的外层面。但表观密度大，抗拉强度低。多采用空心化来减轻自重。

(1)GRC 轻质多孔墙板

又名 GRC 空心条板，是以硫铝酸盐水泥轻质砂浆为基材，以耐碱玻璃纤维或其网格布作为增强材料，并加入发泡剂和防水剂等，经配料、搅拌、浇筑、震动成形、脱水养护而成的具有若干个圆孔的条形板。

GRC 轻质多孔条板具有密度小，韧性好，耐水、不燃、易加工，可用于工业与民用建筑的分室、分户、厨房、厕浴间、阳台等非承重的内隔墙和复合墙体的外墙面。

GRC 多孔板按厚度分为 90 型、120 型两种；长度分别为 2 500～3 000 mm 和 2 500～3 500 mm，宽度均为 600 mm，边部应设有榫头和榫槽。按其外观质量、尺寸偏差及物理力学性能分为一等品(B)、合格品(C)。其物理力学性能应符合《玻璃纤维增强水泥轻质多孔隔墙条板》(GB/T 19631—2005)的规定。其中，气干面密度不大于 75 kg/ m^2 和 95 kg/ m^2，抗折破坏荷载一等品不小于 2 200 N 和 3 000 N，合格品不小于 2 000 N 和 2 800 N；干燥收缩值不大于 0.6 mm/m；抗冲击次数不小于 5 次；耐火极限不小于 1 h，不燃烧。

(2)纤维增强水泥平板

建筑用纤维增强水泥平板是以纤维与水泥作为主要原料，经制浆、成坯、养护等工序而制成的板材。按使用的纤维品种分石棉水泥板、混合纤维水泥板、无石棉纤维水泥板三类，按产品使用的水泥品种分为普通水泥板和低碱度水泥板；按密度分为高密度板(即加压板)、中密度板(即非加压板)和轻板(板中含有轻骨料)。

采用混合纤维与低碱度的硫铝酸盐水泥制成的纤维增强低碱度水泥平板称为 TK 板；采用抗碱玻璃纤维与低碱度硫铝酸盐水泥制成的纤维增强低碱度水泥平板称为 NTK 板。

这种板材要求具有良好的外观：正面应平整、光滑，边缘整齐，不应有裂纹和孔洞，经加工的板的边缘平直度、长宽的偏差不应大于 2 mm/m，垂直度的偏差不应大于 3 mm/m；平整度不应大于 4 mm。缺角(长×宽)小于 30 mm×20 mm 不多于 1 个。

常用的规格：长度 1 200 mm、1 800 mm、2 400 mm、2 800 mm；宽度 800 mm、900 mm、1 200 mm；厚度 4 mm、5 mm、6 mm。抗折强度不低于 7.0 MPa，可达到 18 MPa；抗冲击强度不小于 1.5 kg/ m^2。吸水率不大于 32%，密度不超过 1.8 g/cm^3。

各类纤维水泥板均具有防水、防潮、防蛀、防霉、不易变形及良好的可加工性。其中密度不大于 1.7 g/cm^3，吸水率不大于 20%的加压板的密度高，抗冻和抗渗性好，干缩率低，经表面涂覆处理后可用作建筑物的外墙面板，非加压板和轻板主要用作隔墙和吊顶。

10.3.3 复合墙体板材

用单一材料制成的板材常因材料本身不能满足墙体的多功能要求，而使其应用受限制。如质量较轻，绝热效果、隔热、隔音较好的石膏板、加气混凝土板、稻草板等，因为耐水性较差或强度较低，只能用于非承重的内隔墙；而水泥混凝土类板材的强度和耐久性均很好，但其自重太大，隔声保温效果差。现代建筑常采用不同材料组成复合墙体，以减轻墙体的自重，改善墙体的保温、隔热、隔音性能。

复合墙板一般由强度和耐久性较好的普通混凝土板或金属板作结构层或外墙面板，保温层多采用矿棉、聚氨酯和聚苯乙烯泡沫塑料、加气混凝土作保温层，采用各类轻质板材做面板或内墙面板。

(1)玻璃纤维增强水泥(GRC)外墙内保温板

玻璃纤维增强水泥(GRC)外墙内保温板是指以玻璃纤维增强水泥砂浆或玻璃纤维增强水泥膨胀珍珠岩砂浆为面板，以阻燃型聚苯乙烯泡沫塑料或以其他绝热材料为芯材复合而成的外墙内保温板。

外墙内保温板的外观质量要求：板面不允许有贯通裂纹，不允许外露纤维；板面裂纹长度不允许超过 30 mm，且不多于两处：蜂窝气孔的长径尺寸不大于 5 mm，深度不大于 2 mm，且不大于 10 处；缺棱、掉角的深度不大于 10 mm，宽度不大于 20 mm，长度不大于 30 mm，且不多于 2 处。

按 JC/T 893—2001 中规定：板的类型可分为普通板(PB)、门口板(MB)、窗口板(CB)；普通板为条板形式，主规格尺寸中长度为 2 500 mm～3 000 mm，宽度为 600 mm，厚度为 60 mm、70 mm、80 mm、90 mm，其他规格由供需双方协商，尺寸允许偏差：长度±5 mm，宽度±2 mm，厚度 1.5 mm，板面平整度≤2 mm，对角线差≤10 mm。

板材的气干面密度不超过 50 kg/m^2，抗折荷载不低于 1 400 N，70 mm 厚的板材主断面的热阻不低于 1.10 $m^2 \cdot K/W$，面板的干缩率不大于 0.08%。

(2)外墙外保温板

在外墙的保温节能体系中，常用的外保温板有 BT 型外保温板、钢丝网架水泥夹心板、GRC 外保温板。采用墙体外保温措施，可以消除热桥或降低热桥，墙体蓄热能力较强，提高室内的热稳定性和舒适感；减少墙体内表面的结露，延长墙体的使用寿命；不影响建筑使用面积；旧房节能改造时对住户干扰小。

①BT 型外保温板。是以普通水泥砂浆为基材，以镀锌钢丝网及钢筋为增强材料，与聚苯乙烯泡沫塑料板复合成为单面型的保温板材。

②钢丝网架水泥夹心板。常用品种有泰柏板、3D 板、舒乐舍板、UBS 板、英派克板。

泰柏板是以直径为 2.06 mm±0.03 mm，屈服强度为 90～490 MPa 的钢丝焊接成的三维网架骨架，内填自熄型聚苯乙烯泡沫塑料构成的网架芯板，经施工现场涂抹水泥砂浆后形成的。舒乐舍板的构成与泰柏板类似，用于非承重的内隔墙。

3D 板是先将聚苯乙烯板放在两层钢丝(直径为 2～4 mm)焊接网之间，然后再用短的单根联系筋(直径为 2～4 mm)将两层焊接网架焊成整体式网架后制成芯板，经施工现场涂抹水泥砂浆后形成的，可用作承重墙板。

按所用轻质芯材，夹心板分为钢丝网架泡沫塑料夹心板和钢丝网架岩棉夹心板。钢丝网架泡沫塑料夹心板的规格尺寸为：长度 2 140 mm、2 440 mm、2 700 mm、2 950 mm；宽度 1 220 mm；钢丝网架厚度 76 mm。钢丝网架岩棉夹心板的规格尺寸为：长度 3 000 mm 以内；宽度 1 200 mm、900 mm；钢丝网架厚度 65 mm、75 mm、85 mm。特殊尺寸可与厂家协商。抹好砂浆后墙体厚度为 100 mm 左右。

这类板材具有重量轻，保温隔热性好，安全性、防水、防潮、防震、耐久性好，安装方便的特点，适用于房屋建筑的内隔墙、围护外墙、保温复合外墙楼面屋面板。

(3)轻型夹心板

这类板是用各种轻质高强的薄板、金属板作面板，中间以轻质的保温隔热材料为芯材组成的复合板。常用的内墙面面板有石膏板、硅钙板、硅镁板，外墙面的外层面板有不锈钢板、彩色镀锌钢板、铝合金板、纤维增强薄板等。芯材有岩棉毡、阻燃型发泡聚苯乙烯、发泡聚氨酯、玻璃棉毡等。

金属面夹心板重量轻、强度高、具有高效绝热性；施工方便、快捷；可多次拆卸重复安装使用，有较高的耐久性，其规格长度 800～12 000 mm，宽度 900～1 200 mm，厚度 50～250 mm，可普遍用于冷库、办公楼、厂房、车间、超市、体育馆、活动房等。以石膏板为面板的预制石膏板复合墙板，一般用于现浇钢筋混凝土墙和砖砌外墙等的内保温。以薄型纤维水泥板或纤维增强硅酸钙板为面板的纤维水泥复合墙板与硅酸钙复合墙板，常用规格为 2 450(2 750) mm×600 mm×100(80、60) mm，可用于建筑物的内隔墙和外墙。

复习思考题

1. 什么叫砌墙砖？分哪几类？
2. 烧结普通砖的技术要求有哪些？如何鉴别欠火砖和过火砖？
3. 烧结普通砖、空心砖、多孔砖的强度等级如何划分？各有什么用途？
4. 为什么推广使用多孔砖和空心砖代替普通砖？
5. 什么叫砌块？砌块同砌墙砖相比，有何优缺点？
6. 简述加气混凝土砌块和小型空心砌块的技术特性及其应用。
7. 简述常见轻质墙板的性能及应用。

第11章 装饰材料

【学习目标】本章主要介绍工程中常用的各类装饰材料的组成、技术性能、适用范围及选用要求。通过本章的学习，熟悉装饰材料的分类和功能，重点掌握常用装饰材料的性质、特点及其在装饰工程中的具体应用

装饰材料也称为装修材料、饰面材料，是指铺设或涂装在建筑物室内外表面，或在家具设备表面起装饰效果的材料。装饰工程的总体效果和功能的实现，都要通过应用装饰材料及其配套产品的质感、形体、图案、色彩、光泽、功能、质量等体现出来。因此，对于装饰工程的设计、施工来说，必须正确掌握各种装饰材料的性能和特点。

(1)装饰材料的功能

①对建筑物起保护作用：外墙结构材料直接受到自然界各种因素，如日晒、雨淋、风沙、冰冻的作用和各种人为因素的侵袭，严重影响房屋的耐久性，对其予以适当地装修保护，可有效地提高建筑物的耐久程度。

②美化建筑外观和城市风貌：建筑物的外观效果，直接影响着人们对建筑的第一观感，也直接影响着城市的环境质量，而建筑物的外观效果主要取决于总的建筑型体、比例、虚实对比、线条等平面和立面的设计，同时也取决于对各种装饰材料的合理利用与表现。因此，只有正确掌握装饰材料的性能和特点，才有可能创造出美好的建筑艺术形象来。

③保护基底材料，达到装饰效果：室内装饰材料对建筑物的墙体、柱子、楼板等内部构件起到饰面保护作用，可延长其使用寿命，增加建筑物的耐久性。

④改善建筑物的内部环境：室内的装饰可以美化内部空间，并改善建筑的物理性能(建筑声、光、热)，使之满足使用要求，创造一个舒适、整洁、美观、宜人的生活和工作环境。

(2)装饰材料的选择

选择装饰材料，主要从以下几个方面进行考虑。

①色彩：材料的色彩是由材料的光谱反射、观看时射于材料表面的光线的光谱组成、观看者眼睛的光谱敏感性等因素决定的。要根据建筑物的规模、功能、所处环境以及所装饰的部位综合考虑，合理选用装饰材料的色彩，以期在人们的生理上和心理上能产生良好的效果。

②光泽：光泽是材料表面的一种特性。光线的反射有方向性，有镜面反射和漫反射两种。镜面反射是产生光泽的主要因素，它对形成于表面的物体形象的清晰程度(反射光线的强弱)，起着决定性的作用。

③透明性：材料的透明性也是与光线有关的一种性质。既能透光又能透视的物体称为透明体，只能透光而不能透视的物体称为半透明体，既不能透光更不能透视的物体称为不透明体。如普通门窗用的玻璃大多是透明的，而磨砂玻璃和压花玻璃等则为半透明的。

④表面组织：由于材料的品种、原料、组成、配合比、生产工艺及加工方法的不同，使材料表面组织具有多种多样的特征：有细致与粗糙、平整与凹凸、坚实与疏松等之区分，给人以不同的质感。

⑤形状尺寸：对于装饰材料的形状和尺寸，及其表面的天然花纹(如天然石材)、纹理(如木

材）或人造的花纹与图案（如壁纸、地毯、彩印玻璃等），都有其特定的要求和规格。

⑥立体造型：各种预制花饰和雕塑作品，要注意其自身造型美，还要考虑它与整体环境的协调和风格的一致。

⑦其他：除考虑上述要求外，还应使装饰材料满足强度、耐水性、抗火性、耐浸蚀性等使用要求，还要考虑其不易褪色，不易玷污，易于清洁，甚至还要具有一定的绝热、吸声等方面的功能。

对上述各项要求的选择，应与建筑物的功能和等级相协调，才能达到完美的效果。

(3)装饰材料的分类

装饰材料的类别繁多，花色品种浩如烟海，且新材料、新产品层出不穷，升级换代非常频繁。因此，装饰材料的分类方法也不尽统一。

①按材料成分分类

a. 无机装饰材料：包括金属和非金属两类。金属装饰材料主要有铝合金、不锈钢、复合钢板、铜合金、金箔等。非金属装饰材料主要有天然石材（大理石、花岗岩等）、陶瓷制品（瓷砖、琉璃瓦等）、各种胶凝材料（如水泥、石灰、石膏）、玻璃以及各种无机建筑涂料等。

b. 有机装饰材料：主要有木材及其制品，各种塑料及其制品等。

c. 复合装饰材料：如玻璃钢、铝塑复合板等。

表 11-1　装饰材料分类概表

装饰部位	常用材料名称	装饰部位	常用材料名称
外墙装饰材料	天然石材（大理石、花岗岩） 人造石材（人造大理石、人造花岗岩） 陶瓷制品（陶瓷饰面板、外墙面砖、陶瓷锦砖） 玻璃制品（玻璃马赛克、彩色吸热玻璃、热反射玻璃等） 铝合金幕墙、门、窗、装饰板 白水泥、彩色水泥与装饰混凝土 外墙涂料（各种丙烯酸酯类等） 碎屑饰面（水刷石、干粘石等）	顶棚装饰材料	塑料吊顶板 铝合金吊顶板 胶合板吊顶 石膏板（浮雕装饰石膏板、纸面石膏板等） 壁纸装饰天花板 矿棉装饰吸音板、贴塑矿（岩）棉装饰板 膨胀珍珠岩装饰吸音板
内墙装饰材料	内墙涂料 壁纸、墙布 织物类（挂毯、装饰布等） 木贴面装饰 大理石、人造大理石 玻璃制品	地面装饰材料	地毯类（全毛地毯、化纤地毯、混纺地毯） 塑料地板 地面涂料 陶瓷地砖（包括陶瓷锦砖） 天然石材、人造石材、水磨石 木地板

②按使用部位分类

按装饰材料用于建筑的部位，可分为外墙饰面材料、内墙饰面材料、顶棚饰面材料、地面饰面材料及其配套设备与用品等，详见表 11-1。

11.1　建筑陶瓷

建筑陶瓷是指建筑物室内外装饰用的较高级的烧土制品，它是以黏土为原料，按一定的工艺制作、焙烧而成的。其特点是质地均匀，构造致密，有较高的强度、硬度、耐磨、耐化学腐蚀性能。并可制成一定的花色和根据需要拼接成各种彩色图案。若在陶瓷材料表面上釉，便成为平滑、光亮、吸水率小、更具有装饰性的陶瓷制品。常用建筑陶瓷主要有釉面砖、墙地砖、陶瓷锦砖、琉璃制品等。

11.1.1　内墙釉面砖

内墙釉面砖是正面挂釉而获得各种色彩的瓷砖，主要用于建筑物的内墙饰面。若用于室外环境，经受风吹、日晒、雨淋、冰冻等作用，会导致釉面砖的裂纹、剥落的损坏。因此，内墙釉面砖不能用于外墙饰面。

内墙釉面砖色彩稳定，表面光洁，易于清洗，装饰美观，故多用于浴室、卫生间、厨房、盥洗室的墙面、台面及各种清洗槽之中。经过专门设计、彩绘、烧制而成的釉面砖，可镶拼成各式壁画，更具有独特的艺术效果。

11.1.2 墙地砖

墙地砖为建筑外墙面砖和室内外地面砖的统称，大部分属于粗炻类建筑陶瓷制品。

外墙面砖具有强度高、防潮、抗冻、不易污染、装饰效果好，并且经久耐用等特点，是一种高档装饰材料，常用于建筑物的外墙面、柱面、门窗套等立面的装饰。

地面砖强度大，硬度高，抗冲击，耐磨性好，不易起尘，易于清洗，施工方便，一般吸水率小于10%，可拼成各种富有装饰性的图案。地砖的形状主要有正方形、长方形、六角形。它不仅适用于各种公共建筑，而且已普遍用于家庭的地面装饰。经抛光处理的仿花岗岩地砖，更具有华丽高雅的装饰效果。

11.1.3 陶瓷锦砖

陶瓷锦砖俗称陶瓷马赛克(系外来语 Masaic 的译音)。陶瓷锦砖采用优质瓷土烧制而成，可上釉或不上釉，我国使用的产品一般不上釉。其产品规格较小，直接粘贴很困难，故需预先反贴于牛皮纸上(正面与纸相粘)，故又称“纸皮砖”，所形成的一张张产品称为“联”。联的边长有 284.0 mm、295.0 mm、305.0 mm、325.0 mm 多种。按常见的联长以 305 mm 计算，每联约 0.093 m^2，重约 0.65 kg，每 40 张为一箱，每箱约 3.7 m^2。

陶瓷锦砖质地坚实、吸水率较小(小于 0.2%)、耐酸、耐碱、耐火、耐磨、不渗水、易清洁、抗急冷急热。陶瓷锦砖色彩鲜艳，色泽稳定，可拼成风景、动物、花草及各种抽象图案。陶瓷锦砖适用于洁净车间、门厅、餐厅、厕所、浴室、化验室等处的地面和墙面的装饰，并可应用于建筑物的外墙饰面，与外墙砖相比具有面层薄、自重轻、造价低、坚固耐用、色泽稳定的特点。

11.1.4 琉璃制品

建筑琉璃制品是一种带釉陶瓷，是我国陶瓷宝库中的古老珍品之一。它是用难熔黏土制坯，经干燥、上釉后焙烧而成的一种高级屋面材料。其坯体泥质细净坚实，烧成温度较高。

建筑琉璃制品的品种有琉璃瓦(板瓦、筒瓦、滴水瓦、沟头、脊瓦等)、琉璃砖、琉璃花格、琉璃栏杆和各种琉璃饰物(人物、飞禽走兽、龙纹大吻等)等。其颜色有黄、绿、蓝、青、翡翠等。按其尺寸允许偏差和外观质量分为优等品、一等品和合格品三个等级。

琉璃制品质坚耐久，不易剥釉，不易褪色，表面光滑，不易玷污，色彩绚丽，造型古朴，用它装饰的建筑物富丽堂皇、雄伟壮观，富有我国传统的民族特色。琉璃制品因其价格较高、自重较大，故主要用于具有民族色彩的宫殿式或纪念性建筑物、某些公共建筑的屋檐装饰，如园林建筑中的亭、台、楼、阁，可增加园林的景色。

11.2 建筑玻璃

玻璃是以石英砂、纯碱、长石和石灰石等为主要原料，经熔融、成型、冷却固化而成的非结晶无机材料。它具有一般材料难于具备的透明性,具有优良的机械力学性能和热工性质。而且,随着现代建筑发展的需要,不断向多功能方向发展。玻璃的深加工制品具有控制光线、调节温度、防止噪声和提高建筑艺术装饰等功能。玻璃已不再只是采光材料,而是现代建筑的一种结构材料和装饰材料。

12.2.1 平板玻璃

平板玻璃是指未经其他加工的平板状玻璃制品,也称白片玻璃或净片玻璃。按生产方法不同,可分为普通平板玻璃和浮法玻璃。

平板玻璃按其用途可分为窗玻璃和装饰玻璃。根据国家标准《普通平板玻璃》(GB 4871—95)和《浮法玻璃》(GB 11614—2000)的规定,玻璃按其厚度可分为以下几种规格:

引拉法生产的普通平板玻璃:2 mm、3 mm、4 mm、5 mm 四类。

浮法玻璃:2mm、3 mm、4 mm、5 mm、6 mm、8 mm、10 mm、12 mm、15mm、19mm 十类。

引拉法生产的玻璃其长宽比不得大于 2.5,其中 2 mm、3 mm 厚玻璃尺寸不得小于 400 mm×3 mm,4 mm、5 mm、6 mm 厚玻璃不得小于 600 mm×400 mm。浮法玻璃尺寸一般不小于 1 000 mm×1 200 mm,5 mm、6 mm 最大可达 3 000 mm×4 000 mm。

平板玻璃是建筑玻璃中生产量最大、使用最多的一种,它的用途有两个方面:3~5 mm 的平板玻璃一般直接用于门窗的采光,8~12 mm 的平板玻璃可用于隔断。另外一个重要用途是作为钢化、夹层、镀膜、中空等玻璃的原片。

11.2.2 饰面玻璃

(1)彩色平板玻璃

彩色平板玻璃有透明和不透明两种。透明的彩色玻璃是在玻璃原料中加入一定量的金属氧化物制成。不透明彩色玻璃是经过退火处理的一处饰面玻璃。颜色有茶色、海洋蓝色、宝石蓝色、翡翠绿等。它可以拼成各种图案,并有耐腐蚀、抗冲刷、易清洗等特点,主要用于建筑物的内外墙、门窗装饰及对光线有特殊要求的部位。

(2)釉面玻璃

釉面玻璃是指在按一定尺寸切裁好的玻璃表面上涂敷一层彩色易熔的釉料,经过烧结、退火或钢化等处理,使釉层与玻璃牢固结合,制成具有美丽的色彩或图案的玻璃。它一般以平板玻璃为基材。特点是:图案精美,不褪色,不掉色,易于清洗,可按用户的要求或艺术设计图案制作,可用于室内饰面层,一般建筑物门厅和楼梯间的饰面层及建筑物外饰面层。

(3)压花玻璃

压花玻璃是将熔融的玻璃液在急冷中通过带图案花纹的辊轴滚压成的制品。可一面压花,也可两面压花。压花玻璃分普通压花玻璃、真空冷膜压花玻璃和彩色膜压花玻璃等三种,一般规格为 800 mm×700 mm×3 mm。

压花玻璃具有透光不透视的特点,其表面有各种图案花纹且表面凹凸不平,当光线通过时产生漫反射,因此从玻璃的一面看另一面时,物像模糊不清。压花玻璃由于其表面有各种花纹,具有一定的艺术效果,多用于办公室、浴室以及公共场所分离室的门窗和隔断等处,使用时应将花纹朝向室内。

(4)玻璃马赛克

它含有未熔融的微小晶体的乳浊状半透明玻璃质材料,是一种小规格的饰面玻璃制品,背面有槽纹，有利于与基面粘结。其规格、成联、粘结及施工与陶瓷锦砖基本相同。

玻璃马赛克颜色绚丽，且有透明、半透明和不透明三种。它的化学成分稳定，热稳定性好，能天雨自洗，经久常新，是一种良好的外墙装饰材料。

(5)喷花玻璃

喷花玻璃又称为胶花玻璃，是在平板玻璃表面贴以图案，抹以保护层，经喷砂处理形成透明与不透明相间的图案而成。喷花玻璃给人以高雅、美观的感觉，适用于室内门窗、隔断和采光。

(6)乳花玻璃

乳花玻璃是新近出现的装饰玻璃，它的外观与胶花玻璃相近。它是在平板玻璃的一面贴上图案，抹以保护层，经化学处理蚀刻而成。它的花纹清新、美丽，富有装饰性。其用途与喷花玻璃相同。

(7)刻花玻璃

刻花玻璃是由平板玻璃经涂漆、雕刻、围蜡与酸蚀、研磨而成。图案的立体感非常强，似浮雕一般，在室内灯光的照射下，更是熠熠生辉。刻花玻璃主要用于高档场所的室内隔断或屏风。

(8)冰花玻璃

这是一种利用平板玻璃经特殊处理形成具有自然冰花纹理的玻璃。它对通过的光线有漫射作用，如作门窗玻璃，犹如蒙上一层纱帘，看不清室内的景物，却有着良好的透光性能，具有良好的装饰效果。

冰花玻璃可用无色、茶色、蓝色、绿色等彩色玻璃制造。其装饰效果优于压花玻璃，给人以清新之感，是一种新型的室内装饰玻璃，可用于宾馆、酒楼等场所的门窗、隔断、屏风和家庭装饰。

(9)镜面玻璃

镜面玻璃即镜子，指玻璃表面通过化学(银镜反应)或物理(真空铝)等方法形成反射率极强的镜面反射玻璃制品。为提高装饰效果，在镀镜之前可对原片玻璃进行彩绘、磨刻、喷砂、化学蚀刻等加工，形成具有各种花纹图案或精美字画的镜面玻璃。常见的有明镜、墨镜、彩绘镜和雕刻镜等多种。在装饰工程中常利用镜子的反射和折射来增加空间感和距离感，或改变光照效果。

(10)磨(喷)砂玻璃

磨(喷)砂玻璃又称为毛玻璃，是经研磨、喷砂加工，使表面成为均匀粗糙的平板玻璃。用硅砂、金刚砂或刚玉砂等作研磨材料，加水研磨制成的称为磨砂玻璃；用压缩空气将细砂喷射到玻璃表面而成的，称为喷砂玻璃。

这类玻璃易产生漫射，只有透光性而不透视，作为门窗玻璃可使室内光线柔和，没有刺目之感，一般用于浴室、办公室等需要隐秘和不受干扰的房间；也可用于室内隔断和作为灯箱透光片使用。磨砂玻璃还可用作黑板。

(11)镭射玻璃

这是以玻璃为基材的新型建筑装饰材料，其特征在于经特种工艺处理，玻璃背面出现全息或其他光栅，在阳光、月光和灯光等光源的照射下，形成物理衍射而出现艳丽的七色光，且在同一感光点上会因光线入射角的不同而出现色彩变化，使被装饰物显得华贵。镭射玻璃有银白、蓝、灰、紫、红等多种。按其结构有单层和夹层之分，适用于酒店、宾馆、商场、文化娱乐设施的装饰。

11.2.3 其他功能玻璃

(1)安全玻璃

安全玻璃是指具有力学强度高、抗冲击能力强的玻璃。其主要品种有钢化玻璃、夹丝玻璃、夹层玻璃和钛化玻璃。安全玻璃被击碎时,其碎片不会伤人,并兼具有防盗、防火的功能。根据生产时所用的玻璃原片不同,安全玻璃具有一定的装饰效果。

①钢化玻璃(又称强化玻璃)。它是用物理的或化学的方法,在玻璃表面上形成一个压应力层,玻璃本身具有较高的抗压强度,不会造成破坏。当玻璃受到外力作用时,这个压力层可将部分拉应力抵消,避免玻璃的碎裂,从而达到提高玻璃强度的目的。钢化玻璃强度高,抗冲击性能好,弹性大,热稳定性好(最大安全工作温度为 288 ℃,能承受 204 ℃的温差变化)。平钢化玻璃常用作建筑物的门窗、隔墙、幕墙及橱窗、家具等,曲面玻璃常用于汽车、火车及飞机等方面。

②夹丝玻璃(也称防碎玻璃或钢丝玻璃)。它是由压延法生产的,即在玻璃熔融状态下将经预热处理的钢丝或钢丝网压入玻璃中间,经退火、切割而成。夹丝玻璃表面可以是压花的或磨光的,颜色可以制成无色透明或彩色的。它的特点是安全性和防火性好。目前我国生产的夹丝玻璃分为夹丝压花玻璃和夹丝磨光玻璃两类。夹丝玻璃可用于建筑的门窗、天窗、采光屋顶、阳台等部位。

③夹层玻璃。夹层玻璃是在两片或多片玻璃原片之间,用 PVB(聚乙烯醇丁醛)树脂胶片,经过加热、加压粘合而成的平面或曲面的复合玻璃制品。用于夹层玻璃的原片可以是普通平板玻璃、浮法玻璃、钢化玻璃、彩色玻璃、吸热玻璃或热反射玻璃等。该玻璃的透明性好,抗冲击性能要比平板玻璃高好几倍,用多层普通玻璃或钢化玻璃复合起来,可制成防弹玻璃。由于它有着较高的安全性,建筑上一般用作高层建筑门窗、天窗和商店、银行、珠宝的橱窗、隔断等。

④钛化玻璃(也称永不碎铁甲箔膜玻璃)。它是将钛金箔膜紧贴在任意一种玻璃基材之上,使之结合成一体的新型玻璃。钛化玻璃具有高抗碎能力、高防热及防紫外线等功能。钛化玻璃常见的颜色有:无色透明、茶色、茶色反光、铜色反光等。

(2)节能型玻璃

传统的玻璃应用在建筑物上主要是采光,随着建筑物门窗尺寸的加大,人们对门窗的保温隔热要求也相应地提高了,节能装饰型玻璃就是能够满足这种要求,集节能性和装饰性于一体的玻璃。建筑上常用的节能装饰玻璃有吸热玻璃、热反射玻璃和中空玻璃等。

①吸热玻璃。指能吸收大量红外线辐射能,并保持较高可见光透过率的平板玻璃。有灰色、茶色、蓝色、绿色、古铜色、青铜色、粉红色和金黄色等多种。厚度有 2 mm、3 mm、5 mm、6 mm 等。吸热玻璃具有吸收太阳辐射热、吸收紫外线强的特点,可减弱太阳光的强度,起到反眩作用,常用于建筑物的门窗、外墙等装饰。

②热反射玻璃(也称镜面玻璃)。是一种有较高的热反射能力而又保持良好透光性的平板玻璃。目前有金色、茶色、灰色、紫色、褐色、青铜色和浅蓝色等多种颜色。其热反射率高,镀金属膜的热反射玻璃还有单向透像的作用,即白天能在室内看到室外景物,而室外看不到室内的景象。热反射玻璃主要用于有绝热要求的建筑物门窗、玻璃幕墙、汽车和轮船的玻璃窗等。

③中空玻璃。是将两片或多片平板玻璃相互间隔 6～12 mm，镶于边框中，且四周密封而成。间隔空腔中充填干燥空气或惰性气体，也可在框底放置干燥剂。为获得更好的声控、光控和隔热效果，还可以充以各种能漫射光线的材料、电介质等。中空玻璃具有优良的绝热、隔声性能，且露点低、重量轻，在建筑上的主要功能是隔热、隔声，适用于室内温度不低于 15 ℃、相对湿度不超过 60%、室内外温差不大于 50 ℃、耐压差允许外界压力波动范围为±0.1 大气压(约$\pm 10^4$ Pa)，需要采暖、空调、防止噪声、防止结露，以及需要无直接照射阳光和特殊光的建筑物，如办公楼、学校、医院、恒温恒湿的实验室以及工厂的门窗、天窗和玻璃幕墙。

(3)结构玻璃

结构玻璃可用于建筑物的主要部位，如门窗、内外墙、透光屋面、顶棚材料以及地坪等，是现代建筑的一种围护结构材料，具有特定的功能作用，能使建筑物多姿多彩。主要品种有玻璃幕墙、玻璃砖、异形玻璃、仿石玻璃等。

①玻璃幕墙。玻璃幕墙建筑是用玻璃把建筑物的四周围起来代替墙壁。作为幕墙的材料不承受建筑荷载，只起围护作用，它悬挂或嵌入建筑物的金属框架内。玻璃幕墙是以铝合金型材为边框，玻璃为外敷面，内衬以绝热材料的复合墙体，并用结构胶进行密封。

②玻璃砖。有空心和实心两类，它们均具有透光而不透视的特点。空心玻璃砖又有单腔和双腔两种。空心玻璃砖具有较好的绝热、隔声效果，双腔玻璃砖的绝热性能更佳，它在建筑上的应用更广泛。

除上述两种产品之外，结构玻璃还有异形玻璃、仿石玻璃等多种产品。

11.3 建筑塑料

塑料是以人造或天然的高分子有机化合物为主要原料，在一定温度和压力下塑制成型的材料。这类材料不仅可以在某些方面代替钢材和木材等传统建筑材料，而且具有传统材料所不具备的优良性能，它是现代建筑装修装饰的主要材料之一。

11.3.1 塑料的组成

塑料是以天然树脂或人工合成树脂为主要原料，再根据需要加入各种填充剂、增塑剂、润滑剂、固化剂、着色剂及其他助剂(添加剂)等制成的。也有一些塑料就是合成树脂本身而不加任何添加剂，如有机玻璃、聚乙烯等。

(1)合成树脂

它是塑料的基本组成材料，是黏合剂，它不仅能自身胶结，还能将其他材料牢固地胶结在一起。因合成树脂种类、性质和用量的不同，塑料的物理力学性质也不同。在多成分塑料中合成树脂的含量约为 30%～60%。

(2)填充料(也称填料)

在塑料中掺加填料可提高其强度、硬度和耐热性，同时也能降低塑料的成本。无机填料如云母、硅藻土、滑石粉、石灰岩粉、石棉及玻璃纤维等；有机填料可用木粉、纸屑、废棉、废布等。如用炭黑作填料，还可提高塑料的化学稳定性和抗老化性。塑料中填料掺量为 40%～70%。

(3)添加剂

为改善或调节塑料的某些性能，以适应使用和加工的需要，可在塑料中添加各种不同的助剂，如增塑剂、固化剂、阻燃剂、发泡剂、抗老化剂、着色剂等。

11.3.2 塑料装饰板材

塑料装饰板材是指以树脂为浸渍材料或以树脂为基材，采用一定的生产工艺制成的具有装饰功能的普通或异型断面的板材。按原材的不同可分为塑料金属复合板、硬质PVC板、三聚氰胺层压板、玻璃钢板、聚碳酸酯采光板、有机玻璃装饰板等类型。

(1)硬质PVC板

硬质PVC板按其透明性能可分为透明和不透明两种。按其断面形式又可分为平板、波形板和异型板等。

硬质PVC平板表面光滑、色泽鲜艳、不变形、易清洗、防水、耐腐蚀，同时具有良好的施工性能，可锯、刨、钻、钉，常用于室内饰面、家具台面的装饰。波形板是以PVC为基材，用挤出成型法制成各种波形断面的板材。其波形尺寸与一般石棉水泥波形瓦、彩色钢板波形瓦等相同。主要产品有透明板和彩色板两种，彩色硬质PVC波形板可用作墙面装饰和简单建筑的屋面防水。透明板可作发光平顶，同时由于透明波形板的长度没有限制，适宜做成拱形采光屋面，中间没有接缝，水密性好。异型板也称PVC扣板，有两种基本结构，一种为单层异型板，另一种为中空异型板。这种板材表面可印制或复合各种仿木、仿石纹装饰几何图案，有良好的装饰性，而且防潮、表面光滑、易于清洁、安装方便，常用作墙板和潮湿环境(如盥洗室等)的吊顶。格子板是将硬质PVC平板在烘箱内加热至软化，放在真空吸塑模上，利用上下的空气压力差使硬板吸入模具成型，然后喷水冷却定型，再经脱模、修整而成的方形立体板材，常用作体育馆、图书馆、展览馆或医院等公共建筑的墙面或吊顶。

(2)三聚氰胺层压板

三聚氰胺树脂装饰板，也叫树脂层压板，是用各种特制的纸张，分别浸以无色透明的、以三聚氰胺为主的树脂和酚醛树脂，经干燥后，在一定的温度和压力下制成的装饰人造板材。在生产过程中，一般是由数层纸张组合而成，数量多少根据用途而定。

树脂层压板一般由表层纸、装饰纸、覆盖纸和底层纸组成。表层纸放在装饰板最上层，起保护装饰纸作用，使加热加压后的板表面高度透明，板表面坚硬耐磨。装饰纸是装饰板的重要组成部分，可印刷成各种图案，放在表层纸的下面，主要起装饰作用。覆盖纸一般在制造浅色装饰板时放在装饰纸下面，以防止底层酚醛树脂透到表面，其主要作用是遮盖基材表面的色泽斑点。

三聚氰胺层压板采用的是热固性塑料，所以耐热性能优良，经100℃以上的温度不软化、开裂和起泡，具有良好的耐热、耐燃性。由于骨架是纤维材料厚纸，所以具有较高的机械强度，且表面耐磨。耐化学药品性能好，能抵抗一般的酸、碱、油脂及酒精等溶剂的磨蚀。表面平滑光洁，容易维护清洗。

三聚氰胺层压板可以任意仿制各种图案，色泽鲜明，可用作各种人造板和木材的贴面，硬度大，耐磨、耐热性好。由于它具备了天然木材所不能兼备的优异性能，故常用于室内建筑、轮船、车辆及各种家具的装饰上。

(3)塑铝板

塑铝板是一种以PVC塑料作芯板，正、背面为铝合金薄板的复合板材。该板色泽鲜艳，装饰性好；由于采用了复合结构，所以兼有金属材料和塑料的优点，重量轻，坚固耐久，比铝合金薄板有强得多的抗冲击性；可自由弯曲，弯曲后不反弹，成型方便；而且有较强的耐候性；可锯、可铆、可刨、可冷弯与冷折，易于加工、组装、维修和保养。

塑铝板广泛应用于建筑物的室内外墙面、柱面和顶面的饰面处理。

(4)玻璃钢(GRP)板

玻璃钢简称GRP,是以合成树脂为基体,以玻璃纤维或其制品为增强材料,经成型、固化而成的一种材料。玻璃钢制品具有良好的透光性和装饰性,可制成色彩艳丽的透光或不透光构件或装饰品;作屋面采光时,光线均匀、强度高、重量轻(其密度仅为钢的1/4~1/5,铝的1/3),是较好的轻质高强材料;其成型工艺简单,可制作造型复杂的构件;具有良好的耐腐蚀和电绝缘性;耐湿、防潮,可用于有耐潮湿要求的一些部位。它的最大缺点是表面不光滑。

常用的玻璃钢装饰板材有波形板、格子板、折板等。

11.3.3 塑料地板

(1)塑料地板的分类

塑料地板的种类很多,按其外形可分为块材地板和卷材地板;按其组成和结构可分为单色地板、透底花纹地板、印花压花地板;按其材质的软硬可分为硬质地板、半硬质地板和软质地板。

(2)主要产品

目前使用最广的塑料地板主要是PVC块材地板和PVC卷材地板。其主要品种见表11-2。

表11-2 PVC地板的主要花色品种与规格

类型与名称			花色	规格(mm)	性能
PVC块材地板	单色PVC块材	单层均质型	铁黄、铁红	300×300×1.5 240×240 480×480 厚:2~3	硬度较大,脚感较好,耐沾污但不耐刻画
		复合多层型	红、白、绿、黑、棕等		
		石英加强型			
	印花PVC块材	印花贴膜型	有木纹、石纹和几何造型等		装饰性好,耐刻画和耐磨,但不耐烫,易翘曲
		印花压花型	粗点状、仿石磨石、天然石材等较粗线条图案		
PVC卷材地板	均质软性卷材地板		单色或拉纹	宽:1 200~2100 厚1.5~3	耐烫性较差
	印花不发泡卷材地板		仿瓷砖、仿大理石、仿拼花木等		
	印花发泡卷材地板		图案花色多,有立体感		

11.3.4 塑料装饰壁纸(也称聚氯乙烯壁纸)

塑料壁纸是以纸为基材,以聚氯乙烯塑料为面层,经压延或涂布以及印刷、轧花、发泡等工艺而制成的。

(1)常用塑料壁纸与规格

塑料壁纸根据其制作工艺及使用功能,可分为纸基塑料壁纸、发泡塑料壁纸和特种壁纸三类。

纸基塑料壁纸又称普通壁纸,分为单色压花、印花压花、平光、有光印花等,花色品种多,生产量大,经济便宜,是使用最为广泛的一种壁纸。发泡壁纸富有弹性的凹凸花纹或图案,色彩多样,立体感强,浮雕艺术效果,且有吸声作用。但发泡壁纸的PVC图案易落灰烟尘土,易脏,不宜用在烟尘较大的候车室等场所。特种壁纸也称专用壁纸,是指具有特种功能的壁纸,如适应潮湿环境的耐水壁纸,适应防火要求的防火壁纸。

塑料壁纸的宽度一般为530 mm和900～1 000 mm，前者每卷长度为10 m，后者每卷长度为50 m，其他也有宽1 200 mm的。

(2)塑料壁纸的技术要求

根据国家标准《聚氯乙烯壁纸》(GB 8945—88)规定，塑料壁纸分为优等品、一等品和合格品三个等级，其外观质量应满足表11-3的要求。

表11-3　塑料壁纸的外观质量

名　称	优等品	一等品	合格品
色　差	不允许有	不允许有明显差异	允许有差异，但不影响使用
伤痕和皱折	不允许有	不允许有	允许纸基有明显折印，但壁纸表面不允许有死折
气　泡	不允许有	不允许有	不允许有影响外观的气泡
套印精度	偏差≤0.7 mm	偏差≤1 mm	偏差≤2 mm
露　底	不允许有	不允许有	允许有2 mm的露底，但不允许密集
漏　印	不允许有	不允许有	不允许有影响使用的漏印
污染点	不允许有	不允许有目视明显的污点	允许有目视明显的污染点，但不允许密集

11.4　建筑涂料

现代建筑物的面层装饰有多种形式，而采用建筑涂料来装饰面层，则显得丰富、多彩，外观上给人以清新、典雅、明快之感，而且经济，维修方便，施工效率高，施工手段多样化，喷涂、滚涂、刷涂、摸涂、拉毛均可。随着人们对装饰材料多样化的、变异性的新潮要求，多彩涂料、幻彩涂料、仿瓷涂料、仿石涂料、纤维状涂料、砂壁状涂料等新产品不断涌现，备受人们青睐。

11.4.1　建筑装饰涂料的组成和分类

涂敷于建筑物表面，能与基体材料很好粘结，并形成完整而坚韧的保护膜，又具有装饰美感的材料称为建筑装饰涂料。

(1)建筑装饰涂料的组成

建筑装饰涂料由胶黏剂、颜料、填料、溶剂及各种助剂组成。胶黏剂是各种油料或树脂，是主要成膜物质，它能将其他组成部分黏结成一整体，并能附着在被涂基层表面形成坚韧的保护膜。

(2)建筑装饰涂料的分类

建筑装饰涂料有无机涂料、有机涂料、有机与无机复合涂料三种类型。

①无机建筑涂料：无机建筑涂料的主要成膜物质为无机材料，如历史悠久的石灰质涂料、当今发展起来的碱金属硅酸盐系（如水玻璃）、溶胶状二氧化硅（硅溶胶）、磷酸盐系等建筑涂料。

②有机高分子建筑涂料：有机高分子建筑涂料的主要成膜物质为有机高分子材料，它分为溶剂型涂料和乳液型涂料两类。

溶剂型涂料的施工温度可低于零度，刷成的涂膜细腻而坚韧，有一定的耐水性，但价格较高，易燃、易挥发，对环境有污染，故较少使用。

乳液型(水乳型)涂料是在合成树脂中加入适量乳化剂，经强烈搅拌打散成为0.1～0.5 μm的极细微粒并分散于水中构成的乳液。乳液型涂料价格适宜，不燃、无毒、无怪味，有一定的透气性，对基层要求不高，装饰效果优良，是广泛使用的建筑涂料。

③有机与无机复合涂料：有机与无机复合涂料通常是把水乳型有机树脂与水溶性的硅酸盐系、磷酸盐系无机材料等组成混合液或分散液，这种复合方法改善了无机材料和有机材料的某些不良性能：如硅溶胶成膜后发硬变脆，有机材料容易老化、耐热性差等弊病。

11.4.2 常用建筑涂料

(1)内墙、顶棚装饰涂料

内墙涂料和顶棚涂料装饰，要求平整度高、饱满度好、色调柔和新颖，内墙涂料还要求耐湿擦和干擦等性能，所以，必须有很好的耐碱、防潮、防毒性能，外观应光洁细腻。常用的内墙涂料主要有：

①刷浆材料：石灰浆、大白浆等。

②各类油漆。

③水溶性涂料：如聚乙烯醇水玻璃内墙涂料，即106涂料；聚乙烯醇半缩醛内墙涂料，即803涂料；JQ-831、JQ-841丙烯酸乳液耐擦洗内墙涂料等。

④合成树脂乳液涂料(乳胶漆)：如聚醋酸乙烯乳液涂料、氯乙烯-偏氯乙烯乳液涂料、乙-丙(聚醋酸乙烯与丙烯酸酯共聚)有光乳液涂料、苯-丙乳液涂料等。

⑤多彩花纹内墙涂料：用合成树脂乳液涂料为基料，拌入两种或多种与之不相混溶的着色粒子制成的液状或胶体状的涂料。按其制备原理分为水包油型、油包水型、油包油型、水包水型四种，储存稳定性最好、被广泛使用的是水包油型多彩涂料。

⑥幻彩涂料：又称云彩涂料、梦幻涂料、云梦涂料，是用特殊方法制备的特种树脂与专门的有机或无机颜料复合而成的高档水性内墙涂料，具有变幻奇特的质感和艳丽多变的色彩。

⑦仿瓷涂料：是溶剂型涂料，如丙烯酸酯涂料和聚氨酯涂料等。

(2)外墙装饰涂料

外墙装饰涂料由于暴露在大自然之中，故要求涂料应具有成膜温度低、耐水、保色、耐污染、抗冻融、抗粉化、防开裂、耐老化的性能及良好的附着力等特点。常用的外墙涂料有：

①聚合物水泥涂料：如聚乙烯醇缩甲醛(107胶)水泥涂料、氯-偏乳液聚合物水泥涂料等。

②薄质的合成树脂乳液涂料：如苯-丙乳液涂料(苯乙烯-丙烯酸酯共聚乳液)、乙-丙乳液涂料、氯-偏乳液涂料、氯-醋-丙乳液涂料等。

③厚质的合成树脂乳液涂料：如乙-丙乳液厚涂料、氯-偏厚涂料。

④合成树脂乳液砂壁状涂料：如乙-丙彩砂涂料、苯-丙彩砂涂料，是以合成树脂乳液作胶结料，掺入彩色的砂粒、瓷料和石粉，通过喷涂施工成粗面状(砂壁)的涂料。

⑤溶剂型涂料：如过氯乙烯涂料、丙烯酸酯涂料、聚氨酯系涂料、氯化橡胶涂料、聚乙烯醇缩丁醛等。

⑥无机硅酸盐涂料：如水玻璃系涂料、硅溶胶系涂料等。

⑦复层建筑涂料：如合成树脂乳液系复层涂料、硅溶胶系复层涂料、聚合物水泥系复层涂料等，它是以合成树脂乳液、硅溶胶、聚合物水泥为黏结剂，掺入滑石粉、石英砂等骨料，在建筑外墙涂布2～3层(封底、主层、罩面)，形成厚度为1～5 mm的凹凸花纹或平状的涂料。

(3)地面装饰涂料

地面装饰涂料应具有良好的耐碱性，与水泥砂浆有良好的黏结性，有较好的耐水性、耐磨性、抗冲击性，涂刷施工应方便。

用于木地板的装饰涂料主要有：聚氨酯清漆、酯胶磁漆、钙酯地板漆、酚醛地板漆等。

用于水泥砂浆地面的装饰涂料主要有：聚合物水泥系涂料（聚乙烯醇缩甲醛胶——即107胶水泥涂料、聚醋酸乙烯水泥涂料）、聚氨酯系涂料（如多功能聚氨酯弹性彩色地面涂料等）、环氧树脂涂料、丙烯酸酯地面涂料、苯-丙地面涂料、氯-偏地面涂料等。

(4)防火涂料

防火涂料是采用特制的保温蛭石骨料、无机胶结材料、防火添加剂与复合化学助剂调配而成的，它具有体积密度小、导热系数小、防火隔热性能优良、附着力强、干燥固化快、无毒无污染等特点。如CT-01-03微珠防火涂料、钢结构防火涂料、106预应力混凝土楼板防火隔热涂料等。

(5)其他涂料

除上述涂料外，还有防水涂料、防潮涂料、耐热涂料（如AAS隔热防水涂料、铝基反光隔热涂料）、防射线涂料、芳香涂料、多彩梦幻涂料等

11.4.3 建筑涂料的选用

涂料的品种很多，应按不同使用部位和要求合理选用，可参见表11-4。

表11-4 按不同使用部位选用建筑涂料

建筑物部位	选用涂料种类																			
	水性涂料	无机涂料				乳液型涂料								溶剂型涂料						
	聚乙烯醇系涂料	石灰浆涂料	碱金属硅酸盐涂料	硅溶胶无机涂料	聚合物水泥系涂料	聚醋酸乙烯涂料	乙—丙涂料	乙—顺涂料	氯—偏涂料	氯—醋—丙涂料	苯—丙涂料	水乳型丙烯酸酯涂料	水乳型环氧树脂涂料	过氯乙烯涂料	苯乙烯涂料	聚乙烯醇缩丁醛涂料	氯化橡胶涂料	丙烯酸酯涂料	聚氨酯系涂料	环氧树脂涂料
屋面											○	○						○	★	
外墙面			○	★	○		○	○	○	★	★	★	★	○	○	○	★	★	★	
室外地面					○														★	○
内墙、顶棚	★	○		○		○	○	○	○	○	○	○	○	○		○	○	○	○	
室内地面					★				★					○	○				○	○

注：★优先用；○可以选用。

11.5 其他装饰材料

11.5.1 金属装饰材料

金属材料具有独特的光泽与颜色，作为建筑装饰材料，其庄重华贵、经久耐用，优于其他各类建筑装饰材料。

(1)铝合金及其装饰制品

建筑铝合金型材可用挤压和轧制两种方法生产。由于建筑铝合金型材的品种规格繁多，断面形状复杂，尺寸和表面要求严格，因此主要是用挤压方法生产。

由于铝材表面自然氧化膜薄而软，耐腐蚀性较差，为了提高其抗蚀性能，常用人工方法增厚其氧化膜，在此基础上再进行着色处理，并提高其装饰效果。铝合金作为装饰材料，得到了充分地运用。

①铝合金门窗：铝合金门窗是由表面处理的铝合金型材制成门窗构件，再与玻璃、连接件、密封件、五金配件等组合装配而成的。它具有结构新颖、刚度大、强度高、重量轻、美观耐用、密封隔音性能好、防腐蚀、施工方便、开闭轻便灵活等特点。适用于各类中高档工业与民用建筑。

②铝合金装饰板：常用的铝合金装饰板材有铝合金花纹板、铝合金压型板、铝合金冲孔平板、铝合金扣板、铝合金波纹板等，主要用于现代建筑的墙面、柱面、吊顶、楼梯、屋面等；铝箔用于装饰贴面。铝合金板材质轻、耐高温、耐高压、耐腐蚀、防火、防潮、防震、化学稳定性好、造型美观、色彩幽雅、立体感强，可用于宾馆、饭店、剧场、影院、播音室等公共建筑。

③铝合金装饰线条：主要用于装饰性栏杆、楼梯扶手、幕墙、活动隔断和铝合金格栅等。

(2)不锈钢装饰制品

不锈钢是以铬为主加合金元素的合金钢，含铬量在12%以上时形成钝化状态，具有不锈、耐酸特性。不锈钢是近年来流行的一种高档建筑装饰材料，它具有金属的光泽和质感，不锈蚀，可以较长时间地保持如同镜面的装饰效果，具有较高的强度和硬度，在施工和使用过程中不易发生变形。常用的不锈钢装饰材料有：

①不锈钢镜面板：选用优质不锈钢板，经全自动机械研磨制作而成。其材质坚韧，表面呈反光镜面，长期保持光泽明亮，可钉、可粘贴、可弯曲、施工方便，适用于高级餐厅、宾馆、商业建筑中的顶棚、墙柱面、门窗、柜台、家具、电梯、广告招牌等室内外装饰。

②彩色不锈钢板：彩色不锈钢板以优质不锈钢板加以着色制成，除保留原有的不锈钢特性外，又增新颖色彩，光泽好，是一种新型的超豪华型装饰材料。常见花色品种有茶色、梅红色、黄色、古陶色、青铜色、金色、翠绿色、紫色等。适用于幕墙、天花板、墙柱面、门窗套、包柱、楼梯、扶手、电梯、古建筑之筒瓦等装饰，并可用作灯具、图案壁画、雕塑等。

③其他不锈钢装饰材料：各种截面形状的不锈钢管可用作栏杆、扶手、五金配件等；不锈钢球可用作为重点装饰；还有各种不锈钢装饰线条和不锈钢格栅等，适用于室内吊顶。

(3)铜装饰制品

纯铜是紫红色的重金属，又称紫铜。铜和锌的合金称为黄铜，其颜色随含锌量的增加由紫红色变为淡黄色，其机械性能比纯铜高，价格比纯铜低，也不易锈蚀。

铜材在建筑装修中有着悠久的历史，表面经磨光处理后可制成亮度很高的镜面铜(古代的铜镜)。在现代建筑中，常被制作成铜板(有光镜面、平面、布面、纱面、腐蚀面、凹凸面)、铜管、铜条、铜浮雕，用于建筑的门窗包框、栏杆扶手、五金配件、浴室配件、灯饰、家具、镶嵌装饰、块材地面的分格条、楼梯踏步的防滑条等。

11.5.2　装饰混凝土与装饰砂浆

装饰混凝土是指具有一定色彩、线型、质感或饰面与结构结合的混凝土，是经过建筑艺术加工的饰面混凝土。它将装饰和功能结合为一体，也可制成仅有装饰功能的挂墙板。

目前常用装饰混凝土主要有：清水装饰混凝土、露骨料混凝土、白色和彩色水泥混凝土、彩色混凝土等多种。

(1)清水装饰混凝土

清水装饰混凝土是指利用混凝土组成材料的结构线形或几何外形的处理而获得装饰性

的。它具有简单、明快大方、自然的立面装饰效果。这类混凝土构件基本上保持了混凝土原有的外观质地，故称为清水装饰混凝土。其成型方法如下：

①正打成型工艺。正打成型工艺多用在大板建筑的墙板预制，它是在混凝土墙板浇筑完毕初凝前后，在混凝土表面进行压印，使之形成各种线条和花饰。根据其表面加工工艺方法不同，可分为压印和挠刮两种。

压印工艺一般有凸纹和凹纹两种做法。凸纹是用刻有漏花图案的模具，在刚浇筑的壁板表面上印出的。模具一般采用较柔软、具有一定弹性、能反复使用的材料制作，模具的大小可按壁板立面适宜的分块情况而定。

凹纹是用钢筋焊接成设计图形，在新浇混凝土表面压出的。钢筋直径一般以 5～10 mm 为宜。也可用硬塑料、玻璃钢等材料制作。

挠刮工艺是在新浇的混凝土壁板上，用硬毛刷等工具挠刮制作的，混凝土表面具有一定毛面质感。正打、压印、挠刮工艺制作简单，施工方便，但壁面形成的凹凸程度小、层次少，质感不丰富。

②反打成型工艺。反打成型工艺即在浇筑混凝土的底面模板上做出凹槽，或在底模上加垫具有一定花纹、图案的衬模，拆模后使混凝土表面具有线型或立体感。衬模材料有硬质、软质两种。硬质的有钢材、玻璃钢或硬塑料，软质的有橡胶、软塑料等。

③立模工艺。正打反打均为预制条件下的成型工艺。立模工艺即在现浇混凝土墙面时做饰面处理，利用墙板升模工艺，在外模内侧安置衬模，脱模时使模板先平移，离开新浇筑混凝土墙面再提升，这样随着模板提升形成具有直条形纹理的装饰混凝土，立面效果别具一格。

(2)露骨料混凝土

露骨料混凝土是在混凝土硬化前或硬化后，通过一定工艺手段使混凝土骨料适当外露，以骨料的天然色泽和不规则的分布，达到一定的装饰效果。

露骨料混凝土的制作方法有：水洗法、缓凝剂法、酸洗法、水磨法、喷砂法、抛丸法、火焰喷射法和劈裂法等。

①水洗法就是在水泥硬化前冲刷水泥浆以暴露骨料的一种方法，该法适用于预制墙板正打工艺。

②缓凝剂法是指在混凝土浇筑前将缓凝剂涂于模板上，使浇筑的混凝土表面水泥不硬化，待脱模后再冲洗，以达到露出骨料的装饰效果的一种施工方法。

③酸洗法则是利用化学作用去掉混凝土表层水泥浆，使骨料外露的一种方法。一般采用一定浓度的盐酸，在混凝土浇筑 24 h 后进行。这种方法因其对混凝土有一定的破坏作用，故很少采用。

④水磨法也即制作水磨石的方法，所不同的是水磨露骨料工艺一般不抹水泥石渣浆，而是将抹平的混凝土表面磨至露出骨料。

⑤抛丸法是指利用抛丸机抛出的铁丸将混凝土制品表面的水泥浆剥离，以露出骨料的一种方法。此方法能同时将骨料表皮打毛，故其装饰效果如花锤剁斧，自然逼真。

(3)白色水泥和彩色水泥混凝土

以白色水泥或彩色水泥为胶凝材料制作的混凝土即为白色水泥混凝土或彩色水泥混凝土，它是一种整体着色的装饰混凝土。

从建筑物的装饰功能出发，白水泥混凝土和彩色水泥混凝土所用的骨料与普通水泥混凝土有所不同。彩色水泥混凝土用的骨料，除了一般骨料外，还需使用价格较高的彩色骨料。

(4)彩色混凝土

目前我国白水泥和彩色水泥产量少,价格较高。实际上,整体着色的白水泥和彩色水泥混凝土应用较少,而更多的是在普通混凝土中掺入适量的着色剂,制作彩色混凝土。常用着色方式有:化学着色剂、无机氧化物颜料和干撒着色硬化剂等多种。

水泥浆中掺入的着色剂的种类和数量决定了混凝土的最终颜色,但由于水泥水化产物在一定程度上影响混凝土颜色,所以实际上混凝土的最终颜色只能大致估计,而不能十分肯定。

在普通混凝土基材表面加工做饰面层,制成的面层彩色混凝土面砖已有广泛应用。不同的颜色的水泥混凝土花砖,按设计图案铺设,外形美观,色彩鲜艳,成本低,施工方便,用于园林、花园、庭院和人行道可获得良好的装饰效果。

(5)装饰砂浆

涂抹在建筑物的内外墙表面,具有美观装饰效果的抹面砂浆称为装饰砂浆。装饰砂浆的底层和中层抹灰与普通混凝土抹面砂浆基本相同。主要的是装饰面层,要选用具有一定颜色的胶凝材料和骨料及采用一定的特殊工艺,使表面呈现出不同的色彩、线条与花纹等装饰效果。

①装饰砂浆的种类

装饰砂浆按其制作方法的不同可分为两类:

一类是通过水泥砂浆的着色或水泥砂浆表面形态的艺术加工,获得一定的色彩、线条、纹理质感而达到装饰的目的。这类装饰砂浆称为灰浆类饰面。这种方法的主要特点是材料来源广泛,施工操作方便,造价较低,且可通过不同的工艺方法,形成不同的装饰效果,如搓毛、拉毛、喷毛、仿毛石等饰面。

第二类是在水泥中掺入各种彩色石渣,制得水泥石渣浆抹于墙体基层表面,然后用水洗、斧剁、水磨等手段除去表面水泥浆皮,露出石渣的颜色、质感。这种方法制作的饰面称为石渣类饰面。这类饰面的特点是色彩明亮,质感丰富,且不易褪色,但工效较低,造价较高。

②装饰砂浆的组成材料

a. 胶凝材料。装饰砂浆所用的胶凝材料有普通水泥、矿渣水泥、火山灰水泥、白水泥、彩色水泥,或是在水泥中掺加耐碱矿物颜料配制而成的彩色水泥以及石灰、石膏等。

b. 骨料。装饰砂浆所用的骨料除普通砂外,还常用下列材料:

石英砂:有天然砂和人工砂两种。人工石英砂是指将石英岩或较纯净砂岩加以焙烧,经人工或机械破碎筛分而成。

彩釉砂:由各种不同粒径的石英砂或白云石粒加颜料焙烧后,再经化学处理而制得。其特点是在−20～80℃温度范围内不变色,且具有防酸、耐碱性能。

着色砂:是在石英砂或白云石细粒表面进行人工着色而制得。着色大多采用矿物颜料。人工着色的砂粒色彩鲜艳,耐久性好。

石渣:也称石粒、石米等,是由天然大理石、白云石、方解石、花岗岩破碎而成,具有多种色彩,是石砂类装饰砂浆的主要原料。

石屑:是比石料更小的细骨料,主要用于配制外墙喷涂饰面用聚合物砂浆。常用的有松香石屑、白云石屑等。

其他具有色彩的陶瓷、玻璃碎粒也可用于檐口、腰线、外墙面、门头线、窗套等的砂浆饰面。

c. 颜料。在普通砂浆中掺入颜料可制成彩色砂浆,用于室外抹灰工程中,如假大理石、假面砖、喷涂、辊涂和彩色砂浆抹面。由于这些装饰面长期处于室外,易受周围环境介质的侵蚀和污染，因此选择合适的颜料是保证饰面质量、防止褪色和变色、延长使用年限的关键。

所选颜料的品种要考虑其价格、砂浆种类、建筑物所处环境和设计要求等因素。建筑物处于受酸侵蚀的环境中时，要选用耐酸性好的颜料；受日光曝晒的部位，要选用耐光性好的颜料；碱度高的砂浆，要选用耐碱性好的颜料；设计要求颜色鲜艳，可选用色彩鲜艳的有机颜料。

复习思考题

1. 室内、外建筑装饰材料的功能主要表现在哪些方面？选用时要考虑哪些因素？
2. 建筑装饰材料可分为哪些类别？
3. 何谓彩色水泥砂浆？有哪些用途？
4. 水泥石渣类装饰材料常见的类形有哪些？
5. 水刷石与干粘石有何区别？
6. 何谓建筑陶瓷？常用建筑陶瓷有哪些？
7. 玻璃在建筑工程中有何用途？有哪些类别？
8. 普通平板玻璃的厚度有哪几种？
9. 何谓安全玻璃，主要有哪些？夹层玻璃和夹丝玻璃有何区别？
10. 石膏饰材的主要特点是什么？有哪些品种？主要用于何处？
11. 用于室内装饰工程的木材制品有哪些？
12. 胶合板的常见规格有哪些？如何应用？
13. 塑钢门窗与塑料门窗有何区别？
14. 塑料壁纸与塑料墙布有何区别？
15. 建筑装饰涂料有哪些组成成分？如何分类？
16. 常用内墙装饰涂料有哪些？
17. 对防火涂料的性能有何要求？
18. 常见金属装饰材料及其制品有哪些？
19. 装饰混凝土和装饰砂浆各有哪几种？其使用范围是什么？

第12章 功能材料

【学习目标】本章主要介绍绝热材料和吸声材料的基本知识及工程中常用的各类吸声材料的特点及适用范围。通过本章的学习，要求掌握绝热、吸声材料的基本要求；掌握常用的绝热、吸声材料的性能及其应用。

绝热材料和吸声材料都是建筑功能材料的重要品种。建筑节能的主要途径之一，是采用绝热材料。有效运用吸声材料，可以减少噪声对环境的影响。

12.1 绝热材料

世界人口在不断增多，而可利用的能源是有限的，注意"节能"已成为当今社会普遍关注的问题。建筑节能也显得十分重要，作为建筑节能的手段之一，就是合理使用绝热材料，以加强房屋建筑的保温与隔热的性能。

保温是防止热量散失，隔热是防止外热进入，两者都是为了减少热量的传递，常合称为保温隔热或简称为绝热(热绝缘)。

12.1.1 绝热材料的基本要求

(1)导热系数：在第1章中已叙述过，导热系数λ是衡量材料保温隔热性能优劣的主要指标。λ越小，其保温隔热性能越好。在建筑中，一般把λ值小于0.23W/(m·K)的材料叫做绝热材料。

(2)轻质多孔：由于小体积封闭空气的导热性很小，轻质多孔材料的绝热性能好，因此，绝热的材料应是多孔轻质的材料。

(3)保持干燥：由于水的导热系数比封闭空气的导热系数大20倍，若绝热材料吸入了水分，其λ值会增大，绝热性能下降，因此，绝热材料在使用中应保持干燥。

(4)强度：由于绝热材料含有大量孔隙，其强度一般都较低，因此不宜用于承受外界荷载。

(5)其他：除上述要求外，还应考虑其造价、耐火、耐侵蚀性、耐久性和温度稳定性等要求。

12.1.2 无机绝热材料

(1)纤维状无机绝热材料

① 石棉及其制品：石棉是以含水硅酸镁和其他硅酸盐为主要成分的无机纤维材料，是由天然蛇纹石或角闪石经松解而成的柔软纤维。松散石棉的堆积密度为103 kg/m^{3}时，其导热系数为0.049 W/(m·K)，具有耐火、耐热、耐酸、耐碱、保温、隔热、吸声、防腐、绝缘等特性。可将石棉织成石棉线、石棉绳、石棉带、石棉布、石棉套管等织品，也可将石棉绒与水泥、碳酸镁等胶结材料结合，制成石棉板、石棉管、石棉瓦等制品。如石棉水泥保温隔热板，用于建筑工程的保温隔热材料；橡胶石棉板可用于制作管道法兰连接的密封衬垫；石棉水泥波瓦作为良好的屋面材料等。

② 岩棉、矿棉及其制品：岩棉和矿棉统称为矿物棉，是由高温熔融的玄武岩或矿渣经高速

离心或喷吹制成的棉丝状无机纤维材料。将矿棉、岩棉与有机胶粘剂黏合，可以制成矿棉或岩棉的板、毡、筒等保温隔热制品，其堆积密度约为 45～150 kg/m³，导热系数约为 0.049～0.088 W/(m·K)。矿棉还可以制成粒状棉，用作保温隔热墙体的填充材料。

③ 玻璃棉及其制品：将熔融玻璃经高速离心或喷吹形成乱向玻璃纤维，称为玻璃棉。其直径约为 12 μm，堆积密度为 10～120 kg/m³，导热系数为 0.035～0.041 W/(m·K)，是一种高级保温隔热材料。玻璃棉可用作建筑围护结构及管道的保温或低温保冷(隔热)工程，其主要制品有玻璃棉板、玻璃棉管套及玻璃棉毡等。

(2)散粒状无机保温材料

① 膨胀珍珠岩及其制品：膨胀珍珠岩是以珍珠岩、黑曜岩或松脂岩矿石，经过破碎、筛分、预热、焙烧至约 1 260 ℃左右，处于熔融状态的岩粒内部的结合水汽化，急剧膨胀(体积膨胀约为 10～20 倍)而成的白色多孔颗粒状物质。膨胀珍珠岩的堆积密度为 40～300 kg/m³，导热系数 0.047～0.070 W/(m·K)。具有轻质、吸湿性小、不燃烧、使用温度高达 1 000 ℃、化学性质稳定、无毒、无味等特点，是良好的保温隔热材料。

膨胀珍珠岩的应用有：以膨胀珍珠岩为骨料，以适量的胶结剂(如水泥、水玻璃、磷酸盐等)胶结制成的板、砖、管瓦等膨胀珍珠岩制品，用作保温隔热和吸声；用水泥或沥青、膨胀珍珠岩粒拌制成珍珠岩混凝土，铺设于屋面或灌入夹壁内作保温隔热层；用高铝水泥胶结膨胀珍珠岩粒可制成珍珠岩耐火混凝土；拌制膨胀珍珠岩灰浆可用作绝热吸声的墙面顶棚粉刷等。

② 膨胀蛭石及其制品：膨胀蛭石是以蛭石为原料，经烘干、破碎、焙烧至 850～1 000 ℃时，处于熔融状态的岩粒内部的结合水汽化而急剧膨胀 20 倍以上，成为由许多薄片组成的松散颗粒，是一种良好的保温隔热、吸声材料。膨胀蛭石的堆积密度为 87～200 kg/m³，导热系数为 0.046～0.07 W/(m·K)，具有质量轻、防火、防腐、化学性质稳定、无毒、无味、最高使用温度达 1 000～1 100 ℃等特点。

膨胀蛭石可直接用于填充材料；可用水泥、水玻璃将其胶结成板、砖、管壳等膨胀蛭石制品；可以直接用蛭石、水泥、水拌制成水泥蛭石浆铺设屋面或灌入夹壁，作保温隔热层；还可以拌制膨胀蛭石灰浆用于厨房、顶棚、地下室及其他潮湿房间、车间的内墙面、顶棚的粉刷，可以防止阴冷潮湿和凝水现象。

(3)多孔块状无机保温材料

①加气混凝土、泡沫混凝土：加气混凝土和泡沫混凝土是多孔混凝土，加气混凝土的体积密度为 400～700 kg/m³，导热系数为 0.093～0.164 W/(m·K)。加气混凝土可制成各种墙体砌块和板材，作为外墙和内隔墙的墙体材料，既是轻质墙体，又起保温隔热、吸声作用；亦可用于屋面的绝热材料。泡沫混凝土的体积密度为 300～500 kg/m³，导热系数为 0.082～0.186 W/(m·K)。由于泡沫混凝土的抗裂性比加气混凝土差，故发展较慢。

②微孔硅酸钙：微孔硅酸钙是以石英砂、普通硅石或活性高的硅藻土、石灰等为原料，经过水热合成为具有大量微孔的硅酸钙质材料，其体积密度约为 200～230 kg/m³，导热系数约为 0.047～0.056 W/(m·K)。

③泡沫玻璃：用玻璃粉和发泡剂配成的混合料，经煅烧而得到的多孔材料称为泡沫玻璃。孔隙率高达 80%～95%，其气孔尺寸为 0.1～5 mm，且绝大多数气孔是独立的。泡沫玻璃的体积密度为 150～600 kg/m³，导热系数为 0.058～0.128 W/(m·K)。泡沫玻璃可用来砌筑绝热墙体和用于冷藏设备的保温层。

12.1.3　有机保温材料

(1)泡沫塑料

泡沫塑料的品种很多,通常用得较多的有三种:聚氨酯泡沫塑料、聚苯乙烯泡沫塑料和聚氯乙烯泡沫塑料。聚氨酯(聚氨基甲酸酯)泡沫塑料是聚醚树脂与异氰脂加发泡剂聚合而成的,俗称海绵。其体积密度 30～65 kg/m^3,导热系数为 0.035～0.042 W/(m·K)。可用于屋面、墙面的保温,还可用于吸声、防震、包装及衬垫材料。

聚苯乙烯泡沫塑料是聚苯乙烯树脂加入发泡剂制成的。其体积密度约 20～50 kg/m^3,导热系数为 0.038～0.047 W/(m·K)。它的特点是强度稍高,吸水性较小。有普通型和自熄型两种。普通型的本身可燃烧,加入阻燃剂后成为自熄型聚苯乙烯泡沫塑料,离火 2s 即自行熄灭。聚苯乙烯泡塑可用于屋面、墙面的保温隔热材料,还可以与其他材料复合成夹芯板材,可作为制冷设备(如冰箱)的绝热材料,亦可用做包装减震材料。

聚氯乙烯泡沫塑料是以聚氯乙烯为原料,加入发泡剂制得,有硬质和软质之分。体积密度约为 12～72 kg/m^3,导热系数为 0.031～0.045 W/(m·K),且离火自灭,故可用于安全要求较高的设备保温上。同时,其低温性能良好,亦可用做低温保冷材料。

(2)软木板

软木板是用橡树、栓树的外皮为原料,经适当破碎后在模型中热处理制得的一种板材。软木板的体积密度为 105～437 kg/m^3,导热系数约 0.044～0.079 W/(m·K)。由于其低温性能较好,故常用作保冷材料。

(3)软质纤维板

软质纤维板的体积密度低,绝热性能较好,适用于建筑物的保温隔热,但防火性较差,应涂刷阻燃涂料。

(4)木丝板

木丝板即木丝水泥板,是将木材碎料刨成木丝,经过化学处理,用水泥、水玻璃胶结压制而成的。其体积密度约 500 kg/m^3,导热系数约 0.083 W/(m·K),本身不燃烧,具有防火、耐虫蛀、绝热、吸声等特点。

12.2　吸声材料与隔声材料

12.2.1　吸声材料的基本要求

声音在传播过程中,一部分声能随着距离的增大而扩散,另一部分则被所遇物质分子吸收而减弱,当声波到达材料表面时,被吸收的声能(E)与入射的声能(E_0)之比值,称为吸声系数 α,即

$$\alpha=\frac{E}{E_0}$$

吸声系数 α 是衡量吸声材料性能优劣的主要指标。

材料的吸声特性与声波的频率有关,多孔材料对高频声波吸收大,对低频声波吸收小,而薄板材料因板材震动而吸声则相反,对低频声波吸收大,对高频声波吸收小。为了全面反映材料的吸声特性,通常取 125 Hz、250 Hz、500 Hz、1000 Hz、2 000 Hz、4 000 Hz 六个频率的吸声

系数来表示材料吸声的频率特性。凡六个频率的平均吸声系数大于 0.2 的材料,可作为吸声材料。材料的吸声系数越高,其吸声效果就越好。采用适当的吸声材料(如在音乐厅、卡拉 OK 厅、大会堂、播音室等),能改善声波在室内传播的质量,保持良好的音质效果。吸声材料的气孔应是开放的,且应相互连通,气孔越多,吸声性能越好。由于大多数吸声材料的强度较低,因此,吸声材料应有一定的构造保护措施。吸声材料易于吸湿,安装选材时应考虑其胀缩的影响。同时,还应考虑其防火、防腐、防蛀等问题。

12.2.2　常用吸声材料及其吸声性能

(1)多孔性吸声材料

多孔性吸声材料是较常用的一种吸声材料,如玻璃棉、岩棉、矿棉、泡沫塑料、水泥膨胀珍珠岩板、多孔石膏板、矿棉装饰吸声板、石膏砂浆等,均具有良好的中高频吸声性能。多孔吸声材料具有大量的开口连通的微孔和连续的气泡,通气性良好。当声波入射到材料表面时,能很快地顺着微孔进入材料内部,引起孔隙内的空气振动,使相当一部分声能转化为热能而被吸收。

多孔材料的体积密度较大时,能使低频吸声效果有所提高,但使高频吸声效果下降;增大材料的厚度,可增加对低频的吸收,但对高频吸收不明显;在材料背后设置空气层,相当于增大材料的厚度,可提高吸声效果。

(2)薄板振动吸声材料和穿孔板组合吸声材料

薄板振动吸声具有低频(80～300 Hz)吸声特性,此时吸声系数约为 0.2～0.5,它不仅可以吸声,同时还有助于声波的扩散。建筑中常使用胶合板、薄木板、软质纤维板、石膏板、石棉水泥板或金属板等,但必须在其背后留有一定的空气层。

穿孔板组合吸声具有适合中频的吸声特性,但穿孔板的厚度、穿孔率、孔径、孔距、背后空气层厚度以及是否填充等,都直接影响其吸声性能。建筑中常使用穿孔的胶合板、硬质纤维板、石膏板、石棉水泥板、铝合金板、薄钢板等固定在龙骨上,并在其背后设置空气层。这种吸声装置在建筑中较为普遍。

(3)柔性吸声材料

具有密闭孔隙和一定弹性的、表面亦为多孔的材料(如聚氯乙烯泡沫塑料),因其具有密闭气孔,只能通过声波引起的空气振动而使声波衰减。这种材料的吸声特性是在一定的频率范围内出现一个或多个吸收频率。

(4)悬挂空间吸声体

悬挂于空间的吸声体,使得声波与吸声材料有多个接触面,从而增加了有效吸声面积,提高实际的吸声效果。安装于墙面和悬挂在顶棚下的空间吸声体有平板形、棱锥形、球形、圆锥形以及其他任意形状(可结合装饰设计效果进行造型设计)。

(5)帘幕吸声体

帘幕吸声体是用具有通气性能的纺织品,安装在离墙面或窗洞一定距离处,背后设置空气层而构成的。这种吸声体对中、高频声波都有一定的吸收效果,其吸声效果与材料的种类和褶裥有关。

由于帘幕的安装、拆卸较为方便,同时还具有一定的装饰艺术性,所以具有一定的使用价值。常用材料的吸声系数见表 12-1。

12.2.3　隔声材料

隔声是指防止声波穿过围护结构(如墙、板)进入邻室的功能。根据声学原理:墙或板传声

表 12-1 常用材料的吸声系数

材料		厚度	各种频率下的吸声系数						装置情况
		(cm)	125	250	500	1000	2000	4000	
无机材料	吸声砖	6.5	0.05	0.07	0.10	0.12	0.16	—	—
	石膏板(有花纹)	—	0.03	0.05	0.06	0.09	0.04	0.06	贴 实
	水泥蛭石板	4.0	—	0.14	0.46	0.78	0.50	0.60	贴 实
	石膏砂浆(掺水泥、玻璃纤维)	2.2	0.24	012	0.09	0.30	0.32	0.83	墙面粉刷
	水泥膨胀珍珠岩板	5.0	0.16	0.46	0.64	0.48	0.56	0.56	—
	水泥砂浆	1.7	0.21	0.16	0.25	0.40	0.42	0.48	—
	砖(清水墙面)	—	0.02	0.03	0.04	0.04	0.05	0.05	—
木质材料	软木板	2.5	0.05	0.11	0.25	0.63	0.70	0.70	贴 实
	木丝板	0.8	0.03	0.02	0.03	0.03	0.04	—	后留 5 cm 空气层
	木丝板	3.0	0.10	0.36	0.62	0.53	0.71	0.90	后留 10 cm 空气层
	三夹板	0.3	0.21	0.73	0.21	0.19	0.08	0.12	后留 5 cm 空气层
	穿孔五夹板	0.5	0.01	0.25	0.55	0.30	0.16	0.19	后留 5～15 cm 空气层
	木质纤维板	1.1	0.06	0.15	0.28	0.30	0.33	0.31	后留 5 cm 空气层
泡沫材料	泡沫玻璃	4.4	0.11	0.32	0.52	0.44	0.52	0.33	贴 实
	脲醛泡沫塑料	5.0	0,22	0.29	0.40	0.68	0.95	0.94	贴 实
	泡沫水泥(外面粉刷),	2.0	0.18	0.05	0.22	0.48	0.22	0.32	紧靠粉刷
	吸声蜂窝板	—	0.27	0.12	0.42	0.86	0.48	0.30	—
	泡沫塑料	1.0	0.03	0.06	0.12	0.41	0.85	0.67	—
纤维材料	矿棉板	3.1	0.10	0.21	0.60	0.95	0.85	0.72	贴 实
	玻璃棉	5.0	0.06	0.08	0.18	0.44	0.72	0.82	贴 实
	脲醛玻璃纤维板	8.0	0.25	0.55	0.80	0.92	0.98	0.95	贴 实
	工业毛毡	3.0	0.10	0.28	0.55	0.60	0.60	0.56	紧靠墙面

的大小，主要取决于其单位面积的质量，质量越大，越不容易振动，则隔声效果就越好。因此。就应选择密实、沉重的材料(如黏土砖、钢板、钢筋混凝土等)作为隔声材料。可见，吸声与隔声是不同的：吸声是将声能吸收而使之减弱，隔声是不让声音传过，它们所起的作用是有区别的，不能简单地把吸声材料作为隔声材料来使用。

复习思考题

1. 什么是绝热材料？对绝热材料有哪些基本要求？
2. 绝热材料分为哪些类别？常见的无机绝热材料和有机绝热材料各有哪些主要品种？
3. 常用的吸声材料有哪些？它们有什么特点？
4. 隔声与吸声有何区别？它们所用的材料有什么不同？

第13章 材料试验

【学习目标】本章介绍工程中常用的各类材料的试验方法。数据处理及结果评定。通过本章的学习，要求掌握常见的各种材料的试验方法、数据处理、结果评定。

13.1 水泥试验

本试验依据国家标准《水泥细度检测方法(筛析法)》(GB/T 1345—2005)、《水泥比表面积测定方法(勃氏法)》(GB/T 8074—87)、《水泥标准稠度用水量、凝结时间、安定性检验方法》(GB/T 1346—2001)、《水泥胶砂流动度测定方法》(GB/T 2419—2005)、《水泥胶砂强度检验方法(ISO法)》(GB/T 17671—1999)的规定进行。

13.1.1 水泥试验的一般规定

(1)取样方法

从同一水泥厂的产品中，取同品种、同等级、同期到达的水泥进行编号和取样。编号数量依水泥出厂产量多少而定，每一编号为一取样单位。不超过 200 t 为 1 个编号。取样应有代表性，可连续取，应从 20 个以上不同部位各抽取等量水泥样品，总量不得少于 12 kg。

(2)养护条件

实验室温度为(20±2) ℃，相对湿度大于 50 %；湿气养护箱应能使温度控制在(20±1) ℃，相对湿度大于 90 %。

(3)对试验材料的要求

① 试样要充分拌匀，通过 0.9 mm 方孔筛并记录筛余物的质量占总量的百分率。将样品分成两份，一份用于试验，一份密封保存 3 个月，供仲裁检验时使用。

② 试验用水必须是洁净的淡水。如对水质有争议，也可用蒸馏水。

③ 水泥试样、标准砂、拌和水及试模温度均与实验室温度相同。

13.1.2 水泥密度的检测

(1)试验目的

水泥密度是指单位体积的水泥所具有的质量，是水泥混凝土进行配合比设计的重要参数。

(2)主要仪器设备

①李氏密度瓶：横截面为圆形，容积为 220～250 mL，带有长 180～200 mm、直径约10 mm 的细颈，细颈上刻度读数精确至 0.1 mm。

②恒温水槽：温度能够保持恒定的容器。

③无水煤油：符合 GB 235 的要求。

(3)试验步骤

①将无水煤油注入李氏密度瓶中至 0～1 mL 刻度线后，盖上瓶塞放入恒温水槽内，使刻

度部分浸入水中，恒温 30 min，并记录下初始读数。

②从恒温水槽中取出李氏密度瓶，用滤纸将李氏密度瓶细长颈内有煤油的部分擦干净。

③将预先通过 0.9 mm 方孔筛的水泥试样放入温度为(105±5) ℃的烘箱中烘干 1 h，并在干燥器内冷却至室温。

④称取 60 g 烘干后的水泥试样，用小匙将水泥试样慢慢地装入李氏密度瓶中，并反复摇动，直至没有气泡排出。然后再将李氏密度瓶静置于恒温水槽中，恒温 30 min，记录下第二次读数。第二次读数时，恒温水槽的温度与第一次读数时的温度不大于 0.2 ℃。

(4)试验结果

①计算水泥的体积 V。水泥的体积应为第二次读数与初始读数之差，即为水泥所排开无水煤油的体积。

②计算水泥的密度。按式(13-1)计算水泥的密度，计算结果精确至 0.01 g/cm^3，并以两次试验结果的算术平均值作为最后的测定结果(两次试验结果的差值不得超过 0.02 g/cm^3)。

$$\rho=\frac{m}{V} \tag{13-1}$$

式中　ρ——水泥的密度，g/cm^3；

m——装入李氏密度瓶中水泥的质量，g；

V——水泥试样的体积，cm^3。

13.1.3　水泥细度的检测

水泥细度检测方法有比表面积法和筛析法。比表面积法适合于硅酸盐水泥；筛析法适合于普通硅酸盐水泥及其他品种水泥。筛析法可分为负压筛析法、水筛法和手工筛析法三种，三种方法均以过筛后遗留在 80 μm 和 45 μm 方孔筛上筛余物的质量百分数来表示。

(1)筛析法

①试验目的

检测水泥颗粒的粗细程度，作为评定水泥质量的重要依据之一。

②主要仪器设备

a. 负压筛：由圆形筛框和筛网组成，筛框直径为 142 mm，高为 25 mm，筛网为金属丝编织方孔筛，方孔边长为 80 μm 和 45 μm。负压筛还应附有透明的筛盖，筛盖与筛上口之间应具有良好的密封性，其外形及结构尺寸如图 13-1 所示。

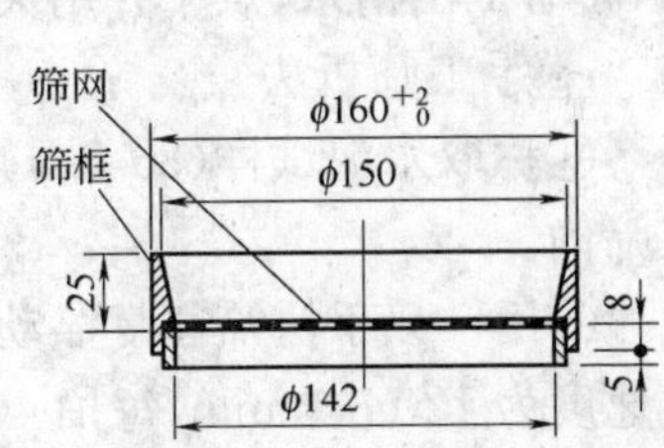

图 13-1　负压筛(单位：mm)

b. 水筛：由圆形筛框和筛网组成，筛框有效直径为 125 mm，高为 80 mm，筛网为金属丝编织方孔筛，方孔边长为 80 μm 和 45 μm。筛网与筛框接触处应用防水胶密封，防止水泥嵌入，其外形及结构尺寸如图 13-2 所示。

c. 喷头：直径为 55 mm，面上均匀分布 90 个小孔，孔径为 0.5～0.7 mm。

d. 负压筛析仪：由筛座、负压筛、负压源及收尘器组成，其中筛座由转速为(30±2) r/min 的喷气嘴、负压表、控制板、微电机及壳体等组成，筛析仪负压可调范围为 4 000～6 000 Pa，喷气嘴上口平面与筛网之间距离为 2～8 mm。负压筛析仪外形及结构尺寸如图 13-3 所示。

e. 天平：称量 100 g，感量 0.05 g。

③ 试验步骤

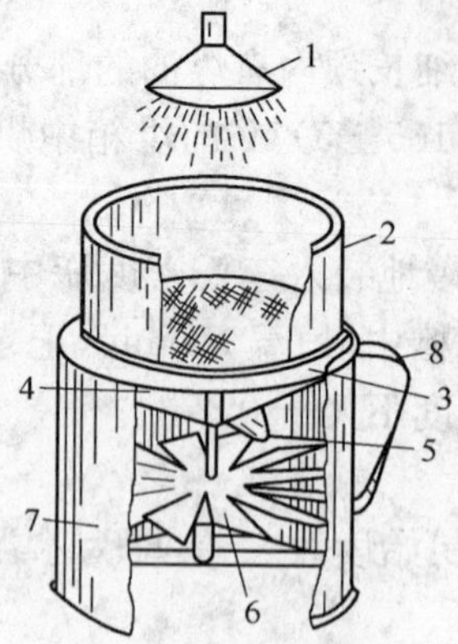

图 13-2　水筛

1—喷头；2—标准筛；3—旋转托架；4—集水斗；5—出水口；6—叶轮；7—外筒；8—把手

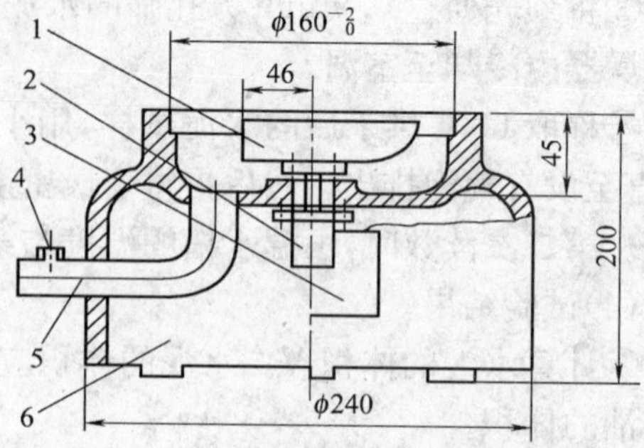

图 13-3　负压筛析仪(单位：mm)

1—喷气嘴；2—微电机；3—控制板开口；4—负压表接口；5—负压源及收尘器接口；6—壳体

a. 负压筛析法

ⓐ筛析试验前，应把负压筛放在筛座上，盖上筛盖，接通电源，检查控制系统，调节负压到 4 000～6 000 Pa 范围内。

ⓑ称取水泥试样(80 μm 筛析试验称取试样 25 g；45 μm 筛析试验称取试样 10 g)，置于洁净的负压筛中，盖上筛盖，放在筛座上，开动筛析仪连续筛析 2 min，在此期间如有试样附着在筛盖上，可轻轻地敲击筛盖使试样落下。筛毕，用天平称量筛余物质量 R_s，精确至 0.01 g。

ⓒ当工作负压小于 4 000 Pa 时，应清理吸尘器内水泥，使负压恢复正常。

b. 水筛法

ⓐ筛析试验前，应检查水中有无泥、砂，调整好水压及水筛架的位置，使其能正常运转，并控制喷头底面和筛网之间距离为 35～75 mm。

ⓑ称取水泥试样(80 μm 筛析试验称取试样 25 g；45 μm 筛析试验称取试样 10 g)，置于洁净的水筛中，立即用淡水冲洗至大部分细粉通过后，放在水筛架上，用水压为(0.05±0.02) MPa 的喷头连续冲洗 3 min。筛毕，用少量水把筛余物冲至蒸发皿中，等水泥颗粒全部沉淀后，小心倒出清水，烘干并用天平称量筛余物质量 R_s，精确至 0.01 g。

c. 手工筛析法

ⓐ称取水泥试样(80 μm 筛析试验称取试样 25 g；45 μm 筛析试验称取试样 10 g)倒入手工筛内。

ⓑ用一只手执筛往复摇动，另一只手轻轻拍打，往复摇动和拍打过程应保持近于水平。拍打速度为 120 次/ min，每拍 40 次向同一方向转动 60°，使试样均匀分布在筛网上，直至每分钟通过的试样量不超过 0.03 g 为止。

ⓒ称量筛余物质量 R_s，精确至 0.01 g，计算试验结果。

④试验筛的清洗

试验筛必须经常保持洁净，筛孔通畅，使用 10 次后要进行清洗。金属框筛、铜丝筛网清洗时应用专门的清洗剂，不可用弱酸浸泡。

⑤试验结果

按式(13-2)计算水泥试样筛余百分率，计算结果精确至 0.1%，并以两次检验所得结果的平均值作为最终试验结果。如果两次筛余结果绝对误差大于 0.5%时，应再做一次试验，取两次相近结果的算术平均值作为最终结果。

$$F=\frac{R_s}{m}\times 100\% \tag{13-2}$$

式中 F——水泥试样的筛余百分数，%；

R_s——水泥过筛后筛余物的质量，g；

m——水泥试样的质量，g。

当负压筛析法、水筛法和手工干筛法三种鉴定结果发生争议时，以负压筛析法为准。

试验筛的筛网会在试验中磨损，因此筛析结果应进行修正。

(2)比表面积法

①试验目的

检测水泥颗粒的粗细程度，作为评定水泥质量的重要依据之一。

②主要仪器设备

a. Blaine 透气仪：由透气圆筒、压力计、抽气装置三部分组成。Blaine 透气仪外形及其组成如图 13-4 所示。

b. 滤纸：采用符合国家标准规定的中速定量滤纸。

c. 分析天平：分度值为 1 mg。

d. 计时秒表：精确到 0.5 s。

e. 烘干箱。

③ 仪器校准

a. 漏气检查

将透气圆筒上口用橡皮塞塞紧，接到压力计上。用抽气装置从压力计一臂中抽出部分气体，然后关闭阀门，观察是否漏气。如果发现漏气，应用活塞油脂加以密封。

b. 试料层体积的测定

将两片滤纸沿圆筒壁放入透气圆筒内，用一直径比透气圆筒略小的细长棒往下按，直到滤纸平整放在金属的传孔板上。然后装满水银，用一小块薄玻璃板轻压水银表面，使水银面与圆筒口齐平，并须保证在玻璃板和水银表面之间没有气泡或空洞存在。从圆筒中倒出水银，称量水银质量，精确至 0.05 g。重复几次测定，直到水银质量数值基本不变为止。然后从圆筒中取出一片滤纸，用约 3.3 g 的水泥，压实水泥层。再往圆筒上部空间注入水银，同上述方法排除气泡、压平水银表面。从圆筒中倒出水银，称量水银质量，重复几次，直至水银质量称量数值相差小于 50 mg。按式(13-3)计算圆筒内试料层体积(计算结果精确至 0.005 cm^3)：

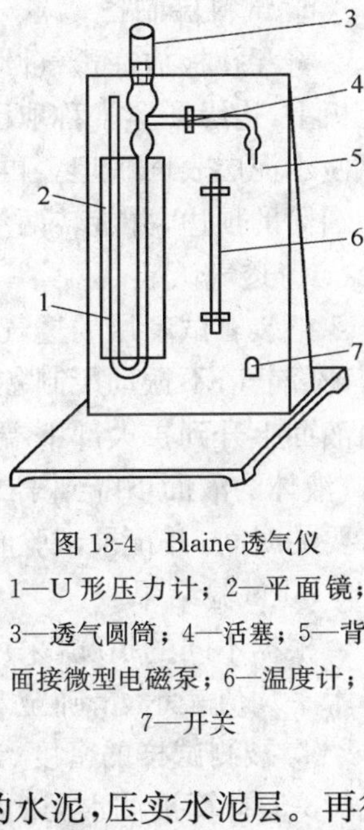

图 13-4 Blaine 透气仪

1—U 形压力计；2—平面镜；3—透气圆筒；4—活塞；5—背面接微型电磁泵；6—温度计；7—开关

$$V=\frac{m_1-m_2}{\rho_{水银}} \tag{13-3}$$

式中 V——试料层体积，cm^3；

m_1——未装水泥时，充满圆筒的水银质量，g；

m_2——装水泥后，充满圆筒的水银质量，g；

$\rho_{水银}$——试验温度下水银的密度，g/cm^3。

试料层体积的测定，至少应进行两次，每次应单独压实水泥，并以两次测定所得结果的算术平均值作为最终试验结果，两次数值相差不得超过 0.005 cm^3。

④ 试验步骤

a. 试样制备

将在温度为(105±5)℃的烘箱中烘干并在干燥器内冷却至室温的水泥试样，倒入 100 mL 的密闭瓶内，用力摇动 2 min，将结块成团的水泥试样振碎，使试样松散。静置 2 min 后，打开瓶盖，轻轻搅拌，使在松散过程中落到表面的细粉分布到整个试样中。

b. 确定试样数量

按式(13-4)计算需要的试验用的标准试样数量：

$$W=\rho V(1-e) \tag{13-4}$$

式中 W——需要的标准试样数量，g；

ρ——试样的密度，g/cm^3；

V——试料层体积，cm^3；

e——试料层空隙率。试料层空隙率是指试料层中孔的容积与试料层总的容积之比，一般水泥采用 0.500±0.005。

c. 试料层制备

将穿孔板放在透气圆筒的突缘上，用一根直径比透气圆筒略小的细棒把一片滤纸送到穿孔板上，边缘压紧。称取已经确定的水泥试样数量，倒入透气圆筒内。轻轻敲击圆筒的外边，以使水泥层表面平坦。再放入一片滤纸，用捣器均匀捣实水泥试样，直至捣器的支持环紧紧接触圆筒的顶边，并旋转两周，慢慢取出捣器。

d. 透气试验

把装有试料层的透气圆筒连接到压力计上，在连接的过程中，要求保证两者之间的连接紧密，不漏气，不振动所制备的试料层。打开微型电磁泵慢慢从压力计中抽出空气，直到压力计内液面上升到扩大部下端时关闭阀门。从压力计内液体的液面下降到第一刻度线时开始计时，液体的液面下降到第二刻度线时停止计时。计算液面从第一刻度线下降到第二刻度线所需要的时间，并记录试验时的温度。

⑤ 试验结果

根据不同的情况，采用不同的计算公式，计算被测试样的比表面积，并以两次试验结果的算术平均值表示，精确至 10 cm^2/g。如果两次试验结果相差大于 2%，应重新试验。

a. 被测试样的密度、试料层中空隙率与标准试样相同，试验时温差不大于±3℃时，可按式(13-5)计算被测水泥的比表面积：

$$S=\frac{S_s\sqrt{T}}{\sqrt{T_s}} \tag{13-5}$$

式中 S——被测试样的比表面积，cm^2/g；

S_s——标准试样的比表面积，cm^2/g；

T——被测试样试验时压力计中液面降落测得的时间，s；

T_s——标准试样试验时压力计中液面降落测得的时间，s。

如试验时温差大于±3 ℃时，按式(13-6)计算被测水泥的比表面积：

$$S=\frac{S_s\sqrt{T}\sqrt{\eta_s}}{\sqrt{T_s}\sqrt{\eta}} \tag{13-6}$$

式中 η_s——被测试样试验温度下的空气黏度，Pa·s；

η——标准试样试验温度下的空气黏度，Pa·s。

b. 被测试样的试料层中空隙率与标准试样试料层中空隙率不同，试验时温差不大于±3℃时，可按式(13-7)计算被测水泥的比表面积：

$$S=\frac{S_s\sqrt{T}(1-\varepsilon_s)\sqrt{\varepsilon^3}}{\sqrt{T_s}(1-\varepsilon)\sqrt{\varepsilon_s^3}} \tag{13-7}$$

式中　ε——被测试样试料层中的空隙率；

ε_s——标准试样试料层中的空隙率。

如试验时温差大于±3 ℃时，按式(13-8)计算被测水泥的比表面积：

$$S=\frac{S_s\sqrt{T}(1-\varepsilon_s)\sqrt{\varepsilon^3}}{\sqrt{T_s}(1-\varepsilon)\sqrt{\varepsilon_s^3}}\cdot\frac{\sqrt{\eta_s}}{\sqrt{\eta}} \tag{13-8}$$

c. 被测试样的密度和试料层中空隙率均与标准试样不同，试验时温差不大于±3℃时，可按式(13-9)计算被测水泥的比表面积：

$$S=\frac{S_s\sqrt{T}(1-\varepsilon_s)\sqrt{\varepsilon^3}}{\sqrt{T_s}(1-\varepsilon)\sqrt{\varepsilon_s^3}}\cdot\frac{\rho_s}{\rho} \tag{13-9}$$

式中　ρ——被测试样的密度，g/cm^3；

ρ_s——标准试样的密度，g/cm^3。

如试验时温差大于±3℃时，按式(13-10)计算被测水泥的比表面积：

$$S=\frac{S_s\sqrt{T}(1-\varepsilon_s)\sqrt{\varepsilon^3}}{\sqrt{T_s}(1-\varepsilon)\sqrt{\varepsilon_s^3}}\cdot\frac{\sqrt{\eta_s}}{\sqrt{\eta}}\cdot\rho_s \tag{13-10}$$

13.1.4　水泥标准稠度用水量的测定

水泥标准稠度用水量的测定方法有维卡仪法和试锥法两种。

(1)试锥法(代用法)

试锥法又分调整用水量法和固定用水量法，如两种方法的测定结果发生矛盾时，应以调整用水量法为准。

①试验目的

测定水泥净浆达到标准稠度时的用水量，为测定水泥的凝结时间和体积安定性做准备。

②主要仪器设备

a. 标准稠度测定仪：由标准稠度测定仪的支架、试锥、试模、指针和金属圆棒组成，标准稠度测定仪的外形及结构组成如图 13-5 所示。

b. 金属空心试锥：置于金属圆棒下，试锥底部直径为 40 mm，高 50 mm。

c. 圆锥形试模：试模上口内径为 60 mm，高为 75 mm。试锥和试模的外形如图 13-6 所示。

d. 水泥净浆搅拌机：由搅拌叶片、搅拌锅、传动机构和控制系统组成，应符合 JC/T 729《水泥物理检验仪器水泥净浆搅拌机》的要求。

e. 量筒：最小刻度 0.1 mL。

f. 天平：称量 1 000 g，感量 1 g。

③试验步骤

a. 试验准备。试验前必须检查标准稠度测定仪的金属棒能否自由滑动；试锥降至锥模顶面位置时，指针是否对准标尺的零点；搅拌机运转是否正常。水泥净浆搅拌机的筒壁及叶片先

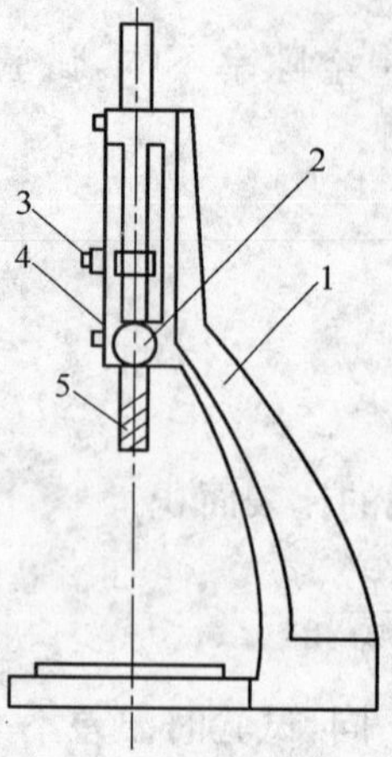

图 13-5　标准稠度测定仪

1—支架；2—松紧的螺丝；3—指针；4—标尺；5—金属圆棒

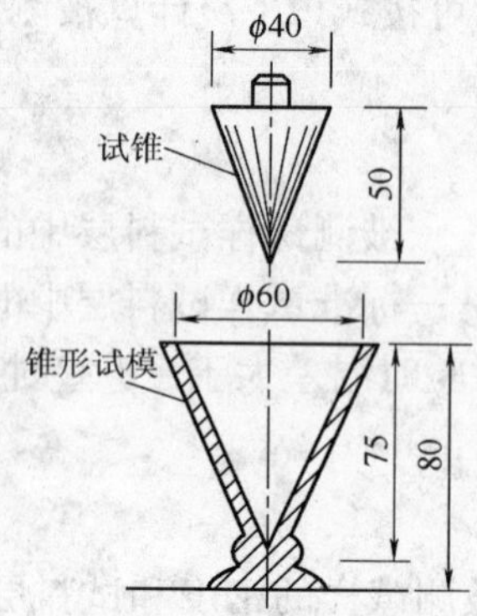

图 13-6　试锥和试模

用湿布擦抹。

b. 将称好的 500 g 水泥试样，倒入水泥净浆搅拌锅内。

c. 量取拌合用水量。采用调整用水量法时，按经验确定；采用固定用水量法时，用水量为 142.5 mL，精确至 0.5 mL。

d. 将搅拌锅放到搅拌机锅座上，升至搅拌位置，开动机器，同时徐徐加入拌和水，慢速搅拌 120 s，停拌 15 s，同时将叶片和锅壁上的水泥浆刮入锅中间，接着快速搅拌 120 s 后停机。

e. 搅拌结束后，立即将拌制好的水泥净浆装入锥形试模中，用小刀插捣，轻轻震动数次，刮去多余的净浆；抹平后迅速将试模移到试锥下面固定位置上，将试锥降至水泥净浆表面，拧紧螺丝 1～2 s 后，突然放松，让试锥自由地沉入水泥净浆中。到试锥停止下沉时，记录试锥下沉深度 S。整个操作应在搅拌后 1.5min 内完成。

④ 试验结果

a. 采用调整用水量法时试验结果的确定

以试锥下沉深度为(28±2) mm 时的水泥净浆为标准稠度净浆。如下沉深度超出范围，须另称试样，调整水量，重新试验，直至达到(28±2) mm 时为止，其拌和用水量为该水泥的标准稠度用水量 P。水泥的标准稠度用水量以占水泥质量的百分比表示，按式(13-11)计算：

$$P=\frac{W}{500}\times 100\% \tag{13-11}$$

式中　P——水泥标准稠度用水量，%；

W——水泥净浆达到标准稠度时的拌合用水量，g。

b. 采用固定用水量法时试验结果的确定

根据测得的试锥下沉深度 S(mm)，按下面的经验公式(13-12)计算标准稠度用水量 P：

$$P=33.4-0.185S \tag{13-12}$$

式中　P——标准稠度用水量(质量百分数)，%；

S——试锥下沉深度，mm。

当试锥下沉深度小于 13 mm 时，应改用调整用水量法测定。

(2)维卡仪法(标准法)

①试验目的

测定水泥净浆达到标准稠度时的用水量，为测定水泥的凝结时间和体积安定性做准备。

②主要仪器设备

a. 标准法维卡仪：维卡仪上附有标准稠度测定用试杆，其有效长度为(50±1) mm，由直径为(10±0.05)mm 的圆柱形耐腐蚀金属制成。滑动部分的总质量为(300±1) g。与试杆、试针联结的滑动杆表面应光滑，能够靠重力自由下落，不得有紧涩和摇动现象。维卡仪的外形及结构组成如图 13-7 所示。

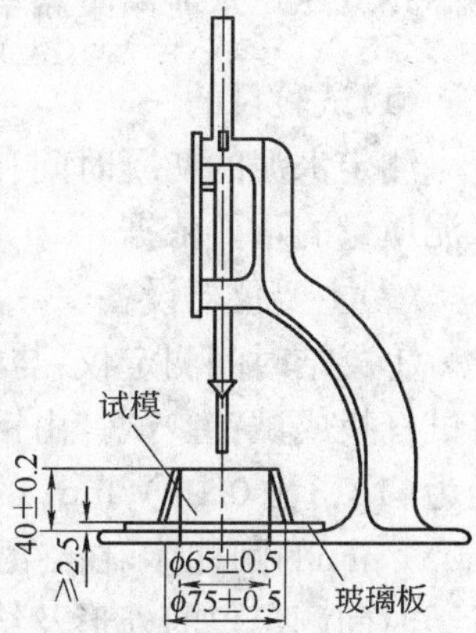

图 13-7　维卡仪

b. 盛装水泥净浆的截顶圆锥试模：用耐腐蚀并有足够硬度的金属制成。试模深为(40±0.2) mm，顶内径为(65±0.5) mm，底内径为(75±0.5) mm 的截顶圆锥体。每只试模底部应配备一个大于试模、且厚度≥2.5 mm 的平板玻璃底板。

c. 水泥净浆搅拌机：由搅拌叶片、搅拌锅、传动机构和控制系统组成，应符合 JC/T 729《水泥物理检验仪器水泥净浆搅拌机》的要求。

d. 量筒：最小刻度 0.1 mL。

e. 天平：称量 1 000 g，感量 1 g。

③试验步骤

a. 试验准备。试验前必须检查维卡仪的金属棒能否自由滑动；试杆降至试模顶面位置时，指针是否对准标尺的零点；搅拌机运转是否正常。水泥净浆搅拌机的筒壁及叶片先用湿布擦抹。

b. 将称好的 500 g 水泥试样，倒入水泥净浆搅拌锅内。

c. 用量筒量取一定量的拌合用水。

d. 将搅拌锅放到搅拌机锅座上，升至搅拌位置，开动机器，同时徐徐加入拌和水，慢速搅拌 120 s，停拌 15 s，同时将叶片和锅壁上的水泥浆刮入锅中间，接着高速搅拌 120 s 后停机。

e. 搅拌结束后，立即将拌制好的水泥净浆装入已置于玻璃底板上的试模中，用小刀插捣，轻轻振动数次，刮去多余的水泥净浆；抹平后迅速将试模和底板移到维卡仪上，并将其中心定位在试杆下，降低试杆直至与水泥净浆表面接触，拧紧螺丝 1～2 s 后，突然放松，使试杆垂直自由地沉入水泥净浆中。在试杆停止沉入或释放试杆 30 s 时，记录试杆距底板之间的距离，升起试杆后，立即将其擦净，整个操作应在搅拌后 1.5 min 内完成。

f. 以试杆沉入净浆并距底板(6±1) mm 的水泥净浆为标准稠度净浆。如下沉深度超出范围，须另称试样，调整用水量，重新试验，直至达到(6±1) mm 时为止，其拌和水量为该水泥的标准稠度用水量 P。

④试验结果

以试杆沉入净浆并距底板(6±1) mm 的水泥净浆为标准稠度净浆，其拌和水量为该水泥的标准稠度用水量 P，并以占水泥质量的百分比表示，按式(13-13)计算：

$$P=\frac{W}{500}\times 100\% \tag{13-13}$$

式中　P——水泥标准稠度用水量，%；

W——水泥净浆达到标准稠度时的拌和用水量，g。

13.1.5 水泥净浆凝结时间的测定

(1)试验目的

测定水泥的初凝时间和终凝时间，并按国家标准评判水泥的凝结时间是否合格，作为评定水泥质量的重要依据。

(2)主要仪器设备

①凝结时间测定仪：与标准法测定水泥标准稠度用水量时所用的维卡仪基本相同，但需要将试杆换成试针。试针由钢制成，分初凝针和终凝针。初凝针是有效长度为(50±1) mm、直径为(1.13±0.05) mm的圆柱体；终凝针是有效长度为(30±1) mm、直径为(1.13±0.05) mm的圆柱体，在终凝针上还安装了一个环形附件，滑动部分的总质量为(300±1) g。凝结时间测定仪的外形及结构组成如图13-8所示。

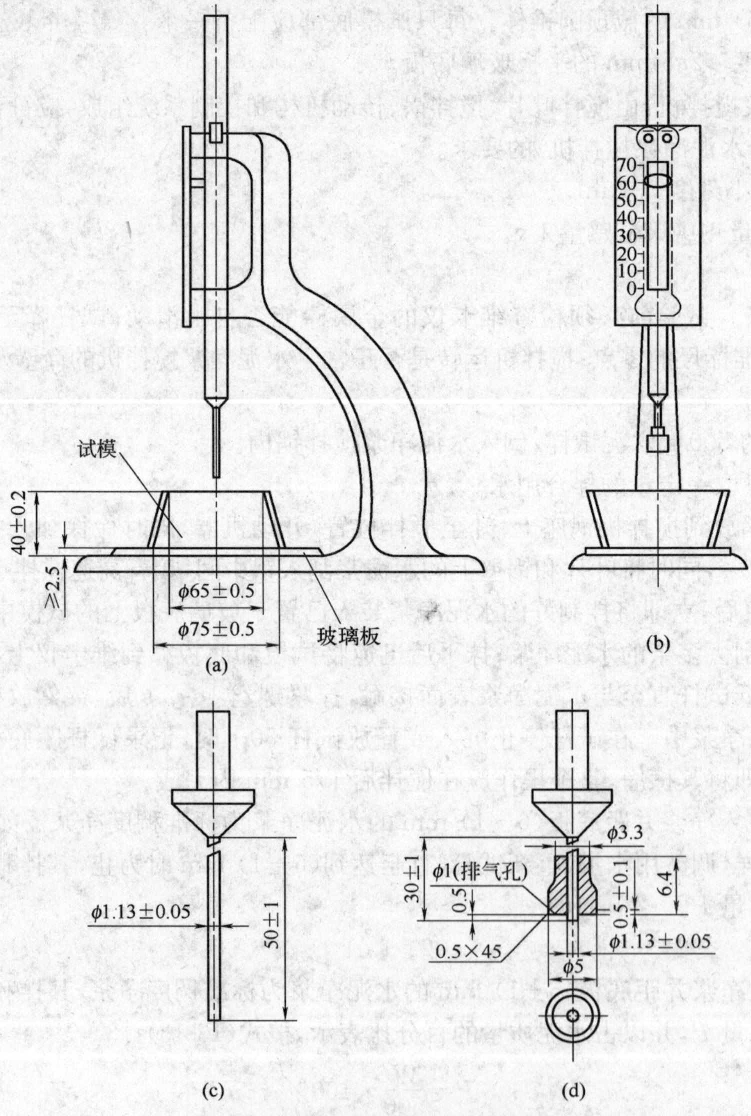

图13-8 水泥凝结时间测定仪(单位：mm)

(a)初凝时间测定用立式试模的侧视图；(b)终凝时间测定用反转试模的正视图；

(c)初凝用试针；(d)终凝用试针

②截顶圆锥试模:用耐腐蚀并有足够硬度的金属制成。试模深为(40±0.2) mm,顶内径为(65±0.5) mm,底内径为(75±0.5) mm的截顶圆锥体。每只试模底部应配备一个大于试模且厚度≥2.5 mm的平板玻璃底板。

③水泥净浆搅拌机:由搅拌叶片、搅拌锅、传动机构和控制系统组成,应符合JC/T 729《水泥物理检验仪器水泥净浆搅拌机》的要求。

④标准养护箱:温度为(20±1)℃,相对湿度不低于90%。

⑤天平:称量1 000 g,感量1 g。

⑥量筒:最小刻度0.1 mL。

(3)试验步骤

①测定前,将试模放在玻璃板上,在试模的内侧涂上一层机油,调整凝结时间测定仪的试针,使之接触玻璃板时指针对准零点。

②称取水泥试样500 g,以标准稠度用水量加水,用水泥净浆搅拌机搅拌成水泥净浆,方法同前,记录加水的时间作为凝结时间的起始时间,拌和结束后,立即将净浆一次装满试模,振动数次后刮平,立即放入养护箱中。

③试件在养护箱中养护至加水后30 min时进行第一次测定。

④测定时,从养护箱中取出试模放到试针下,降低试针,并与水泥净浆表面接触。拧紧螺丝1~2 s后,突然放松,试针垂直自由地沉入水泥净浆,观察试针停止下降或释放试针30 s时指针的读数。

⑤当试针沉至距底板(4±1) mm时,为水泥达到初凝状态,由水泥全部加入水中至初凝状态的时间为水泥的初凝时间,用“min”表示。

⑥完成初凝时间测定后,立即将试模连同浆体以平移的方式从玻璃板取下,翻转180°,直径大端向上,小端向下放在玻璃板上,再放入养护箱中继续养护,临近终凝时间时每隔15 min测定一次,当试针沉入试体0.5 mm时,即环形附件开始不能在试体上留下痕迹时,为水泥达到终凝状态,由水泥全部加水至终凝状态的时间为水泥的终凝时间,用“min”表示。

测定时应注意:在最初测定的操作时,应轻轻扶持金属柱,使其徐徐下降,以防试针撞弯,但结果以自由下落为准。在整个测试过程中,试针沉入的位置距试模内壁至少10 mm。临近初凝时,每隔5 min测定一次;临近终凝时,每隔15 min测定一次;到达初凝或终凝时,应立即重复测一次;当两次结论相同时,才能定为到达初凝或终凝状态。每次测定不能让试针落入原针孔,每次测定完毕须将试针擦净并将试模放回养护箱内,整个测试过程要防止试模受震。

(4)试验结果

初凝时间是指自水泥加水时起,至试针沉入净浆中距离底板(4±1) mm时止所需的时间。

终凝时间是指自水泥加水时起,至试针沉入净浆中不超过0.5 mm时止所需的时间。

到达初凝或终凝时,除测定一次外,还应立即重复测一次,当两次结论相同时,才能确定到达初凝或终凝状态。

评定方法:将测定的初凝时间和终凝时间与相应国家标准对水泥的技术要求进行对比,从而判定它们是否合格。

13.1.6 水泥安定性试验

安定性试验可采用试饼法或雷氏法。试饼法是通过观察水泥净浆试饼沸煮后的外形变化来检验水泥的体积安定性；雷氏法是通过测定水泥净浆在雷氏夹中沸煮后的膨胀值来检验水泥的体积安定性。当试验结果有争议时，应以雷氏法为准。

(1)试验目的

检验水泥硬化后体积变化的均匀性，以评定水泥的质量是否合格。

(2)主要仪器设备

①水泥净浆搅拌机、标准养护箱：与测定凝结时间时所用相同。

②煮沸箱：有效容积为410 mm×240 mm×310 mm，篦板的结构应不影响试验结果，篦板与加热器之间的距离大于50 mm。箱的内层由不易锈蚀的金属材料制成，能在(30±5) min内将箱内的实验用水由室温升至沸腾状态并保持3 h以上，整个试验过程不需补充水量。

③雷氏夹膨胀测定仪：标尺最小刻度为0.5 mm，其外形及结构组成如图13-9所示。

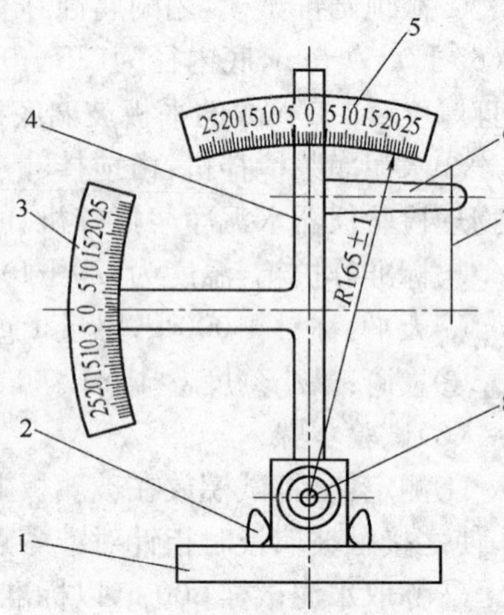

图13-9 雷氏夹膨胀测定仪

1—底座；2—模子座；3—测弹性标尺；4—立柱；5—测膨胀值标尺；6—悬臂；7—悬丝；8—弹簧顶钮

④雷氏夹：用铜质材料制成，其外形及结构尺寸如图13-10所示。当一根指针的根部先悬挂在一根金属丝或尼龙丝上，另一根指针的根部再挂上300 g质量的砝码时，两根指针针尖的距离增加应在(17.5±2.5) mm范围内，当去掉砝码后针尖的距离能恢复至悬挂砝码前的状态。

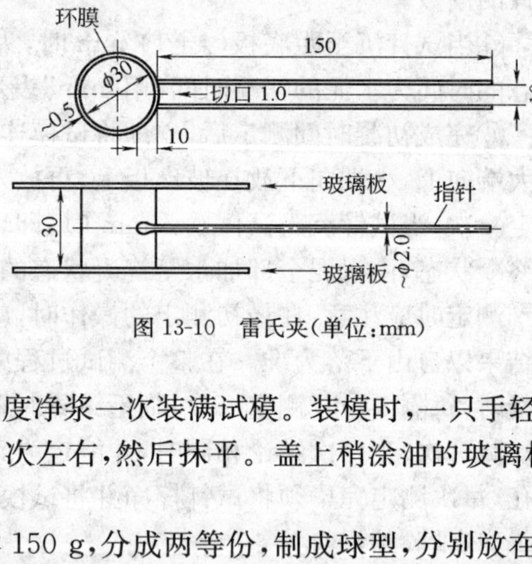

图13-10 雷氏夹(单位：mm)

⑤玻璃板、抹刀、直尺等。

(3)试验步骤

①称取水泥试样500 g，以标准稠度用水量按测定标准稠度时拌和净浆的方法制成水泥净浆。

②采用雷氏法时：将预先准备好的雷氏夹放在已稍擦油的玻璃板上，并立刻将已制好的标准稠度净浆一次装满试模。装模时，一只手轻轻扶持试模，另一只手用宽约10 mm的小刀插捣15次左右，然后抹平。盖上稍涂油的玻璃板，然后将雷氏夹移至养护箱内养护(24±2) h。

③采用试饼法时：从制成的水泥净浆中取试样150 g，分成两等份，制成球型，分别放在两个预先涂过油的玻璃板上，轻轻振动玻璃板，并用湿布擦过的小刀由边缘向饼的中央抹动，制成直径为70～80 mm、中心厚约10 mm、边缘渐薄、表面光滑的试饼。然后将试饼放入养护箱内养护(24±2) h。

④调整好煮沸箱内的水位，保证在整个煮沸过程中都漫过试件，中途不需加水，同时又能在(30±5) min内升至沸腾。

⑤养护到期后，从养护箱中拿出试件，脱去玻璃板取下试件。

⑥当采用雷氏法时，测量试件指针尖端间的距离A精确到0.5 mm，接着将试件放入养护箱的水中篦板上，指针朝上，试件之间互不交叉。当采用试饼法时，先检验试饼是否完整，在试饼无缺陷的情况下，将其取下置于沸煮箱内水中的篦板上。

⑦启动沸煮箱，在(30±5) min内加热至沸腾并恒沸3 h±5 min。

⑧煮沸结束后，放掉箱中热水，打开箱盖，待箱体冷却至室温，取出试件检查，并测量试件指针尖端距离 C，精确到 0.5 mm。

(4)试验结果

①试饼法评定：目测试饼表面状况，若未发现裂缝，再用直尺检查试饼底面，如果没有弯曲翘曲现象，则可以认为水泥安定性合格，反之为不合格，当两个试饼判别结果有矛盾时，为安定性不合格。

②雷氏法评定：测量试件指针尖端的距离 C，精确至小数点后一位。当两个试件煮后增加距离($C-A$)的平均值不大于 5.0 mm 时，即安定性合格，反之为不合格。当两个试件的($C-A$)值相差超过 4.0 mm 时，应用同一样品立即重做一次试验。再如此，则认为该水泥安定性不合格。

13.1.7 水泥胶砂流动度试验

(1)试验目的

测定按一定水灰比配制的水泥胶砂的流动度，适用于掺火山灰质混合材料的普通硅酸盐水泥、火山灰质硅酸盐水泥、粉煤灰硅酸盐水泥、复合硅酸盐水泥以及指定采用本方法的其他品种水泥。

(2)主要仪器设备

①行星式水泥胶砂搅拌机：由搅拌叶片、搅拌锅、传动机构和控制系统组成，应符合 JC/T 681《行星式水泥胶砂搅拌机》的要求。

②水泥胶砂流动度测定仪(简称跳桌)：应符合有关规定。

③试模：用金属材料制成，由截锥圆模和模套组成。截锥圆模内壁须光滑，试模高为(60±0.5) mm，上口内径为(70±0.5) mm，下口内径为(100±0.5) mm，下口外径为 120 mm。

④捣棒：用金属材料制成，直径为(20±0.5) mm，长度约为 200 mm，捣棒底面与侧面成直角，其下部光滑，上部手柄滚花。

⑤卡尺：量程不小于 300 mm，分度值不大于 0.5 mm。

⑥小刀：刀口直平，长度大约为 80 mm。

(3)试验步骤

①水泥胶砂流动度测定仪(跳桌)在试验前先进行空转，以检验其各部位是否正常。

②称取各材料用量。制备胶砂的材料数量分别为：水泥 450 g；标准砂 1 350 g；水量按预定水灰比计算。水泥试样、标准砂和试验用水、试验条件均应符合《水泥胶砂强度检验方法(ISO 法)》(GB/T 17671—1999)的有关规定。

③在制备胶砂的同时，用潮湿毛巾擦拭水泥胶砂流动度测定仪台面、试模内壁、捣棒以及与胶砂接触的用具，将试模放在水泥胶砂流动度测定仪台面中央并用潮湿毛巾覆盖。

④将拌好的胶砂分两层迅速装入试模，第一层装至截锥圆模高度约 2/3 处，用小刀在相互垂直的两个方向上各划五次，用捣棒由边缘至中心均匀捣压 15 次。之后装第二层胶砂，装至高出截锥圆模约 20 mm，用小刀划 10 次，再用捣棒由边缘至中心均匀捣压 10 次。捣压力量应恰好足以使胶砂充满截锥圆模。捣压深度，第一层捣至胶砂高度的 1/2，第二层捣实时不超过已捣实底层表面。捣压顺序如图 13-11 所示。装胶砂和捣压时，用手扶稳试模，不要使其移动。

⑤捣压完毕，取下模套，用小刀由中间向边缘分两次将高出截锥圆模的胶砂刮去并抹平，

擦去落在水泥胶砂流动度测定仪台面上的胶砂。将截锥圆模垂直向上轻轻提起，立即开动水泥胶砂流动度测定仪，以每秒钟一次的频率，在(25±1) s内完成25次跳动。

⑥跳动完毕，用卡尺测量胶砂底面互相垂直的两个方向的直径，计算平均值，即为该水量的水泥胶砂流动度，单位为mm。

水泥胶砂流动度试验，从胶砂拌和开始到测量扩散直径结束，必须在6 min内完成。

⑦电动跳桌与手动跳桌测定的试验结果发生争议时，以电动跳桌试验结果为准。

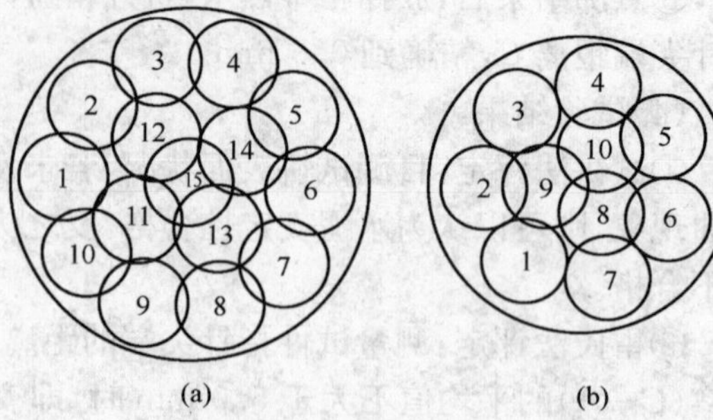

图13-11 捣压顺序

(a)第一层捣压顺序；(b)第二层捣压顺序

(4)试验结果

用卡尺测量胶砂底面互相垂直的两个方向的直径，以两次试验结果的算术平均值作为最后的测定结果，即为该水量的水泥胶砂流动度，单位为mm。

13.1.8 水泥胶砂强度试验

(1)试验目的

测定水泥各标准龄期的强度，以确定或检验水泥的强度等级。

(2)主要仪器设备

①行星式水泥胶砂搅拌机：由搅拌叶片、搅拌锅、传动机构和控制系统组成，应符合JC/T 681《行星式水泥胶砂搅拌机》的要求。

②胶砂振实台：由底座、卡具、同步电机、模套、可以跳动的台盘、凸轮、臂杆等组成。振动频率为60次/(60±1) s，振幅为(15±3) mm，应符合JC/T 682《水泥胶砂试体成型振实台》的要求。

③试模：由三个水平的模槽组成，可同时成型三条尺寸为40 mm×40 mm×160 mm的棱形试件，应符合JC/T 726《水泥胶砂试模》的要求。

④抗折强度试验机：应符合JC/T 724《水泥物理检验仪器电动抗折试验机》的要求。

⑤抗压强度试验机。

⑥抗压夹具：受压面积为40 mm×40 mm。

⑦刮平尺、播料器。

⑧量筒、天平等。

(3)试件成型

①称取各材料用量，每锅胶砂的材料数量分别为：水泥(450±2) g；标准砂(1350±5) g；水(225±1) mL。

②搅拌。每锅胶砂用行星式水泥胶砂搅拌机进行机械搅拌。先使搅拌机处于待工作状态，然后按以下程序进行操作。

a. 把水加入锅里，再加入水泥，把锅放在固定架上，上升至固定位置。

b. 开动机器，低速搅拌30 s后，在第二个30 s开始的同时均匀地将砂子加入。当各级砂是分装时，从最粗粒级开始，依次将所需的每级砂量加完，待机器转至高速后再拌30 s。

c. 停拌90 s，在第一个15 s内用一胶皮刮具将叶片和锅壁上的胶砂刮入锅的中间。

d. 在高速下继续搅拌 60 s，各个搅拌阶段，时间误差应在±1 s 以内。

③振实成型。胶砂制备后立即进行成型，将空试模和模套固定在振实台上，用一个适当勺子直接从搅拌锅里将胶砂分两层装入试模，装第一层时，每个槽里约放 300 g 胶砂，用大播料器垂直架在模套顶部沿每个模槽来回一次将料层播平，接着振实 60 次。再装入第二层胶砂，用小播料器播平，再振实 60 次。移走模套，从振实台上取下试模，用一金属直尺以近似 90°的角度架在试模模顶的一端，然后沿试模长度方向以横向锯割动作慢慢向另一端移动，一次将超过试模部分的胶砂刮去，并用同一直尺以近乎水平的情况下将试件表面抹平。

(4)试件养护

①去掉留在模子四周的胶砂，立即将做好标记的试模放入雾室或湿箱的水平架子上养护。养护时不应将试模放在其他试模上，一直养护至规定的脱模时间时取出脱模。

②脱模后的试件立即水平或竖直放在(20±1) ℃水中养护，水平放置时刮平面应朝上。

③试件放在不易腐烂的篦子上，并彼此间保持一定间距，以让水与试件的六个面接触。养护期间试件之间间隔或试体上表面的水深不得小于 5 mm。

④最初用自来水装满养护池，随后随时加水保持适当的恒定水位，不允许在养护期间全部换水。

⑤除 24 h 龄期或延迟至 48 h 脱模的试件外，任何到龄期的试件应在试验前 15 min 从水中取出。揩去试件表面沉积物，并用湿布覆盖至试验为止。

(5)强度测定

①抗折强度测定

将试件一个侧面放在试验机支撑圆柱上，试件长轴垂直于支撑圆柱，通过加荷圆柱以(50±10) N/s 的速率均匀地将荷载垂直地加在棱柱体相对侧面上，直至折断。

按式(13-14)计算抗折强度(精确至 0.1 MPa)：

$$f_t=\frac{1.5FL}{b^3}=0.234\times F\times 10^{-2} \tag{13-14}$$

式中 f_t——抗折强度，MPa；

F——破坏荷载，N；

L——支撑圆柱中心距离，100 mm；

b——棱柱体正方形截面的边长，40 mm。

抗折强度试验结果的确定：以三个试件抗折强度的平均值作为试验结果。当三个强度值中有一个超出平均值±10%时，应剔除后再取另外两个抗折强度的平均值作为抗折强度试验结果。

②抗压强度测定

抗折试验后的六个断块应立即进行抗压试验。抗压强度测定须用抗压夹具进行，并使夹具对准压力机压板中心。以(2400±200) N/s 的速率均匀地加荷直至破坏，并记录破坏荷载 F。

按式(13-15)计算抗压强度(精确至 0.1 MPa)：

$$f_c=\frac{F}{A}=0.625F\times 10^{-3} \tag{13-15}$$

式中 f_c——抗压强度，MPa；

F——破坏荷载，N；

A——试件受压部分面积，40 mm×40 mm=1 600 mm^2。

抗压强度试验结果的确定：以六个抗压强度测定值的算术平均值为试验结果。如六个测定值中有一个超出六个平均值的±10%，就应剔除这个测定值，而以剩下五个测定值的平均值作为试验结果。如果五个测定值中再有一个超过它们平均值±10%时，则此组结果作废，应重做试验。

(6)试验结果

将试验计算所得的各标准龄期抗折和抗压强度值，对照国家标准所规定的水泥各龄期强度值，来确定或验证水泥的强度等级。要求各龄期的强度值均不得低于有关标准规定的强度值。

13.2 混凝土试验

13.2.1 混凝土用砂试验

(1)砂的取样

①砂的部分试验项目的最小取样数量应符合表13-1的规定。

表13-1 砂的部分试验项目所需的最小取样数量

序号	试验项目	取样数量(g)	序号	试验项目	取样数量(g)
1	筛分析	4 400	4	紧密密度和堆积密度	5 000
2	表观密度	2 600	5	含泥量	4 400
3	吸水率	4 000	6	泥块含量	20 000

②砂样应在料堆8个不同部位和深度上各取一份组成一组样品。

③取回的样品置于洁净的平板上，在潮湿状态下拌匀，用四分法缩取各项试验所需的试验数量。四分法的方法是：将拌匀的试样摊成约200 mm厚的“圆饼”状，再沿相互垂直的两条直径把“圆饼”分成大致相等的四份，取其对角的两份重新拌匀，再堆成“圆饼”，重复上述过程，直至缩分至稍多于所需试样数量为止。

(2)砂子表观密度的测定

①试验目的

测定砂的表观密度，掌握混凝土用砂的基本性质，并为混凝土配合比设计和施工提供必要的依据。

②标准方法(容量瓶法)

a. 主要仪器设备：天平(感量0.1 g)、容量瓶(容量500 mL)、滴管等。

b. 试验步骤：

ⓐ试样经四分法缩分至650 g，放入(105±5) ℃烘箱中烘干至恒量，冷却至室温。

ⓑ称取烘干的试样300 g(m_0)，装入容量瓶，加水至500 mL的刻度，旋摇容量瓶，使砂样充分摇动，排除气泡，塞紧瓶塞，静置24 h，在此期间多次轻摇逐气。

ⓒ用滴管添水至容量瓶500 mL刻度线处，以补充因排气造成的水面下降，塞紧瓶塞，称其质量(烘干砂样、水及容量瓶的总质量)m_1(g)。

ⓓ将瓶内的水和试样全部倒出，洗净容量瓶，再向瓶内注水至瓶颈500 mL刻度处，塞紧瓶塞，擦干瓶外水分，称其质量(水及容量瓶总质量)m_2(g)。

ⓔ按式(13-16)计算砂样的表观密度(精确到10 kg/m^3)：

$$\rho=\left(\frac{m_0}{m_0+m_2-m_1}-\alpha_t\right)\times 100\% \tag{13-16}$$

式中 ρ——表观密度，kg/m^3；

m_0——试样的烘干质量，g；

m_1——试样、水及容量瓶的质量，g；

m_2——水及容量瓶的质量，g；

α_t——水温对砂的表观密度影响的修正，按表 13-2 取值。

表 13-2 不同水温下砂石密度测定的温度修正值系数

水温(℃)	15	16	17	18	19	20	21	22	23	24	25
α_t	0.002	0.003	0.003	0.004	0.004	0.005	0.005	0.006	0.006	0.007	0.008

ⓕ以上测试两次，以两次测值的算术平均值作为测试结果。当两次所测的值相差大于 20 kg/m^{3}时，应重新取样进行试验。

③简易方法(李氏密度瓶法)

a. 主要仪器设备：天平(感量 0.1 g)、李氏密度瓶、滴管等。

b. 试验步骤：

ⓐ试样经四分法缩分至 120 g 左右，放入(105±5) ℃烘箱中烘干至恒量，冷却至室温。

ⓑ向李氏密度瓶注水至稍高于零线的某一刻度处，记录该读数 V_1(cm^3)。

ⓒ称取干试样 $m_0=50.0$ g，借助小漏斗徐徐装入已盛水的李氏密度瓶中。塞紧瓶塞，倾斜密度瓶，用瓶内的水将黏附在瓶颈内的试样洗入水中，摇转密度瓶以排除气泡，静置约24 h，其间多次轻摇逐气。

ⓓ待气泡排净后，记录瓶中水面升高后的体积 V_2(cm^3)。

ⓔ 按式(13-17)计算砂子的表观密度(精确到 10 kg/m^3)：

$$\rho=\left(\frac{m_0}{V_2-V_1}-\alpha_t\right)\times 1000 \tag{13-17}$$

式中 ρ——表观密度，kg/m^3；

m_0——试样的烘干质量，g；

V_1——水的原来体积，mL；

V_2——倒入试样后的水和试样的体积，mL；

α_t——水温对砂的表观密度影响的修正，按表 13-2 取值。

ⓕ以上测试两次，以两次测值的算术平均值作为测试结果。当两次所测值相差大于 20 kg/m^3 时，应重新取样进行试验。

(3)砂的堆积密度(松散堆积密度)测定

①试验目的

测定砂的堆积密度，并推算其空隙率，可掌握混凝土用砂的基本性质，并为混凝土配合比设计和施工提供必要的依据。

②主要仪器设备

天平(称量 5 kg，感量 5 g)、直尺、金属容量筒(容积 1 L，应精确测定其容积)、试样铲等。

③试验步骤

a. 试样经四分法缩分样品不少于 3 L，放入(105±5) ℃烘箱中烘干后分为两份备用。

b. 称量容量筒的质量 m_1(kg)。

c. 用取样铲将试样从容量筒的上方小于或等于 50 mm 处均匀卸入，装满并使上方成锥体，用直尺开始沿筒口中心线向相反方向刮平。

d. 称量试样和容量筒总质量 m_2(kg)。

e. 按式(13-18)计算砂的堆积密度(松散堆积密度)：

$$\rho_L=\frac{m_2-m_1}{V}\times 1000 \tag{13-18}$$

式中 ρ_L——堆积密度，kg/m^3；

m_1——容量筒的质量，g；

m_2——容量筒和砂的质量，g；

V——容量筒容积，L。

f. 以两次测值的算术平均值作为测试结果。

(4)砂的空隙率测定

在测出砂的表观密度 ρ 和堆积密度 ρ_L 之后，便可按式(13-19)计算砂的空隙率：

$$V_L=(1-\frac{\rho_L}{\rho})\times 100\% \tag{13-19}$$

式中 V_L——砂的空隙率，%；

ρ_L——砂的堆积密度，kg/m^3；

ρ——砂的表观密度，kg/m^3。

(5)混凝土用砂的筛分析试验

①试验目的

测定砂子的颗粒级配并计算细度模数，为混凝土配合比设计提供依据。

②主要仪器设备

a. 试验筛：公称直径分别为 10.0 mm、5.00 mm、2.50 mm、1.25 mm、630 μm、315 μm、160 μm 的方孔筛各一只，筛的底盘和盖各一只；筛框直径为 300 mm 或 200 mm。

b. 天平：称量 1 000 g，感量 1 g。

c. 摇筛机。

d. 烘箱：温度控制范围为(105±5)℃；

e. 浅盘、硬、软毛刷等。

③试验步骤

a. 制备试样：试验前应先将试样通过公称直径 10.0 mm 的方孔筛，并计算筛余。称取经缩分后样品不少于 550 g 两份，分别装入两个浅盘，在(105±5)℃的温度下烘干到恒重，冷却至室温备用。

b. 准确称取烘干试样 500 g(特细砂可称 250 g)，置于按筛孔大小顺序排列(大孔在上、小孔在下)的套筛的最上一只筛(公称直径为 5.00 mm 的方孔筛)上；将套筛装入摇筛机内固紧，筛分 10 min；然后取出套筛，再按筛孔由大到小的顺序，在清洁的浅盘上逐一进行手筛，直至每分钟的筛出量不超过试样总量的 0.1%时为止；通过的颗粒并入下一只筛子，并和下一只筛子中的试样一起进行手筛。按这样顺序依次进行，直至所有的筛子全部筛完为止。当试样含泥量超过 5%时，应先将试样水洗，然后烘干至恒重，再进行筛分；无摇筛机时，可改用手筛。

c. 试样在各只筛子上的筛余量均不得超过按式(13-20)计算得出的剩留量，否则应将该筛的筛余试样分成两份或数份，再次进行筛分，并以其筛余量之和作为该筛的筛余量。

$$m_r = \frac{A\sqrt{d}}{300} \tag{13-20}$$

式中 m_r——某一筛上的剩留量，g；

d——筛孔边长，mm；

A——筛的面积，mm^2。

d. 称取各筛筛余试样的质量（精确至 1 g），所有各筛的分计筛余量和底盘中的剩余量之和与筛分前的试样总量相比，相差不得超过 1%。

④试验结果

a. 计算分计筛余（各筛上的筛余量除以试样总量的百分率），精确至 0.1%；

b. 计算累计筛余（该筛的分计筛余与筛孔大于该筛的各筛的分计筛余之和），精确至 0.1%；

c. 根据各筛两次试验累计筛余的平均值，评定该试样的颗粒级配分布情况，精确至 1%；

d. 砂的细度模数应按式(13-21)计算，精确至 0.01：

$$\mu_f = \frac{\beta_2+\beta_3+\beta_4+\beta_5+\beta_6-5\times\beta_1}{100-\beta_1} \tag{13-21}$$

式中 μ_f——砂的细度模数；

β_1、β_2、β_3、β_4、β_5、β_6——公称直径为 5.00 mm、2.50 mm、1.25 mm、630 μm、315 μm、160 μm 方孔筛上的累计筛余。

e. 以两次试验结果的算术平均值作为测定值，精确至 0.1。当两次试验所得的细度模数之差大于 0.20 时，应重新取试样进行试验。

(6)砂中泥含量的测定

①试验目的

砂中的泥是指粒径小于 0.08 mm 的岩屑、淤泥和黏土的总和。砂中的泥土影响混凝土的质量，测定砂的泥含量，以判别其是否符合混凝土用砂的要求。

②主要仪器设备

天平（感量 0.1 g）、1.25 mm 筛、0.080 mm 筛、容器。

③试验步骤：

a. 以四分法缩分试样至 1 100 g，放入(105±5)℃烘箱中烘干至恒量，冷却至室温。称取 400 g(m_0)干试样两份备用。

b. 将烘干试样放入容器中，注入清水，使水面高出试样 150 mm，充分搅拌，浸泡 2 h。用手在水中淘洗试样，把浑水慢慢倒入 1.25 mm（在上）和 0.080 mm（在下）的套筛上，滤去小于 0.080 mm 的颗粒。

c. 再次向容器中加入清水，重复上述操作，直至容器内的水目测清洁为止。

d. 用水淋洗剩留在筛上的细粒，并将 0.08 mm 的筛放在水中（水面略高于筛中砂粒的上表面）来回摇动，以充分洗去小于 0.08 mm 的颗粒。然后将两只筛上剩留的颗粒和容器中已经洗净的试样一并装入浅盘，置于烘箱中烘至恒重。取出来冷却至室温后，称试样的质量(m_1)。

e. 按式(13-22)计算砂中泥含量（精确至 0.1%）：

$$\varpi_c = \frac{m_0-m_1}{m_0}\times100\% \tag{13-22}$$

式中 ϖ_c——砂中含泥量,%;

m_0——试验前的干燥试样质量,g;

m_1——试验后的干燥试样质量,g。

f. 以上试验做两次,取两次试验测定值的算术平均值作为试验结果。若两次测定值相差大于0.5%,须重做试验。

(7)砂中泥块含量的测定

①试验目的

砂中的“泥块”是指砂中粒径大于1.25 mm、经浸水泡洗后变成小于0.630 mm的颗粒成分。砂中的泥块影响混凝土的质量,测定砂的泥块含量,以判别其是否符合混凝土用砂的要求。

②主要仪器设备

天平(感量0.1 g)、1.25 mm筛、0.630 mm筛等。

③试验步骤

a. 以四分法缩分试样至5 000 g,放在(105±5)℃的烘箱中烘干至恒量,冷却至室温。用1.25 mm的方孔筛筛分,取筛上的砂不少于400 g分为两份备用。

b. 称取烘干试样200 g(m_1),置于容器中,并注入饮用水,使水面高出砂面150 mm。充分拌匀后,浸泡24 h,然后用手在水中碾碎泥块,再把试样放在公称直径为0.630 mm的方孔筛上,用水淘洗,直至水清澈为止。

c. 保留下来的试样应小心地从筛里取出,装入水平浅盘后,置于温度为(105±5)℃烘箱中烘干至恒重,冷却后称重(m_2)

d. 按式(13-23)计算砂中泥块含量(精确至0.1%):

$$\varpi_{c,L}=\frac{m_1-m_2}{m_1}\times 100\% \qquad (13—23)$$

式中 $\varpi_{c,L}$——泥块含量,%;

m_1——试验前的干燥试样质量,g;

m_2——试验后的干燥试样质量,g。

e. 以上试验测两次,取两次测定值的算术平均值作为试验结果,若两次测定值相差大于0.5%,须重做试验。

13.2.2 混凝土用石的试验

(1)石子的取样

①石子的部分试验项目所需石子的最小取样数量如表13-3所示。

②石样应在料堆内5个不同部位和深度各取一份组成一组样品。

③取回的样品置于洁净的平板上,用四分法缩取各项试验的试验数量。

表13-3 卵石或碎石的部分试验项目所需的最小取样数量(kg)

试验项目	最大公称粒径(mm)							
	10.0	16.0	20.0	25.0	31.5	40.0	63.0	80.0
筛分析	8	15	16	20	25	32	50	64
含泥量	8	8	24	24	40	40	80	80
泥块含量	8	8	24	24	40	40	80	80

续上表

试验项目	最大公称粒径(mm)							
	10.0	16.0	20.0	25.0	31.5	40.0	63.0	80.0
针片状颗粒含量	1.2	4	8	10	20	40		
吸水率	8	8	16	16	16	24	24	32
堆积密度、紧密密度	40	40	40	40	80	80	120	120
含水率	2	2	2	2	3	3	4	6
硫化物及硫酸盐	1.0							

(2)石子表观密度的测定

①试验目的

测定石子的表观密度，可以掌握混凝土用石子的基本性质，并为混凝土配合比设计和施工提供必要的数据。

②标准方法(液体天平法)

a. 主要仪器设备：液体天平(称量 5 kg，感量 1 g，在天平一边的中心悬挂吊篮，能在水中称量，如图 13-12 所示)、带溢流孔的盛水筒、烘箱等。

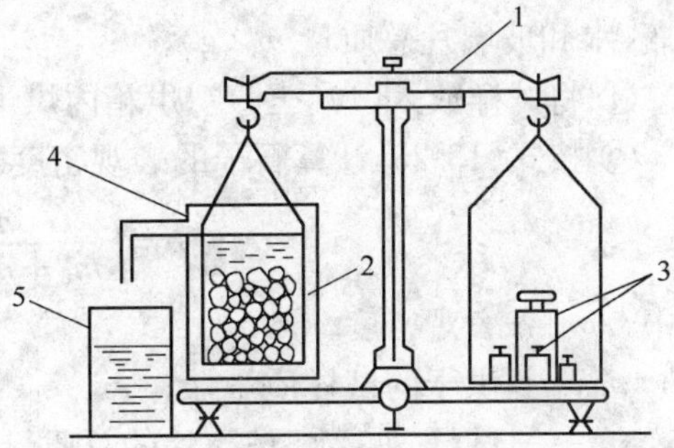

图 13-12　液体天平

1—天平架；2—网篮；3—砝码；4—带有溢流孔的盛水筒；5—容器

b. 试验步骤：

ⓐ 试样按四分法缩分至表 13-4 的规定数量，取两份。

表 13-4　石子密度测定称用试样的数量

试样最大粒径(mm)	≤25.0	31.5	40.0	63.0	80.0
每份试样数量(kg)	2.0	3.0	4.0	6.0	6.0

ⓑ 淘洗试样，去除表面尘土杂质，在水中浸泡 24 h。

ⓒ 将试样放入吊篮内，装进盛水筒中，用升降吊篮的方法排除气泡(试样不得露出水面)，称量试样和吊篮在水中的质量 m_2(g)。

ⓓ 提起吊篮，取出石子，将空吊篮浸入盛水筒中，称出空吊篮在水中的质量 m_1(g)。

ⓔ 将试样放入(105±5)℃烘箱内烘干至恒量，称其质量为 m_0(g)。

ⓕ 按式(13-24)计算石子的表观密度：

$$\rho=\left(\frac{m_0}{m_0+m_1-m_2}-\alpha_t\right)\times 100\% \tag{13-24}$$

式中　ρ——表观密度，kg/m³；

m_0——试样的烘干质量，g；

m_1——吊篮在水中的质量，g；

m_2——吊篮及试样在水中的质量，g；

α_t——水温对砂的表观密度影响的修正，按表 13-2 取值。

ⓖ 以两次试验测定值的算术平均值作为试验结果(精确至 10 kg/m³)。但两次测值相差应不大于 20 kg/m³，否则应重做试验。

③简易方法(广口瓶法)(本法所用石子的粒径不宜超过 40 mm)

a. 主要仪器设备:天平(感量 0.1 g)、广口瓶(1 000 mL,磨口,并带玻璃片作盖)、5 mm 孔径的筛等。

b. 试验步骤:

ⓐ 用 5 mm 筛筛除试样中 5 mm 以下颗粒,以四分法缩分至不小于 2 kg,洗刷干净后分成两份,分别浸水至吸水饱和。

ⓑ 将试样取出,装入广口瓶中,排除气泡,加满水并使水面凸出瓶口,用玻璃片沿瓶口水平推入盖住瓶口,且不留气泡,擦干瓶外水分,称取试样、瓶、水和玻璃片总质量 m_1(g)。

ⓒ 将试样倒出至浅盘中,将瓶洗净重新装水,推入玻璃片且不留气泡,擦干瓶外水分,称取瓶、水和玻璃片总质量 m_2(g)。

ⓓ 将试样放入(105±5)℃烘箱内烘干至恒量,称其质量为 m_0(g)。

ⓔ 按式(13-25)计算石子的表观密度:

$$\rho=\left(\frac{m_0}{m_0+m_1-m_2}-\alpha_t\right)\times 100\% \tag{13-25}$$

式中 ρ——表观密度,kg/m³;

m_0——烘干的试样质量,g;

m_1——试样、瓶、水、玻璃片的总质量,g;

m_2——瓶、水和玻璃片的总质量,g;

α_t——水温对砂的表观密度影响的修正,按表 13-2 取值。

ⓕ 以两次试验测定值的算术平均值作为试验结果(精确至 10 kg/m³)。但两次测值相差应不大于 20 kg/m³,否则应重做试验。

(3)石子堆积密度(松散堆积密度)的测定

①试验目的

测定石子的堆积密度,并推算其空隙率,可为混凝土配合比设计和施工提供必要的数据。

②主要仪器设备

秤(100 kg,感量 50 g)、平头铁锹、金属容量筒(其容积按表 13-5 采用)。

表 13-5 测定石子堆积密度的容量筒

试样的最大粒径(mm)	容量筒的容积(L)	容量筒规格(mm)	
		内径	净高
10.0、16.0、20.0、25.0	10	208	294
31.5、40	20	294	294
63.0、80.0	30	360	294

③ 试验步骤

a. 试样经四分法缩分为两份,风干备用。

b. 称出容量筒的质量 m_1(kg)。

c. 用铁锹将试样从容量筒口中心上方 50 mm 处徐徐倒入,装满并使上方形成锥体,用铁棒从中心开始沿筒口边缘向两边刮平,并以合适的颗粒填入凹陷部分,使表面稍凸部分与凹陷部分的体积大致相等。

d. 称量试样和容量筒的总质量 m_2(g)。

e. 按式(13-26)计算石子的堆积密度(松散堆积密度):

$$\rho_L=\frac{m_2-m_1}{V}\times 1\ 000 \tag{13-26}$$

式中 ρ_L——堆积密度,kg/m^3;

m_1——容量筒的质量,kg;

m_2——容量筒和砂的质量,kg;

V——容量筒容积,L。

f. 以两次试验结果的算术平均值作为测试结果。

(4)石子的空隙率测定

在测出石子的表观密度 ρ 和堆积密度 ρ_L 之后,便可按式(13-27)计算石子的空隙率:

$$V_L=(1-\frac{\rho_L}{\rho})\times 100\% \tag{13-27}$$

式中 V_L——堆积密度的空隙率,%;

ρ_L——砂的堆积密度,kg/m^3;

ρ——砂的表观密度,kg/m^3。

(5)石子的筛分试验

①试验目的

测定石子的最大粒径和颗粒级配,为混凝土配合比设计提供依据

②主要仪器设备

a. 试验筛:筛孔公称直径为 100.0 mm、80.0 mm、63.0 mm、50.0 mm、40.0 mm,31.5 mm、25.0 mm,20.0 mm、16.0 mm、10.0 mm、5.00 mm 和 2.50 mm 的方孔筛以及筛的底盘和盖各一只;

b. 天平和秤:天平的称量 5 kg,感量 5 g;秤的称量 20 kg,感量 20 g;

c. 烘箱:温度控制范围为(105±5)℃;

d. 浅盘。

③试验步骤

a. 试样制备应符合下列规定:试验前,应将样品缩分至表 13-6 所规定的质量,并烘干或风干后备用。

表 13-6 筛分析所需试样的最少质量

公称粒径(mm)	10.0	16.0	20.0	25.0	31.5	40.0	63.0	80.0
试样最少质量(1g)	2.0	3.2	4.0	5.0	6.3	8.0	12.6	16.0

b. 按规定称取试样,将试样按筛孔大小顺序过筛,当每只筛上的筛余层厚度大于试样的最大粒径值时,应将该筛上的筛余试样分成两份,再次进行筛分,直至各筛每分钟的通过量不超过试样总量的 0.1%;当筛余试样的颗粒粒径比公称粒径大 20 mm 以上时,在筛分过程中,允许用手拨动颗粒。

c. 称取各筛筛余的质量,精确至试样总质量的 0.1%。各筛的分计筛余量和筛底剩余量的总和与筛分前测定的试样总量相比,相差不得超过 1%。

④试验结果

a. 计算分计筛余(各筛上筛余量除以试样的百分率),精确至 0.1%;

b. 计算累计筛余(该筛的分计筛余与筛孔大于该筛的各筛的分计筛余百分率之总和),精确至1%;

c. 根据各筛的累计筛余,评定该试样的颗粒级配。

13.2.3 普通混凝土拌合物坍落度试验

(1)试验目的

检验新拌混凝土能否满足工作性的要求。该试验方法适用于骨料最大粒径不大于40 mm、坍落度不小于10 mm的混凝土拌合物稠度测定。

(2)拌合物的取样及试样制备

①混凝土拌合物试验用料应从同一盘搅拌或同一车运送的混凝土中取出。取出的拌合物应尽快进行试验,试验前应对试样用人工稍加翻拌,以保证其质量均匀。

②混凝土拌合物可以在试验室用人工或机械单独拌制。拌和用的原料应与施工实际用料相同,且应提前运入室内。材料用量以质量计,称量的精确度为:骨料±1%,水、水泥、外加剂均为±0.5%。若砂石含水,应先测定其含水率,进行补充砂石、扣除水量的调整计算(相当于施工配合比的计算),计算出所需的称料量。

③拌和料的取料或拌和料数量:当石子最大粒径不大于31.5 mm时为15 L;当石子最大粒径大于或等于40 mm时为30 L。采用机械搅拌时,搅拌量不应小于搅拌机额定搅拌量的1/4。

④主要拌和设备:搅拌机(容积75~100 L)、拌板和拌铲、磅秤、量筒等。

⑤拌和方法:

a. 人工拌和:

ⓐ按预定的(经调整后的)数量称取水泥、砂、石和量取水。

ⓑ将拌板和拌铲用湿布润湿后,将砂倒在拌板上,加上水泥,用双铲相对翻拌,并自拌板一端翻到另一端,如此重复,直至充分混合、颜色均匀为止。再加上石料,翻拌至少三次,直至均匀拌和。

ⓒ将干料堆成堆,中间扒开凹槽,将已量好的水向凹槽中先倒入大约一半,仔细翻拌,勿让水流出。边拌边徐徐倒入剩余的水,每翻拌一次,用铲在拌合物上铲切几次。加水完毕后至少再翻拌六次,时间约为4~5 min(当拌料超过30 L时,还应加长时间)。

ⓓ拌好后的拌合物,应立即进行坍落度试验。从加水起,坍落度试验和成型试件的全部操作必须在30 min内完成。

b. 机械搅拌:

ⓐ按预定的(经调整后的)数量称取水泥、砂、石和量取水。

ⓑ搅拌前,要用相同配合比的水泥砂浆对搅拌机进行涮膛,然后倒出并刮去多余的砂浆,目的是让水泥砂浆薄薄地黏附在搅拌机筒壁上,以免正式拌和时影响配合比。

ⓒ开动搅拌机,按石子、砂、水泥顺序投料,干拌均匀后徐徐加水,全部加料时间不超过2 min,在水全部加入后继续搅拌2 min。

ⓓ卸出拌好的拌合物,在拌板上再人工翻拌1~2 min,使拌合物均匀一致,即可进行坍落度试验。从加水起,坍落度试验和成型试件的全部操作必须在30 min内完成。

(3)试验步骤

①湿润坍落度筒及底板,在坍落度筒内壁和底板上应无明水。底板应放置在坚实水平面

上，并把筒放在底板中心，然后用脚踩住两边的脚踏板，坍落度筒在装料时应保持固定的位置。

②把按要求取得的混凝土试样用小铲分三层均匀地装入筒内，使捣实后每层高度为筒高的三分之一左右。每层用捣棒插捣25次。插捣应沿螺旋方向由外向中心进行，各次插捣应在截面上均匀分布。插捣筒边混凝土时，捣棒可以稍稍倾斜。插捣底层时，捣棒应贯穿整个深度，插捣第二层和顶层时，捣棒应插透本层至下一层的表面；浇灌顶层时，混凝土应灌到高出筒口。插捣过程中，如混凝土沉落到低于筒口，则应随时添加。顶层插捣完后，刮去多余的混凝土，并用抹刀抹平。

③清除筒边底板上的混凝土后，垂直平稳地提起坍落度筒。坍落度筒的提离过程应在5～10 s内完成；从开始装料到提坍落度筒的整个过程应不间断地进行，并应在150 s内完成。

④提起坍落度筒后，测量筒高与坍落后混凝土试体最高点之间的高度差，即为该混凝土拌合物的坍落度值；坍落度筒提离后，如混凝土发生崩坍或一边剪坏现象，则应重新取样另行测定；如第二次试验仍出现上述现象，则表示该混凝土和易性不好，应予记录备查。

⑤观察坍落后的混凝土试体的黏聚性及保水性。黏聚性的检查方法是用捣棒在已坍落的混凝土锥体侧面轻轻敲打，此时如果锥体逐渐下沉，则表示黏聚性良好，如果锥体倒塌、部分崩裂或出现离析现象，则表示黏聚性不好。保水性以混凝土拌合物稀浆析出的程度来评定，坍落度筒提起后如有较多的稀浆从底部析出，锥体部分的混凝土也因失浆而骨料外露，则表明此混凝土拌合物的保水性能不好；如坍落度筒提起后无稀浆或仅有少量稀浆自底部析出，则表示此混凝土拌合物保水性良好。

⑥ 当混凝土拌合物的坍落度大于220 mm时，用钢尺测量混凝土扩展后最终的最大直径和最小直径，在这两个直径之差小于50 mm的条件下，用其算术平均值作为坍落扩展度值；否则，此次试验无效。

如果发现粗骨料在中央集堆或边缘有水泥浆析出，表示此混凝土拌合物抗离析性不好，应予记录。

(4)试验结果

混凝土拌合物坍落度和坍落扩展度值以毫米为单位，测量精确至1 mm，结果表达修约至5 mm。

13.2.4　混凝土强度试验

(1)试验目的

①测定混凝土强度，检验混凝土所采用的水灰比是否正确，作为调整水灰比的依据。

②检验现场施工的混凝土是否达到强度的要求，是混凝土施工质量控制的重要组成部分。

(2)主要仪器设备

试模、振动台、养护室(箱)、压力试验机、小铁铲、镘刀等。

(3)试验步骤

①制作混凝土试件

a. 取样或拌制好的混凝土拌合物应至少用铁锹再来回拌和三次。

b. 成型方法：

ⓐ 振动台振实制作试件。将混凝土拌合物一次装入试模，装料时应用抹刀沿各试模壁插

捣，并使混凝土拌合物高出试模口，试模应附着或固定在符合要求的振动台上，振动时试模不得有任何跳动，振动应持续到表面出浆为止，不得过振。

ⓑ 人工插捣制作试件。混凝土拌合物应分两层装入模内，每层的装料厚度大致相等，插捣应按螺旋方向从边缘向中心均匀进行。在插捣底层混凝土时，捣棒应达到试模底部；插捣上层时，捣棒应贯穿上层后插入下层 20～30 mm；插捣时捣棒应保持垂直，不得倾斜。然后应用抹刀沿试模内壁插捣数次，每层插捣次数按在 10 000 mm^2 截面积内不得少于 12 次，插捣后应用橡皮锤轻轻敲击试模四周，直至插捣棒留下的空洞消失为止。

ⓒ插入式振捣棒振实制作试件。将混凝土拌合物一次装入试模，装料时应用抹刀沿各试模壁插捣，并使混凝土拌合物高出试模口，宜用直径为 ϕ25 mm 的插入式振捣棒，插入试模振捣时，振捣棒距试模底板 10～20 mm 且不得触及试模底板，振动应持续到表面出浆为止，且应避免过振，以防止混凝土离析；一般振捣时间为 20 s。振捣棒拔出时要缓慢，拔出后不得留有孔洞。

c. 刮除试模上口多余的混凝土，待混凝土临近初凝时，用抹刀抹平。

②养护混凝土试件

a. 试件成型后应立即用不透水的薄膜覆盖表面。

b. 采用标准养护的试件，应在温度为(20±5)℃的环境中静置一昼夜至二昼夜，然后编号、拆模。拆模后应立即放入温度为(20±2)℃，相对湿度为 95％以上的标准养护室中养护，或在温度为(20±2)℃的不流动的 $Ca(OH)_2$ 饱和溶液中养护。标准养护室内的试件应放在支架上，彼此间隔 10～20 mm，试件表面应保持潮湿，并不得被水直接冲淋。

c. 同条件养护试件的拆模时间可与实际构件的拆模时间相同，拆模后，试件仍需保持同条件养护。

d. 标准养护龄期为 28 d(从搅拌加水开始计时)。

③混凝土强度试验

a. 试件从养护地点取出后应及时进行试验，将试件表面与上下承压板面擦干净。

b. 将试件安放在试验机的下压板或垫板上，试件的承压面应与成型时的顶面垂直。试件的中心应与试验机下压板中心对准，开动试验机，当上压板与试件或钢垫板接近时，调整球座，使接触均衡。

c. 在试验过程中应连续均匀地加荷，混凝土强度等级小于 C30 时，加荷速度取每秒钟 0.3～0.5 MPa；混凝土强度等级大于或等于 C30 且小于等于 60 时，取每秒钟 0.5～0.8 MPa；混凝土强度等级大于 C60 时，取每秒钟 0.8～1.0 MPa。

d. 当试件接近破坏开始急剧变形时，应停止调整试验机油门，直至破坏。然后记录破坏荷载。

(4)试验结果

①混凝土立方体抗压强度应按式(13-28)计算：

$$f_{cc}=\frac{F}{A} \tag{13-28}$$

式中 f_{cc}——混凝土立方体试件抗压强度，MPa；

F——试件破坏荷载，N；

A——试件承压面积，mm^2。

混凝土立方体抗压强度计算应精确至 0.1 MPa。

②强度值的确定应符合下列规定:

a. 三个试件测值的算术平均值作为该组试件的强度值(精确至 0.1 MPa);

b. 三个测值中的最大值或最小值中如有一个与中间值的差值超过中间值的 15%时,则把最大及最小值一并舍除,取中间值作为该组试件的抗压强度值;

c. 如最大值和最小值与中间值的差均超过中间值的 15%,则该组试件的试验结果无效。

③混凝土强度等级小于 C60 时,用非标准试件测得的强度值均应乘以尺寸换算系数,其值为对 200 mm×200 mm×200 mm 试件为 1.05;对 100 mm×100 mm×100 mm 试件为 0.95。当混凝土强度等级大于等于 C60 时,宜采用标准试件;使用非标准试件时,尺寸换算系数应由试验确定。

13.3 砂浆试验

13.3.1 一般规定

(1)取样

①建筑砂浆试验用料应根据不同要求,可从同一盘搅拌机或同一车运送的砂浆中取出;在试验室取样时,可从机械或人工拌和的砂浆中取出。

②施工中取样进行砂浆试验时,其取样方法和原则按相应的施工验收规范执行。每一验收批,且不超过 250 m^3 砌体的各种类型及强度等级的砌筑砂浆,每台搅拌机应至少抽检一次。抽样应在使用地点的砂浆槽、砂浆运送车或搅拌机出料口,至少从三个不同部位抽取。所取试样的数量应多于试验用料的 1~2 倍。

③砌筑砂浆的验收批,同一类型、强度等级的砂浆试块应不少于 3 组。

(2)试验条件

①试验室拌制砂浆进行试验时,拌合用的材料要求提前运入室内,拌和时试验室的温度应保持在 20℃±5℃。

②试验用水泥和其他原材料,应与现场使用材料一致。水泥如有结块,应充分混合均匀,以 0.9 mm 筛过筛。砂也应以 4.75 mm 筛过筛。

③试验室用搅拌机搅拌砂浆时,搅拌的用量不宜少于搅拌机容量的 20%,搅拌时间不宜少于 2 min。

④试验室拌制砂浆时,材料称量的精确度:水泥、外加剂等为±0.5%;砂、石灰膏、黏土膏、粉煤灰和磨细生石粉为±1%。

⑤砂浆拌合物取样后,应尽快进行试验。现场取来试样,在试验前应经人工再翻拌,以保证其质量均匀。同时为确定配合比、合理选择稠度及确定满足施工要求的流动性提供依据。

13.3.2 稠度检验

(1)试验目的

通过稠度的测定,便于施工过程中控制砂浆稠度,达到控制用水量的目的,同时为确定配合比、合理选择稠度及确定满足施工要求的流动性提供依据。

(2)主要仪器设备

①砂浆稠度仪：由试锥、盛样容器和支座三部分组成，见图13-13所示。

②钢制捣棒：直径10 mm，长350 mm，端部磨圆。

③秒表等。

(3)试验步骤

①盛样容器和试锥表面用湿布擦干净，并用少量润滑油轻控滑杆，使滑杆能自由滑动。

②将砂浆拌合物一次装入容器，使砂浆表面低于容器口约10 mm左右，用捣棒自容器中心向边缘插捣25次，然后轻轻地将容器摇动或敲击5～6下，使砂浆平整，随后将容器置于稠度测定仪的底座上。

③拧开试锥滑杆的制动螺钉，向下移动滑杆，当试锥尖端与砂浆表面刚接触时，拧紧制动螺钉，使齿条测杆下端刚接触测杆上端，并将指针对准零点上。

④拧开制动螺钉，同时计时间，待10 s时立即固定螺钉，将齿条测杆下端接触测杆上端，从刻度盘上读出下沉深度(精确至1 mm)，即为砂浆的稠度值。

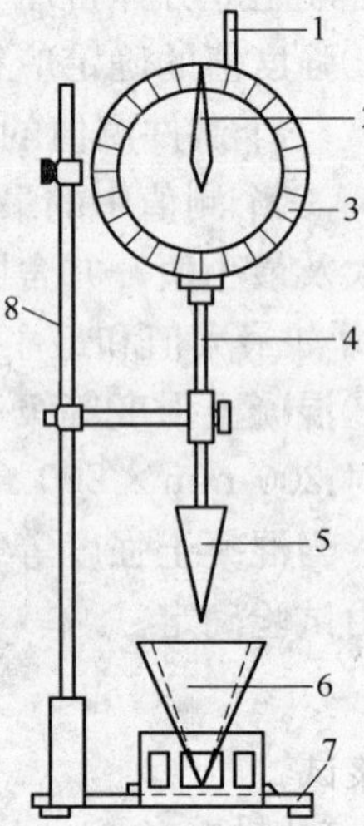

图13-13　砂浆稠度测定仪

1—齿条测杆 2—指针；3—刻度盘；4—滑杆；5—圆锥体 6—圆锥筒；7—底座；8—支架

注意事项：盛样容器内的砂浆，只允许测定一次稠度，重复测定时，应重新取样。

(4)试验结果

①取两次试验结果的算术平均值，计算值精确至1 mm。

②两次试验值之差如大于20 mm，则应另取砂浆搅拌后重新测定。

13.3.3　分层度试验

(1)试验目的

测定相隔一定时间后沉入度的损失，从而反映砂浆失水程度及内部组成的稳定性。通过分层度的测定，评定砂浆的保水性。

(2)主要仪器设备

①砂浆分层度筒，见图13-14所示。

②水泥胶砂振动台：振幅(0.85±0.05) mm，频率(50±3) Hz。

③稠度仪、木槌等。

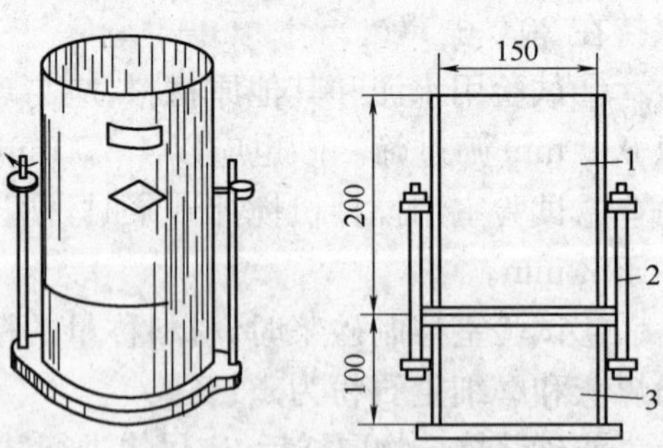

图13-14　砂浆分层度测定仪

1—无底圆筒 2—连接螺栓 3—有底圆筒

(3)试验步骤

①标准法

a. 先按稠度试验法测定稠度。

b. 将砂浆拌合物一次装入分层度筒内，待装满后，用木槌在容器周围距离大致相等的四个不同地方轻轻敲击1～2下，如砂浆沉落到低于筒口，则应随时添加，然后刮去多余的砂浆并用抹刀抹平。

c. 静止30 min后，去掉上节200 mm砂浆，剩余100 mm砂浆倒出，放在拌和锅内拌2 min，再按稠度试验方法测其稠度之差即为该砂浆的分层度值(cm)。

②快速法

a. 先按稠度试验法测定稠度。

b. 将分层度筒预先固定在振动台上，砂浆一次装入分层度筒内，振动 20 s。

然后去掉上节 200 mm 砂浆，剩余 100 mm 砂浆倒出，放在拌和锅内拌 2 min，再按稠度试验方法测其稠度之差即为该砂浆的分层度值(cm)。

对测试结果如有争议时，以标准法为准。

(4)试验结果

①取两次试验结果的算术平均值作为该砂浆的分层度值。

②两次分层度试验值之差如大于 20 mm，应重新试验。

13.3.4 立方体抗压强度检测

(1)试验目的

通过砂浆试件抗压强度的测定，检验砂浆质量，确定、校核配合比是否满足要求，并确定砂浆强度等级。

(2)主要仪器设备

①试模：为 70.7 mm×70.7 mm×70.7 mm 立方体，由铸铁或钢制成，应具有足够的刚度并拆装方便。

②捣棒：直径 10 mm，长 350 mm 的钢棒，端部应磨圆。

③压力试验机：采用精度(示值的相对误差)不大于±2%的试验机，其量程应能使试件的预期破坏荷载值不小于全量程的 20%，也不大于全量程的 80%。

④垫板：试验机上、下压板及试件之间可垫以钢垫板，垫板的尺寸应大于试件的承压面，其平面度应为每 100 mm 不超过 0.02 mm。

(3)试验步骤

①试件成形及养护

a. 制作砌筑砂浆试件时，将无底试模放在先铺有吸水性较好的纸的普通黏土砖上(砖的吸水率不小于 10%，含水率不大于 20%)，试模内壁事先涂刷薄层机油或脱模剂。

b. 放于砖上的湿纸，应为湿的新闻纸(或其他未粘过胶凝材料的纸)，纸的大小要以能盖过砖的四边为准。

c. 向试模内一次注满砂浆，用捣棒均匀由外向里按螺旋方向插捣 25 次，为了防止低稠度砂浆插捣后可能留下孔洞，允许用灰刀沿模壁插数次，使砂浆高出试模顶面 6～8 mm。

d. 当砂浆表面开始出现麻斑状态时(约 15～30 min)，将高出部分的砂浆沿试模顶面削去抹平。

e. 试件制作后应在(20±5)℃温度环境下停置一昼夜(24±2)h，当气温较低时，可适当延长时间，但不应超过两昼夜，然后对试件进行编号并拆模。试件拆模后，应在标准养护条件下或自然条件下，继续养护至 28 d，然后进行试压。

②注意事项

a. 标准养护的条件是：水泥混合砂浆灰温度应为(20±3)℃，相对湿度 60%～80%；水泥砂浆和微沫砂浆温度应为(20±3)℃，相对湿度 90%以上。

b. 采用自然养护的条件是：水泥混合砂浆应在正温度，相对湿度为 60%～80%的条件下(如养护箱中或不通风的室内)养护；水泥砂浆和微沫砂浆应在正温度并保持试块表面湿润的状态下(如湿砂堆中)养护。

c. 养护期间,试件彼此间隔不少于 10 mm。

d. 砖的使用面要求平整,凡砖的四个垂直面粘过水泥或其胶结材料后,不允许再使用。

e. 在有争议时,以标准养护条件为准。

f. 试件从养护地点取出后,应尽快进行试验,以免试件内部的温湿度发生显著变化。

(4)抗压强度测定

①将经 28 d 养护的试件,从养护地点取出后,先将试件擦拭干净,测量尺寸,并检查其外观。试件尺寸测量精确至 1 mm,并据此计算试件的承压面积。如实测尺寸与公称尺寸之差不超过 1 mm,可按公称尺寸计算。

②将试件安放在试验机的下压板上(或下垫板上),试件的承压面应与成型时的顶面垂直,试件中心应与试验机下压板(或下垫板)中心对准。开动试验机,当上压板与试件(或上垫板)接近时,调整球座,使接触面均衡受压。承压试验机应连续而均匀地加荷,加荷速度应为 0.5～1.5 kN/s(砂浆强度 5 MPa 及以下时,取下限为宜,砂浆强度 5 MPa 以上时取上限为宜)当试件接近破坏而开始迅速变形时,停止调整试验机油门,直到试件破坏,然后记录破坏荷载。

(5)试验结果

砂浆立方体抗压强度应按式(13-29)计算:

$$f_{m,cu}=\frac{N_U}{A} \tag{13-29}$$

式中 $f_{m,cu}$——砂浆立方体抗压强度,MPa;

N_U——立方体破坏压力,N;

A——试件承压面积,mm^2。

砂浆立方体抗压强度计算应精确至 0.1 MPa。

以六个试件测值的算术平均值作为该组试件的抗压强度值,平均值计算精确至 0.1 MPa。当六个试件的最大值或最小值与平均值的差超过 20%时,以中间四个试件的平均值作为该组试件的抗压强度值。

13.4 钢材试验

13.4.1 钢材的拉伸试验

(1)试验目的

拉伸性能是钢材的主要性能,由拉伸试验可测得钢材的屈服强度、抗拉强度和伸长率,可以鉴别钢材的质量是否符合标准的要求,为钢材质量评定及使用提供依据。

(2)主要仪器设备

万能试验机(拉伸试验机)、试样分划仪、千分卡尺、钢板尺等。

(3)试样的制备

①钢筋的拉伸试样

钢筋应有出厂证明书或试验报告单,验收时以不大于 60 t 为一个验收批,在每批中随机抽取两根钢筋，每根离端部 50 cm 处各取一套(两根)试样，每套试样中，一根作拉伸试验，另一根作冷弯试验。拉伸试样的长度：粗短试件取 $5d_0+200$ mm，细长试件取 $10d_0+200$ mm，钢丝试件取(100＋200) mm。

钢筋试样使用原样钢筋，不允许进行车削加工。为了测定伸长率，需在试件表面与轴线平行的一条直线上，用试样分划仪或其他工具以 11 个小冲点或细画线或油漆标出试件的标距 L_0 及其各个等分点。每个等分标距为 10 mm 或 20 mm。

②其他钢材的试样应按规定取样

其他试样多为圆形或板形，切取样坯和机械加工试样时，均应防止因冷加工或受热而影响试样的力学性能，切坯时边缘处应留有足够的加工余量，切坯宽度应不小于制品厚度，亦不小于 20 mm。标距尺寸同上。钢材拉伸试件如图 13-15 所示。

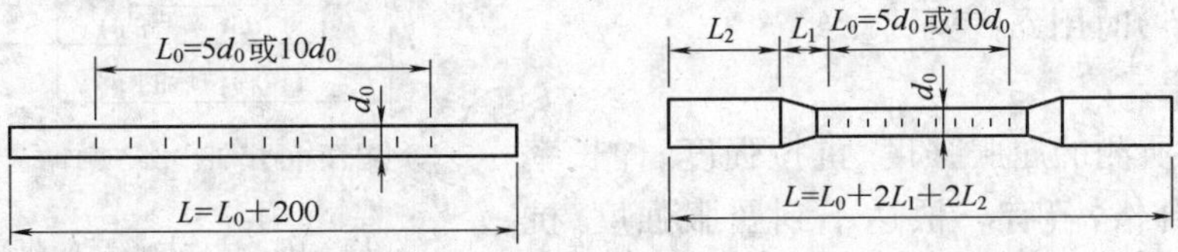

(a) 不经车削的试件　　(b) 车削试件

图 13-15　钢材的拉伸试件

(4)试验步骤

①检查试验机是否正常完好，选择试验机的吨位，使试件的最大荷载在试验机量程的 50%～75%之间。调整试验机使指针对零，副针与主针重叠。

②检查试件的长度划分及直径，将试件放入试验机夹紧，开动试验机缓慢加荷拉伸试件。

③接近屈服点时，加荷速度应控制为 3～30 MPa/s，一般宜用 10 MPa/s 。测力度盘的指针第一次回转时的最小荷载，即为所测的屈服点荷载 P_s(N)。

④对试件继续加荷，直至拉断，记录最大荷载 P_b(N)。

⑤ 按式(13-30)计算试件的屈服强度 σ_s 和抗拉强度 σ_b：

$$\sigma_s=\frac{P_s}{A_0},\qquad \sigma_b=\frac{P_b}{A_0} \tag{13-30}$$

式中　σ_s——试件的屈服强度，MPa；

P_s——试件的屈服荷载，N；

σ_b——试件的抗拉强度，MPa；

P_b——试件的最大荷载，N；

A_0——试件的原始横截面积，mm^2，钢筋按公称直径计算，其他按所测尺寸计算。

⑥ 将已拉断试件的两段在断裂处对齐，尽量使其轴线位于同一直线上，测定断后标距 L_1。

a. 若断口处于标距范围中间 1/3 段内时，可直接量出标距两端的距离，即为断后标距 L_1，如图13-16(a)所示。

b. 若断口处于标距范围中间 1/3 段之外时，要用移中法量取断后标距 L_1；在图 13-16(b)、(c)中，在长段上，从断口 O 点取基本等于短段的格数，得 B 点。

当断口靠近画线时，长段所余格数为偶数，如图 13-16(b)所示，取长段所余格数的一半，

得 C 点，则 $L_1=AB+2BC$。

当断口在两画线之间时，长段所余格数为奇数，如图 13-16(c)所示，取长段所余格数减 1 的一半得点 C_1，则 $L_1=AB+BC+BC_1$。

当试件在标距端点上或标距端点外断裂时，则本试验无效，应重做试验。

⑦ 按式(13-31)计算试件的伸长率：

$$\delta_{5(10)}=\frac{L_1-L_0}{L_0}\times 100\% \tag{13-31}$$

采用粗短试件($L_0=5d_0$)时用 δ_5 表示，采用细长试件($L_0=10d_0$)时用 δ_{10}表示。

(5)试验结果

在两根试件所测的屈服强度、抗拉强度、伸长率均合格时，评为合格，若有一根达不到屈服强度、抗拉强度和伸长率中的任一项规定值时，则应再抽取双倍试件重做各项试验，若仍有一项不合格，则认为该批钢筋拉伸试验不合格。

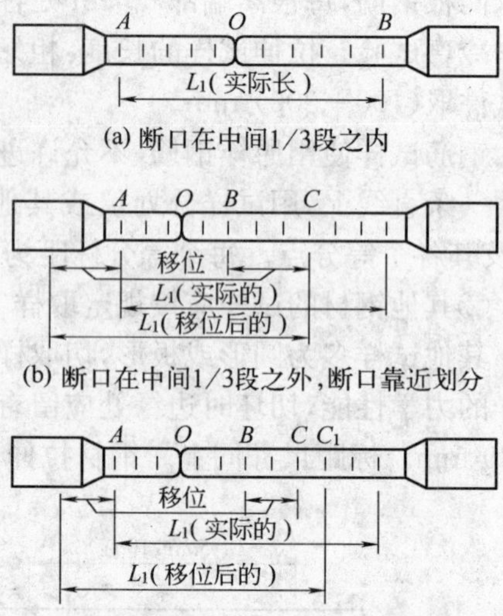

图 13-16　试件拉断后的测量示意图

13.4.2　钢材的冷弯试验

(1)试验目的

通过对钢材进行冷弯试验，检查钢材在规定弯曲程度下弯曲变形的性能，同时可暴露其缺陷，确定其是否满足钢材冷弯加工的要求。

(2)主要仪器设备

压力试验机或万能试验机、弯曲变形模具。

(3)试件制备

①钢筋试样：与拉伸试件一起取得，不能进行车削加工(直径 35 mm 以下)。

②板材或型材：原料宽度等于或大于 100 mm 时，试件的厚度 a 应等于原材料的厚度，试件宽度 $b=2a\pm2$ (mm)，但不得小于 10 mm，试件长度 $L=5A+150$ (mm)；材料宽度小于 100 mm，试件的横截面等于原来材料的横截面。

③试样外表面不得有划痕。

(4)试验步骤

①按规定要求选择弯心直径 d，调整两支持辊间的距离为 $d+2a+2$ mm(d 为弯心直径，a 为钢筋直径或钢材厚度)。

②按要求放置好试件，然后平稳加压，使试件绕着弯心，弯曲到要求的弯转角，如图 13-17 所示。

(5)试验结果

卸荷，取下试样，检查弯曲处的外表面，若试样不断、受弯曲部分表面没有裂纹，则评定试样为冷弯合格。

13.4.3　钢材的冲击试验

(1)试验目的

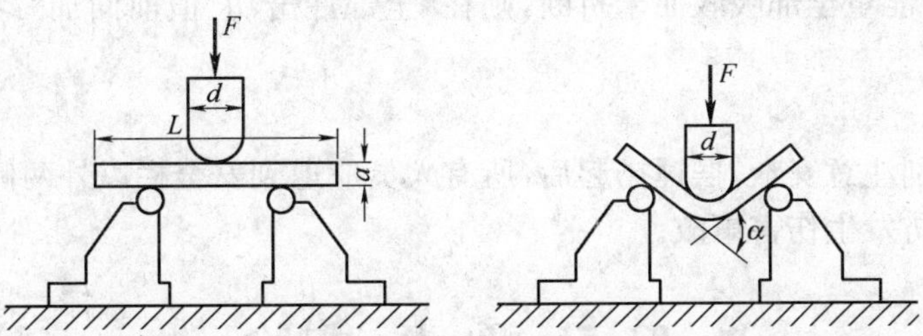

图 13-17　冷弯试验示意图

a—试件直径；L—试件长度；F—试验力；d—弯心直径；α—弯曲角度

钢材的冲击试验是测定在动荷载作用下，试件折断时的弯曲冲击的韧性值，借以检查钢材在常温下的冲击韧性、负温下的冷脆性、时效敏感性以及焊接后的硬脆倾向。因此，按不同条件，钢材冲击试验可分为常温冲击试验、低温冲击试验、时效敏感性冲击试验和焊接接头冲击试验等。本文介绍常温冲击试验。

(2)主要仪器设备

冲击试验机。

(3)试样制备

冲击试验的方法，按照《金属夏比（U形缺口）冲击试验方法》(GB 229—1994)和《金属夏比（V形缺口）冲击试验方法》(GB 2106—80)的规定，其所用试件的缺口有U形缺口和V形缺口两种法，其规格要求如图13-18所示。

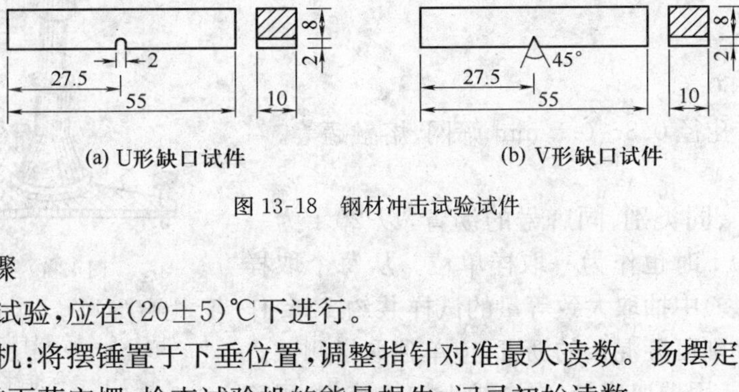

(a) U形缺口试件　　(b) V形缺口试件

图 13-18　钢材冲击试验试件

(4)试验步骤

①常温冲击试验，应在(20±5)℃下进行。

②校正试验机：将摆锤置于下垂位置，调整指针对准最大读数。扬摆定位后，按动"冲击"按钮，使摆锤旋转下落空摆，检查试验机的能量损失，记录初始读数。

③精确量出试件缺口处的尺寸。

④将试件置于基座上，使试件缺口的背部正对摆锤的打击中心。

⑤调整指针对准最大读数，将摆锤上扬定位，按动"冲击"按钮，使摆锤旋转下落冲击试件，摆锤击断试件后继续前摆至一定高度，同时带动指针转动，从度盘中读取读数，减去初始读数，即为试件的冲击吸收功 A_k。

⑥按式(13-32)计算冲击韧性值 a_k：

$$a_k = \frac{A_k}{A} \tag{13-32}$$

式中　a_k——试件的冲击韧性值，J/cm^2（精确至1.0 J/cm^2）；

A_k——试件的冲击吸收功，J；

A——试件缺口处的横截面面积，cm^2。

若试件将冲击能量全部吸收而未折断，则在“全部冲击功”值前面加“>”符号，并注明“未折断”字样。

(5)注意事项

试验时，应特别注意安全，摆锤扬起后，所有人员应退到安全栏以外两侧，顺着摆锤摆动的方向严禁站人，以防发生伤害事故。

13.5 沥青试验

13.5.1 石油沥青针入度试验

(1)试验目的

针入度是反映石油沥青黏滞性的指标，是划分牌号的主要依据，根据测定的针入度值，可以确定沥青的牌号。

(2)主要仪器设备

①针入度仪，如图 13-19 所示。

②标准试针，由硬质不锈钢经回火制成，针杆连同砝码的总质量应为 100 g 。

③金属试样皿：小试样皿内径 55 mm，深度 35 mm，用于针入度 200～350 度的沥青；针入度大于 350 度时，另按规定选用。

④玻璃保温皿。

⑤温度计 0～50 ℃。

⑥ 恒温水浴、孔径 0.3～0.5 mm 筛网、熔融罐等。

(3)试样制备

①同一批出厂、同类别、同牌号的沥青，以 20 t 为一取样单位，不足 20 t时也作为一取样单位。从每个取样单位的不同 5 桶(袋)中抽取大致等量的试样共约 1 kg 作为平均试样。对个别可疑混杂的沥青，应单独取样测试。

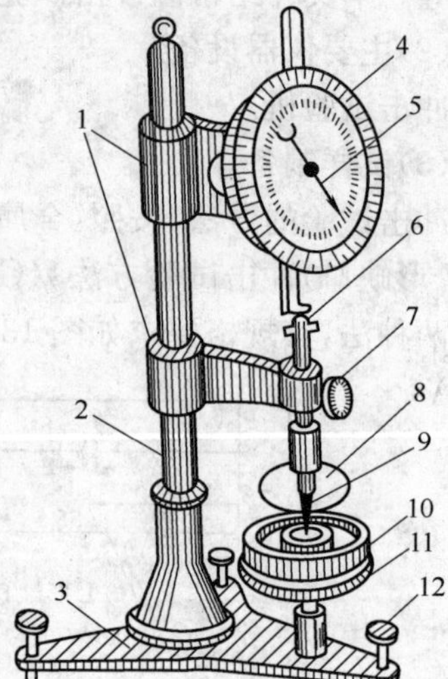

图 13-19 针入度仪

1—悬臂；2—固定支柱；3—底座；4—刻度盘；5—指针；6—标准针连杆；7—按钮；8—小镜子；9—标准针；10—保温皿；11—圆型平台；12—调平螺丝

②将试样晾干，用器皿盛装，在电炉上加热熔化，用筛网滤除杂质。

③将热熔试样倒入试样皿中，其深度应比预计穿入深度多 10 mm 以上，在 15～30℃室温下冷却 1～1.5 h(用小试样皿时)或 1.5～2 h (用大试样皿时)，然后放入(25±0.5)℃的恒温水浴中，恒温 1～1.5 h(用大试样皿时)后可取出进行测试。

(4)试验步骤

①检查针入度仪完好情况，调平针入度仪的底座，检查针杆活动情况，按试验条件装好砝码，用有溶剂的布将试针擦净。

②将试样皿取出，放入水温(严格控制)为(25±0.5)℃的玻璃保温皿中，试样表面以上的水层高度应大于或等于 10 mm，将保温皿放于针入度仪底座平台上，调整标准针，使针尖刚与试样表面接触，拉下活动齿杆，使其下端与针杆顶端接触，并将刻度盘上指针对零(或记录始读数)。

③紧压按钮，同时计时，使标准针（连同针杆、砝码）自由下落插入沥青试样中，经 5 s，松开按钮，标准针即停止插入。

④拉下活动齿杆，使其下端与针杆顶端接触，指针随之转动，此时，刻度盘指针所指读数（或这个读数与起始读数之差），即为试样的针入度值（以 0.1 mm 为 1 度）。

⑤在同一试样的不同位置上测定三次，每两测点之间及测点与试样皿边缘之间的距离应大于或等于 10 mm，每次测定前均应检查并调节水温，每次测定后均应将测针取下，用浸有溶剂的布擦净，装上再测。

(5)试验结果

取三次测值的算术平均值作为测试结果。三次测值中的最大差值（最大值和最小值之差）不得超过表 13-7 所列数值，否则应予重做。

表 13-7　石油沥青针入度测定值的最大差值

针入度	0～49	50～149	150～249	250～350
最大差值	2	4	6	10

13.5.2　石油沥青延度测定

(1)试验目的

延度是反映沥青塑性的重要技术指标，根据测定的延度值可以判断沥青的塑性是否符合要求。

(2)主要仪器设备

①延度仪：带有水槽，其滑板可带动试件一端按 (5±0.5)cm/min 的速度拉伸，如图 13-20 所示。

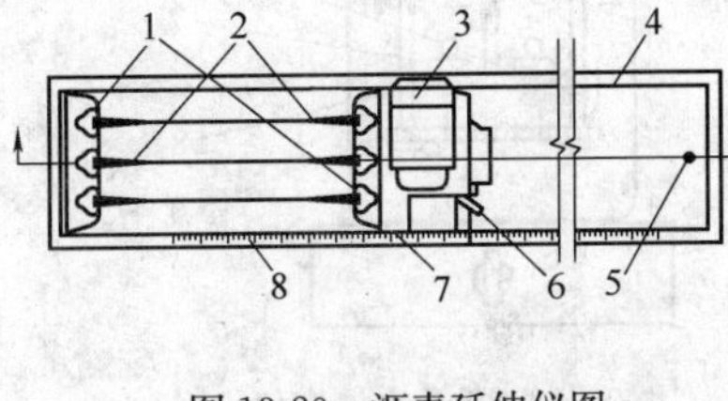

图 13-20　沥青延伸仪图

1—试模；2—试样；3—电机；4—水槽；5—泄水孔；6—开关柄；7—指针；8—标尺

② "8"字形试模：由两个端模和两个侧模组成，中间最小横断面的尺寸为 1 cm×1 cm，带有底板，如图 13-21 所示。

③温度计、恒温水浴等。

(3)试样制备

①原料的取样要求与沥青针入度试验同。

②用甘油滑石粉隔离剂（甘油∶滑石粉＝2∶1，质量比）均匀涂抹于试模内侧和底板上表面，试模装紧于底板上。

③将试样晾干，热熔过筛，使热熔沥青呈细流，自模的一端至另一端注入试模，往返多次，至满并稍有高出。每次试验需要制作三个试样。

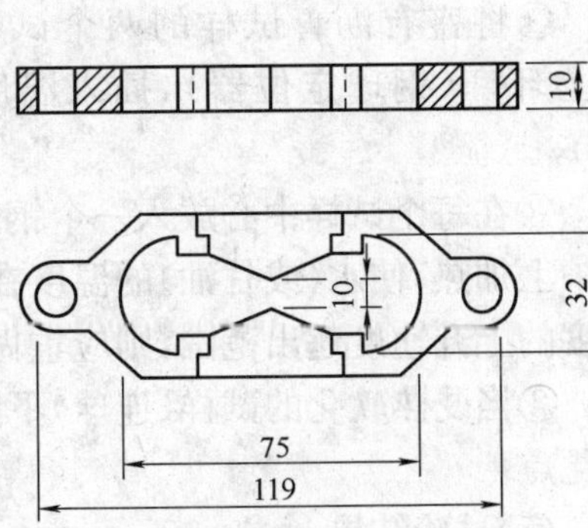

图 13-21　延度试模

④试样在 15～30 ℃的空气中冷却 30 min，再放入 (25±0.5)℃恒温水浴中保持 30 min 后取出，用热刀将高出模面部分的沥青自模的中间向两端削去，直至试件表面齐平光滑为止。将试件再浸入 (25±0.5)℃的恒温水浴中，1～1.5 h 后进行测试。

(4)试验步骤

①检查延度仪的拉伸速度是否符合要求，移动滑

板至启动端，使其指针对准标尺的零点；调节水槽的水温保持在(25±0.5)℃，水面应高出试件 25 cm 左右。

②取出试样，去掉底板，装入延度仪水槽中，各个试模两端的孔分别套在滑板和槽端的金属柱上，然后去掉侧模。

③开动延度仪，以 5 cm/min 的速度拉伸试件，并观察每个试样的延伸情况。如发现沥青细丝浮于水面或沉入槽底时，则应在水中加入乙醇(酒精)或食盐调整水的密度与试样密度相近，再进行测定。

④每个试样拉断时，指针所指尺上的读数，即为试样的延度(cm)。

(5)试验结果

取三个试样延度值的算术平均值作为测试结果。若两个较大值在平均值±5%以内，而最小值超出时，则应舍去最小值，取其中两个较大值的平均值作为测定结果。

13.5.3 石油沥青软化点测定

(1)试验目的

软化点是反映石油沥青耐热性能的重要技术指标。根据试验测定的沥青软化点值，可以判断其稳定性是否符合标准要求。

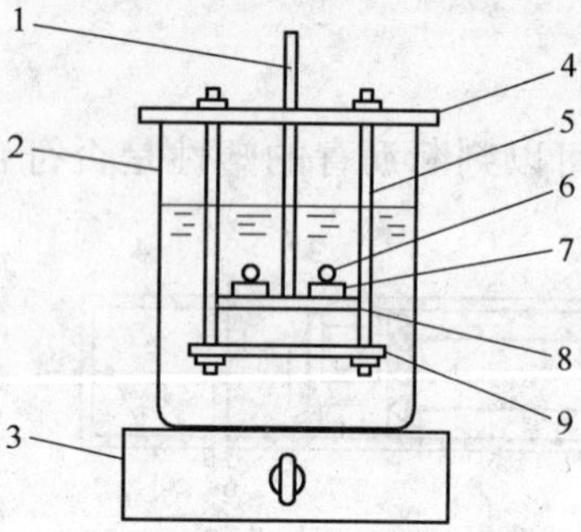

图 13-22 软化点测定仪

1—温度计；2—烧杯；3—电炉；4—上承板；5—立柱；6—钢球；7—试样环；8—中承板；9—下承板

(2)主要仪器设备

①软化点测定仪，如图 13-22 所示。

②电炉、温度计等。

(3)试样制备

①原料的取样要求与沥青针入度试验同。

②将试样环置于涂有甘油滑石粉隔离剂的玻璃板上。

③将试样晾干，热熔过筛。将热熔沥青注满试样环并稍高出环面，在 15～30 ℃空气中冷却 30 min 后，用热刮刀刮去高出环面的沥青，使试样与环面齐平。每次试验需要制作两个试样。

(4)试验步骤

①在烧杯中注入冷却至(5±0.5)℃的蒸馏水至深度标记处，如估计沥青软化点超过 80 ℃，则应注入预热至 32 ℃的甘油。

②将盛有沥青试样的两个试样环放入支架的中承板的圆孔中，在每个试样环上方套上环套(钢球定位器)，插入温度计，然后将装好试样的整个支架放入烧杯中，恒温 5 min。

③在每个试样中心放入一个钢球[直径 9.53 mm、质量(3.50±0.05) g]，然后将烧杯置于电炉上加热，使水(或甘油)的温度在 3 min 后保持每分钟上升(5±0.5)℃。在整个测定中，如温度的上升速度超出范围，则应重做实验。

④当受热软化的试样(连球)下坠至与下承板接触(下坠 25.4 mm)时的温度，即为试样的软化点。

(5)试验结果

取两个测定值的算术平均值作为测定结果。但两个测定值不得超过表 13-8 所列数值，否则应重做试验。

表 13-8 软化点允许差值

软化点(℃)	<80	80～100	100～140
允许差数(℃)	1	2	3

13.6 烧结普通砖性能检验

13.6.1 一般规定

(1)抽样

每一生产厂家的砖到现场后，按规定要求3.5～15万块为一个验收批，但不得超过一条生产线的日产量。不足3.5万块为一个验收批。每验收批抽检数量为一组。

检验分出厂检验和形式检验。出厂检验项目有外观质量、尺寸偏差、强度等级；形式检验项目为标准要求的全部项目(外观质量、尺寸偏差、强度等级、抗风化性能、石灰爆裂和泛霜)。外观质量检验试样采用随机抽样法，在每一验收批的产品堆垛中抽取50块，尺寸偏差、强度等级检验试样采用随机抽样法从外观质量检验后的样品中分别抽取20块和10块。

(2)试验条件

①试验用原材料应提前运入室内，与室内温度一致，试验室温度宜保持在15～30 ℃。

②试验用水应是洁净的淡水，有争议时可采用蒸馏水。

13.6.2 外观质量检验

(1)试验目的

对烧结普通砖外观缺陷(缺棱掉角、弯曲、裂缝)检查、测量，为评定其质量提供技术依据。量测方法如图13-23所示。

(2)主要仪器设备

①砖用卡尺(分度值为0.5 mm)，见图13-24所示。

② 钢直尺(分度值为mm)。

(3)试验步骤

①缺损

缺棱掉角在砖上造成的破损程度，以破损部分对长、宽、高三个棱边的投影尺寸来度量，称为破坏尺寸。

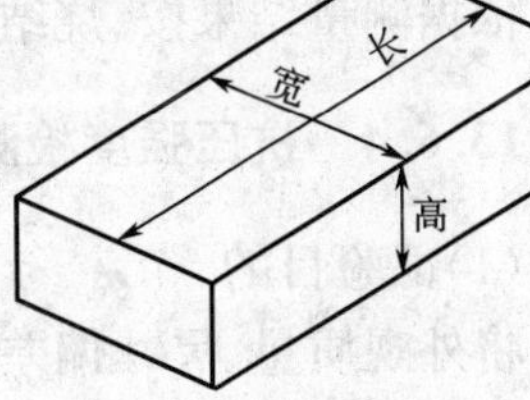

图 13-23 尺寸量法

缺损造成的破坏面，系指缺损部分对条、顶面的投影面积。

②裂纹

裂纹分为长度方向、宽度方向和水平方向三种，以被测方向的投影长度表示。如果裂纹从一个面延伸至其他面上时，则累计其延伸的投影长度。

裂纹长度以三个方向上分别测得的最长裂纹作为测量结果。

③弯曲

弯曲分别在大面和条面上测量，测量时将砖用卡尺的两只脚沿棱边两端放置，择其弯曲最大处将垂直尺推至砖面，但不应将因杂质或碰伤造成的凹处计算在内。

以弯曲中测得的较大者作为测量结果。

④杂质凸出高度

杂质在砖瓦面上造成的凸出高度，以杂质距砖面的最大距离表示。测量时将砖用卡尺的两只脚置于凸出两边的砖平面上，以垂直尺测量。

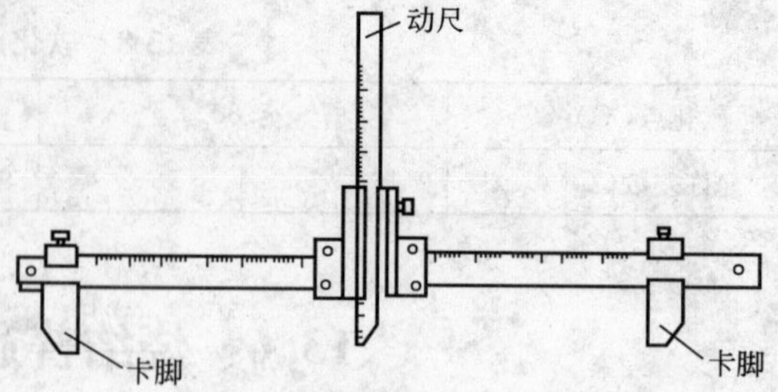

图 13-24　砖用卡尺

(4)试验结果

外观测量以 mm 为单位，不足 1 mm 者，按 1 mm 计。

依据测量结果按《烧结普通砖》(GB 5101—2003)规定对照检查和评定。

13.6.3　尺寸偏差检测

(1)试验目的

对烧结普通砖外观尺寸检查、测量，为评定其质量提供技术依据。

(2)主要仪器设备

砖用卡尺(分度值为 0.5 mm)。

(3)试验步骤

①检验样品数为 20 块，其中每一尺寸测量不足 0.5 mm 的按 0.5 mm 计，每一方向尺寸以两个测量值的算术平均值表示。

②长度应在砖的两个大面的中间处分别测量两个尺寸；宽度应在砖的两个大面的中间处分别测量两个尺寸；高度应在两个条面的中间处分别测量两个尺寸。

注意事项：当被测处有缺陷或凸出时，可在其旁边测量，但应选择不利的一侧。

(4)试验结果

结果分别以长宽、高度和宽度的最大偏差值表示，不足 1 mm 者按 1 mm 计。

依据测量结果按《烧结普通砖》(GB 5101—2003)规定对照检查和评定。

13.6.4　抗压强度检测

(1)试验目的

将外观质量、尺寸偏差符合要求的烧结普通砖按规定成形，制成抗压试件，经 3 d 养护后，测其抗压破坏荷载，计算其抗压强度，以检验材料质量，为确定强度等级提供依据。

(2)主要仪器设备

①压力机(300～500 kN)。

②锯砖机或切砖机、直尺、镘刀等。

(3)试验步骤

①试件制备

a. 取 10 块烧结普通砖试样，将每块试样切断或锯成两个半截砖，断开的半截砖长不得小于 100 mm，如图 13-25 所示。如果不足 100 mm，应另取备用试件补足。

b. 在试件制备平台上，将已断开的半截砖放入室温的净水中浸 10～20 min 后取出，并以

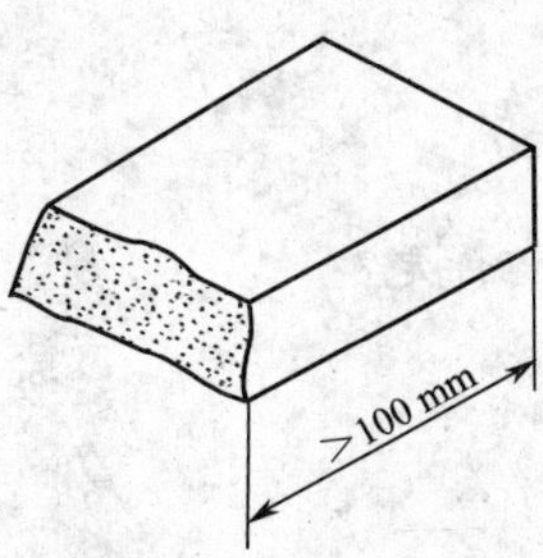

图 13-25 断开的砖样

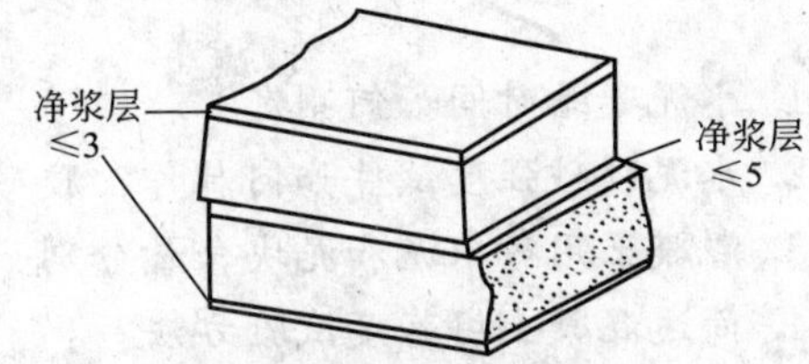

图 13-26 砖的抗压强度试件

断口相反方向叠放，两者中间抹以厚度不超过 5 mm 的用强度等级为 32.5 级或 42.5 级的普通硅酸盐水泥调制的稠度适宜的水泥净浆来黏结，上下两面用厚度不超过 3 mm 的同种水泥浆抹平。制成的试件上下两面须相互平行，并垂直于侧面，如图 13-26 所示。

②试件养护

a. 制成的抹面试件应置于不低于 10 ℃的不通风室内养护 3 d，再进行试验。

b. 测量每个试件连接面或受压面的长 l(mm)、宽 b(mm)尺寸各两个，分别取其平均值，精确至 1 mm。

c. 将试件平放在加压板的中央，垂直受压加荷，加荷应均匀平稳，不得发生冲击和振动。加荷速度以(5±0.5) kN/s 为宜，直至试件破坏为止，记录最大破坏荷载 P(N)。

(4)试验结果

① 抗压强度及相关指标计算

每块试件的抗压强度 f_{cui} 按式(13-33)计算(精确至 0.1 MPa)：

$$f_{cui}=\frac{P}{lb} \tag{13-33}$$

强度变异系数 δ 按式(13-34)计算：

$$\delta=\frac{S}{f_{cu}} \tag{13-34}$$

标准差 S 按式(13-35)计算：

$$S=\sqrt{\frac{1}{9}\sum(f_{cui}^2-\bar{f}_{cu}^2)} \tag{13-35}$$

式中 $\bar{f}_{cu}$——10 块砖样抗压强度算术平均值，MPa；

f_{cui}——单块砖样抗压强度的测定值，MPa；

S——10 块砖样的抗压强度标准差，MPa。

② 强度等级评定方法

a. 平均值—标准值方法评定

变异系数 $\delta\leqslant 0.21$ 时，按抗压强度平均值 $\bar{f}_{cu}$、强度标准值f_k 指标评定砖的强度等级。样本量 $n=10$ 时的强度标准值按式(13-36)计算(精确至 0.1 MPa)：

$$f_k=\bar{f}_{cu}-1.8S \tag{13-36}$$

式中 f_k——10 块砖样的抗压强度标准值，MPa。

b. 平均值—最小值方法评定

变异系数 $\delta>0.21$ 时，按抗压强度平均值 f_{cu}、单块最小抗压强度值 f_{min} 评定砖的强度等级。

复习思考题

1. 水泥凝结时间如何测定?
2. 水泥胶砂强度试件如何制作? 胶砂强度试验结果如何评定?
3. 混凝土用砂中泥和泥块含量分别如何测定?
4. 简述混凝土坍落度试验方法?
5. 混凝土立方体抗压强度结果如何评定?
6. 砂浆分层度试验目的是什么? 如何测定?
7. 钢材拉伸试验断后标距如何测定?
8. 沥青延度试验目的是什么? 如何测定?
9. 烧结普通砖抗压强度结果评定需要计算哪些相关指标? 试验结果如何评定?

参 考 文 献

[1] 王春阳．建筑材料．北京:高等教育出版社,2002.
[2] 周士琼．土木工程材料．北京:中国铁道出版社,2004.
[3] 邝为民．工程材料．北京:中国铁道出版社,2001.
[4] 李文利．建筑材料．北京:中国建材工业出版社,2004.
[5] 刘红飞,蒋元海,叶蓓红．建筑外加剂．北京:中国建筑工业出版社,2004.
[6] 魏鸿汉．建筑材料．北京:中国建筑工业出版社,2004.
[7] 宋岩丽,王社欣,周仲景．建筑材料与检测．北京:人民交通出版社,2007.